“十四五”职业教育国家规划教材

“十三五”职业教育国家规划教材

“十四五”职业教育河南省规划教材

热力发电厂（第三版）

主　编　杨义波　杨雪萍
副主编　张燕侠　杨作梁
参　编　高　欣　孙俊卿
主　审　叶　涛　葛　挺

中国电力出版社
CHINA ELECTRIC POWER PRESS

内 容 提 要

本书以大机组为例，以培养学生职业应用能力为依据，系统地阐述了大、中型热力发电厂工作过程的基本原理、电厂热经济性的评价方法，着重介绍了热力系统辅助设备的结构、热力系统组成及其热经济性、热力系统经济运行的基本原理和基本知识，对发电厂的辅助设备也进行了详细的介绍，同时对供热系统也作了一般的介绍。

本书可作为高等职业教育专科热能与发电工程类热能动力工程技术、发电厂运行技术专业热力发电厂课程的教材，也可作为高等职业教育本科热能动力工程专业热力发电厂课程的教材，还可作为发电厂培训参考教材。

图书在版编目（CIP）数据

热力发电厂/杨义波，杨雪萍主编. —3版. —北京：中国电力出版社，2019.10（2025.2重印）

“十三五”职业教育规划教材　教育部职业教育与成人教育司推荐教材

ISBN 978-7-5198-3950-5

Ⅰ.①热…　Ⅱ.①杨…②杨…　Ⅲ.①热电厂-高等职业教育-教材　Ⅳ.①TM621

中国版本图书馆CIP数据核字（2019）第237080号

中国电力出版社出版、发行

（北京市东城区北京站西街19号　100005　http://www.cepp.sgcc.com.cn）

北京雁林吉兆印刷有限公司印刷

各地新华书店经售

*

2005年8月第一版

2019年10月第三版　　2025年2月北京第三十一次印刷

787毫米×1092毫米　16开本　17.75印张　438千字　4插页

定价 **45.00** 元

前 言

拓展资源

为认真贯彻落实《国家职业教育改革实施方案》（职教 20 条）精神，着力推动职业教育“三教”（教师、教材、教法）改革，本书坚持突出职教特色、产教融合的原则，遵循技术技能人才成长规律，知识传授与技术技能培养并重，充分体现“精讲多练、够用、适用、能用、会用”的原则，主动服务于分类施教、因材施教的需要。

“热力发电厂”是高职高专电厂热能动力装置专业和火电厂集控运行专业的一门核心课程。本教材的第一版和第二版分别于 2005 年 8 月和 2010 年 7 月出版，受到兄弟院校同仁的厚爱。作为教育部职业教育与成人教育司的推荐教材，被多所电力类职业院校作为教材选用，深受相关职业院校师生和现场运行人员欢迎。

随着经济的快速发展，我国的电力工业也相应迅速发展，超临界、超超临界参数机组大量投入运行，国家的能源政策、电力政策也在不断变化和调整，需要对本教材进行必要的修订。

根据高职高专院校相关专业使用的反馈意见，按照培养学生职业能力的需求，跟踪我国电力工业的发展，本次修订从工程实际出发，紧密联系生产实际，力求体现新技术、新工艺和新方法的应用，充分体现作业安全、工匠精神及团队合作能力的培养，主要增加了超超临界参数机组的相关内容，并对绪论数据进行了更新，其他章节也进行了相应的调整与完善。同时，本次修订增加了发电厂原则性热力系统图的绘制、影响给水回热的三个基本参数等微课资源，高压加热器的工作过程、除氧器的工作过程等三维动画资源，以及课程思政、仿真操作等多个数字资源，请扫码获取。

绪论、第四章、第五章由郑州电力高等专科学校杨义波修订；第一章由郑州电力高等专科学校杨雪萍修订；第二章由郑州电力高等专科学校杨雪萍、高欣修订；第三章由安徽电气工程职业技术学院张燕侠编修订；第六章由保定电力职业技术学院杨作梁和大唐洛阳首阳山发电厂有限责任公司孙俊卿修订；第七章由杨作梁修订。本书由杨义波、杨雪萍任主编，张燕侠、杨作梁任副主编。杨义波和杨雪萍负责全书的统稿工作。

本书由华中科技大学能源与动力学院叶涛教授和河南电力试验研究院葛挺高级工程师担任主审。两位专家在审稿过程中提出了许多建设性的意见和建议，使编者受益匪浅。同时，在本书在编写过程中，参考了兄弟院校、科研院所和发电企业的诸多文献和科研成果，并得到有关院校教师和同事们的热情帮助，在此一并表示感谢。

由于编者的水平所限，书中难免存在不妥之处，恳请广大读者批评指正。

编 者

2021 年 11 月

第一版前言

本书体现了职业教育的性质、任务和培养目标；符合职业教育的课程教学基本要求和有关岗位资格和技术等级要求；具有思想性、科学性、适合国情的先进性和教学适应性；符合职业教育的特点和规律，具有明显的职业教育特色；符合国家有关部门颁发的技术质量标准。本书可以作为学历教育的教学用书，也可作为职业资格和岗位技能培训教材。

本书共分为七章，以大机组为例，以培养学生职业应用能力为依据，紧密结合现场实际，追随新知识、新技术在现场的应用情况，深浅适度、分量合适。主要内容包括评价发电厂热经济性的基本方法及其应用、发电厂的热经济性的发展方向、发电厂的主要热力辅助设备及其热力系统、发电厂的辅助生产设备及系统、发电厂的经济运行、发电厂的阀门及管道及热电厂供热系统等。

郑州电力高等专科学校杨义波编写绪论、第四章和第五章，并参加了第一章和第二章部分内容的编写；第一章和第二章另外一部分内容由哈尔滨电力职业技术学院刘玉莲编写；第三章由安徽电力职业技术学院张燕侠编写；第六章和第七章由保定电力职业技术学院杨作梁编写。杨义波负责全书的统稿工作。

华中科技大学能源与动力学院叶涛教授和河南电力试验研究院葛挺高级工程师担任本书主审。两位专家在审稿过程中提出了许多建设性的意见和建议，使我们受益匪浅。同时，在本书在编写过程中，参考了兄弟院校、科研院所和发电企业的诸多文献和科研成果，并得到有关院校教师和同事们的热情帮助，在此一并表示感谢。

由于编者的水平所限，因此对书中缺点和不妥之处，恳请广大读者批评指正。

编　者

2005 年 5 月

第二版前言

热力发电厂是高职高专电力技术类电厂热能动力装置专业和火电厂集控运行专业的一门核心课程。本教材自 2005 年 8 月第 1 版问世后，受到了兄弟院校同仁的厚爱。本书作为教育部职业教育与成人教育司推荐教材，已有十多所电力类高职院校作为教材来使用，该教材也被评为中国电力教育协会精品教材。

随着国家电力政策的调整、新能源政策的变化以及 1000MW 级机组的不断投产，根据教材使用过程中读者提出的宝贵意见和建议，按照培养学生的职业能力的需要，对本教材进行了必要的修订。本次修订主要是增加了超超临界参数机组的相关内容，并对绪论进行了重新编写，其他章节也进行了相应的完善。

本教材虽经多次反复修改，突出了培养学生职业能力的要求，反映了当前电力发展的新技术，但限于编者水平，仍难免会有疏漏之处，恳请读者批评指正。

编　者

2010 年 7 月

目 录

绪　　论

资源1-90秒见证中国GDP崛起

第一节　电力工业在国民经济发展中的地位

一、行业概况

1. 电力工业是国民经济的重要先行产业

电力工业是国民经济的重要基础工业，是国家经济发展战略中的重点和先行产业。我国早在20世纪50年代初就确立了电力工业先行的地位。从各时期电力生产与经济增长的比较来看，往往在经济持续增长的年份，电力生产的增长超过了GDP的增长。自2001年以来，电力工业的增长速度基本高于国民经济的增长速度，可见，电力工业作为国民经济的重要先行产业的作用十分明显。表0-1为2011—2020年电力增长速度与GDP增长速度对照。

表0-1　　2011—2020年电力增长速度与GDP增长速度对照

项目	2011年	2012年	2013年	2014年	2015年	2016年	2017年	2018年	2019年	2020年
电力增长速度/%	9.95	7.93	9.30	8.70	10.40	8.20	7.60	6.50	5.80	9.50
GDP增长速度/%	9.30	7.65	7.67	7.40	6.90	6.70	6.90	6.60	6.10	2.30

电能在终端能源消费中的比重由1980年的4.81%上升到2020年的27%；电力行业已成为能源行业中的支柱产业。电力工业作为国民经济重要的基础产业的作用，呈现逐渐增强的趋势。预计到2050年，电能在终端能源消费中的比重将达到47%左右。

2. 技术装备水平不断提高

改革开放40多年来，我国电力工业装备水平和技术水平发生了根本性变化。1978年，我国电力工业主力机组以100MW为主，少数电厂建设了一批苏制200MW机组，全国只有2座装机容量百万千瓦的电厂。目前我国装机容量最大的电厂为672万kW，装机容量百万千瓦以上的电厂遍布全国各地。目前电力工业的主力机组为600（660）MW及1000MW超超临界机组，火电装备水平有了很大提高。

随着我国电力科技水平的迅速提升，我国超超临界压力机组技术应用达到国际先进水平，大型空冷发电机组的开发应用居国际领先地位，同时，我国也是世界上大型循环流化床锅炉应用最多的国家，整体煤气化联合循环发电技术（IGCC）的关键设备——气化炉的自主化研制也已进入工程试用阶段，F级大型燃气轮机联合循环发电机组的整套设备已经实现国产化。

改革开放以来，由许多第一构成了我国电力工业发展快速发展的历程：1979年，我国首条500kV输电线路——平顶山—武昌线路开工建设，1981年建成；1985年，我国第一条±500kV直流输电工程——葛洲坝至上海南桥输变电工程开工建设；1986年，我国山东荣成首批2台55kW风电机组并网发电，随后福建平潭4台200kW机组并网发电，新疆达坂城建设10MW规模的示范风电场，启动了我国大型风电发展的历程；1988年，我国第一台引进国外技术国内制造的600MW机组在安徽平圩发电厂投产；1991年12月，中国第一座自主建设的核电站（秦山）并网发电成功；1996年4月，我国第一座循环流化床发电示范电站在四川内江并网发电；2000年，全国瞩目的“西电东送”首批工程——贵州洪家渡水电站、引子渡水电站等7项发输电工程全面开工；2006年初，世界首条±800kV云南—广东特高压直流输电示范工程开工，同年，我国首个1000kV特高压交流试验示范工程——晋东南—南阳—荆门交流特高压试验示范工程启动并于2009年1月投产正式试运行；2006年底，标志我国发电技术装备水平进入新阶段的百万千瓦超超临界压力机组分别在浙江玉环和山东邹县电厂投运；2008年底，三峡电站全部机组投产发电，中国水电装机容量达到1.72亿kW，水电装机稳居世界第一位。

3. 电源结构多样化，核电和新能源发电所占比例上升

电源发展在注重量的同时，更加注重质的提高。中国的能源资源特点决定了电力发展必然以火电特别是煤电为主。因此，电力工业一直把调整电力结构作为一项重要工作常抓不懈，电力结构调整的力度不断加强。火电机组大型化和关停小机组是火电结构调整的重要措施。原国家电力公司带头在2000年前关停公司内774万kW小火电机组；2006年，国家重新启动“上大压小”工作，三年累计关停小火电机组3421万kW，完成“十一五”关停计划的68%。中华人民共和国成立初期，我国没有大型发电机组；1978年30万kW火电机组仅有5台；到2021年6月，我国已投产超超临界1000MW机组150台。

在优化火电结构的同时，电力行业也特别注重加快水电、核电、风电、太阳能发电等清洁可再生能源发展。水电建设方面，1986年以前，中国每年投产水电机组都在100万kW左右，之后投产规模陆续增多；1994年投产403万kW，开发西部水电、实现西部水电的大规模外送，为大规模水电建设提供新的发展空间；2004年全国水电新增投产容量首次超过1000万kW，当年公伯峡水电站首台机组投产，标志着我国水电装机突破1亿kW，水电装机规模跃居世界第一位；2008年，全国水电新增再创新高，当年新增投产水电容量2170万kW，三峡水电站左右岸机组全部投产，建成了广西龙滩、四川二滩、葛洲坝、小浪底、刘家峡、乌东德等一批大型水电站。核电建设方面，我国在改革开放之初的1978年拟定了核电科学研究规划，1981年批准，1983年开工建设的我国第一座核电站（秦山核电站一期）于1991年并网发电，结束了中国大陆无核电的历史。近几年，国家明确了核电发展目标和技术路线，核电步入高速建设和发展期，到2020年底，我国已有浙江秦山、广东大亚湾、江苏田湾等16座核电厂投入运行，还有3座在建设中。风电建设方面，我国并网风电从20世纪80年代开始发展，第一个并网风电厂是1986年建成的山东荣成风电厂，但之后的十几年并网风电发展缓慢；进入21世纪，国家陆续颁布和制定《中华人民共和国可再生能源法》《可再生能源中长期发展规划》，并根据国民经济的发展多次进行修订，激发了可再生能源发电的投资热情，风电和太阳能发电装机增长迅速。

自2005年以来，国务院、国家发改委、国家能源局等多部门都陆续印发了支持、规范新能源行业的发展政策，内容涉及新能源行业的发展技术路线、产地建设规范、安全运行规范、能源发展机制和标杆上网电价等内容。

截至2020年底，全国发电装机总量近220058万kW，同比增长9.5%。其中，水电装机容量为37016万kW，同比增长3.4%；火电装机容量为124517万kW，同比增长4.7%；核电装机容量为4989万kW，同比增长2.4%；并网风电装机容量为28153万kW，同比增

长 34.6%；并网太阳能发电装机容量为 25343 万 kW，同比增长 24.1%。全国全口径非化石能源发电装机占比 44.8%，比上年提高 2.8 个百分点。

二、行业发展导向及电力体制改革

1. 行业发展导向

我国的资源国情决定了我国能源结构以火电为主，能源的构成比例失调。根据“十二五”规划，我国电力政策是大力发展核电，积极推进水电开发，积极推进电力工业的上大压小，加速淘汰落后产能，加快风电、太阳能发电和热电联产等清洁高效能源的建设，同步发展电网，促进全国联网。

随着国民经济的发展，我国的电力工业也相应迅速发展，国家的能源政策、电力政策也在不断变化和调整，电力“十三五”对各种能源发电的提法为：积极发展水电，统筹开发与外送；安全发展核电，推进沿海核电建设；加快煤电转型升级，促进清洁有序发展；大力发展新能源，优化调整开发布局。

除此之外，还提到了鼓励多元化能源利用，因地制宜试点示范在满足环保要求的条件下，合理建设城市生活垃圾焚烧发电和垃圾填埋气发电项目。积极清洁利用生物质能源，推动沼气发电、生物质发电和分布式生物质气化发电。2020 年底，生物质发电装机达到 2952 万 kW 左右。

2. 电力体制的改革

电力是我国工业部门中体制变化最频繁、最复杂的一个部门，中华人民共和国成立至今经历了多次大的体制变革，经历了燃料工业部、煤炭部、水利电力部、能源部、电力工业部、国家电力公司等。

聚合是手段，能迅速有效聚拢资源，形成强大的增长态势；分散也是手段，能把单一要素向外延展，产生裂变，充分发挥辐射效应。中国电力体制分与合的变革过程，始终围绕着如何调整中央与地方、政府与企业、垄断与竞争的关系而展开，是不断解放思想、实事求是，努力探索最能适合电力发展的制度体系的过程。

20 世纪 80 年代，山东龙口电厂首开集资办电之先河，调动了各方积极性，在全国掀起集资办电热潮，引领基础设施建设多元投资风气。20 世纪 90 年代，“政企分开”——国家电力公司在全国自然垄断行业中率先脱离政府序列；“省为实体”——每省设立一个省级电力公司，对全省电力实施统一规划、统一管理，符合当时中国经济社会发展的实际。

进入 21 世纪，电力体制改革走向市场化，实现“厂网分开”，并将竞争引入电力。于是，发电企业快速发展，电网规划与建设大步迈进，电力投资连年大幅增长，能源资源通过坚强电网在全国范围优化配置，国家电力市场交易电量持续增长。

第二节　电力工业的可持续发展

一、开发与节约并重

电力工业是资金密集的装置型产业，同时也是资源密集型产业。无论电源和电网，在建设和生产运营中都需要占用和消耗大量资源，包括土地、水资源、环境容量以及煤炭、石油、燃气等各类能源。电力工业节约资源的内容，主要是提高能源转换效率，降低转换损失，包括节煤、节油、节水、节地，降低输送损耗以及粉煤灰资源综合利用等。从实施的过程看，贯穿于规划、设计、建设一直到生产运营全过程。由于电力工业具有的生产、输送与消费瞬间完成的特点，需求侧的节能与节电也对电力发展有重要影响。

长期以来，电力工业坚持“开发与节约并重，把节约放在优先地位”的方针，根据国家法律、法规、政策，建立了较为系统的电力行业节约资源规范、标准和管理体系，并把节约资源作为规划、建设、生产、经营的重点工作之一，与效益目标相结合，不断加大基础性管理和设备治理力度，取得了很大的成绩。

改革开放以来，我国电力工业得到了长足的发展。发电量和装机容量均居世界第一位，同时技术装备水平也在稳步提高，技术经济指标逐步改善。

2020 年，全国供电标准煤耗率为 305.5g/kWh，同比下降 0.9g/kWh，十年累计下降了 23.5g/kWh。我国燃煤机组煤耗已连续四年优于《电力发展“十三五”规划》中“燃煤发电机组经改造平均供电标准煤耗低于 310g/kWh”的规划目标。全国线损率再创新低，2020 年，全国线损率 5.62%，同比下降 0.31 个百分点，继续保持在 6%以下，已经达到《电力发展“十三五”规划》中“到 2020 年，电网综合线损率控制在 6.5%以内”的目标。通过电网设施改造更新等技术手段，以及更加科学的管理考核等诸多措施，全国线损率十年累计降低 0.9 个百分点。在全社会用电量超过 7.5 万亿 kWh 的情况下，这一成绩单相当于每年节约用电 676 亿 kWh。

电力工业能源利用效率的提高，主要通过四个方面：一是在电力能源结构方面，火电、水电、核电都得到了不同程度的发展，并通过开发新能源和可再生能源，在满足电力需求和经济发展的同时尽可能减少石油、煤炭等不可再生能源的使用。二是通过技术进步，不断提高火电机组参数和容量等级，减少电力生产过程中自身能源消耗，积极推进热电联产，能源转换和利用效率得以提高；通过对火电厂锅炉、汽轮机及其辅机、控制系统等进行大量适应现代化要求的改造，提高机组可靠性和技术经济水平。三是通过电网建设和城网、农网改造，优化调度方式，取得了巨大的节能降损效果。四是在政府的政策引导下，电力企业与用户紧密配合，电力需求侧管理取得了一定成效。

二、应该采取的一些措施

面对电力工业可持续发展的战略任务，电力行业必须下大力气，在坚持“开发与节约并举”的同时，切实改变增长方式，做到节约优先。为此，建议采取相应措施。

1. 要依法开展节约资源活动，完善配套政策

国内外经验表明，以节能为代表的节约资源工作是典型的市场失灵的领域，需要政府政策发挥引导作用，行业、企业制订相应规则，推动这项工作开展。应当在《中华人民共和国节约能源法》（以下称《节能法》）、《中华人民共和国清洁生产促进法》（以下称《清洁生产促进法》）的基础上，确立和细化市场主导、企业主体、行业自律、政府宏观调控的地位和作用。

要制订科学的产业政策，对资源配置过程进行干预，修正市场调节的缺陷和不足，以便从资源合理配置和产业结构加速优化中获得经济可持续增长。当前需要政府进一步完善有关能源价格政策、资源节约激励政策、热电联产机组建设条件、分布式供能系统建设条件和上网规则、新能源及可再生能源电价定价模式、电力系统经济调度模式等。

电力行业（尤其是电网企业）应当积极开展需求侧管理，对用户的合理用电、节约用电给予指导。通过电力需求侧管理，提高终端用电效率和电网经济运行水平，减少电力建设投

资，达到节约能源和保护环境的目的，实现低成本电力服务。国际经验表明，终端使用提高能效所用的成本，必然低于建设新发电厂以及输配电设施的成本和运行成本。需要政府出台需求侧管理等政策和措施，落实实施主体，采取市场引导、有序推进的策略，提高能效，建设节能型社会。

2. 加大结构调整力度，促进产业升级

按照我国“四个革命、一个合作”能源战略和“创新、协调、绿色、开放、共享”发展理念，需要加快构建清洁低碳、安全高效的现代能源体系。大力开发清洁能源发电，加快实施供应侧清洁替代，已成为必然趋势。

电能高效洁净地生产、传输、储存、分配和使用是产业升级的重点领域。要通过对电源、电网、需求侧技术改造，提高电力能源利用效率，包括：鼓励热电联产和热、电、冷技术的推广，提高能源综合利用率；重点发展500MW以上大型混流式水轮发电机组、300MW级抽水蓄能机组；采用超超临界压力、超临界压力等高参数、大容量、高效率、高调节性火电机组；发展清洁燃烧等洁净煤技术；继续研发电厂监控和优化运行、状态检修技术，并对主辅设备进行节能改造；通过节水技术改造、废水再生利用、城市污水及海水等替代水资源工作，节约用水，并在北方富煤缺水地区发展大型空冷机组；推进煤电灵活性改造；加快发展非化石能源，坚持集中式和分布式并举，大力提升风电、光伏发电规模，建设一批多能互补的清洁能源基地；加快构建特高压输电通道，推动东部、西部同步电网建设，提升电力系统调节能力，以风光水储输联合模式满足新增能源需求。

3. 发展循环经济，实行清洁生产

发展循环经济是实现可持续发展的一个重要途径，同时也是保护环境和有效利用资源的根本手段。近年来，我国在三个层次上逐步开展循环经济的实践探索，即在企业层面积极推行清洁生产，在工业集中区创建生态工业园区，在城市和省区开展循环经济试点，并取得了初步成效。

根据《清洁生产促进法》的要求，需要研究制定以节约资源为主要指标之一的电力清洁生产指标评价体系及实施办法、电力清洁生产审计指南等，大力开展清洁生产企业建设活动，使电力资源节约工作中节能、节水、节油、综合利用和环境保护实现互动式发展。

4. 促进电力工业节约资源的行业行动

随着电力体制改革的不断深化，发电资产重组、网厂分开以及建立区域电力市场后，政府宏观调控、企业自主经营、监管机构依法监管和行业协会自律管理与服务的格局逐步形成，电力行业节约资源工作形势发生了很大变化。

电力行业节约资源，广大电力企业是主体。电力企业应按照《节能法》和国家有关法规，进一步加强节约资源工作力度，设立相应的机构和专门人员负责节约资源工作，深入分析潜力，增加节能投入，加快技术改造和科技进步，强化企业管理。电力行业广大职工应自觉提高节约意识，从自身做起，从一点一滴的实事做起，切实抓出实效。

当前，我国经济已进入新一轮快速发展时期，这对电力工业是一次新挑战。通过资源节约、环境保护和清洁生产，实现可持续发展，电力工业一定能够为经济社会发展和人民生活水平的不断提高，为开启全面建设社会主义现代化国家新征程提供坚强有力的保障。

第三节 电力工业生产特点和发展方针

一、电力工业生产的特点

1. 安全可靠

电力生产的规律主要表现在发、供、用电设备联成电网，电力的产、供、销同时进行，发、供、用电同时完成，电力不能大量储存；供电必须保持连续进行；电能必须保证质量。随着大容量、高参数机组和特高电压、高电压、长距离输电网络的广泛采用，对电力安全生产提出了更高的要求。这些规律决定了电力生产必须安全进行。如果电力生产或用电设备系统发生事故造成中断供电，不仅影响用户正常生产和生活，还可能造成发、供、用电设备严重损坏和人身伤害。若发生系统瓦解、大面积停电，则会给国民经济和社会带来灾难性的后果。

发电厂安全生产的主要目标：不发生人身死亡和重大设备事故，控制人身重伤事故率、发电事故率，机组非计划停运次数、可用系数均符合要求并不断提高水平，因此，发电企业必须加强安全管理，实现长期、稳定的安全生产目标。

2. 力求经济

目前，我国电力生产仍以火电为主，如果发电煤耗平均下降 1g/kWh，按 2020 年的全社会用电量计算，全年可节约标准煤 500 多万吨。若全国送电线损率和厂用电率降低 1%，则全国可节电 751 亿 kWh。因此，在电力生产过程中，必须力求经济运行，提高能源利用率。

3. 保证电能质量

电能是一种商品，衡量电能的质量主要是电网的频率和电压。我国规定，电网的频率为 50Hz，电压等级民用电为 220V，工业用电为 380V。随着电力工业的不断发展，电网覆盖面越来越大。为稳定供电电压和频率，保证电能质量，在电力系统中设置适应用户有功功率变化的调频厂或机组，使电网频率保持在规定的范围内，是十分必要的。为了保证电压质量，在电网中无功功率差异较大的局部地区要安装电力电容器或调相机组给予补偿。

4. 控制污染，保护环境

火电厂在生产过程中产生的烟尘、二氧化硫、氮氧化物、废水、灰渣和噪声等，污染环境，危害人民的身体健康，必须采取有效的措施严格控制。目前采用煤或烟气的脱硫、脱硝、流化床及低温分段燃烧等技术，使烟气中二氧化硫和氧化氮的含量得到有效控制，利用高效的布袋式除尘器减少粉尘的排放量。可以说，火电厂环保效果的优劣已成为一个国家电力工业技术水平高低的标志之一。

资源2-火电厂生产过程

二、电力工业发展方针

长期以来，我国能源发展采取以电力为中心，以煤炭为基础的方针。在“十三五”期间，制定了积极发展水电，统筹开发与外送；大力发展新能源，优化调整开发布局；鼓励多元化能源利用，因地制宜试点示范；有序发展天然气发电，大力推进分布式气电建设；加快煤电转型升级，促进清洁有序发展等发展规划。“十三五”时期，在“四个革命、一个合作”能源安全新战略的指引下，能源发展取得了历史性成就，水电、风电、光伏、在建核电装机规模等多项指标保持世界第一，到

2020 年底，清洁能源发电装机规模增长到 10.83 亿 kW，首次超过煤电装机容量，建立起了多元清洁的能源供应体系。

2020 年 8 月，全球能源互联网发展合作组织在北京举办了中国“十四五”电力发展规划研讨会并发布《中国“十四五”电力发展规划研究》报告。结合全球能源转型和清洁发展实际，在系统总结我国“十三五”能源电力发展成就的基础上，充分考虑经济高质量发展下产业结构调整及贸易摩擦、新冠疫情等因素影响，对“十四五”电力供需、电源开发、电网建设等一系列重大问题进行了深入研究。

“十四五”是我国能源转型、清洁能源发展的关键窗口期，也是碳达峰的关键期和窗口期，必须转变化石能源为主的发展方式，下决心严控煤电总量、优化布局，大力发展西部北部清洁能源和东中部分布式能源，加快构建特高压输电通道，推动东部、西部同步电网建设，提升电力系统调节能力，根本扭转“一煤独大”格局，以风光水储输联合模式满足新增能源需求，为开启全面建设社会主义现代化国家新征程提供清洁和绿色的能源保障。

根据《中国“十四五”电力发展规划研究》报告，电源装机规划主要体现在以下几个方面。

1. 加快常规水电建设，优化布局抽水蓄能

资源3-国之骄傲——三峡工程

我国水电蕴藏量丰富，目前尚未开发的水力资源集中分布在西南地区，适宜规模化开发。“十四五”期间，重点加快开发金沙江上游、白鹤滩、雅砻江水电基地，优化开发西北黄河上游水电基地。抽水蓄能电站则主要布局在东中部地区。

2. 大力发展陆上风电，稳步推进海上风电

风电在电源结构中的比重逐年提高，已成为我国继煤电、水电之后的第三大电源。“十四五”期间，风电开发坚持消纳优先，加强就地利用，稳步有序开发海上风电。2025 年，我国风电装机将达到 5.4 亿 kW，其中陆上风电 5.1 亿 kW，海上风电 3000 万 kW。

3. 大力发展太阳能发电，集中式分布式协同

“十四五”期间，坚持集中式和分布式建设并举，坚持开发布局与市场需求协调，继续扩大太阳能发电规模，不断提高太阳能发电在电源结构中的比重。

4. 安全稳妥发展核电，优先建设沿海核电

资源4-核电厂生产过程

核电作为稳定的清洁能源，在未来能源系统中将占有重要地位，但也受到经济性、站址选择等因素影响。“十四五”期间，加快核电技术创新，重点加快建设沿海核电，统筹兼顾安全性和经济性，适时启动内陆核电。

5. 适度发展燃气发电，优先布局在东中部

我国天然气资源不足，剩余探明储量仅相当于世界总储量的 2%，大规模发展气电，气源难以保障，且进口燃气成本高，燃气发电上网电价约 0.75 元/kWh，远高于新能源和煤电。立足国情和资源禀赋，预计“十四五”新增气电 5400 万 kW，主要分布在气源有保证、电价承受力较高的东中部地区。

6. 严控煤电装机总量，优化新增煤电布局

煤电消耗了我国约 54%的煤炭使用量，产生的 CO_2 排放占全国总排放量的 43%，是减碳的主体。我国煤电规模大，机组服役时间短，结构性风险和转型难度远超其他国家。继续投资新建煤电，将来资产损失会增大，随着风光等清洁发电成本逐年下降，煤电竞争力降低，未来亏损面扩大。

借鉴国际经验、避免重蹈覆辙，我国“十四五”煤电发展，应从煤电中长期功能定位转变入手，切实根据不同地区的特性差异进行安排。严控东中部新增煤电规模，并淘汰落后产能、同时开展煤电灵活性改造，将煤电从电量型电源向电力型电源功能转变。

“十四五”期间，新增煤电布局在西部北部，东部不再新建煤电，新增的电力需求主要由区外受电和本地清洁能源满足。同时加快煤电退出力度，“十四五”期间全国逐步淘汰关停煤电 4000 万 kW，其中东部中部地区共退役煤电装机 3500 万 kW。到 2025 年煤电装机控制在 11 亿 kW。

第四节　发电厂的类型

一、发电厂的类型

（一）按产品分

发电厂按产品可分为发电厂和热电厂两种。发电厂只生产电能，如火力发电厂把汽轮机做完功的蒸汽排入凝汽器凝结成水，所以这种电厂又称为凝汽式电厂。热电厂既生产电能又对外供热，供热是利用汽轮机较高压力的排汽或可调节抽汽送给热用户。

（二）按使用的一次能源分

1. 火力发电厂

以煤、油、天然气为燃料的电厂称为火力发电厂，简称火电厂。按照我国的能源政策，火电厂要以燃煤为主，并且优先使用劣质煤，除国家批准的燃油电厂外，严格控制电厂使用燃油。

2. 水力发电厂

以水能作为动力发电的电厂称为水力发电厂。其生产过程是由拦河坝维持的高水位的水，经压力水管进入水轮机推动转子旋转，将水能转变成机械能，水轮机带动发电机旋转，从而使机械能转变为电能，在水轮机中做完功后的水流经尾水管排入下游。

与火力发电相比较，水力发电具有发电成本低、效率高、环境污染小、启停快、事故应变能力强等优点，但需要修筑大坝，投资大、工期长。我国的水力资源丰富，从长远利益看，发展水电将取得很好的综合效益，因此国家把开发水力资源放在重要的位置。

3. 原子能发电厂

将原子核裂变释放出的能量转变成电能的电厂为原子能发电厂，简称核电站。原子能发电厂由两部分组成，一部分是利用核能产生蒸汽的核岛，它包括核反应堆和一回路，核燃料在反应堆中进行链式裂变产生热能，一回路中冷却水吸收裂变产生的能量后流出反应堆，进入蒸汽发生器将热量传给二回路中的水，使之变成蒸汽；另一部分是利用蒸汽的热能转换成电能的常规岛，它包括汽轮发电机组及其系统，与火电厂中的汽轮发电机组大同小异。

原子能发电比火力发电有许多优越性，其燃料能量高度密集，避免燃料繁重运输，运行费用低，无大气污染等，但基建投资大。在能源短缺的今天，核能发电将会得到更大的发展。

（三）其他类型的发电厂

1. 燃气-蒸汽联合循环发电厂

该电厂是利用燃气-蒸汽联合循环动力装置，能充分利用燃气轮机的余热发电，因此热效率高，可达 55%以上。利用深层煤炭地下气化技术，结合燃气-蒸汽联合循环发电，不仅能提高发电效率，而且能避免深井煤炭的开采，有利于煤的脱硫，其综合效益将非常显著。

当利用工业企业排放的废气，如煤气厂、石化厂的火炬气、高炉烟气作为燃气轮机的能源时，还可减轻公害。

2. 抽水蓄能电厂

将电力系统负荷处于低谷时的多余电能转换成水的势能，在电力系统负荷处于高峰时又将水的势能转换成电能的电厂为抽水蓄能电厂，或称抽水蓄能电站。这种水电站因有两次水的势能与电能之间的转换，所以存在一定的能量损失。但随着电力负荷的急剧增长，特别是对大型核电站带基本负荷的电力系统，它在电力系统调峰、调频中的作用会更为显著，因而发展较快。

资源5-北京十三陵抽水蓄能电站

3. 太阳能发电厂

利用太阳能发电的电厂称为太阳能发电厂。太阳能发电有两种基本方法：一种是将太阳光聚集到一个容器上，加热水或其他低沸点液体产生蒸汽，带动汽轮发电机组发电；另一种是用光电池直接发电。

资源6-塔式太阳能光热发电系统

4. 地热发电厂

地热发电厂利用地下热水（蒸汽或汽水混合物），经过扩容器降压产生蒸汽，或通过热交换器使低沸点液体产生蒸汽，通过汽轮发电机组发电。

资源7-垃圾发电生产过程

5. 风力发电厂

利用高速流动的空气即风力，驱动风车转动，从而带动发电机发电的电厂，称为风力发电厂。

6. 垃圾焚烧发电厂

将生活垃圾，废气、废液、固体废弃物等收集送入垃圾坑后，经过3～5天的发酵，然后进入垃圾焚烧炉中进行高温焚烧，产生的热量在余热锅炉中将水加热形成过热蒸汽，进入汽轮机做功，驱动发电机产生电力，燃烧产生的烟气进行集中无害化处理。垃圾焚烧发电是“减量化、无害化、资源化”处置生活垃圾的最佳方式。

另外，还有利用潮汐能、海洋能、磁流体等发电的电厂。

二、本课程的性质和任务

本课程是电厂热能动力装置专业与电厂生产实际紧密相联、综合性较强的一门主干课程。它以火电厂整体为研究对象，重点讲述600MW机组，并兼顾3000、1000MW机组的热力辅助设备的基本结构、工作原理和运行知识。介绍各热力系统的组成、连接方式和运行知识；定性分析火电厂运行的热经济性；详细介绍电厂管道、阀门及其运行维护；对电厂辅助生产系统和设备也作较详细的介绍；对于热电厂的供热系统作了一般性介绍。通过本课程的学习应达到下列要求：

（1）了解评价热力发电厂热经济性的方法，掌握用效率法定量评价发电厂的热经济性。

（2）掌握提高发电厂热经济性的主要途径和方法。

（3）能定性分析发电厂的运行经济性，熟悉发电厂的主要经济指标。

（4）掌握发电厂热力辅助设备的结构、工作原理和初步运行知识。

（5）掌握发电厂各热力系统组成、连接方式及其基本运行知识。

（6）了解发电厂辅助生产系统作用、组成及工作过程。

（7）熟悉发电厂管道及其附件的基本知识。

（8）对热电厂的供热系统可作一般了解。

第一章

评价发电厂热经济性的基本方法及其应用

评价发电厂经济效益时，会涉及热经济性、综合经济效益等不同提法，它们在说明发电厂经济性时起着不同的作用，涉及不同的范围。

热经济性主要用来说明火电厂燃料利用程度，以及热力过程中各部分的能量利用情况。这些均直接影响火电厂的发电成本、利润和燃料节约量，一般用热经济性指标来表示，如电厂热效率、汽轮发电机组热效率、热电厂全年的燃料节约量等。

火电厂的经济效益包括非常广泛的内容，一般用综合经济效益来予以说明。它包括热经济性、安全可靠性、投资、建设工期、物资消耗、人员配置等。由于热经济性代表了火力发电厂能量利用、热功转换技术的先进性和运行的经济性，故它是火电厂一切经济性的基础，也是本章讨论的内容之一。

对热经济性的评价，是通过能量转换过程中能量的利用程度或损失大小来衡量的。

评价能量的利用程度，有两种观点：一种是能量数量的利用，另一种是能量的质量利用。这两种观点导致了评价方法的不一样，分别为以热力学第一定律为基础的热量法（效率法）、以热力学第一定律和第二定律为基础的做功能力分析法（㶲分析法和熵分析法）。

第一节　热量法及其应用

热量法是从现象看问题，只以燃料产生热量被利用的程度来对电厂进行热经济性评价，单纯以数量来衡量，没有考虑能量的质量问题。但是由于它直观、易于理解，计算方便，目前广泛应用于电厂的热经济性评价中。

评价发电厂实际热力循环，主要是分析和研究实际循环中各种热力设备或热力过程中的热量损失，这些热量损失在设备或过程中的分布情况及其对热经济性的影响，其实质是通过热量的利用程度（如热效率）或损失大小（如热量损失、热量损失率）来评价电厂和热力设备的热经济性。

在热量转换及传递过程中，热平衡式为

$$供给热量=有效利用热量+损失热量$$

热效率 η 定义为

$$\eta=\frac{有效利用热量}{供给热量} \tag{1-1}$$

效率的大小，定量地表征了该设备或热力过程的热能转换效果，反映了设备的技术完善程度。

在发电厂的生产过程中，每一个能量的传递环节和转换过程都不可避免地存在着能量的损失，图 1-1 是一个简单凝汽式电厂的生产过程示意图和朗肯循环的 T-s 图，以此为基础分析其能量转换过程中的各种损失和效率。

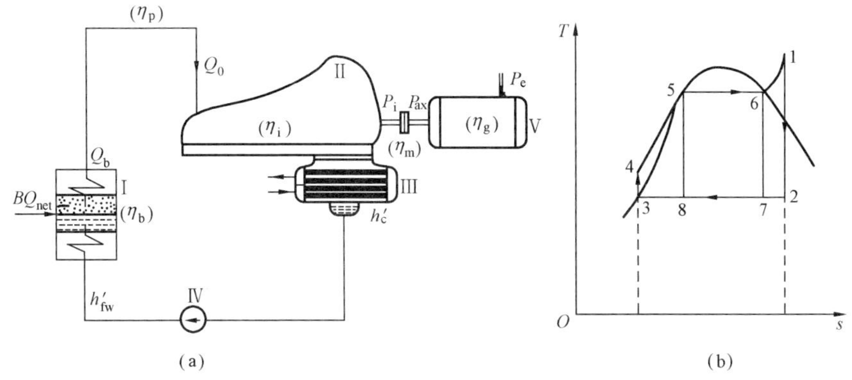

图 1-1 简单凝汽式发电厂的生产过程示意图和朗肯循环的 *T-s* 图

(a) 简单凝汽式发电厂生产过程示意图；(b) 朗肯循环的 *T-s* 图

Ⅰ—锅炉；Ⅱ—汽轮机；Ⅲ—凝汽器；Ⅳ—凝结水泵；Ⅴ—发电机

一、循环热效率

热力发电厂是以朗肯循环为基础进行热功转换获得电能的。朗肯循环也是最简单的蒸汽动力循环。热力学第二定律已经证明，在相同温限内卡诺循环的热效率最高。但在实际的蒸汽动力装置中不采用卡诺循环，其主要原因是：首先，在压缩机中绝热过程 8-5 难以实现[图 1-1（b)]，因状态 8 是水和蒸汽的混合物，压缩过程中压缩机工作不稳定，同时状态 8 的比体积比水的比体积大得多，需用比水泵大得多的压缩机；其次，循环局限于饱和区，上限温度受制于临界温度，故即使实现卡诺循环，其热效率也不高；再次，膨胀末期，湿蒸汽干度过低，即含水分甚多，不利于动力机安全。因此，实际蒸汽动力循环以朗肯循环为基础。

如图 1-1（a）所示，燃料在锅炉中燃烧，放出热量；水在锅炉中定压吸热，汽化成饱和蒸汽；饱和蒸汽在蒸汽过热器中定压吸热成为过热蒸汽，如过程 4—5—6—1。高温高压的新蒸汽在汽轮机内绝热膨胀做功，即过程 1—2。从汽轮机排出的做过功的乏汽在凝汽器中等压凝结，向冷却水放热，相应于过程 2—3，这是定压过程，同时也是定温过程。凝汽器内压力为 4～5kPa，其相应的饱和温度为 28.95～32.88℃，仅稍高于环境温度。3—4 为凝结水在给水泵内的绝热压缩过程，压力升高后的水再次进入锅炉完成循环。

下面分析朗肯循环的热效率。按前面对热效率的定义我们知道，其理想循环热效率应为理想循环做功量与循环的吸热量之比，即

$$\eta_t = \frac{w_t}{q_1} = \frac{q_1 - q_2}{q_1} = 1 - \frac{q_2}{q_1} = 1 - \frac{T_{av2}}{T_{av1}} \tag{1-2}$$

式中 w_t——理想循环做功量，kJ/kg；

q_1——理想循环吸热量，kJ/kg；

q_2——理想循环放热量，kJ/kg；

T_{av1}——理想循环的平均吸热温度，K；

T_{av2}——理想循环的平均放热温度，K。

在计算时，w_t 一般采用下式进行计算：

$$w_t = (h_0 - h_{c_a}) - (h'_{fw} - h'_c)$$

式中 h_0——新蒸汽进入汽轮机的初焓值，kJ/kg；

h_{c_a}——蒸汽在汽轮机中等熵膨胀后的终焓值，kJ/kg；

h'_{fw}——锅炉给水焓值，kJ/kg；

h'_c——凝结水焓值，kJ/kg。

可见（$h_0-h_{c_a}$）表示1kg蒸汽在汽轮机中进行等熵膨胀所做的功，kJ/kg；（$h'_{fw}-h'_c$）表示1kg凝结水通过给水泵时所消耗的功，kJ/kg。

因 $q_1=h_0-h'_{fw}$，故

$$\eta_t=\frac{(h_0-h_{c_a})-(h'_{fw}-h'_c)}{h_0-h'_{fw}} \tag{1-3}$$

由于水的压缩性很小，当初蒸汽的压力不高时（一般情况下，$p_0<10$MPa时），给水泵的耗功和给水在给水泵中的焓升可以忽略不计。此时，式（1-3）可以简化为

$$\eta_t=\frac{h_0-h_{c_a}}{h_0-h'_{fw}} \tag{1-4}$$

但当初压力很高时，水泵做功约占汽轮机做功的2%。在较粗略的计算中，仍可将水泵做功忽略不计，但在较精确的计算时，即使初压力不高，也不应忽略水泵做功。

可见，理想循环的热效率反映了理想循环冷源损失的大小，冷源损失越大，则循环效率也越低。要想提高循环热效率，就要降低冷源损失。一般情况下，朗肯循环的热效率为40%～45%。

二、凝汽式发电厂的其他各项热损失和效率

发电厂实际生产过程的不可逆性，使得能量的转化和能量的传递过程中存在着多种损失，一般情况下，用过程和设备的热效率来表述其损失的大小。这些效率依次为锅炉效率、管道效率、汽轮机的绝对内效率、汽轮机的机械效率、发电机效率。

1. 锅炉热损失和锅炉效率 η_b

发电厂的燃料在锅炉内燃烧，使燃料的化学能转变为烟气的热量，烟气流过锅炉各部分受热面，把热量传递给水和蒸汽。锅炉效率反映了锅炉设备中能量传递过程中的各项热损失的大小。其表述为：锅炉设备输出的被有效利用的热量（锅炉的热负荷）与锅炉输入的热量（燃料在锅炉中完全燃烧时的放热量）之比。

对于不计连续排污热损失的非再热式锅炉，其效率为

$$\eta_b=\frac{Q_b}{BQ_{net,p}}=\frac{D_b(h_b-h'_{fw})}{BQ_{net,p}} \tag{1-5}$$

式中 Q_b——锅炉热负荷，kJ/h；

B——锅炉单位时间内的燃料消耗量，kg/h；

$Q_{net,p}$——燃料的低位发热量，kJ/kg；

D_b——锅炉蒸发量，kg/h；

h_b——锅炉出口过热蒸汽的焓值，kJ/kg。

锅炉的效率越高，说明在锅炉的能量转换环节中的热损失越小。锅炉设备中的热损失主要包括排烟热损失、散热损失、气体未完全燃烧热损失、固体未完全燃烧热损失、排污热损失、灰渣物理热损失等，其中排烟热损失最大，占总损失的40%～50%。

影响锅炉效率的主要因素有锅炉的参数、容量、结构、燃料性质、燃烧方式以及炉内的

空气动力工况等。一般情况下，需要通过试验来测定各项损失的大小，现代大型电站锅炉的效率一般为90%～94%。

2. 管道热损失和管道效率 η_p

锅炉生产的蒸汽通过主蒸汽管道进入汽轮机做功。管道效率是指工质通过主蒸汽管道、再热蒸汽管道时的散热损失及工质排放和泄漏造成的热损失。其实蒸汽在主蒸汽管道中流动还有节流损失，节流损失通常在汽轮机的相对内效率中考虑。

管道效率表述为汽轮机组耗热量与锅炉热负荷的比值，即

$$\eta_p = \frac{Q_0}{Q_b} \tag{1-6}$$

其中 $$Q_0 = D_0(h_0 - h'_{fw}), Q_b = D_b(h_0 - h'_{fw})$$

式中 Q_0——汽轮机组耗热量，kJ/h；

D_0——汽轮机组的耗汽量，kg/h。

$$\eta_p = \frac{D_0(h_0 - h'_{fw})}{D_b(h_b - h'_{fw})} \tag{1-7}$$

管道效率主要反映了管道保温的完善程度，保温完善程度越高，则其散热损失越小，管道效率也越高；同时也反映了工质在主蒸汽管道上的泄漏和排放的大小，泄漏和排放损失越大，则管道的损失越大。一般情况下，现代发电厂的管道效率在99%以上。

3. 汽轮机设备中的冷源损失和汽轮机的绝对内效率 η_i

由于蒸汽在汽轮机中膨胀做功的过程是一个不可逆的过程，因此除了理想冷源损失外，还存在着进汽节流、排汽及内部的各项损失，包括喷管损失、动叶损失、余速损失、湿汽损失、漏汽损失、鼓风摩擦损失等。这些损失造成蒸汽的做功量减少，使汽轮机的实际排汽焓 h_c 大于理想排汽焓 h_{ca}，从而增加一部分冷源损失（$h_c - h_{ca}$），也就是通常所说的附加冷源热损失。这些损失的大小用汽轮机的相对内效率表示。

汽轮机的相对内效率表述为蒸汽在汽轮机中的实际焓降与理想焓降的比值，即

$$\eta_{ri} = \frac{P_i}{P_{ia}} = \frac{h_0 - h_c}{h_0 - h_{ca}} \tag{1-8}$$

式中 P_i——汽轮机的实际内功率，kW；

P_{ia}——汽轮机的理想内功率，kW。

汽轮机的相对内效率是衡量汽轮机中能量转换过程完善程度的指标。现代大型汽轮机的相对内效率为90%～92%。

汽轮机的绝对内效率 η_i（又称实际循环热效率）表述为汽轮机的实际内功率与汽轮机组的热耗量的比值，即

$$\eta_i = \frac{3600P_i}{Q_0} = \frac{D_0(h_0 - h_c)}{D_0(h_0 - h'_{fw})} = \frac{h_0 - h_{ca}}{h_0 - h'_{fw}} \times \frac{h_0 - h_c}{h_0 - h_{ca}} = \eta_t \eta_{ri} \tag{1-9}$$

式中 3600——电热当量，1kWh的电能相当于3600kJ的热量。

汽轮机的绝对内效率反映了机组实际冷源热损失的大小，一般情况下，其值为35%～49%。

4. 汽轮机的机械损失和机械效率 η_m

汽轮机的机械效率反映了汽轮机机械损失的大小，主要包括支持轴承和推力轴承的机械摩擦损失，以及拖动主油泵和调速器的功率消耗。它使汽轮机输出的有效功率（轴端功率）总小于内功率。

汽轮机的机械效率表述为汽轮机轴端功率与内功率的比值，即

$$\eta_m = \frac{P_{ax}}{P_i} \tag{1-10}$$

式中 P_{ax}——汽轮机轴端功率，kW。

现代大型汽轮机的机械效率大于99%。

5. 发电机的能量损失和发电机效率 η_g

发电机的效率主要反映了发电机的损失，其主要包括机械方面的轴承摩擦损失，通风耗功和电气方面的铜损、铁损等。

发电机效率表述为发电机输出的电功率与汽轮机输入的轴功率的比值，即

$$\eta_g = \frac{P_e}{P_{ax}} \tag{1-11}$$

式中 P_e——发电机输出的电功率，kW。

现代大型发电机的效率，采用氢冷时为98%～99%，采用空冷时为97%～98%，采用双水内冷时为96%～98.7%。

三、发电厂的总效率及热平衡

发电厂的总效率表示发电厂在整个能量转化过程中能量损失的大小。其表述为发电厂输出的电能与其消耗的能量的比值，即

$$\eta_{cp} = \frac{3600P_e}{BQ_{net,p}} \tag{1-12}$$

在确定了发电厂各设备或过程的效率值后，则很容易求得整个电厂实际循环的总效率。对凝汽式发电厂而言，其相应的各种设备及过程的（相对）热效率为锅炉效率 η_b；管道效率 η_p；汽轮机绝对内效率 η_i；机械效率 η_m；发电机效率 η_g。整个热功转换过程的热量有效利用程度用发电厂实际循环的总效率 η_{cp} 表示，它是各热力设备或过程效率的连乘积，即

$$\begin{aligned}\eta_{cp} &= \frac{D_b(h_b - h'_{fw})}{BQ_{net,p}} \times \frac{h_0 - h'_{fw}}{h_b - h'_{fw}} \times \frac{h_0 - h_{ca}}{h_0 - h'_{fw}} \times \frac{h_0 - h_c}{h_0 - h_{ca}} \times \frac{P_{ax}}{P_i} \times \frac{P_e}{P_{ax}} \\ &= \eta_b \eta_p \eta_t \eta_{ri} \eta_m \eta_g \end{aligned} \tag{1-13}$$

式（1-13）表明，凝汽式发电厂的总效率取决于各设备的分效率，其中任一设备热经济性的改善，都可能使电厂热效率有所提高，两者提高的相对值相等。因此，为了提高发电厂的热经济性，必须提高每一个设备对能量的利用率。

若以锅炉生产1kg蒸汽需要消耗燃料的热量为基准进行计算，可得电厂能量平衡方程为

$$\begin{aligned} q'_{cp} &= q_{lb} + q_{lp} + q_{lc} + q_{lm} + q_{lg} + 3600W_e \\ q'_{cp} &= \frac{h_b - h'_{fw}}{\eta_b} \end{aligned} \tag{1-14}$$

式中 q'_{cp}——锅炉每生产1kg蒸汽需要消耗的热量，kJ/kg；

q_{lb}——锅炉热损失，kJ/kg；

q_{lp}——管道热损失，kJ/kg；

q_{lc}——冷源损失，kJ/kg；

q_{lm}——汽轮机的机械损失，kJ/kg；

q_{lg}——发电机的能量损失，kJ/kg；

W_e——1kg 蒸汽的发电量，kWh/kg。

表 1-1 列出了不同参数的凝汽式发电厂的各项损失的大小。

表 1-1　火力发电厂的各项损失　(%)

项　目	电厂初参数			
	中　参　数	高　参　数	超高参数	超临界参数
锅炉热损失	11	10	9	8
管道热损失	1	1	0.5	0.5
汽轮机冷源热损失	61.5	57.5	52.5	50.5
汽轮机机械损失	1	0.5	0.5	0.5
发电机损失	1	0.5	0.5	0.5
总热损失	75.5	69.5	63	60
全厂效率	24.5	30.5	37	≥40

以燃料供给的热量为基准，计算出电能及各项能量损失所占的百分数以后，便可绘制出发电厂的热流图。图 1-2 为一个超高压简单凝汽式发电厂的热流图，其蒸汽初参数为 13MPa，535℃，终参数为 5kPa。图中直观地显示出发电厂能量利用与损失的具体分布情况，其中汽轮机的冷源损失是所有损失中最大的。

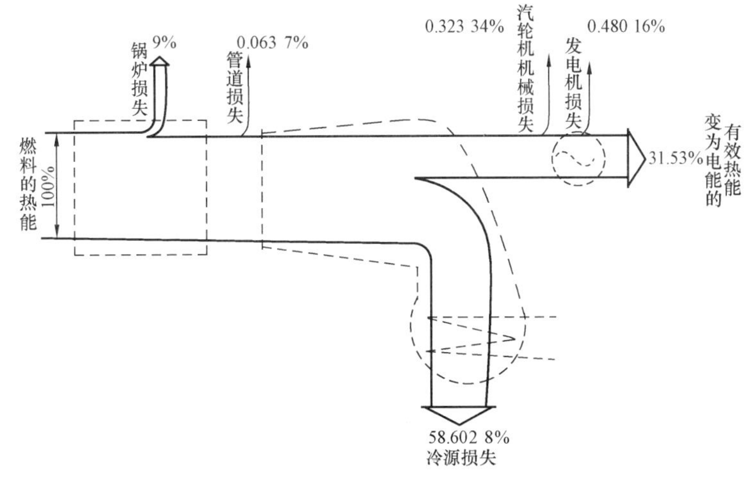

图 1-2　超高压简单凝汽式发电厂热流图

热量法从数量上揭示了能量利用的效果，它建立在自然界中能量守恒与转换定律基础上。从热力学范畴看，它是以热力学第一定律为基础的，其实质是能量在数量上的平衡，并未揭示出能量在品质上的差异。

第二节　做功能力分析法及其应用

实际能量既具有量的守恒性又具有品质上的差异性，集中地反映在能量传递、转换过程中所具有的方向性、条件性和可能转换的程度上。例如：机械能或电能在理论上可以全部转换为热能，但要实现其反方向的转换，是绝对不可能实现全部转换的。又如热能本身可以自发地从高温物体传向低温物体，却不能自发地反方向进行。就同一种能量而言，由于它的状态参数不同，其品质也不相同，比如同样是1000kJ的热量，在100℃下转换为机械能的能力只相当于800℃下的1/3左右，更明显的是处于环境条件下的大气介质，在数量上含有无限的热能，但它转换为其他形式能量的能力等于零，因此大气介质所含热能的品质为零。由此看出，要想准确地分析和评价能量利用的效果，单单采用热量法是不够的，必须采用其他方法，从量和品质两方面进行考核，这就产生了熵分析法和㶲分析法。

一、熵分析法

在热工学部分，我们已经学过了孤立系统的熵增原理，即孤立系统的熵可以增大或保持不变，但绝对不能减少。实际过程都是不可逆的，因此其熵都是增大的，其不可逆性将引起能量做功损失，不可逆程度可以用熵增量的大小来表示。例如：环境温度为 T_{amb}，熵增为 Δs_g。一般情况下，环境温度变化很小，可以作为常数处理，因此能量做功能力的损失与孤立系统的熵增成正比。可见，熵增是用来作为衡量孤立系统内由于不可逆性导致做功能力减少的一种量度。这种用熵增原理来分析和评价实际电厂热经济性的方法称熵方法。凡是熵增的过程，都会使热经济性下降。

在温度为 T_{amb} 的环境中，某一热力过程或设备中的熵增为 Δs_g 引起的做功能力损失 ΔW_l 为

$$\Delta W_l = T_{amb} \cdot \Delta s_g \tag{1-15}$$

发电厂的全部能量转换过程是由一系列的不可逆过程组成的，算出各过程的做功能力损失之后，累加起来即可得到发电厂总的能力损失，即

$$\Delta W_l = \sum_{i=1}^{n} \Delta W_{li} = T_{amb} \cdot \sum_{i=1}^{n} \Delta s_{gi} \tag{1-16}$$

下面用熵分析法分析发电厂中三种典型的不可逆过程。

1. 有温差的换热过程

如图1-3所示，两股流体进行换热。高温流体A沿过程1－2放热，放热平均温度为 $\overline{T}_A$，放热过程其熵减少 Δs_A；低温流体B沿3－4吸热，吸热平均温度为 $\overline{T}_B$，吸热过程熵增 Δs_B。平均换热温差 $\Delta\overline{T}=\overline{T}_A-\overline{T}_B$。不考虑散热损失，则放热量 ΔQ 等于吸热量，即

$$\Delta Q = \overline{T}_A \cdot \Delta s_A = \overline{T}_B \cdot \Delta s_B$$

换热过程的熵增 Δs_g 为

$$\Delta s_g = \Delta s_B - \Delta s_A = \frac{\Delta Q}{\overline{T}_B} - \frac{\Delta Q}{\overline{T}_A} = \Delta Q \cdot \frac{\Delta\overline{T}}{\overline{T}_A \cdot \overline{T}_B} \tag{1-17}$$

分析式（1-17）可知，当环境温度一定时，平均换热温差越大，换热过程的做功能力损失也越大；相同的换热量和平均换热温差，流体的平均换热温度越高，换热的做功能力损失就越小，即高温换热器比低温换热器有利。有温差的换热过程的做功能力损失为面积1′4′4″1″1′所示，其计算式为 $\Delta w_l = T_{amb}$（$\Delta s_B - \Delta s_A$）。

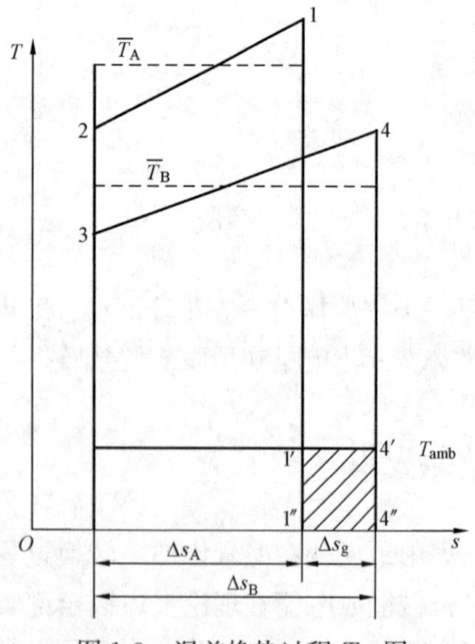

图1-3 温差换热过程 T-s 图

2. 绝热节流过程

图 1-4 中的 $o-a$ 过程所示为蒸汽在汽轮机进汽调节机构中的节流过程。由热力学第一定律解析式 $\mathrm{d}q=\mathrm{d}h-v\mathrm{d}p$ 可得，绝热节流前后工质的焓不变，即 $\mathrm{d}h=0$，对微元过程有 $\mathrm{d}q=T\mathrm{d}s$，因此，绝热节流过程的熵增为

$$\Delta s_{\mathrm{g}}=-\int_{s_{o''}}^{s_{a''}}\frac{v}{T}\mathrm{d}p \qquad (1\text{-}18)$$

绝热节流过程的做功能力损失为面积 $o'a'a''o''o'$ 所示，其计算式为

$$\Delta W_{1}=T_{\mathrm{amb}}\int_{s_{o''}}^{s_{a''}}\frac{v}{T}\mathrm{d}p \qquad (1\text{-}19)$$

式中 v——工质的比体积，$\mathrm{m^3/kg}$；

T——工质的温度，K；

$\mathrm{d}p$——工质的压力降，MPa。

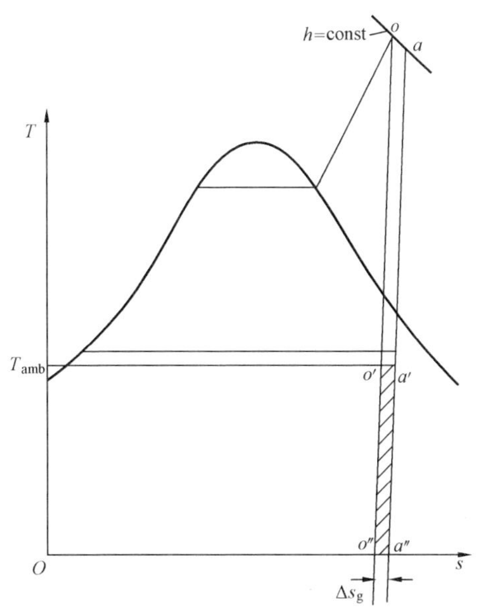

图 1-4 工质的绝热节流过程

工质节流过程总是伴随着压力的降低，所以式（1-19）中 $\mathrm{d}p$ 为负，熵增为正，压降越大，熵增和做功能力损失也越大。减少工质节流过程做功能力损失的途径是尽量减少节流引起的压降。

式（1-19）还表明，节流引起的做功能力损失与工质的比体积成正比，与工质的温度成反比，因此高温高压蒸汽管道常选用较大的工质压降，以便采用较小的管径，节省管道投资。

3. 有摩擦阻力的膨胀或压缩过程

如图 1-5 所示，蒸汽在汽轮机中为可逆膨胀做功时，排汽的熵为 s_{c_a}。由于汽轮机内部存在蒸汽与动、静叶的摩擦等种种不可逆因素，引起工质的摩擦与扰动，实际排汽熵为 s_c，膨胀做功过程不可逆性引起的熵增为

$$\Delta s_{\mathrm{g}}=s_{\mathrm{c}}-s_{\mathrm{c_a}} \qquad (1\text{-}20)$$

相应的做功能力损失为面积 $c'c''c_a''c_a'c'$ 其计算式为

$$\Delta W_{1}=T_{\mathrm{amb}}\cdot\Delta s_{\mathrm{g}}=T_{\mathrm{amb}}(s_{\mathrm{c}}-s_{\mathrm{c_a}}) \qquad (1\text{-}21)$$

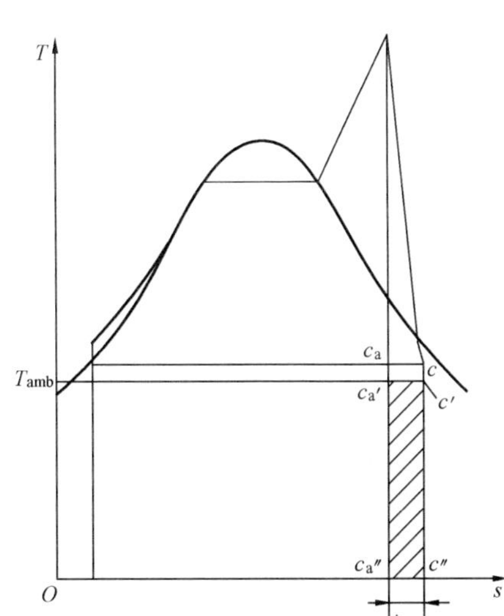

图 1-5 工质膨胀做功过程

同理，在发电厂的热力系统中，水泵工作时，由于水泵内部各种不可逆因素，使水的熵增大，水的绝热压缩（升压）过程也要引起做功能力损失。

显然，减少工质膨胀或压缩过程做功能力损失的途径是减少其过程的扰动、摩擦以及工质的泄漏等不可逆程度。

二、㶲分析法

（一）㶲的一般概述

热量法不能反映能量在质量上的差别，而状态参数㶲可以满足这一要求。㶲和能量的概念在本质上是

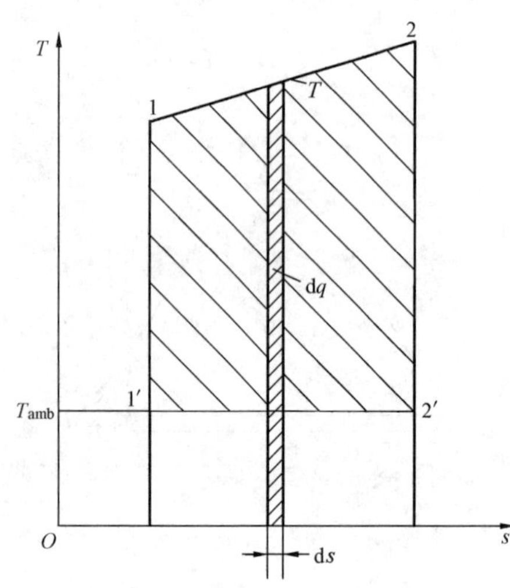

图 1-6　变温传递热量的㶲

有区别的。㶲是一个特定的概念，它表示在给定的环境条件下，能量具有的最大做功能力。㶲在某种程度上可以理解为能够被利用的能量，㶲损可以理解为损失掉的可被利用的能量。㶲分析法是利用㶲效率（可用能利用率）和㶲损（做功能力损失）来评价电厂能量的质量利用情况。

1. 热量（热流）㶲

热量是过程量，如图 1-6 所示，1kg 工质在变温情况下沿 1—2 过程吸热，吸热量为 q_{12}。取一微元吸热过程的吸热量为 dq，工质熵的变化为 ds，吸热温度为 T，则 dq＝Tds，根据热力学第二定律，热流 dq 所能完成的最大功，即热流 dq 的㶲 de_q 为

$$de_q = dq\left(1-\frac{T_{amb}}{T}\right) \tag{1-22}$$

热量 q_{12} 的㶲 e_q^{12} 为面积 $122'1'1$，其计算式为

$$e_q^{12} = \int_1^2 dq\left(1-\frac{T_{amb}}{T}\right) = \int_1^2 dq - T_{amb}\int_1^2 \frac{dq}{T} = q_{12} - T_{amb}(s_2 - s_1) \quad \text{kJ/kg} \tag{1-23}$$

假定吸热过程的平均温度为 $\overline{T}_{12}$，则

$$e_q^{12} = q_{12}\left(1-\frac{T_{amb}}{\overline{T}_{12}}\right) \quad \text{kJ/kg} \tag{1-24}$$

由式（1-24）可知，热流㶲的大小不但与热量的数量有关，而且与过程的温度有关，过程平均温度越高，热量㶲就越大，热量的品位也越高。

2. 工质㶲

工质在稳定流动中由给定的状态可逆地变到与环境相平衡的状态所能完成的最大有用功称为工质㶲。

如图 1-7 所示，1kg 工质进入热力系统时的参数 p_1、t_1 可逆地变到与环境相同的参数 p_{amb}、t_{amb}，在状态变化时，没有其他热源，只与环境交换热量，并对外做功。忽略工质动能和位能的变化，则由热力学第一定律可得

$$h_1 + q_{amb1} = h_{amb} + W_{amb1}^{max} \tag{1-25}$$

根据热力学第二定律

$$q_{amb1} = \int^{amb} T_{amb}\,ds = T_{amb}(s_{amb} - s_1) \tag{1-25a}$$

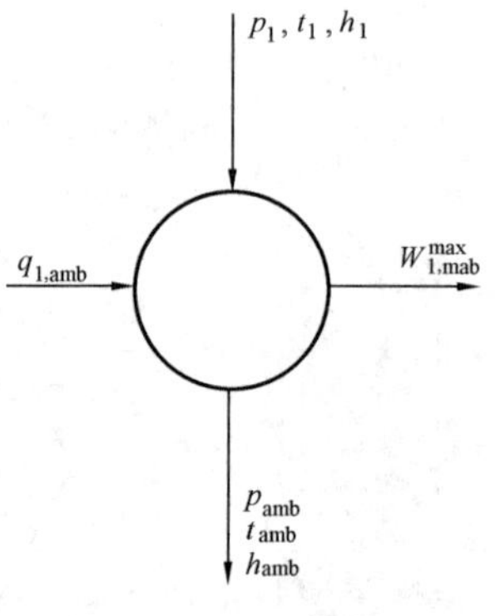

p_1, t_1, h_1
$q_{1,amb}$
$W_{1,mab}^{max}$
p_{amb}
t_{amb}
h_{amb}

图 1-7　能量平衡示意

把式（1-25a）代入式（1-25）并整理，可得每 1kg 工质在状态 p_1，t_1 下的㶲为

$$e_1 = W_{amb1}^{max} = (h_1 - h_{amb}) - T_{amb}(s_1 - s_{amb}) \quad \text{kJ/kg} \tag{1-25b}$$

式中　W_{amb1}^{max}——热力系统对外做的最大功，kJ/kg；

h_1——给定状态工质的焓，kJ/kg；

h_{amb}——环境状态工质的焓，kJ/kg；

s_1——给定状态工质的熵，kJ/（kg·K）；

s_{amb}——环境状态工质的熵，kJ/（kg·K）。

3. 其他有关能量的㶲

理论上机械能和电能都可以全部转变为功，所以

机械能的㶲=机械能的热当量

电能的㶲=电能的热当量

固体燃料的化学㶲=固体燃料的低位发热量

4. 㶲损失、㶲平衡和㶲效率

各种热力过程的不可逆因素都会有熵增，熵增将带来做功能力的损失即㶲损失，使一部分可用能变成无用能，也就是说，不可逆过程㶲是不守恒的。因此，对任何实际热力过程来说，热力系统输出各种㶲的总和永远小于进入热力系统㶲的总和，两者之差就是热力过程的㶲损失 ΔE_l，即

$$\Delta E_l = \sum_{i=1}^{n} E_{in,i} - \sum_{j=1}^{m} E_{out,j} \tag{1-26}$$

式中 E_{in}、E_{out}——进、出热力系统的任何形式的㶲。

式（1-25）是开口热力系统㶲平衡的通用方程。通过该方程可以求出某一热力设备或整个发电厂的㶲损失。整个发电厂的㶲损失 $\Delta E_{l,cp}$ 等于能量转换过程中各有关热力设备㶲损失总和，即

$$\Delta E_{l,cp} = \sum_{i=1}^{n} \Delta E_{l,i} \tag{1-27}$$

式中 $\Delta E_{l,i}$——某一热力设备或能量传递过程中的㶲损失。

㶲损失可以用作评价热力设备和发电厂热经济性的指标，但它是个绝对数值，不便于与其他热力设备进行相互比较，所以引入相对指标——㶲效率。

常用的㶲效率的定义是有效利用的㶲与消费的㶲之比，有时也称其为第二定律效率。

例如，凝汽式发电厂煤耗为 B，总㶲损失为 $\Delta E_{l,cp}$，发电功率 P_e，则其效率 $\eta_{e,cp}$ 为

$$\eta_{e,cp} = \frac{3600P_e}{BQ_{net,p}} = \frac{BQ_{net,p} - \Delta E_{l,cp}}{BQ_{net,p}} \tag{1-28}$$

需要说明的是，这里把煤的化学能近似地等于其低位发热量。

采用相似的方法可计算发电厂各热力设备的㶲效率。

（二）发电厂的㶲分析

以图 1-1（a）所示的简单凝汽式发电厂为例，按能量转换顺序，分析各设备中的㶲损失及发电厂的㶲效率。

以燃料㶲 e_q 为 100%，算出电能及各项㶲损失所占份额后，便可绘制发电厂的㶲流图。图 1-8 为蒸汽参数为 13MPa、535℃，终参数为 5kPa 的简单凝汽式发电厂的㶲流图。

三、做功能力分析法与效率分析法的比较

下面以超高压参数简单凝汽式发电厂为例，把两类分析法的计算结果进行分析比较。

简单凝汽式发电厂的热力系统如图 1-1（a）所示。其中锅炉出口的过热蒸汽参数为 13MPa、540℃，锅炉的热效率为 0.91；汽轮机进口参数为 13MPa、535℃，排汽压力为 5kPa，汽轮机的相对内效率为 0.82，机械效率为 0.99；发电机效率为 0.985；环境参数为 0.1MPa、20℃；工质流量为 1kg；采用固体燃料，其㶲值等于它的低位发热量；计算中忽

略水在给水泵内的焓升。

用效率分析法和做功能力分析法分别计算，计算结果见表 1-2。相应的热流图如图 1-2 所示，㶲流图如图 1-8 所示。

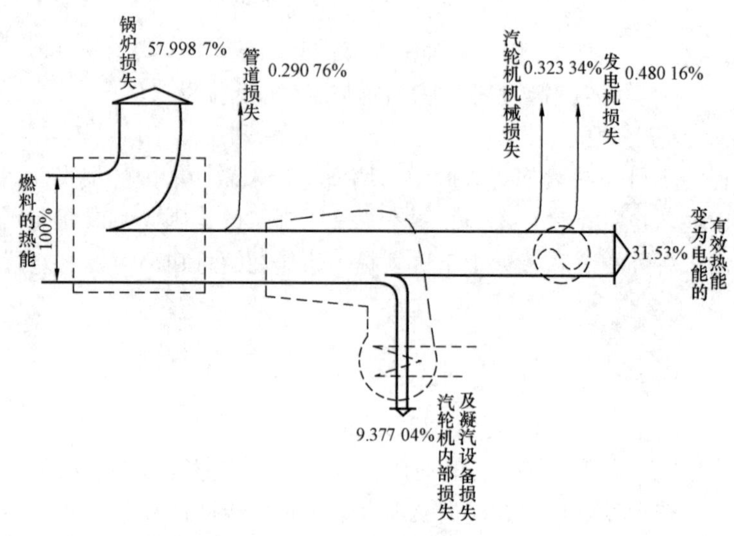

图 1-8 超高压简单凝汽式发电厂的㶲流图

表 1-2 **发电厂的热平衡与㶲平衡计算** (%)

项目		分析法		项目	分析法	
		效率分析法	㶲分析法		效率分析法	㶲分析法
锅炉中的损失		9	58	汽轮机的机械损失	0.323	0.323
管道中的损失		0.064	0.29	发电机的能量损失	0.48	0.48
冷源损失	汽轮机内部	58.603	6.928	发电厂效率	31.53	31.53
	凝汽器内部		2.449			

从计算结果可以看出，由于固体燃料的㶲等于其低位发热量，而电能的㶲等于其热当量，因此发电厂的总热效率与总㶲效率相等，均为 0.315 3。但两类分析法对发电厂效率低的原因的分析有很大的差别。特别是对主要原因的解释，两者结论正好相反。效率法认为主要原因是冷源损失太大，其次是锅炉的热损失；做功能力法则认为主要原因是锅炉的㶲损失太大，其次是汽轮机内部的㶲损失和凝汽器的㶲损失。

从表面上看，两类分析法的解释互相矛盾。其实，效率分析法只是从外部现象进行解释，而做功能力分析法则是从内部根源进行分析。外部损失是内部损失的表现，内部损失是外部损失的根源，后者才是问题的本质。因为进入凝汽设备的大量热能已经品位很低，没有多少做功能力的废热，这些热量的绝大部分在锅炉里就已丧失了做功能力。做功能力分析法透过本质看问题，它以燃料化学能被利用的程度来评价发电厂的热经济性。由于能量的利用不仅包含数量，更注重质量，故该法对利用热功转换进行能量生产的火电厂具有特殊意义，但它的定量计算复杂，使用起来不方便、不直观，目前主要用于定性分析，起着从本质上指导技术改进方向的作用。

根据本节的分析可知，提高热力发电厂热经济性的根本途径是减少电厂能量转换过程中的各种不可逆损失，特别是减少温差换热、工质膨胀和压缩过程、工质节流以及燃料燃烧过程中的做功能力损失。对于提高各热力设备的效率、提高蒸汽初参数、降低蒸汽终参数、采用给水回热加热、采用蒸汽中间再过热、热电联产、燃气-蒸汽联合循环等提高效率的方法，其实质也就是减少能量转换过程中各种不可逆损失的具体措施。

第三节　纯凝汽式发电厂的主要热经济指标

电厂设计和运行都是以热经济指标来说明发电厂热经济性的。国际上均用热量法制定了主要设备和全厂的热经济指标，主要有汽耗（量、率）、热耗（量、率）、煤耗（量、率）和全厂效率四类，括号中前者以单位时间来度量，括号中后者以1kWh电能来度量。本节仅介绍无回热和再热的凝汽式发电厂（纯凝汽式发电厂）的热经济指标的表示方法。

一、汽轮发电机组的热经济指标

1. 汽轮发电机组的汽耗量 D_0 和汽耗率 d_0

汽轮发电机组的汽耗量表述为单位时间内（每小时）汽轮发电机组生产电能所消耗的蒸汽量。

纯凝汽式汽轮发电机组的能量平衡（或功率方程）式为

$$D_0(h_0-h_c)\eta_m\eta_g=3600P_e \tag{1-29}$$

则有

$$D_0=\frac{3600P_e}{(h_0-h_c)\eta_m\eta_g} \tag{1-30}$$

式中　D_0——纯凝汽式汽轮发电机组的汽耗量，kg/h。

汽轮发电机组的汽耗率表述为汽轮发电机组生产单位电能（1kWh）所消耗的蒸汽量，即

$$d_0=\frac{D_0}{P_e}=\frac{3600}{(h_0-h_c)\eta_m\eta_g} \tag{1-31}$$

式中　d_0——纯凝汽式汽轮发电机组的汽耗率，kg/kWh。

2. 汽轮发电机组的热耗量 Q_0 和热耗率 q_0

汽轮发电机组的热耗量表述为单位时间内汽轮发电机组生产电能所消耗的热量，即

$$Q_0=D_0(h_0-h'_{fw})\qquad \text{kJ/h} \tag{1-32}$$

汽轮发电机组的热耗率表述为汽轮发电机组每生产单位电能所消耗的热量，即

$$q_0=\frac{Q_0}{P_e}=d_0(h_0-h'_{fw})\qquad \text{kJ/kWh} \tag{1-33}$$

$$q_0=\frac{3600}{\eta_t\eta_{ri}\eta_m\eta_g}=\frac{3600}{\eta_i\eta_m\eta_g}\qquad \text{kJ/kWh} \tag{1-34}$$

二、全厂热经济指标

1. 全厂的热耗量 Q_{cp} 和热耗率 q_{cp}

全厂热耗量表述为凝汽式发电厂单位时间内生产电能所消耗的热量，即

$$Q_{cp}=BQ_{net,p}=\frac{Q_b}{\eta_b}=\frac{Q_0}{\eta_b\eta_p}\qquad \text{kJ/h} \tag{1-35}$$

全厂热耗率表述为凝汽式发电厂生产单位电能所消耗的热量，即

$$q_{cp}=\frac{Q_{cp}}{P_e}=\frac{3600}{\eta_{cp}}=\frac{3600}{\eta_b\eta_p\eta_i\eta_m\eta_g}\quad \text{kJ/kWh} \tag{1-36}$$

2. 厂用电率 ζ_{ap}

厂用电率表示发电厂在同一时间内为满足自身生产电能需要所消耗的厂用电量与生产电能的比值，即

$$\zeta_{ap}=\frac{P_{ap}}{P_e}\times 100\% \tag{1-37}$$

式中 P_{ap}——发电厂在某段时间内的厂用电量，kW。

3. 全厂的煤耗量和煤耗率

(1) 发电煤耗量 B 和煤耗率 b。全厂煤耗量表示在单位时间内发电厂所消耗的燃料量，即

$$B=\frac{Q_b}{Q_{net,p}\eta_b}=\frac{Q_0}{Q_{net,p}\eta_b\eta_p}=\frac{3600P_e}{Q_{net,p}\eta_{cp}}\quad \text{kg/h} \tag{1-38}$$

全厂煤耗率表示发电厂生产单位电能所消耗的燃料量，即

$$b=\frac{B}{P_e}=\frac{q_0}{Q_{net,p}\eta_b\eta_p}=\frac{3600}{Q_{net,p}\eta_{cp}}\quad \text{kg/kWh} \tag{1-39}$$

(2) 发电标准煤耗率 b^s。为了方便计算和比较发电厂的经济性，发电厂煤耗率往往采用标准煤耗率。所谓发电标准煤耗率是指发电厂生产单位电能所消耗的标准煤量。我国标准规定，标准煤是指低位发热量为 29 270kJ/kg 的煤。

则有

$$b^s=\frac{q_0}{29\,270\eta_b\eta_p}=\frac{3600}{29\,270\eta_{cp}}\approx\frac{0.123}{\eta_{cp}}\quad \text{kg(标准煤)/kWh} \tag{1-40}$$

实际煤耗和标准煤耗的换算关系如下：

$$29\,270b^s=Q_{net}b$$

即

$$b^s=\frac{bQ_{net,p}}{29\,270}\quad \text{kg(标准煤)/kWh} \tag{1-41}$$

(3) 供电标准煤耗率 b_n^s。供电标准煤耗率是指发电厂向外界供应单位电能所消耗的标准燃料量，即

$$b_n^s=\frac{B^s}{P_e-P_{ap}}=\frac{B^s}{P_e(1-\zeta_{ap})}=\frac{b^s}{1-\zeta_{ap}}\quad \text{kg(标准煤)/kWh} \tag{1-42}$$

式中 B^s——标准煤耗量，kg (标准煤) /h。

国产汽轮发电机组的热经济指标列于表 1-3 中。

表 1-3 国产汽轮发电机组的热经济指标

额定功率 P_e/MW	η_{ri}	η_i	η_m	η_g	η_{cp}	d /(kg/kWh)	q_{cp} /(kJ/kWh)
0.75～6	0.76～0.82	<0.30	0.965～0.986	0.930～0.960	<0.270～0.284	>4.9	>13 333
12～25	0.82～0.85	0.31～0.33	0.986～0.990	0.965～0.975	0.290～0.320	4.7～4.1	12 414～11 250
50～100	0.85～0.87	0.37～0.40	0.990	0.980～0.985	0.360～0.390	3.9～3.5	10 000～9231
125～200	0.86～0.89	0.43～0.45	0.990	0.990	0.421～0.441	3.1～2.9	8612～8238
300～600	0.88～0.90	0.45～0.48	0.990	0.990	0.441～0.470	3.2～2.8	8219～7579
600～1000	0.90～0.92	0.48～0.50	0.990	0.990	0.45～0.48	3.2～2.7	8000～7324

复习思考题

1. 效率的一般概念是什么？热量法分析发电厂热经济性的优点是什么？

2. 对于凝汽式发电厂生产过程中的最大损失，为何热量法和做功能力分析法分析的结果不一致？

3. 凝汽式发电厂生产过程中为什么会存在能量损失？都有哪些损失？各项损失的原因是什么？大致的数量是多少？

4. 凝汽式发电厂的总效率由哪些效率组成？当提高分效率时，总效率会如何变化？

5. 传热温差越大，做功能力损失就越大，这种说法成立吗？为什么？

6. 纯凝汽式发电厂的主要热经济性指标有哪些？并说明其含义。

7. 为何给水经过给水泵后会有焓升？为什么在计算超高压参数机组的热经济性时，要考虑焓升的影响？

8. 在比较发电厂热经济性时，为何要引入供电煤耗率的概念和标准煤耗率的概念？

第二章

影响发电厂热经济性的
因素及提高热经济性的发展方向

由第一章分析我们可以知道，发电厂的主要损失按热量法分析是由于冷源放热而引起的热损失，按做功能力法分析是由于不可逆过程的存在造成的损失。综合这两个方面，要想提高发电厂的热经济性，就要从如何降低冷源损失和如何减少不可逆损失着手进行研究。

从提高热力发电厂热经济性总的趋势和途径来看，目前采用的技术和措施可概括为以下六个方面。

1. 提高蒸汽初参数以提高循环吸热过程的平均温度

根据蒸汽动力循环特点，提高蒸汽初温和初压力（在工程上应用的压力范围内）均能提高循环吸热过程的平均温度，从而提高理想循环热效率 η_t。㶲分析方法认为是提高了工质在锅炉内吸热过程的平均吸热温度，从而降低了工质在锅炉内的换热温差引起的㶲损失。蒸汽初温和初压的提高，对汽轮机相对内效率 η_{ri} 有不同方向的影响，使汽轮机的绝对内效率（$\eta_i=\eta_t\eta_{ri}$）会有不同方向的变化，其变化方向和大小主要取决于汽轮机的蒸汽容积流量，对于现代大容量汽轮机采用高蒸汽参数，可以提高汽轮机绝对内效率，是因为相对降低了蒸汽在汽轮机中不可逆膨胀的结果。据某 600MW 机组计算，主蒸汽温度每升高 10℃，煤耗率下降 1.14g/kWh。

2. 采用蒸汽中间再热以提高循环吸热过程的平均温度

如果中间再热参数选的合理，可提高整个循环吸热过程的平均温度，从而提高循环热效率，这也是提高了工质在锅炉内吸热过程的平均温度、减少锅炉换热温差，降低㶲损的结果。同时降低了汽轮机的排汽湿度，使之保持在允许的范围内。通常再热后温度每升高 10℃，循环热效率可提高 0.2%～0.3%。采用一次中间再热，可使机组的热经济性提高 5% 左右，采用两次中间再热，可再提高 2%左右，但系统会更复杂。

3. 降低蒸汽终参数以降低循环的平均放热温度

降低汽轮机的排汽压力，使循环放热过程的平均温度降低。在蒸汽初参数和循环形式已定的情况下，循环热效率随着排汽压力的降低而提高，㶲方法认为降低放热过程平均温度可减小凝汽器内换热过程平均温差而减少㶲损。据计算，真空降低 1kPa，煤耗率上升 2～3g/kWh。汽轮机的排汽压力与冷却水的温度和流量、凝汽器的冷却面积和构造、汽轮机末级的通流面积、汽轮机的负荷等因素有关。降低汽轮机的排汽压力是提高发电厂热经济性的主要方法之一。

4. 采用给水回热

因回热抽汽做功汽流没有冷源损失，减小了汽轮机凝汽流流量，从而减小了整机的冷源损失，提高了循环热效率 η_t。㶲方法认为，回热给水温度提高，增加了工质在锅炉内吸热过程的平均温度，降低了由锅炉换热温差引起的㶲损失。

5. 有热负荷地区建设热电厂，采用热电联合生产

供热抽汽流与回热抽汽流一样没有冷源损失，使做功的冷源损失减小。供热抽汽量越

大，机组的热经济性就越高，而且热电联产综合用能、按质用能，从而提高了燃料化学能质量和数量的利用率。

6. 采用燃气-蒸汽联合循环

由于利用了燃气轮机和蒸汽轮机的各自的优点，增加了总输出功率，使整个循环的热效率得以提高。

采用上述方法提高发电厂的热经济性时，需要注意不能孤立地去追求提高发电厂的热经济性，而必须综合考虑技术经济因素的限制，通过全面的技术经济论证后，才能确定某项技术措施的可行性。

第一节　蒸汽参数对发电厂热经济性的影响

蒸汽参数通常就是我们所说的蒸汽的初压力、初温度，以及汽轮机排汽的压力。现代凝汽式发电厂均向高参数、大容量方向发展，从高压、超高压、亚临界压力、超临界压力机组发展到超超临界压力机组。这也充分说明机组参数对提高发电厂热经济性是十分有利的。

由发电厂生产过程中的各项损失及相应效率可以看出，提高循环热效率能够显著地提高发电厂的热经济性，因为这一效率直接反映了电能生产中最大的一项损失，因此提高循环效率的各种可能方法也都是提高发电厂热经济性最有效的方法。循环效率的高低，取决于循环的形式（如回热、再热及供热等），工质的初、终参数和工质的热力学性质，下面我们讨论初、终参数对经济性的影响。

一、蒸汽初参数对电厂热经济性的影响

（一）蒸汽初参数对理想循环热效率 η_t 的影响

蒸汽初参数（温度和压力）变化时，会改变循环工质放热量与吸热量的比值，从而改变循环的热效率。

首先假定初压力 p_0 和排汽压力 p_c 不变，当初温 t_0 升高时，蒸汽在汽轮机中所做的功增加。但同时在凝汽器中的冷源热损失也增加。如图 2-1所示，由分析可知，初温由 T_0 升高到 T'_0时，循环吸热过程平均温度 $\overline{T}_{av}$升高到 $\overline{T}'_{av}$。由于吸热过程平均温度提高，加大了循环吸热过程与放热过程中的平均温差，从而使与之相应的等效卡诺循环热效率得到提高，即提高了蒸汽循环热效率。

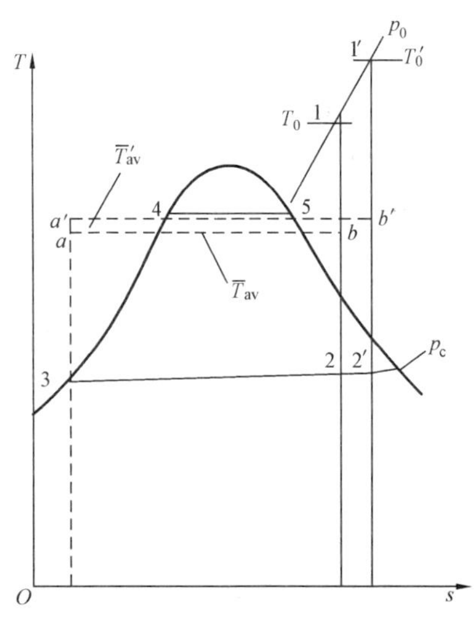

图 2-1　具有不同初温度的理想蒸汽循环 T-s 图

我们也可以这样分析，将提高温度后的循环，看作是由一个过热蒸汽初温较低的基本循环与一个附加的过热蒸汽循环组成的复合循环。显然附加循环的吸热平均温度高于基本循环的吸热过程平均温度，附加循环的热效率要高于基本循环的热效率。因此，复合循环的热效率必然高于原基本循环的热效率。

当蒸汽初温度 T_0 和排汽压力 p_c 不变时，提高初压力 p_0，其 T-s 图如图 2-2 所示。其他条件不变，p_0 提高时，也可提高 η_t，因为提高 p_0 也可以使整个吸热

过程平均温度得到提高。但必须指出的是，提高初压与提高初温对工质吸热过程平均温度的影响是不完全相同的。提高初压从而提高循环吸热过程平均温度，这一结论只是在一定范围内才是正确的。这是因为：当提高初压力时水的汽化潜热在吸热过程总的吸热量中所占的比例减少了，而温度水平较低的给水加热段吸热过程的吸热量却相对增加了。因此，当蒸汽初压力提高到一定数值后，如再继续提高压力，水和蒸汽整个吸热过程的平均温度不是继续提高，而是开始下降。

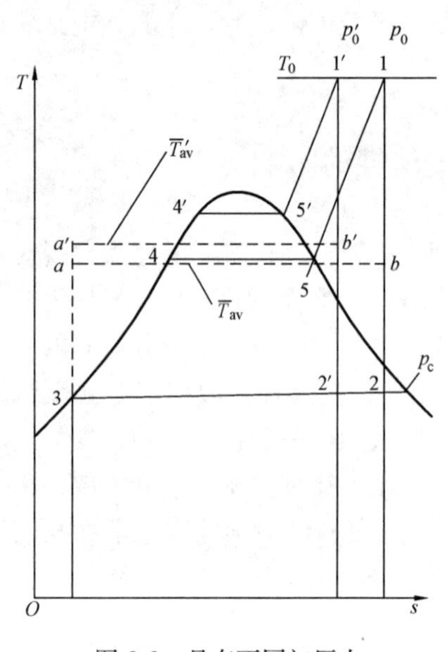

图 2-2　具有不同初压力的蒸汽循环 T-s 图

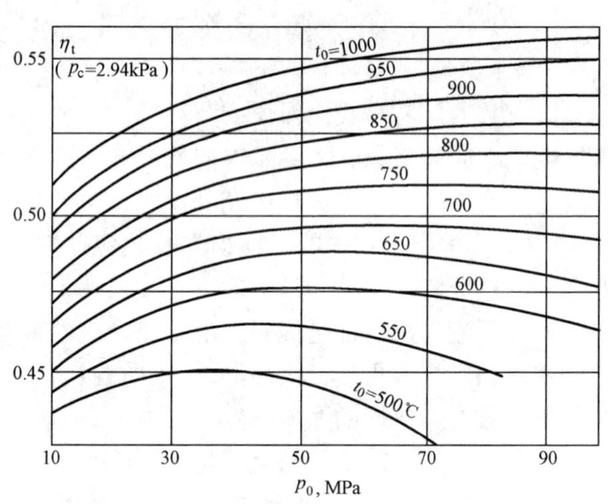

图 2-3　理想循环热效率与蒸汽初参数的关系

分析蒸汽初压力的变化对循环热效率的影响表明：只有当蒸汽压力提高到很高的某一数值（往往超过了工程应用的范围）后，循环热效率才不增反降，这一转折点取决于蒸汽的初温度。初温越高，这一极限压力值就越高，如图 2-3 所示。但就一般选定的初温度而言，这一转折压力非常高，远远超过了现代汽轮机应用的压力范围，因此，在实际应用中仍可以说提高初压力可使循环热效率提高。不过初温越高，对提高初压力就越有利，一般同时提高初温和初压，在热力学上的经济效果才最大。

（二）蒸汽参数对实际循环效率 η_i 的影响

实际循环热效率 $\eta_i=\eta_t\eta_{ri}$，前面已经分析了提高初参数对 η_t 的影响，影响 η_{ri}的因素很多，如蒸汽初参数、汽轮机通流部分空气动力学完善程度及汽轮机运行工况等。这里主要分析其他条件不变时，由于蒸汽初参数变化对 η_{ri}的影响。

当其他条件不变时，提高蒸汽初温度，则进入汽轮机的蒸汽容积流量增大，要求增加前几级叶片高度，这就减少了汽轮机通流部分间隙的漏汽损失，同时还减少了蒸汽膨胀终了的湿度，因此，提高蒸汽初温会使 η_{ri}提高。

提高蒸汽初压力，使汽轮机蒸汽容积流量减少，则要求降低叶片高度，这就相对增加了汽轮机通流部分间隙的漏汽损失。同时，由于汽轮机前几级叶片高度不能小于某一限度，否则就必须采用部分进汽，这又会产生额外的鼓风损失和汽轮机机内的端部损失。提高初压也会增加蒸汽膨胀终了时的湿汽损失。总之，提高初压会使汽轮机的相对内效率降低，如

图 2-4所示。

实际循环热效率与蒸汽初参数的关系如图 2-5 所示。

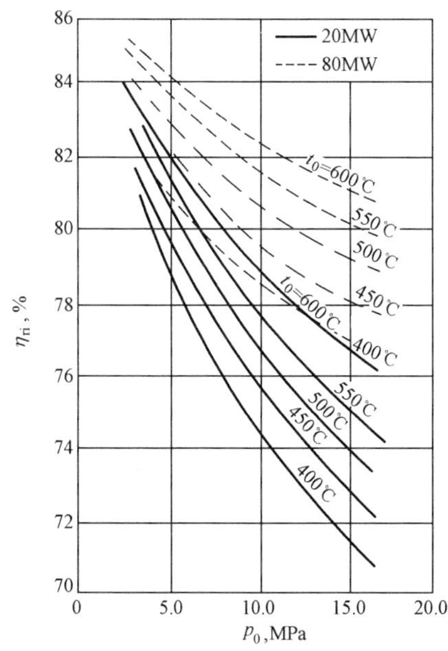

图 2-4　凝汽式汽轮机相对内效率与蒸汽初参数的关系

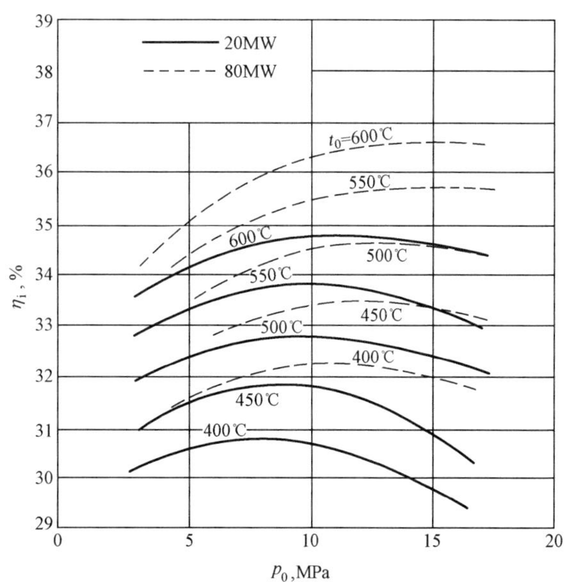

图 2-5　实际循环热效率与蒸汽初参数的关系

分析图 2-5 可以得到如下一般规律：

（1）蒸汽初温度越高，实际循环热效率 η_i 也越高；

（2）对应于每一个蒸汽初温度，都有一个使实际循环热效率达最高值的最佳初压力；

（3）蒸汽初温度越高，相应的最佳初压力越高；

（4）同样的蒸汽初温度，汽轮机的容量越大，最佳初压力就越高。

（三）提高蒸汽初参数的技术限制

提高蒸汽初温度要受到动力设备材料强度的限制。当初温升高时，钢材的屈服点及蠕变极限都会降低得很快，而且由于在高温下金属发生氧化，腐蚀结晶裂化，会使设备零件强度大大降低。在非常高的温度下，即使是耐热合金钢也无法使用。

从发电厂技术经济性和可靠性考虑，中、低压机组的蒸汽温度一般取 390～450℃，以便广泛使用碳素钢，高压及以上机组的蒸汽初温度一般选取 500～565℃，我国多选 535℃，这样可采用低合金元素的珠光体钢。奥式体钢可在 580～600℃高温下使用，但价格高，膨胀系数小，抗蠕变和抗锈蚀的能力都较差。目前应用较多的是 12％Cr 钢，其推荐使用温度为 600～610℃。

提高蒸汽初压力，除使设备壁厚和零件重量增加外，还受到汽轮机末几级允许蒸汽湿度的限制。对于无再热的机组，当其他条件不变时，提高初压将使蒸汽的终湿度增加，如果超过允许值，将加剧对叶片的浸蚀，而且会发生冲击现象，影响设备使用寿命和安全运行，一般凝汽式机组的最大允许终湿度为 12％～14％，大型机组常限制在 10％以下，对于调节抽汽式机组，由于凝汽流量较小，其允许终湿度可提高至 14％～15％。

(四) 蒸汽初参数的选择和运行控制

1. 蒸汽初参数的选择

蒸汽初参数的选择与很多因素有关，确定初参数时不仅要考虑热经济性，还要考虑投资的经济性、运行的安全可靠性，并通过全面的技术经济论证后才能确定。

实际应用时，蒸汽初压力和初温度是配合选择的，既采用较高的初压力同时也采用较高的初温度。蒸汽初参数的选择还要考虑机组的容量，一般随着机组容量的增大，采用较高参数。这是因为如果小容量机组采用高参数，由于蒸汽容积流量的减小，工作叶片更短，高压部分的漏汽损失和端部损失将增加较多，汽轮机 η_{ri} 会显著降低，有可能超过 η_t 的提高，使 η_i 和发电厂的经济性下降。对于大容量机组，由于进汽量很大，叶片高度较大，采用高参数使得 η_{ri} 的降低较小，其作用影响不大。因此，笼统地说高参数设备比低参数设备热经济性高是不对的，只有将高参数应用于大容量，才能达到提高热经济性的目的。

我国设计生产的亚临界压力机组发电效率为 38%，发电标准煤耗率为 324 g/kWh；超临界压力机组发电效率为 41%，发电标准煤耗率为 300g/kWh；如果采用超超临界压力机组，效率可达 48%，发电标准煤耗率可降低至 256g/kWh。可见提高参数对发电厂热经济性的影响是巨大的。

表 2-1 列出了我国电站设备容量和参数的匹配关系。对于超超临界压力机组，一般采用两次中间再热。从现在国外的发展趋势来看，参数一般稳定在 31.0MPa、566℃/566℃/566℃或 31.0MPa、593℃/593℃/593℃或 34.5MPa、649℃/593℃/593℃。随着科学技术的不断进步，冶金工业水平的不断提高，现在超超临界压力机组的参数可达 33.5MPa、610℃/630℃/630℃，未来可达到 40MPa、700℃/720℃/720℃。

表 2-1　　　　我国电站设备容量和蒸汽初参数的匹配关系

机组参数	锅炉出口			汽轮机入口			机组额定容量
	p_b		t_b	p_0		t_0	P
	MPa	ata	℃	MPa	ata	℃	MW
次中参数	2.55	26	400	2.35	24	390	0.675，1.5，3
中参数	4.02	41	450	3.43	35	435	6，12，25
高参数	9.9	101	540	8.83	90	535	50，100
超高参数	13.83	141	555/540	12.75	130	535/535	200
亚临界参数	16.77	171	555	16.18	165	535/535	300，600
超临界参数	25.4	259	541	24.2	247	538	600
超超临界参数	27.56	281	605	26.25	268	600	660，1000

2. 蒸汽初参数的运行控制

电厂运行时，由于机组负荷、燃料成分、循环冷却水温度等经常变化，设备状况也会发生变化，蒸汽初参数不可能一直保持其设计值恒定不变，波动是不可避免的。

蒸汽初参数的波动不仅影响电厂的煤耗，还会影响设备运行的安全性、可靠性和工作寿命。所以，汽轮机制造厂都对蒸汽初参数的波动范围做出严格的规定。例如，东方汽轮机厂生产的超临界600MW机组规定：汽轮机高压缸进口的平均压力在任何12个月内不应超过机组额定蒸汽压力，在保持年平均压力的前提下允许连续运行的压力为105％p_0；特殊情况下，12个月内压力为105％～120％额定压力总的运行时间不超过12h；任何情况下，主、再蒸汽的温度不得超过额定温度28℃以上；任何12个月周期内的平均温度不得超过额定汽温，在此前提下，允许连续运行的温度为不超过额定值8℃；在任何12个月内，超过额定温度8～14℃的运行总时间不超过400h；在任何12个月内，超过额定温度14～28℃的运行总时间不超过80h且每次不允许超过15min。超出规定范围运行，将影响设备的安全可靠性和使用寿命。

在机组滑参数启停过程中，还应注意蒸汽压力与温度的合理配合，使启停过程中蒸汽膨胀终点的湿度控制在允许数值之内。机组超温、超压运行，不一定会在短时间内出现可见的危害性，但必产生潜在的危害，使超温、超压部件的寿命损耗加快，甚至最终导致事故。

二、蒸汽终参数对电厂热经济性的影响

（一）蒸汽终参数对循环效率的影响

降低蒸汽终参数p_c将使循环放热过程的平均温度显著降低，从而影响冷源损失和汽轮机的热功转换效率如图2-6所示。在决定经济性的三个主要参数——初压力、初温度和排汽压力中，排汽压力对热经济性的影响最大。

降低排汽压力是提高蒸汽动力设备热经济性的主要方法之一，因为p_c降低η_t将会升高，但降低p_c对η_{ri}却是不利的。因为p_c越低，排汽比体积v_c越大，如p_c由5kPa降至4kPa，v_c将增加23％，在末级余速损失一定的条件下，就必须采用更长的末级叶片或多个排汽口，这将增加汽轮机成本。如果末级排汽面积一定，排汽余速损失则会增大，相应汽轮机相对内效率η_{ri}会降低较多。

一般而言，随着p_c降低，实际内功W_i增加。当p_c降至某一数值时，达到极限背压或极限真空，之后再继续降低p_c，实际内功W_i不会增加反而减小，η_t也不会增加。因此，只有在极限背压以上的条件下，才能认为降低汽轮机终参数p_c可以提高η_t。

图2-6 不同排汽压力的蒸汽循环T-s图

（二）降低蒸汽终参数的限制

降低蒸汽终参数受到自然和技术两方面的限制。

汽轮机背压p_c的降低，取决于凝汽器中排汽凝结温度t_c的降低。已知

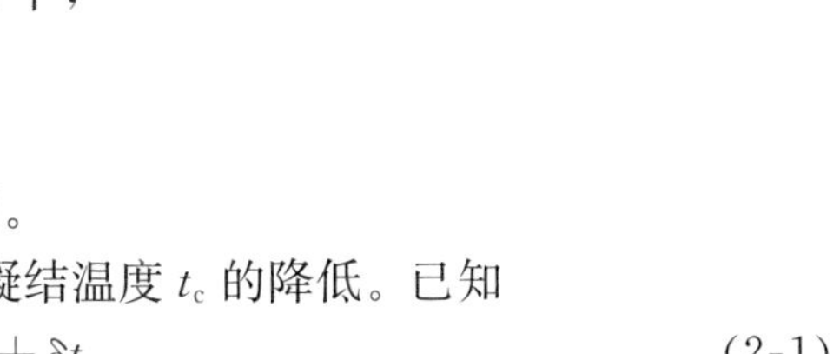

$$t_c = t_{c1} + \Delta t + \delta t \tag{2-1}$$

其中

$$\Delta t = t_{c2} - t_{c1}$$

式中 Δt——冷却水进出口温差，℃；

t_{c1}、t_{c2}——冷却水进、出口温度，℃；

δt——凝汽器端差，℃。

由上式可知，自然水温 t_{c1} 是降低背压 p_c 的理论限制，而冷却水量不可能无限多，凝汽器面积也不可能无限大，因此 δt 必然存在，它们是降低 p_c 的技术限制。

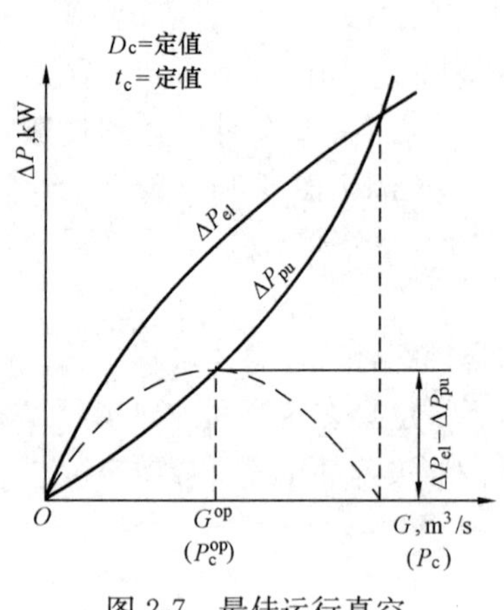

图 2-7 最佳运行真空

我国大型机组 p_c 目前一般为 0.004 9～0.005 4MPa。

（三）凝汽器的最佳真空

最佳真空是在汽轮机末级尺寸、凝汽器换热面积一定情况下，讨论循环水泵耗功与背压降低汽轮机功率增加间的合理情况如图 2-7 所示。

当 t_c 一定、汽轮机排汽量即 D_c 不变时，背压只与凝汽器冷却水量 G 有关。当 G 增加，汽轮机因背压降低而增加功率 ΔP_{el}，同时循环水泵耗功也将增加 ΔP_{pu}，显然，只有全厂的净增功率（$\Delta P=\Delta P_{el}-\Delta P_{pu}$）达到最大值时，热经济性才是最好的。理论上运行的最佳真空，是与净增功率相对应的。实际上凝汽器的最佳真空需根据负荷、季节等情况来确定。其实质是在不同负荷和季节下合理调整循环水泵的运行台数，保持运行的经济性。

第二节 再热循环对电厂经济性的影响

一、采用中间再热的目的

把在汽轮机高压缸作了一部分功的蒸汽引至锅炉再热器进行吸热，提高温度后再返回汽轮机中、低压缸继续做功的过程称为蒸汽中间再热，采用中间再热的装置如图 2-8 所示。

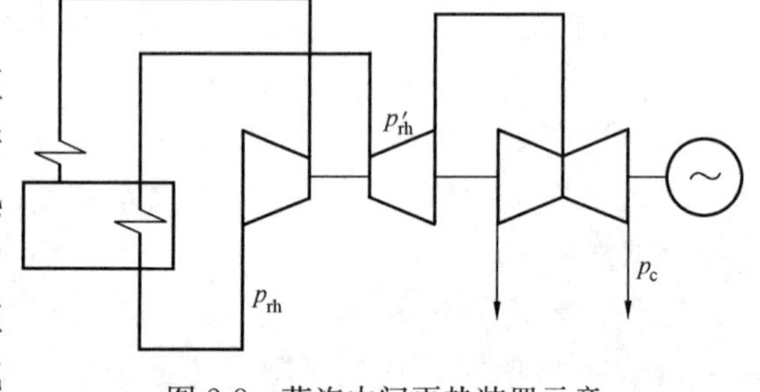

图 2-8 蒸汽中间再热装置示意

采用再热的初始目的是在提高蒸汽初压时减小膨胀的终湿度 $1-x_c$，以保证汽轮机安全运行。但再热参数选择合适时，采用再热还可以提高机组的热经济性。如采用一次中间再热后，可以提高发电厂热经济性 5%左右。因此采用高参数大容量再热机组，已成为现代化火力发电厂的主要标志之一。

对于核能发电厂的核电汽轮机采用蒸汽中间再热的主要目的还是为了安全，提高进入汽轮机低压缸的蒸汽过热度，以保证排汽的终了湿度在允许范围内，以保证机组能长期可靠运行。

二、蒸汽中间再热的热经济性

（一）蒸汽中间再热对理想循环热效率的影响

图 2-9 所示为理想再热循环 T-s 图。以朗肯循环为基础的中间再热循环 $1r1'2'23451$，可以将其看成一个没有中间再热的基本循环 123451 和由采用中间再热所形成的附加循环 $1'2'2r1'$ 组成。

理想循环的热效率 η_t^{rh} 为

$$\eta_t^{rh}=\frac{q_1\eta_t+\Delta q_{rh}\cdot\eta_t^{ad}}{q_1+\Delta q_{rh}} \tag{2-2}$$

式中　q_1——基本循环的吸热量，kJ/kg；

Δq_{rh}——附加循环的吸热量，kJ/kg；

η_t——基本循环的热效率；

η_t^{ad}——附加循环的热效率。

用 $\Delta\eta_t^{rh}$ 表示采用蒸汽中间再热引起循环热效率的相对变化，即

$$\Delta\eta_t^{rh}=\frac{\eta_t^{rh}-\eta_t}{\eta_t}=\frac{\eta_t^{ad}-\eta_t}{\eta_t\left(1+\dfrac{q_1}{\Delta q_{rh}}\right)} \tag{2-3}$$

从式（2-3）可以看出，只要 $\eta_t^{ad}>\eta_t$，则 $\Delta\eta_t^{rh}>0$，采用蒸汽中间再热就可以提高热经济性。把基本循环和附加循环简化成两个等效卡诺循环后可知，只要中间再热的吸热过程平均温度高于基本循环吸热过程的平均温度，就有 $\eta_t^{ad}>\eta_t$，采用蒸汽中间再热就能提高热经济性。

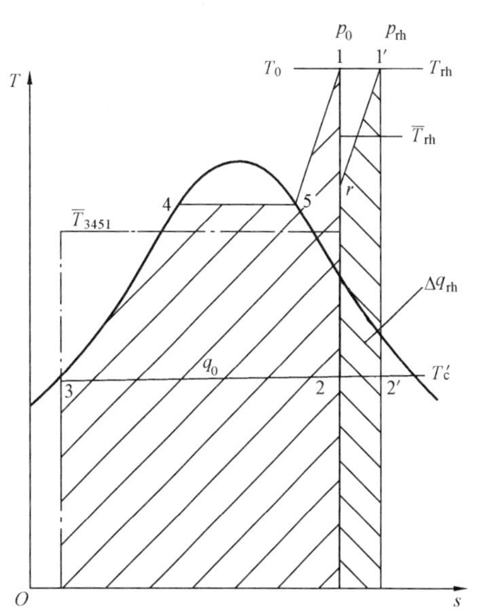

图 2-9　理想再热循环的 T-s 图

当其他条件不变时，蒸汽再热后的温度越高，中间再热吸热过程的平均温度也越高，再热循环的热效率也就越高，所以从热经济性看，蒸汽再热后的温度是越高越好。不过，提高蒸汽再热后的温度和提高蒸汽初温度一样，也要受到高温金属材料性能和价格的限制。因此，蒸汽再热后的温度一般也都限制在蒸汽初温度的使用范围内。

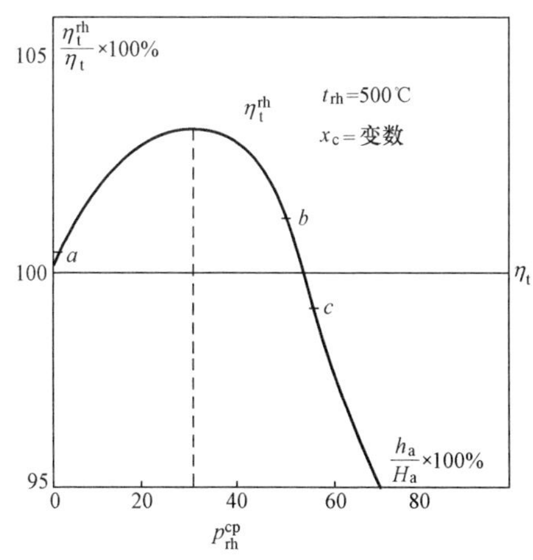

图 2-10　再热蒸汽压力的大小对理想循环热效率的影响

图 2-10 所示为再热蒸汽压力的大小对理想循环热效率的影响，该图是在蒸汽初压力为 8.83MPa，蒸汽初温度和再热后的蒸汽温度均为500℃，排汽压力为 0.003 92MPa 的条件下绘制的。图中的纵坐标为再热循环热效率 η_t^{rh} 与基本循环热效率 η_t 的比值，横坐标为再热前蒸汽理想焓降 h_a 与基本循环蒸汽理想焓降 H_a 之比。

分析图 2-10 得出如下结论：

（1）当再热压力很高时，即再热前蒸汽理想焓 h_a 很小时，附加循环的吸热平均温度很高，但其循环吸热量很小，所以再热循环热效率提高很少，如图 2-10 中的 a 点所示。

（2）当再热压力较低时，虽然附加循环的吸热量相当大，若其吸热过程平均温度高于基本循环吸热过程平均温度不是很多，则再热循环效率的提高也不多，如图 2-10 中的 b 点所示。

（3）当再热压力很低时，致使附加循环吸热过程的平均温度低于基本循环吸热过程平均温度，甚至使排汽处于过热状态，排汽放热量急剧增加，则会使再热循环热效率低于基本循环热效率，这时再热就没有热经济效益了，如图 2-10 中的 c 点。

由上述分析可知，必有一个使再热循环热效率达到最大值的 h_a/H_a，它所对应的再热压力，我们称之为最佳再热压力 p_{rh}^{op}，也就是图中 η_t^{rh} 曲线最高点对应的 h_a/H_a。由图 2-10 可以看出，在 p_{rh}^{op}附近的 η_t^{rh} 曲线较为平坦，所以当实际再热压力与理想再热压力偏差不大时(10%左右)，对 η_t 的影响并不大，一般实际的最佳再热压力 p_{rh}与新汽压力 p_0 间的关系为

再热前有回热抽汽时，$p_{rh}=(0.18\sim0.22)p_0$；

再热前无回热抽汽时，$p_{rh}=(0.22\sim0.26)p_0$。

如我国引进型 N300-16.67/537/537 型机组，$p_{rh}/p_0=3.66/16.67=21.95\%$；引进型 600MW 超临界压力机组，$p_{rh}/p_0=4.718/24.2=19.5\%$；$N_{1000}$-25/600/600 型超超临界压力机组，$p_{rh}/p_0=4.326/25=17.3\%$。

（二）蒸汽中间再热对汽轮机相对内效率的影响

由于采用蒸汽中间再热时蒸汽的焓降比无再热时大，所以汽轮机的汽耗率比无再热时小；若功率相同，则其汽耗量比无再热时也小，高压缸的相对内效率可能稍有降低。但是，大功率机组采用蒸汽中间再热，对汽轮机的相对内效率总是提高的，因为大容量机组的总进汽量较大，进汽量稍有减少，也不会使汽轮机内部损失发生显著变化。采用蒸汽中间再热，汽轮机末级中的蒸汽湿度显著降低，使汽轮机湿汽损失大大减少，因此，大容量机组采用蒸汽中间再热可使汽轮机的相对内效率有所提高。

（三）蒸汽中间再热对实际循环热效率的影响

由以上分析可知，只要适当选择蒸汽中间再热参数，蒸汽中间再热对电厂实际循环热效率总是提高的。但是，再热过程中蒸汽有压力损失（简称压损），会对机组的热经济性带来负面影响。

三、再热压损 Δp_{rh}对机组热经济性的影响

由汽轮机高压缸排汽，经冷再热管道、再热器和热再热管道返回中压缸入口的蒸汽，因流动阻力而导致压力下降，称为再热压损。压损降低了机组的热经济性；压损每增加 98kPa，汽轮机热耗将增加 0.2%～0.3%，减少压损，可提高机组的热经济性，但须增大管径，其金属消耗量和投资都要增加，一般再热压损取高压缸排汽压力的 8%～12%。

为提高机组热经济性，大机组再热压损应取偏小数值，其主要措施为高压缸排汽管上不装止回阀，再热蒸汽管道的管径增大或用双管，少用或不用中间联箱等。

四、蒸汽中间再热的方法

（一）烟气再热法

烟气再热法是利用锅炉中的烟气来再次提高高压缸排汽过热度的方法。其再热系统如图 2-11 (a)所示，高压缸的排汽送到锅炉的再热器中加热，提高其过热度后，再引入中压缸继续做功。

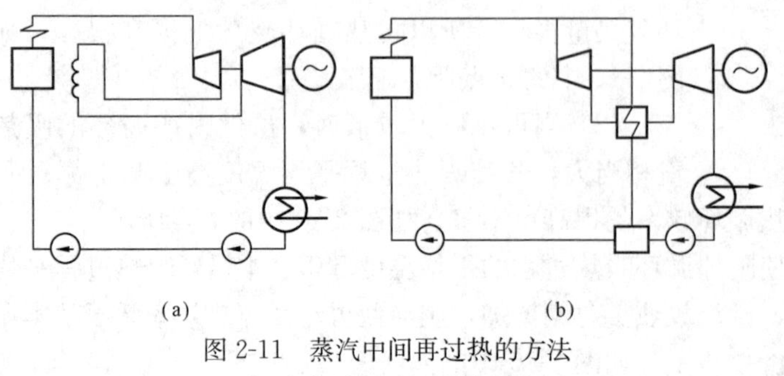

图 2-11　蒸汽中间再过热的方法

(a) 烟气再热；(b) 蒸汽再热

采用锅炉烟气进行再热，可以把再热蒸汽加热到 600～650℃或者更高，机组的热经济性相对提高 6%～8%，这是烟气再热法的主要优点，因此在火

电厂中得到广泛采用。但由于往返于机炉之间的再热管道较长，再热蒸汽在再热蒸汽管道和再热器中的压力损失较大，致使机组的热经济性相对提高的幅度降低 1%～1.5%。另外，再热蒸汽管道的金属材料消耗和投资都较大；在运行中再热器和冷、热再热管道中储存有大量蒸汽，当机组突然甩负荷时，这些蒸汽有导致汽轮机超速的危险。为防止事故发生，机组还需要设置复杂的控制系统和设备，相应地，对设备和运行维护都提出了更高的要求。

（二）蒸汽中间再热法

蒸汽中间再热法是利用新蒸汽加热再热蒸汽的方法，如图 2-11（b）所示。有时候还可以用汽轮机的高压缸抽汽与新蒸汽配合对再热蒸汽进行加热，以提高机组的热经济性。

由于这种再热过程的大部分热量来自加热蒸汽在其饱和温度下的凝结放热，即使利用了加热蒸汽的过热度，再热蒸汽温度通常也不超过 400℃。因此，其热经济性比烟气再热法低得多，机组热经济性的相对提高只有 2%左右。与烟气再热法比较，蒸汽再热法的主要优点是，再热器简单，可布置在汽轮机附近，因而可以大大地缩短再热蒸汽管道的长度，减少再热蒸汽的压力损失，也减少了汽轮机超速的危险；另外，简化了再热系统的控制设备和系统。由于其热经济效果不大，而再热投资却比无再热时大得多，所以常规的火电厂都没有采用。

在采用饱和蒸汽循环的核电站中，常采用蒸汽再热法，其主要目的是为了减少汽轮机各级（特别是末几级）中的蒸汽湿度，以保证汽轮机的长期可靠运行。

第三节　给水回热循环对电厂经济性的影响

一、回热循环的热经济性

（一）回热循环的绝对内效率

从汽轮机的某些中间级抽出部分做过功的蒸汽送到相应的加热器中加热锅炉给水，以提高给水温度，我们称之为给水的回热加热。在朗肯循环的基础上，采用单级或多级给水回热加热所形成的热力循环，称为给水回热循环。采用给水回热循环，一方面减少了汽轮机的排汽量而使排汽在凝汽器中的热损失减小；另一方面，利用抽汽对给水加热的换热温差要比在锅炉中利用烟气加热时的换热温差小得多，因而减小了给水加热过程的不可逆损失，提高了电厂的热经济性。回热循环热力系统如图 2-12 所示。

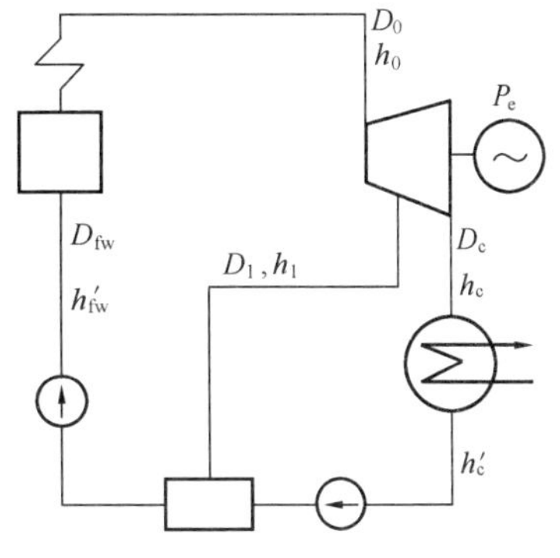

图 2-12　回热循环热力系统

给水回热实际循环效率（回热循环汽轮机的绝对内效率）是用循环吸热量在汽轮机中转变为有效利用内功的多少来表示的。以 z 级回热循环为例，汽轮机进汽 1kg 为基准，α_j 表示抽汽份额；α_c 表示凝汽份额，即 $\alpha_c + \sum_{j=1}^{z}\alpha_j = 1$

实际回热循环效率

$$\eta_i^r = \frac{q_1 - \alpha_c q_c}{q_1} = 1 - \frac{\alpha_c q_c}{q_1} \tag{2-4}$$

$$\eta_i^r = \frac{H_i}{q_1} = \frac{H_a}{q_1} \times \frac{H_i}{H_a} = \eta_t \eta_{ri} \tag{2-5}$$

式（2-5）中，忽略给水泵的耗功和不考虑加热器散热损失，则 1kg 蒸汽在汽轮机内的有效焓降为

$$H_i = \alpha_c(h_0 - h_c) + \sum_{j=1}^{z}\alpha_j(h_0 - h_j) \quad \text{kJ/kg} \tag{2-6}$$

每 1kg 蒸汽在锅炉内的吸热量为

$$q_1 = h_0 - h'_{fw} \quad \text{kJ/kg} \tag{2-7}$$

根据回热系统热平衡可得

$$h'_{fw} = \alpha_c h'_c + \sum_{j=1}^{z}\alpha_j h_j \quad \text{kJ/kg} \tag{2-8}$$

将式（2-8）代入式（2-7）得

$$\begin{aligned} q_1 &= h_0 - (\alpha_c h'_c + \sum_{j=1}^{z}\alpha_j h_j) \\ &= (\alpha_c + \sum_{j=1}^{z}\alpha_j)h_0 - (\alpha_c h'_c + \sum_{j=1}^{z}\alpha_j h_j) \\ &= \alpha_c(h_0 - h'_c) + \sum_{j=1}^{z}\alpha_j(h_0 - h_j) \quad \text{kJ/kg} \end{aligned} \tag{2-9}$$

则
$$\eta_i^r = \frac{\alpha_c(h_0 - h_c) + \sum_{j=1}^{z}\alpha_j(h_0 - h_j)}{\alpha_c(h_0 - h'_c) + \sum_{j=1}^{z}\alpha_j(h_0 - h_j)} = \frac{\alpha_c H_c + \sum_{j=1}^{z}\alpha_j H_j}{\alpha_c q'_0 + \sum_{j=1}^{z}\alpha_j H_j} \tag{2-10}$$

$$H_c = h_0 - h_c, H_j = h_0 - h_j$$

式中 H_c——1kg 凝汽流在汽轮机中所做的功，kJ/kg；

H_j——1kg 抽汽流在汽轮机中所做的功，kJ/kg。

式（2-10）又可变为

$$\eta_i^r = \frac{\alpha_c H_c}{\alpha_c q'_1}\frac{1 + \dfrac{\sum_{j=1}^{z}\alpha_j H_j}{\alpha_c H_c}}{1 + \dfrac{\sum_{j=1}^{z}\alpha_j H_j}{\alpha_c H_c} \times \dfrac{\alpha_c H_c}{\alpha_c q'_1}} = \eta_i \frac{1 + A_r}{1 + A_r\eta_i} = \eta_i R \tag{2-11}$$

其中
$$A_r = \frac{\sum_{j=1}^{z}\alpha_j H_j}{\alpha_c H_c}, q'_1 = h_0 - h'_c$$

式中 A_r——回热抽汽的做功系数；

q'_1——将 1kg 凝结水加热到汽轮机进汽参数时所需要的热量，kJ/kg。

因为 $\eta_i < 1$，系数 $R = \dfrac{1 + A_r}{1 + A_r\eta_i} > 1$，所以 $\eta_i^r > \eta_i$，回热循环与朗肯循环相比，其效率相对增长为

$$\Delta\eta_i^r = \frac{1 - \eta_i}{\dfrac{1}{A_r} + \eta_i} > 0 \tag{2-12}$$

A_r 越大，则效率相对增长越多。

（二）回热再热循环

在回热循环的基础上，再采用蒸汽中间再热过程所构成的复杂循环，称为回热再热循环。我国单机容量 125MW 以上的汽轮机，均采用再热循环。最初采用蒸汽中间再热的主要目的是为了降低蒸汽在汽轮机膨胀终点的湿度，而现在采用蒸汽中间再热的目的是提高超高参数以上大容量汽轮机的热经济性。

回热再热汽轮机实际循环热效率的计算式与回热汽轮机实际循环热效率的计算式相似，其不同之处就在于前者把汽轮机高压缸做过功的排汽引至锅炉再热器中加热后再送回汽轮机中、低压缸继续做功，从而使循环吸热量和蒸汽做功焓降都增加了一项 Δq_{rh}，即 1kg 再热蒸汽在锅炉中的吸热量，它表示汽轮机中压缸进口焓与汽轮机高压缸排汽焓的差值。

（三）凝汽式发电厂的热经济指标

1. 汽耗量

纯凝汽式汽轮机的汽耗量为

$$D_0^c = \frac{3600P_e}{(h_0 - h_c)\eta_m\eta_g} \quad \text{kg/h} \tag{2-13}$$

图 2-12 所示为汽轮机具有一级回热抽汽的热力系统，由于抽汽量 D_1 在汽轮机中少做了功，其值为 $D_1(h_1 - h_c)$，若汽轮机要发出同样的功率，必须增加的进汽量为 $\frac{D_1(h_1 - h_c)}{(h_0 - h_c)}$，于是具有一级回热的凝汽式汽轮机的汽耗量为

$$D_0 = D_0^c + D_1\frac{h_1 - h_c}{h_0 - h_c} = D_0^c + D_1Y_1 = D_0^c + \alpha_1Y_1D_0 \quad \text{kg/h}$$

同理可得出多级回热凝汽式汽轮机的汽耗量为

$$D_0 = D_0^c + \sum_{j=1}^{z}\alpha_jY_jD_0 = D_0^c + D_0\sum_{j=1}^{z}\alpha_jY_j$$

把式（2-13）代入上式并整理可得

$$D_0 = \frac{3600P_e}{(h_0 - h_c)(1 - \sum_{j=1}^{z}\alpha_jY_j)\eta_m\eta_g} \quad \text{kg/h} \tag{2-14}$$

其中

$$Y_j = \frac{h_j - h_c}{h_0 - h_c}$$

式中　z——回热抽汽级数；

α_j——某级回热抽汽份额，等于某级回热抽汽量与汽轮机汽耗量之比；

Y_j——回热抽汽做功不足系数；

h_j——第 j 级回热抽汽的焓。

具有回热加热的凝汽式汽轮机的汽耗率为

$$d_0 = \frac{3600}{(h_0 - h_c)(1 - \sum_{j=1}^{z}\alpha_jY_j)\eta_m\eta_g} \quad \text{kg/kWh} \tag{2-15}$$

具有蒸汽中间再热给水回热的凝汽式汽轮机的汽耗率为

$$d_0 = \frac{3600}{(h_0 - h'_{rh} + h''_{rh} - h_c)(1 - \sum_{j=1}^{z}\alpha_jY_j)\eta_m\eta_g}$$

$$=\frac{3600}{(h_0-h_c+q_{rh})(1-\sum_{j=1}^{z}\alpha_j Y_j)\eta_m\eta_g}\quad \text{kg/kWh} \tag{2-16}$$

式中 h'_{rh}——高压缸排汽焓，kJ/kg；

h''_{rh}——中压缸进汽焓，kJ/kg；

q_{rh}——1kg 再热蒸汽的吸热量，kJ/kg。

再热前抽汽的做功不足系数 Y_j 为

$$Y_j=\frac{h_j-h_c+q_{rh}}{h_0-h_c+q_{rh}} \tag{2-17}$$

再热后抽汽的做功不足系数 Y_j 为

$$Y_j=\frac{h_j-h_c}{h_0-h_c+q_{rh}} \tag{2-18}$$

2. 热耗量

具有蒸汽中间再热给水回热的凝汽式汽轮机的热耗量和热耗率分别为

$$Q_0=D_0(h_0-h'_{fw})+D_{rh}\cdot q_{rh}=D_0(h_0-h'_{fw}+\alpha_{rh}\cdot q_{rh})\quad \text{kJ/h} \tag{2-19}$$

$$q_0=d_0(h_0-h'_{fw}+\alpha_{rh}\cdot q_{rh})\quad \text{kJ/kWh} \tag{2-20}$$

式中 D_{rh}——再热蒸汽流量，kg/h；

α_{rh}——再热蒸汽份额，$\alpha_{rh}=D_{rh}/D_0$。

当机组无中间再热时，$\alpha_{rh}=0$，则

$$Q_0=D_0(h_0-h'_{fw})\quad \text{kJ/h} \tag{2-21}$$

$$q_0=d_0(h_0-h'_{fw})\quad \text{kJ/kWh} \tag{2-22}$$

由于采用给水回热，机组的汽耗率增大了，但是锅炉给水焓也提高了，使给水在锅炉中的吸热量减少，其影响比汽耗率变化的影响大，因此机组的热耗率是降低的。

有回热的汽轮机的热耗率为

$$q_0=\frac{3600}{\eta_i^r\eta_m\eta_g}\quad \text{kJ/kWh} \tag{2-23}$$

式中 η_i^r——有回热抽汽的汽轮机的绝对内效率。

无回热抽汽的汽轮机的热耗率为

$$q_0^c=\frac{3600}{\eta_i^c\eta_m\eta_g}\quad \text{kJ/kWh} \tag{2-24}$$

式中 η_i^c——无回热抽汽的汽轮机的绝对内效率。

因为 $\eta_i^r>\eta_i^c$，则 $q_0<q_0^c$，即回热抽汽式汽轮机的热耗率比无回热的汽轮机的热耗率要低，热经济性要高。

二、影响给水回热过程热经济性的基本参数

在循环初、终参数一定的情况下，为使给水回热实际循环效率达到最大，必须合理确定回热参数，主要包括：回热级数 z，给水温度 t_{fw} 及回热加热分配（加热量在各回热加热器间的分配）τ。这些参数对回热式汽轮机，则分别对应于汽轮机的回热抽汽级数、最高抽汽压力及各级抽汽压力的分配。

在运行中，这些基本参数的改变，不仅影响机组的煤耗，还会影响锅炉及汽轮机的安全和出力。三个基本参数间是相互影响密切相关的。

（一）回热级数 z 对热经济性的影响

在回热循环中，将给水加热到给定温度可以通过不同的方法：一种是单级高压抽汽一次加热，另一种是用若干级压力不同的抽汽逐级加热。对于一定的给水加热温度，所需要的总抽汽量与抽汽级数几乎无关。这是因为每千克不同压力的抽汽在等压放热而凝结成饱和水的过程中所放出的总热量大体相同。因此在维持机组功率不变的条件下，采用多级回热，可以利用较低压力的抽汽对给水分段加热，则抽汽在汽轮机中总的做功量增加，凝汽做功量减小，凝汽器内冷源损失减小，汽轮机的绝对内效率增加。

图 2-13 所示为汽轮机绝对内效率与回热级数 z 之间的关系。从中可以看出随着回热级数增加，η_i 也增加，但提高值逐渐减小。从理论上来讲，回热级数越多，热经济性就越高，但工程上回热级数 Z 增加，汽轮机抽汽口与回热加热器就增加，使投资增大，还由于系统复杂，影响到运行的安全可靠性。在实际应用中，还应从技术经济角度考虑热经济性的提高与投资增加的合理性，经过综合比较确定。国产小机组采用 1～3 级，大机组采用 5～8 级。

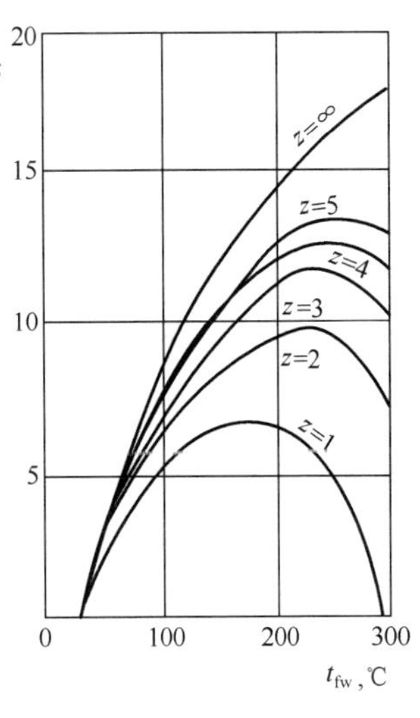

图 2-13　汽轮机绝对内效率与回热级数之间的关系

（二）最佳回热分配

采用多级回热时，给水在各级加热器的加热分配也会对电厂热经济性产生影响。加热分配不同，所需的抽汽量也不同，而且由于各抽汽点位置的变化，将会改变各级抽汽流在汽轮机中的焓降，从而使回热抽汽总做功量发生变化，这样必然影响汽轮机的绝对内效率，显然多级回热就存在一个最佳分配问题。

为解决这个问题，技术人员提出了一些不同的最佳回热分配方法，如等焓升分配法、几何级数分配法和焓降分配法等。这些方法得出的结论不同，但在经济性定量方面差别不大，这里仅就最简单的等焓升分配法加以介绍。

所谓等焓升分配法就是将给水的总焓升平均地分配到各级加热器中，即回热的每一级的给水焓升都相等。这一结论是在理想回热循环基础上得到的。即假定各级抽汽在加热器中放热量相等，加热器端差为零，不计抽汽管压损，忽略泵功和所有的散热损失。

在等焓升分配原则下，每一级加热器的给水焓升 $\Delta h'$ 为

$$\Delta h' = \frac{h'^{\circ}_{bh} - h'_c}{z+1} \quad \text{kJ/kg} \tag{2-25}$$

式中　h'°_{bh}——锅炉工作压力下的饱和水焓，kJ/kg。

式中的 $z+1$ 是将省煤器也作为一级加热器来考虑的。

若已知锅炉给水焓 h'_{fw}，则

$$\Delta h' = \frac{h'_{fw} - h'_c}{z} \quad \text{kJ/kg} \tag{2-26}$$

(三) 最佳给水温度

1. 理论上的最佳给水温度

回热提高了给水温度，从理论上讲，给水温度越高，循环热效率也越高，因为对于无限多级回热，给水的极限加热温度可以达到蒸汽初压力的饱和温度，此时循环热效率也达到了极限值。但是，实际上只能实现有限级回热，在这种情况下，并非给水温度越高越好，过高的给水温度反而会降低回热的热经济效果，如图 2-14 所示。

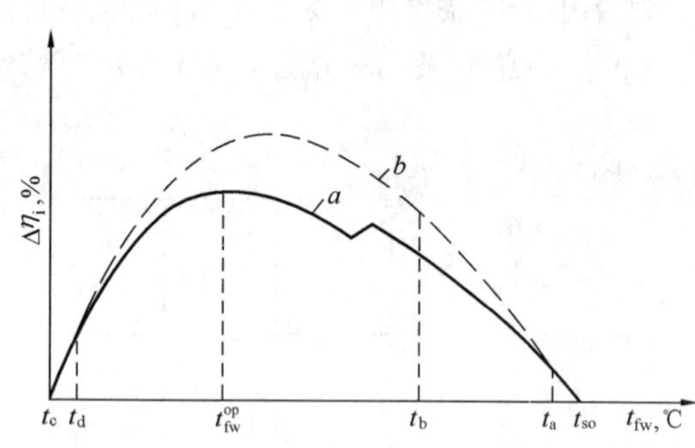

图 2-14 回热加热效果与给水温度的关系
a—再热机组；b—非再热机组

以单级回热为例，若给水温度等于凝汽器压力下的饱和水温，此时，没有回热，循环热效率就是朗肯循环效率，热效率的相对提高值为零；当利用回热抽汽加热给水时，给水温度随着抽汽压力提高而提高，当抽汽压力达到某一数值时，热经济性达到最大值，此时的给水温度称为理论上的最佳给水温度。若继续提高抽汽压力，虽然相应的给水温度随之提高，但热经济性反而降低。因为过高的抽汽压力将使抽汽在汽轮机中的做功焓降很小，回热抽汽做功量减小，循环效率降低；当抽汽压力提高到新汽压力时，相当于没有回热，热效率相对提高值又降为零。

理论上的最佳给水温度与回热级数、给水回热分配有密切联系。当采用等焓升分配法进行回热分配时，z 级回热的最佳给水温度所对应的焓值 h'_{fw} 可由式（2-25）和式（2-26）求出：

$$h'_{fw}=h'_c+\frac{z(h'^{o}_{bh}-h'_c)}{z+1}\quad \text{kJ/kg} \tag{2-27}$$

由式（2-27）可以看出，回热级数越多，最佳给水温度就越高。

图 2-13 所示为给水回热的效果与加热级数、给水温度的关系。分析该图得出如下结论：

(1) 对于每一回热加热级数均有一相应的最佳给水温度 t_{fw}^{op}，而且回热加热级数越多，最佳给水温度也越高；

(2) 回热加热级数 z 越多，热经济性的提高也越多，但提高的幅度是递减的；

(3) 在各最佳给水温度 t_{fw}^{op} 对应 $\Delta\eta_i$ 曲线附近变化很平坦，因此，给水温度稍偏离其最佳值，对热经济性的影响不大。

2. 经济上最有利的给水温度

选择实际给水温度，不能单纯追求热经济性，还必须考虑技术经济性和综合效益。例如：提高给水温度，可使燃料量相对节省，但使排烟温度升高，锅炉效率降低，需增大锅炉尾部受热面，使锅炉投资增加。而且，机组汽耗量增大和热力系统复杂化，使得锅炉、汽轮机、回热装置、主蒸汽和给水管路增加，给水泵的投资和厂用电耗增大，要正确选择最佳给水温度，必须通过详细的技术经济比较来确定。这样得到的给水温度称为经济上最有利的给水温度，这种比较是很复杂的，主要取决于煤钢的比价，即取决于燃料价格和设备的投资，并且与机组容量和设备利用率有关，表 2-2 列出国产机组给水温度，一般而言，经济上最有利的给水温度要比理论上的最佳给水温度低。

表 2-2　　国产凝汽式机组的回热级数和给水温度

汽轮机进汽参数			电　功　率	回热级数	给水温度	相对效率增长/%
p		t/℃	P_e/MW	z	t_{fw}/℃	$\Delta\eta=\frac{\eta_t'-\eta_t}{\eta_t}$
MPa	ata					
2.35	24	390	0.75，1.5，3.0	1～3	105～150	6～7
3.43	35	439	6，12，25	3～5	150～170	8～9
8.83	90	535	50，100	6、7	210～230	11～13
12.75	130	535/535	200	7、8	220～250	14～15
13.24	135	550/550	125	7	220～250	
16.18	165	550/550	300	7、8	247～275	15～16
25.27	258	570/570	600	7、8	284	
26.25	268	600/600	1000	8、9	296～302	

第四节　热电联合能量生产

一、热电联合能量生产的概念

能量的生产分为单一能量生产和联合能量生产。如单独生产电能的火力发电厂称为凝汽式电厂；单独生产热能的有单位锅炉房或区域锅炉房；用高品质的热能生产电能，用做过部分功的低品质的热能对外供热，称为热电联合能量生产，其热力循环称为供热循环，装有这种动力设备的发电厂称为热电厂。图 2-15 为热电厂热力系统简图。

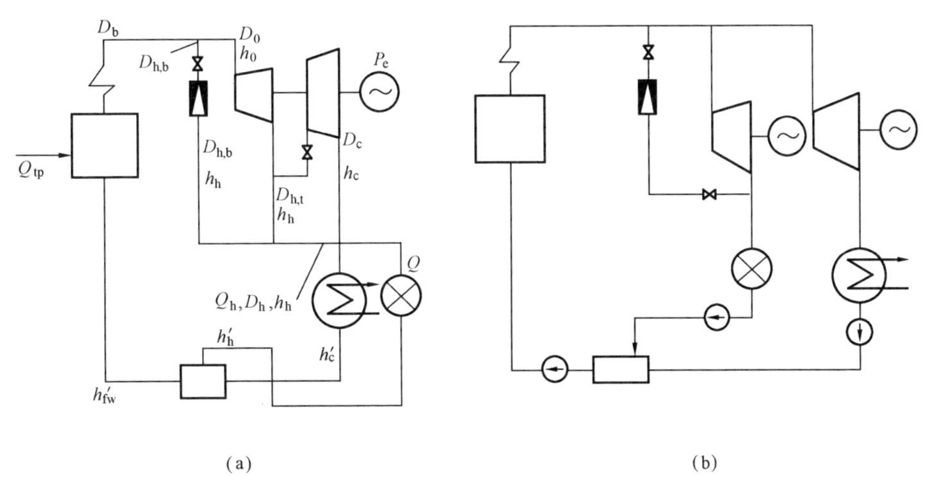

图 2-15　热电厂热力系统简图

(a) C 型供热机组；(b) B 型供热机组

现代大型机组采用了多种技术提高机组的热经济性，其电厂效率也只能达到 37%～40%左右，燃料热量的 60%～63%都损失了，其中冷源损失就占 46%～52%以上。同时工农业生产和人们生活中，需要大量的热能，其中大部分用户需要的热能压力较低，品位不高。若用效率较低的工业锅炉直接供给，会造成燃料的极大浪费。热电厂利用一部分做过功的蒸汽对外供热，进行热电联合能量生产，就能有效地减少能量损失。由于对外供热的蒸汽没有冷源损失，因此极大地提高了燃料的利用率，做到了能量梯级利用。

二、热电厂总热耗量的分配及热经济指标

(一)热电厂总热耗量的分配

为了确定电能和热能的生产成本及其有关的经济指标，必须搞清楚电厂的总热耗量在生产电能和生产热能之间的分配。

如图 2-15(a)所示，热电厂的总热耗量 Q_{tp} 为供热抽汽流 $D_{h,t}$、凝汽流 D_c 及直接供热汽流 $D_{h,b}$ 三部分汽流耗热量的总和。显然，后两种汽流进行的都是分别能量生产，不存在其耗热量的分摊问题；只有供热抽汽流 $D_{h,t}$ 的耗热量才需要在热、电产品之间进行分配，也是热电联产的收益在两种能量产品之间的分配问题。

热电厂总热耗量的分配方法有多种，如热量法、实际焓降法和做功能力法。但每种方法都有一定的合理性，也有一定的局限性。下面分别进行简单的介绍。

1. 热量法

将总热耗量按热电厂生产两种能量的数量比例来进行分配，我们称之为热量法。热量法认为：供热方面的热耗量 $Q_{tp(h)}$ 为热电厂对外供热量 Q_h 及生产这部分热量时在锅炉和管道中的热损失之和；发电方面的热耗量 $Q_{tp(e)}$ 等于总热耗量 Q_{tp} 减去供热热耗量后的剩余部分。

热电厂的总热耗量

$$Q_{tp}=B_{tp}Q_{net,p}=\frac{Q_b}{\eta_b}=\frac{Q_0}{\eta_b\eta_p}\qquad kJ/h \tag{2-28}$$

式中　B_{tp}——热电厂总燃料消耗量，kg/h。

供热方面的热耗量

$$Q_{tp(h)}=\frac{Q_h}{\eta_b\eta_p}=\frac{Q}{\eta_b\eta_p\eta_{hs}}\qquad kJ/h \tag{2-29}$$

式中　Q_h——热电厂向外供热量，kJ/h；

Q——热用户需要的热量，kJ/h；

η_{hs}——热网效率。

发电方面的热耗量

$$Q_{tp(e)}=Q_{tp}-Q_{tp(h)}\qquad kJ/h \tag{2-30}$$

图 2-16 所示为供热汽轮机联产汽流供热循环的 T-s 图。循环的吸热量、做功量和供热量有如下的关系：联产汽流供热循环的吸热量 $q_1=q_{1a}+q_{2a}$，实际供热循环做功量 $w_1=q_{1a}-\Delta q_2$，理想供热循环放热量 $q_{2a}=q_1-q_{1a}$，实际供热循环放热量 $q_2=q_{2a}+\Delta q_2$，因此有

$$\eta_i=\frac{w_1+q_2}{q_1}=\frac{(q_{1a}-\Delta q_2)+(q_{2a}+\Delta q_2)}{q_1}=\frac{q_{1a}+q_{2a}}{q_1}=1 \tag{2-31}$$

背压式汽轮机的进汽量全部都是联产汽流，不管其热负荷多大，汽轮机的绝对内效率都是 100%。

由此可见，这种分配方法是将生产电能和热能的热量看成是等价的，也不反映不同参数供热蒸汽质量方面的不等价。因此，热量法又可称为联产效果归电法。供热方面可能得到的好处是热电厂用高效率的大锅炉代替分散的低效率小锅炉进行供热而节省了燃料，但要扣除热电厂供热增加的热网热损失。还需指出，随着工业锅炉技术的进步和计算机在工业锅炉自动控制方面的应用，工业锅炉的运行效率也在显著提高，使热化的集中效果日益降低，沿用热量法进行热电厂总热耗量分配，将会使热用户对热电联产的积极性逐渐消失。

2. 实际焓降法

实际焓降法是把联产汽流的热耗量，按供热抽汽焓降不足的部分与供热机组凝汽发电时的实际焓降之比，来分配供热方面的耗热量。按此方法，联产汽流的耗热量为 $Q_{tp}\dfrac{D_{h,f}}{D_0}$，其中供热方面应分摊到的热量 $Q^{t}_{tp(h)}$ 为

$$Q^{t}_{tp(h)}=Q_{tp}\frac{D_{h,t}}{D_0}\times\frac{h_h-h_c}{h_0-h_c} \tag{2-32}$$

式中　h_h——供热抽汽焓，kJ/kg。

用新蒸汽直接供热的汽流 $D_{h,b}$ 的耗热量为

$$Q^{b}_{tp(h)}=Q_{tp}\frac{D_{h,b}}{D_0} \tag{2-33}$$

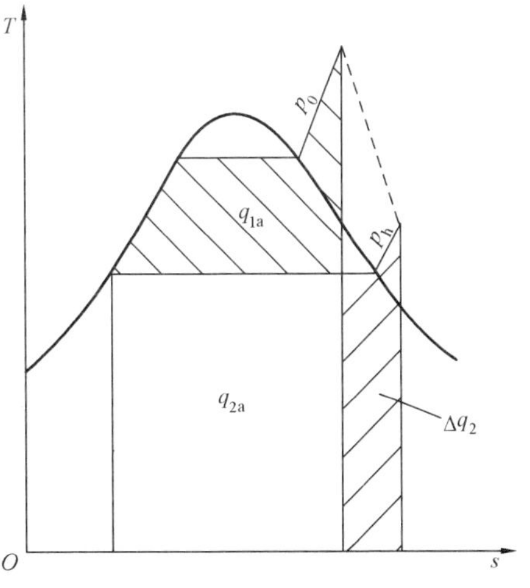

图 2-16　联产汽流的供热循环 T-s 图

热电厂供热方面总的耗热量为

$$Q_{tp(h)}=Q^{t}_{tp(h)}+Q^{b}_{tp(h)} \tag{2-34}$$

从公式的定义来看，实际焓降法考虑了供热抽汽的品位，用户要求的供热参数越高，供热方面分摊的耗热量也越大，这样可以鼓励用户降低供热参数的要求，提高热化的节能效果，似乎比较合理。但这种方法实际上是把热电联产的好处全部归功于供热方面，即把冷源损失都归到发电方面。另外，由于抽汽式供热机组不可避免地要有一部分凝汽发电量，生产这部分电能的煤耗率比代替凝汽式机组大，使热电厂发电方面不但得不到好处，反而多耗煤。因此，这种分配方法对电力生产部门来说是不能接受的。

3. 做功能力法

做功能力法是把联产汽流的耗热量按蒸汽的最大做功能力在热、电产品之间进行分配，按此方法，联产汽流的耗热量中，供热方面分摊的耗热量为

$$Q^{t}_{tp(h)}=Q_{tp}\frac{D_{h,t}}{D_0}\times\frac{e_h}{e_0} \tag{2-35}$$

式中　e_0、e_h——新蒸汽及供热抽汽的比㶲。

这种分配方法以热力学第一定律和第二定律为基础，考虑了热能的数量和质量差别，使热电联产得到的好处较合理地分配给热、电两方面，理论上也有说服力。但是，因供热汽轮机排汽参数与环境参数较为接近，按此法分配算得的 $Q^{t}_{tp(h)}$ 值，与按实际焓降法分配算得的 $Q^{t}_{tp(h)}$ 值差别不大，且环境比㶲因地而异，不便于应用。因此，做功能力法仍未能被生产部门接受。

以上三种分配方法，相对而言，热量法的分配方法较简单，已成为长期采用的一种传统方法。

（二）热电分项计算的主要热经济指标

1. 发电方面的热经济指标

热电厂发电热效率

$$\eta_{tp(e)}=\frac{3600P_e}{Q_{tp(e)}} \tag{2-36}$$

热电厂发电标准煤耗率

$$b_{tp(e)}^{s}=\frac{B_{tp(e)}^{s}}{P_{e}}=\frac{3600}{29\ 270\eta_{tp(e)}}=\frac{0.123}{\eta_{tp(e)}}\quad \text{kg 标准煤/kWh} \tag{2-37}$$

式中 $B_{tp(e)}^{s}$——热电厂发电方面的标准煤耗量。

2. 供热方面的主要热经济指标

热电厂供热热效率

$$\eta_{tp(h)}=\frac{Q}{Q_{tp(h)}} \tag{2-38}$$

热电厂供热标准煤耗率

$$b_{tp(h)}^{s}=\frac{B_{tp(h)}^{s}}{Q}\times 10^{6}=\frac{34.1}{\eta_{tp(h)}}\quad \text{kg 标准煤/GJ} \tag{2-39}$$

式中 $B_{tp(h)}^{s}$——热电厂供热方面的标准煤耗量。

（三）热电厂总的热经济指标

1. 热电厂的燃料利用系数

热电厂燃料利用系数是指热电厂生产的电、热总能量与其消耗的燃料能量之比，即

$$\eta_{tp}=\frac{3600P_{e}+Q_{h}}{Q_{tp}}=\frac{3600P_{e}+Q_{h}}{B_{tp}q_{1}} \tag{2-40}$$

电厂运行时，热电厂的燃料利用系数可能在相当大的范围内变动。尤其是装有抽汽式供热汽轮机的电厂，当其热负荷为零时，由于其绝对内效率比相同蒸汽初参数的凝汽式机组还小，所以其 η_{tp} 也会比凝汽式发电厂的效率低；带高热负荷时，电厂的燃料利用系数可高达70%～80%；当供热汽轮机停止运行时，发电量为零，直接用锅炉的新蒸汽减压减温后对外供热时，η_{tp} 近似等于锅炉效率与管道效率的乘积，燃料利用系数也很高。

因此，热电厂的燃料利用系数虽说是说明热电厂热经济性的一项指标，却仅表明电厂对燃料利用程度。由于计算此指标时没有考虑电能与热能在质方面的差别，把两者等同看待，按数量直接相加，因此热电厂的燃料利用系数不能全面反映电厂的生产质量，更不能反映热、电生产整个能量供应系统的热经济性，它只是一项能量利用情况的数量指标，一般用在热电厂设计时估算电厂燃煤量，不能用于比较各热电厂的热经济性。η_{cp} 却不同，对燃煤凝汽式电厂而言，当燃料的㶲为其低位热值时，η_{cp} 也是㶲效率，它既是数量指标也是质量指标。

2. 供热机组的热化发电率

热化发电率只与联产汽流生产的电能和热能有关。联产汽流生产的电能 W_{h} 称为热化发电量，联产汽流生产的热量 $Q_{h,t}$ 称为热化供热量。热化发电率 ω 就是热化发电量与热化供热量之比，即单位热化供热量的电能生产率，其表达式为

$$\omega=\frac{W_{h}}{Q_{h,t}}\times 10^{6}=\frac{W_{h}^{o}}{Q_{h,t}}\times 10^{6}+\frac{W_{h}^{i}}{Q_{h,t}}\times 10^{6}=\omega_{o}+\omega_{i}\quad \text{kWh/GJ} \tag{2-41}$$

式中 W_{h}^{o}——供热抽汽发电量（又称外部热化发电量），kWh；

W_{h}^{i}——供热返回水回热所需的回热抽汽产生的电能（又称内部热化发电量），kWh；

ω_{o}——外部热化发电率，kWh/GJ；

ω_{i}——内部热化发电率，kWh/GJ。

另外，热化供热量为

$$Q_{h,t}=D_{h,t}(h_{h}-h'_{hm})\quad \text{kJ/h} \tag{2-42}$$

式中 h'_{hm}——供热返回水与补充水的混合焓。

当补充水的焓为 h'_{ma}，供热返回水的焓为 h'_h时，$h'_{hm}=\Psi h'_h+(1-\Psi)h'_{ma}$，$\Psi$ 为供热回水率。

同时，供热抽汽外部热化发电量为

$$W_h^o=\frac{D_{h,t}(h_0-h_h)\eta_m\eta_g}{3600}\quad \text{kWh} \tag{2-43}$$

内部热化发电量为

$$W_h^i=\frac{\eta_m\eta_g\sum_{j=1}^{z}D_j^h(h_0-h_j)}{3600}\quad \text{kWh} \tag{2-44}$$

式中 z——供热回水经过的回热加热级数；

D_j^h——各级抽汽加热供热返回水所增加的回热抽汽量，kg/h；

h_j——各级回热抽汽的焓，kJ/kg。

将式（2-42）～式（2-44）代入式（2-41）整理可得

$$\omega=278\frac{\eta_m\eta_g}{h_h-h'_{hm}}\cdot\left[(h_0-h_h)+\sum_{j=1}^{z}\frac{D_j^h}{D_{h,t}}(h_0-h_j)\right]\quad \text{kWh/GJ} \tag{2-45}$$

一般内部热化发电量在总的热化发电量中所占份额不大，在近似计算时常忽略不计。

由式（2-45）可看出，热化发电率与供热机组的蒸汽初参数、供热抽汽压力、回热的完善程度、汽轮机的相对内效率、供热回水率及回水温度、补充水温度、汽轮机的机械效率、发电机效率等因素都有关，任一因素的改善都可提高热化发电率。对外供热量一定时，热化发电率越高，则热化发电量也越大，从而可以减少本电厂或电力系统的凝汽发电量，节省更多的燃料。这说明 ω 可用作评价同类型同参数供热机组热经济性的质量指标。现代供热机组的热化发电率一般为 111～167kWh/GJ，其中内部热化发电率所占的份额为 15%～20%。

三、热电联产的节煤量

热电厂的燃料利用系数是从数量上评价热电联产的热经济性；供热机组的热化发电率虽然能从质量上评价热电联产的热经济性，但它仅能评价热化汽流的完善性且不便于比较不同类型不同参数供热机组的热经济性。目前，还没有找到一个能够在数量上和质量上全面地反映热电厂对热经济性的总的热经济指标，因此常常采用年燃料节省量来评价热电厂的热经济性。

热电联产的节煤量是指在能量供应相等的原则下，热电联产与热电分产方式相比节省的燃料量。热电分产时，电能由电力系统中的凝汽式机组（称代替凝汽式机组）生产，热能由分散的小锅炉供应。

设动力系统全年需要供应的电能为 W、热能为 Q、热电厂的全年耗煤量为 B_{tp}^s；与之相比较的代替凝汽式电厂的全年耗煤量为 B_{cp}^s、煤耗率为 b_{cp}^s；分散小锅炉房的全年总耗煤量为 ΣB_d^s、锅炉效率为 $\eta_{b(d)}$、管道效率为 $\eta_{P(d)}$。采用热量分配法分析，则热电厂全年的节煤量 ΔB^s 为

$$\begin{aligned}\Delta B^s&=(B_{cp}^s+\Sigma B_d^s)-B_{tp}^s\\&=(B_{cp}^s-B_{tp(e)}^s)+(\Sigma B_d^s-B_{tp(h)}^s)\\&=\Delta B_e^s+\Delta B_h^s\quad \text{t 标准煤/a}\end{aligned} \tag{2-46}$$

式中 $B_{tp(e)}^s$——热电厂发电方面的年耗煤量，t 标准煤/a；

$B^s_{tp(h)}$——热电厂供热方面的年耗煤量，t 标准煤/a；

ΔB^s_e——热电厂发电方面的年节煤量，t 标准煤/a；

ΔB^s_h——热电厂供热方面的年节煤量，t 标准煤/a。

代替凝汽式电厂年耗煤量的计算式为

$$B^s_{cp}=\frac{0.123}{\eta_{cp}}W\times10^{-3}=\frac{0.123}{\eta_b\eta_p\eta_i\eta_m\eta_g}W\times10^{-3}\quad \text{t 标准煤/a} \tag{2-47}$$

分散的小锅炉的总耗煤量计算式为

$$\Sigma B^s_d=\frac{Q\times10^{-3}}{29\,270\eta_{b(d)}\eta_{P(d)}}=\frac{\eta_{hs}Q_h\times10^{-3}}{29\,270\eta_{b(d)}\eta_{P(d)}}\quad \text{t 标准煤/a} \tag{2-48}$$

热电厂发电方面耗煤量的计算式为

$$B_{tp(e)}=\left(\frac{3600W_h}{29\,270\eta_b\eta_p\eta_m\eta_g}+\frac{3600W_e}{29\,270\eta_b\eta_p\eta_{i(c)}\eta_m\eta_g}\right)\times10^{-3}$$

$$=\left(\frac{0.123W_h}{\eta_b\eta_p\eta_m\eta_g}+\frac{0.123W_e}{\eta_b\eta_p\eta_{i(c)}\eta_m\eta_g}\right)\times10^{-3}\quad \text{t 标准煤/a} \tag{2-49}$$

式中 W_e——热电厂的凝汽发电量，kW·h/a；

$\eta_{i(c)}$——供热汽轮机凝汽发电部分的绝对内效率。

热电厂供热方面耗煤量的计算式为

$$B^s_{tp(h)}=\frac{Q\times10^{-3}}{29\,270\eta_b\eta_p\eta_{hs}}=\frac{Q_h\times10^{-3}}{29\,270\eta_b\eta_p}\quad \text{t 标准煤/a} \tag{2-50}$$

将式（2-47）～式（2-50）代入式（2-46）整理可得

$$\Delta B^s=\frac{0.123\times10^{-3}}{\eta_b\eta_p\eta_m\eta_g}\left[\frac{W}{\eta_i}-\left(W_h+\frac{W_c}{\eta_{i(c)}}\right)\right]$$

$$+\frac{Q_h\times10^{-3}}{29\,270}\left(\frac{\eta_{hs}}{\eta_{b(d)}\eta_{p(d)}}-\frac{1}{\eta_b\eta_p}\right)\quad \text{t 标准煤/a} \tag{2-51}$$

式（2-51）的前半部分为热电联产发电方面节煤量的计算式，后半部分为热电联产供热方面节煤量的计算式。由式（2-51）可得，只要保持 $\eta_b\eta_p\eta_{hs}>\eta_{b(d)}\eta_{p(d)}$，供热方面就能节省燃料。在现阶段，一般小型锅炉的效率都比电厂锅炉的效率低得多，所以一般供热方面都能节煤。目前一些集中锅炉房用的锅炉，由于容量较大，设计效率很高，如果热电厂供热距离较长、热用户又比较分散，热网损失就过大，热电联产供热方面节煤就不显著了。

由于供热汽流的实际循环热效率100%，远比代替凝汽式机组的绝对内效率大，热化发电的节煤效益非常显著，而供热机组凝汽发电的绝对内效率 $\eta_{i(c)}$ 虽比代替凝汽式机组的绝对内效率 η_i 小，但一般供热机组的凝汽发电量不大，供热机组凝汽发电多耗的燃料不多，因此热电联产发电方面节煤效果一般都比较显著。如果全年中供热机组的热化发电量 W_h 很小，凝汽发电量 W_c 却很大，发电方面就会多耗燃料。由此可见，热电联产发电方面的节煤量的多少不仅与地区热、电负荷大小有关，而且还与供热机组及代替凝汽式机组的容量、参数等因素有关。

综上所述，热电厂节能的原因是：进行热电联产，大量减少电厂的冷源损失；用高效率的大型电站锅炉代替分散的、低效率的小锅炉进行供热，以减少由于锅炉效率低而产生的热损失。前者称联产效果，后者称集中供热效果。

应该指出，建设热电厂进行热电联产，并非不多耗燃料就行，因为一般热电厂建设要比热电分产建设多耗投资，热电联产节约的燃料必须保证收到一定的经济效益，这要根据具体条件通过技术经济比较论证确定。

四、热电联产的效益及其发展

（一）热电联产的效益

（1）由于热电联产大大减少了冷源损失，因而可以节省大量燃料，热电联产与热电分产相比，其节煤量可达20％～25％。

（2）由于节省燃料，热电联产还可相应减少燃料开采费用、运输费用以及与输煤系统有关的其他设施费用。

（3）热电厂通过合理地选择厂址，采用高效率的除尘器和高烟囱，以减轻城市煤、灰运输负担，并可大大减轻城市的煤、灰污染及热污染，改善城市环境卫生。

（4）由于热电厂采用较完善的大型动力设备代替分散的小型动力设备，可以大大提高劳动生产率，改善劳动条件。

（5）需要供热的企事业单位及住宅区中，不需要建设单独的锅炉房、煤场和灰场，减少这些设施的占地面积。

（6）热电厂通过热网对用户进行供暖、供应热水，可以采用集中的质量调节方法，不但方便，而且可以改善供热质量。

（7）根据热电联产节能的原理，在老电厂扩建改造中，可以采用高参数或超高参数汽轮机的排汽或抽汽作为原有汽轮机的进汽，即高压叠置，增加原有电厂的容量，并提高其热经济性。高压叠置又称内部热化，可提高电厂热经济性12％～18.5％。

（8）进一步采用热电冷三联产与蓄热技术，可以大大提高热量利用率，改善大气环境和城市环境。热电冷三联产是指热电厂的供热机组，将已在汽轮机中做了部分功的低品位蒸汽热能，用于对外供热和制冷。

（二）我国热化事业的发展中存在的问题

我国的热化事业是从20世纪50年代开始发展的。长期以来，我国实行的是一条“以煤为主”的能源政策，采取的是集中供热式。它是一种典型的计划经济模式，采取的是福利性的采暖费用包干制，使用者不了解采暖的成本和投入，结果造成使用环节大量浪费，没有能源计量装置，热网管理落后，管理成本居高不下，结果影响了我国热化事业的发展。

由于国家政策的支持，20世纪90年代以来，我国热电事业的发展总体是好的，对我国节约能源，改善环境，提高人民的生活水平起了积极的作用。但与发达国家相比，差距仍然很大，需要不断地提高和发展。

因此，1998年国家计委、经贸委、建设部、电力部等联合发布了《关于发展热电联产的若干规定》的通知，即计交能〔1998〕220号文。继而又对该文进行了充实和补充，于2000年8月22日发布了关于印发《发展热电联产的补充规定》的通知，即计基础〔2000〕1268号文。2016年3月22日发展改革委等发布了关于印发《热电联产管理办法》的通知，即发改能源〔2016〕617号文。通知针对国内存在的在热电建设事业认识上的差距，进一步阐明了“国家鼓励发展热电联产、集中供热，提高热电机组的利用率”等的规定，并将发展热电事业提高到国家实施可持续发展战略和实现两个根本转变的高度上来认识。同时，在“通知”中特别强调了发展热电事业必须结合当地实际情况和具体要求，因地制宜地进行，并应坚持节约能源和环境保护并举的方针，以及热、冷、电（煤气）相结合的原则。“通知”积极支持发展热、冷、电联产等一系列政策与措施，使我国的热电事业发展走上一条稳步、高效、多样化的发展轨道。“通知”对各类热电机组规定了具体技术指标，如常用的单机容量在50MW以下的热电机组，要求达到：热电厂总效率年平均大于45%；热电厂热电比年平均大于100%。凡符合规定指标的热电项目，国家提供优惠的政策，如：电网管理部门应允许并网并免交上网配套费，在保证供热和机组安全运行的前提下供热机组可参加调峰等一系列优惠条件，从而为我国热电联产事业持续、健康发展奠定了基础。

第五节 燃气-蒸汽联合循环

采用燃气轮机装置与蒸汽动力装置联合循环发电具有热效率高、建设费用低、运行可靠、符合环保要求和运行机动灵活的诸多优点，对于优化能源结构、改善环境都起着积极的作用。

一、燃气-蒸汽联合循环的热经济性及特点

（一）工作原理

如图2-17所示，燃气-蒸汽联合循环发电机组的主要设备有燃气轮机（压气机、燃烧室和涡轮机）、余热锅炉、汽轮机、发电机、凝汽器等。当燃气轮机工作时，压气机从外界大气中吸入空气，并把它压缩到某一压力，同时空气温度也相应的提高。然后，将空气送入燃烧室与喷入的燃料混合燃烧产生高温高压燃气，燃气进入燃气轮机中膨胀做功，直接带动发电机发电。燃气轮机的排气导入余热锅炉，用于产生高温高压蒸汽驱动汽轮机带动发电机发电。汽轮机排汽再进入凝汽器中放热，凝结水又送入余热锅炉，形成蒸汽动力循环。这样既增加了总输出功率，又利用了燃气轮机和蒸汽轮机各自的优点，使整个循环的热效率提高。

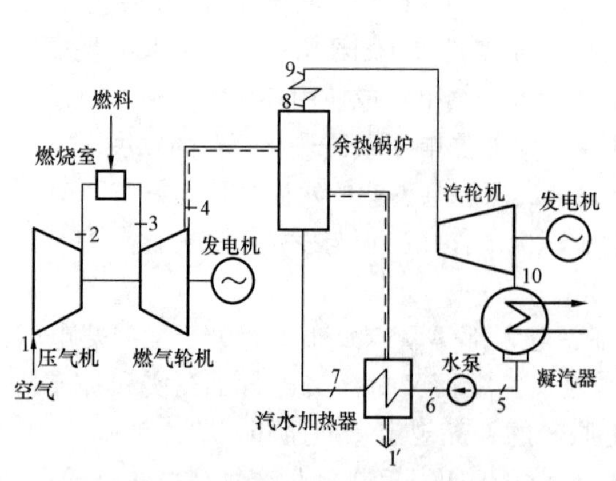

图2-17 燃气-蒸汽联合循环机组示意图

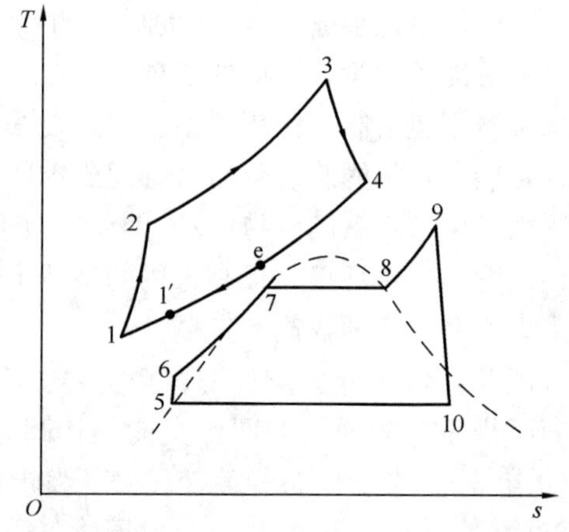

图2-18 燃气-蒸汽联合循环 T-s 图

该联合循环的 T-s 图如图2-18所示。其中各热力过程如下：

过程1—2表示空气在压气机中的压缩过程；

过程2—3表示空气和燃料在燃烧室内的燃烧过程，即燃气轮机的吸热过程；

过程 3—4 表示燃气在燃气轮机中的膨胀做功过程；

过程 4—1 表示燃气轮机排气放热过程；

过程 5—6 表示给水压缩过程；

过程 6—9 表示工质在余热锅炉中的定压吸热过程；

过程 9—10 表示蒸汽在汽轮机中的做功过程；

过程 10—5 表示汽轮机的排汽在凝汽器中的放热过程。

（二）热经济性

随着材料和冷却技术的发展，燃气轮机的初温达到 1430～1600℃，排气温度高于 600℃，蒸汽动力循环由于材料耐温耐压的限制，初温一般为 540～600℃，排汽温度为 30～38℃，如果把燃气轮机和蒸汽轮机联合起来，则有较高的平均吸热温度和较低的放热平均温度，循环效率得到提高。

华电广州增城项目、珠江 LNG 二期项目和东莞宁洲项目为目前主流燃机厂商代表性 H 级燃机（50Hz），联合循环的效率见表 2-3。

表 2-3　　代表性 H 级燃机性能比较

燃机项目	燃机供应商	燃机型号	单循环功率/MW	联合循环功率/MW	联合循环效率/%	压比	频率/Hz
华电广州增城项目	Siemens	SGT5-8000H	425.2	647.9	61.8	约 19.8	50
珠江 LNG 二期项目	MHI	M701J	—	687.250（单轴）	63.70	约 23	50
东莞宁洲项目	GE	9HA.02	—	828.06（单轴）	63.88	约 23	50

（三）联合循环主要特点

（1）可采用常规的汽轮发电机组。只要正确地匹配燃气部分和蒸汽部分的功率，合理拟定热力系统，正确选择各项参数，采用高参数和先进的冷却技术，燃气-蒸汽联合循环方式发电仍可采用常规的汽轮发电机组且可达到很高的热经济性。

（2）可以改造老电厂。随着高参数大容量机组的发展以及电力工业的“以大代小”工程的实施，原有的中小型电厂需要改造。一般情况，锅炉多已陈旧不堪，但汽轮机却仍可使用，若能配置燃气轮机按燃气-蒸汽联合循环发电，不但可以提高电厂出力，同时可大幅度提高电厂的热效率。

（3）适应建设坑口电站。因为燃气轮机不需要大量冷却水，而建设的坑口电站正是水源较为困难的地方，所以建设燃气-蒸汽联合循环电站，能适应缺水地区和坑口电站的需要，一般比同功率常规电厂节省一半的水量。

（4）能改善电厂对环境的污染。燃气-蒸汽联合循环发电装置中的燃气轮机的废热可以得到利用，从而减轻公害。煤气化燃气-蒸汽联合循环发电，可将煤气化变成为无公害的能源。目前燃煤的联合循环分两类，即煤气化燃气-蒸汽联合循环和流化床燃烧燃气-蒸汽联合循环。它们可以将高硫、高灰分、低热值的劣质煤经煤气化或流化燃烧脱硫、除尘净化，是一种对环境污染小、效率高的发电装置。

(5) 可以热电联产或成为调峰机组。燃气-蒸汽联合循环装置可热电联产供生产用热或生活用热。若在装置中保留燃油系统作为事故备用及采取其他相应措施，则联合循环装置可以作为电网调峰机组，实现快速启、停，加载和切换至联合循环运行。

二、燃气-蒸汽联合循环的形式

燃气-蒸汽联合循环的型式按燃料品种可分为：燃油、燃天然气、燃煤、核燃料和磁流体发电的联合循环。而燃煤方式可以是间接的，例如煤的气化或液化；也可以是直接的，例如煤的流化床燃烧。按对水蒸气的供热方式不同又可分为：供水加热联合循环、排气助燃联合循环、排气补燃联合循环、余热回收联合循环以及增压锅炉联合循环等五种型式。前四种型式制备蒸汽的锅炉均设置在燃气轮机的低压侧，增压锅炉联合循环制备蒸汽的锅炉设置在燃气轮机高压侧。

1. 供水加热联合循环

图 2-19 (a) 所示是一种最简单的联合循环，利用燃气轮机的高温排汽加热锅炉给水，回收余热。锅炉保持常规型式，所用燃料可任意选择，蒸汽参数和汽轮机容量不受限制。燃气轮机和汽轮机可以分开或联合运行。虽联合运行时效率提高不显著，但在大电网中用这种联合装置来承担尖峰负荷是很有前途的。

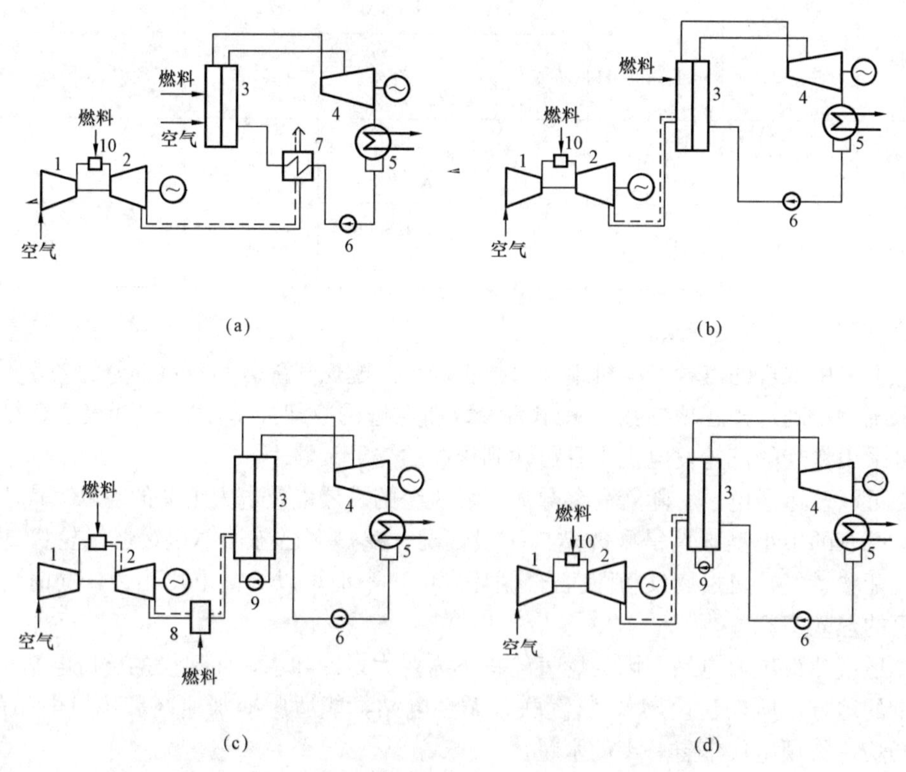

图 2-19 燃气-蒸汽联合循环的基本型式

(a) 供水加热型；(b) 排气助燃型；(c) 排气补燃型；(d) 余热回收型

1—压气机；2—燃气轮机；3—余热锅炉；4—汽轮机；5—凝汽器；6—凝结水泵；7—加热器；8—燃烧室；9—给水泵；10—燃烧室

2. 排气助燃联合循环

以燃气轮机排气作为锅炉的助燃空气。这样不仅回收燃气轮机排气余热，同时充分利用排气中的余氧，如图 2-19（b）所示，助燃用的燃气轮机排气直接引入锅炉。锅炉的结构可与常规电站锅炉相似，炉膛温度不受限制，可采用高蒸汽参数，配置大容量汽轮机。如添置备用送风机和备用空气预热器，燃气轮机和汽轮机就可分开运行。锅炉所用燃料可任意选择。燃气轮机输出功率在联合循环的总输出中占有比例较小，一般仅有 1/6，其余 5/6 的功率由汽轮发电机组完成。因此，这是一种以蒸汽发电为主的装置，燃气轮机优势在这时不能充分发挥，热经济性的提高十分有限。

3. 排气补燃联合循环

为了提高联合循环的效率，可以在燃气轮机排气与余热锅炉的连接通道中加装补燃室，如图 2-19（c）所示。这样可利用燃气轮机排气中的余氧进行补充燃烧，以提高燃气进入余热锅炉的温度，从而达到提高蒸汽初参数，增加蒸汽部分的功率和效率。一般进入余热锅炉的燃气温度在 650～700℃以下，这样可保持余热锅炉无辐射受热面的简单结构形式。补燃可采用价格较低的燃料，补燃量以燃料量的 20%～30%为最佳，此时汽轮机的出力约为联合装置总出力的 50%。由于现代燃气轮机排气的剩余氧量不多，利用价值不大，20 世纪 70 年代以后这一形式的联合循环已很少采用。

4. 余热回收联合循环

上述各种循环方式，都需要向制备蒸汽的锅炉补充燃料，而图 2-19（d）所示的余热回收循坏则不需要补充燃料，仅靠燃气轮机排气余热的回收制备蒸汽。这是一种最简单、较成熟而又用得最多的循环方式。特别是现代燃气轮机进气温度提高，排气温度高达 500～600℃，使得余热锅炉仅靠回收余热，就足以制备出驱动汽轮机的高温蒸汽。这是一种以燃气轮机为主、汽轮机为辅的循环方式，燃气轮机的功率占联合循环的 2/3，因此，燃气轮机的优点得以充分体现。20 世纪 70 年代末，这类联合循环的效率已达 43%～46%，20 世纪 80 年代末达 50%，20 世纪 90 年代已达到 54%～58%的高效率，目前最高效率接近 64%。由于余热锅炉无辐射受热面，结构简单，造价低，燃气轮机对燃料的适应性强，且无需大量的循环冷却水，因此这种形式的联合循环对改造中低参数的汽轮机发电厂，提高其热效率是十分有利的。这种联合循环装置，还具有分阶段实施的优点，在第一阶段设旁路烟道，使燃气轮机按简单循环方式先发电，然后再实施第二阶段的燃气-蒸汽联合循环发电。

5. 增压锅炉联合循环

如果将制备蒸汽的锅炉放在压气机之后，取代燃烧室，压气机取代锅炉的送风机，用锅炉的高温和高压排气驱动燃气轮机，燃气轮机的排汽再用于省煤器或给水加热，这就是如图 2-20所示的增压锅炉联合循环。这种形式的联合循环装置主要由汽轮机发电，燃气轮机除了驱动压气机外，还可发部分电力。这种形式的增压锅炉，燃烧和传热大大强化了，从而锅炉受热面大为减小，减少了锅炉的尺寸和占地面积，减少了设备的初投资。但需耐压耐高温

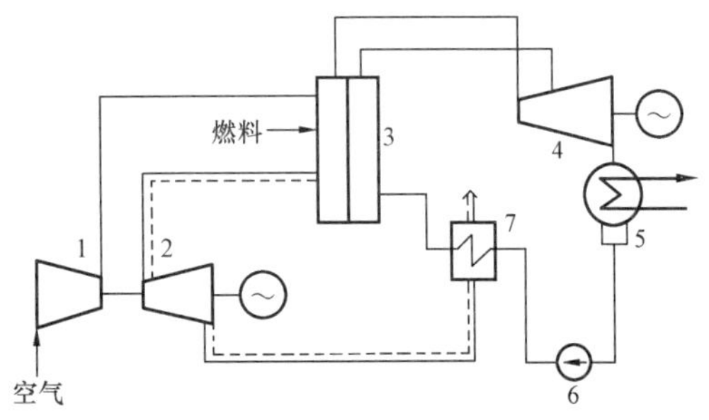

图 2-20　增压锅炉联合循环

1—压气机；2—燃气轮机；3—增压锅炉；4—汽轮机；5—凝汽器；6—凝结水泵；7—加热器

材料，燃气轮机和汽轮机不能单独运行，锅炉的燃料受燃气轮机制约，需用气体或液体燃料，增压锅炉制造复杂，运行控制也较为困难。

复习思考题

1. 提高热力发电厂热经济性的途径和措施有哪些?
2. 为什么蒸汽初压力和初温度的提高和蒸汽终参数的降低会受到限制?
3. 对发电厂汽轮发电机组，为什么高参数必须配合大容量?
4. 何谓凝汽器的最佳真空?如何确定凝汽器的最佳真空?
5. 发电厂为何要采用蒸汽中间再热?再热的参数如何选择?与哪些因素有关?
6. 再热的方法有几种?各自的优缺点是什么?
7. 为何回热凝汽式机组的汽耗率要大于纯凝汽式机组的汽耗率，而其热耗率却相反?
8. 何谓回热加热量的最佳分配?如何确定热力学最佳给水温度?
9. 为什么发电厂经济上的给水温度比热力学上最佳给水温度低?目前大容量机组采用的给水温度和加热级数大致是多少?
10. 为何采用蒸汽中间再热对给水回热的效果有所削弱?如何加以改善?
11. 什么是热电联合能量生产?
12. 热电厂用热量法来分配总热耗量有什么优缺点?
13. 什么是热化发电率?
14. 什么是热电厂的燃料利用系数?
15. 燃气-蒸汽联合循环有哪种基本形式?各有什么特点?

第三章

发电厂主要辅助设备及其热力系统

第一节　回热加热器及回热系统

一、回热加热器的类型

回热加热器是利用汽轮机抽汽加热进入锅炉的给水，从而提高热力循环效率的换热设备。

1. 按传热方式分

回热加热器按其传热方式分为混合式加热器和表面式加热器，如图 3-1 所示。

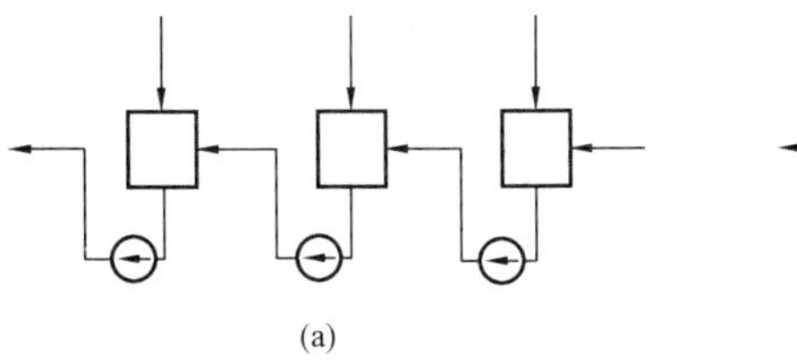

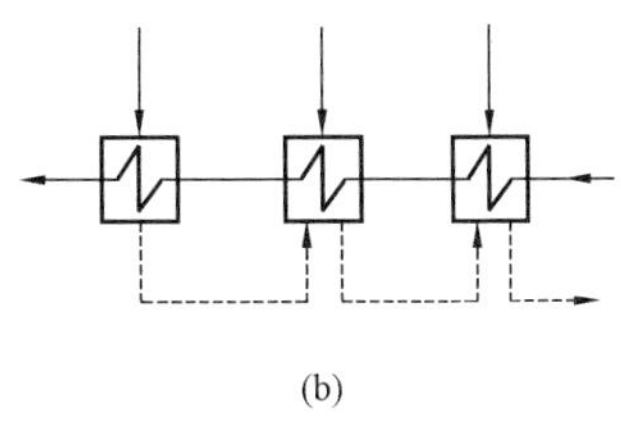

图 3-1　回热加热器的形式

(a) 混合式加热器；(b) 表面式加热器

（1）混合式加热器。在混合式加热器中，加热蒸汽与给水直接接触，将热量传给给水，从而提高给水温度。这种加热器由于加热蒸汽和给水之间没有传热端差，可以将给水加热到加热蒸汽压力下的饱和温度，因此热经济性好，并且结构简单，造价低，便于汇集不同温度的疏水。但混合式加热器所组成的回热系统复杂，这是因为每个混合式加热器后都要设置给水泵，才能将给水送入下一级压力更高的加热器中，为保证系统的安全性还要设置备用水泵和容积大并有足够高度的给水箱。同时，给水泵台数增加后，厂用电消耗也增加。

（2）表面式加热器。在表面式加热器中，加热蒸汽是通过金属壁面加热给水的。由于金属壁面存在传热热阻，给水往往不能被加热到加热蒸汽压力下的饱和温度。通常将加热蒸汽的饱和温度与给水的出口温度之差称为表面式加热器的传热端差，又称上端差，简称端差。由于端差的存在，表面式加热器的热经济性比混合式加热器差，并且端差越大，其热经济性越差。但表面式加热器所组成的回热系统简单，所需设置的水泵少，节省厂用电，安全可靠。

现代电厂实际应用的给水回热加热系统中，只有除氧器作为一台混合式加热器，其余加热器均为表面式加热器。以后所提到的回热加热器均为表面式加热器。

2. 按布置的方式分

回热加热器按其布置的方式分为卧式和立式。

卧式加热器的传热效果较好。这是因为蒸汽在管外凝结放热时，横管凝结水水膜所形成的附面层厚度较竖管薄，放热系数较大。另外，卧式加热器水位比较稳定，在结构上便于布置蒸汽冷却段和疏水冷却段，有利于提高热经济性，并且安装检修方便。因此，300MW 及其以上容量的机组广泛采用卧式加热器。

立式加热器的传热效果不如卧式加热器好，但它占地面积小，便于布置，200MW 及以下容量机组普遍采用立式加热器。

3. 按水侧压力分

回热加热器按水侧压力的高低分为高压加热器和低压加热器。按凝结水的流动方向，在除氧器之前的加热器，由于其水侧承受的压力比较低，故称为低压加热器；除氧器之后，由于给水被给水泵进一步升压，加热器水侧所承受的压力很高，故称为高压加热器。

二、表面式加热器的疏水连接方式及其热经济性

1. 疏水逐级自流的疏水连接方式

这种系统如图 3-2（a）所示，它是利用各回热加热器间的压力差，让疏水逐级自流入压力较低相邻的加热器蒸汽空间，最后一台加热器的疏水自流入凝汽器。

这种疏水系统最为简单、可靠，但是热经济性差。这是由于压力较高加热器的疏水流入压力较低加热器的蒸汽空间时要放出热量，从而“排挤”了一部分较低压力的回热抽汽量，在保持汽轮机输出功率一定的条件下，势必造成抽汽做功减少，凝汽循环的发电量增加，这样就增加了冷源热损失。尤其是疏水排入凝汽器时，将直接导致冷源热损失增加。

在疏水逐级自流系统中，装设疏水冷却器，可提高机组的热经济性，如图 3-2（b）所示。在疏水自流入下一级加热器之前，用一部分主凝结水在疏水冷却器中冷却疏水，使进入下一级加热器的疏水放热量减少，以减少由于排挤低压抽汽所引起的冷源热损失，还可防止疏水在疏水管道中汽化而发生汽阻影响正常疏水。疏水冷却器也可放在加热器内部称为疏水冷却段，如图 3-2（c）所示。在现代大型机组上，高、低压加热器中均采用疏水冷却段或疏水冷却器，以提高机组的热经济性。

2. 采用疏水泵的疏水连接方式

这种系统的连接方式如图 3-2（d）所示。系统中各加热器的疏水用专用的水泵——疏水泵送入本级加热器出口的主凝结水管道。

这种系统热经济性较高，这是由于疏水进入加热器出口的主凝结水管道，提高了加热器出水的温度，热经济性较好。但是在这种系统中与混合式加热器一样，每一台加热器必须装设两台疏水泵（其中一台备用），其投资、厂用电耗、检修费用增加，并且系统复杂，运行可靠性下降。

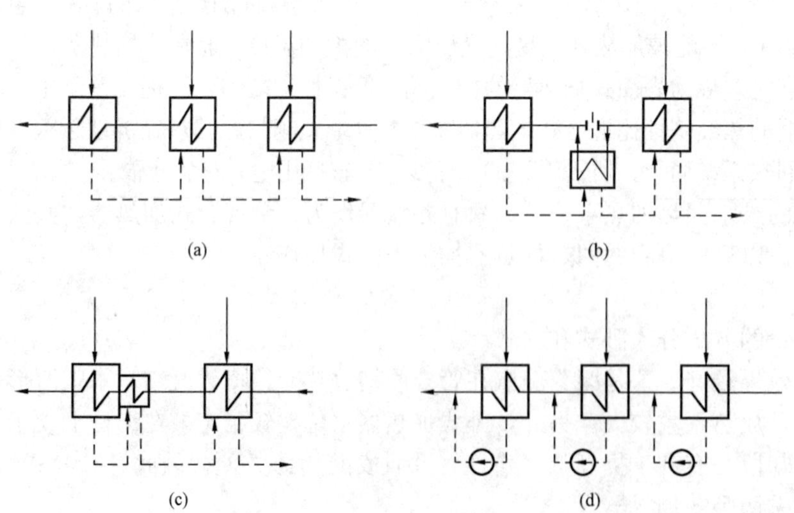

图 3-2 表面式加热器的疏水连接方式
（a）疏水自流连接方式；（b）外置式疏水冷却器的连接方式；（c）内置式疏水冷却段的连接方式；（d）疏水泵的连接方式

三、蒸汽冷却器

1. 蒸汽冷却器的类型

由于再热使再热后的回热抽汽过热度和焓值都有较大的提高，使再热后的各级回热加热器中的汽水换热温差增大，导致熵增

变大，从而削弱了回热效果。装设蒸汽冷却器就能利用这部分抽汽的过热显热，来提高对应加热器的出口水温或整个回热系统的出口水温，从而减小传热温差，减少不可逆传热热损失，提高系统的热经济性。

蒸汽冷却器有内置式和外置式两种。内置式蒸汽冷却器（即过热蒸汽冷却段）与加热器本体合成一体可节约钢材和投资，但只提高本级出口水温，回热的经济性较小。具有过热蒸汽冷却段、蒸汽凝结段和疏水冷却段加热器的蒸汽定压放热过程和给水温升如图 3-3 所示。为避免过热蒸汽冷却段产生凝结水，要求离开它的蒸汽仍有 15～20℃的过热度。目前大型机组多采用内置式蒸汽冷却器。外置式蒸汽冷却器具有独立的加热器壳体，虽然钢材及投资较大，但因布置灵活，既可降低本级加热器的端差，又能直接提高给水温度，降低机组热耗，从而获得更高的热经济性，广泛应用于苏联和法国机组上，我国早期的 300MW 机组及现在生产的超超临界机组高压加热器也采用这种形式。

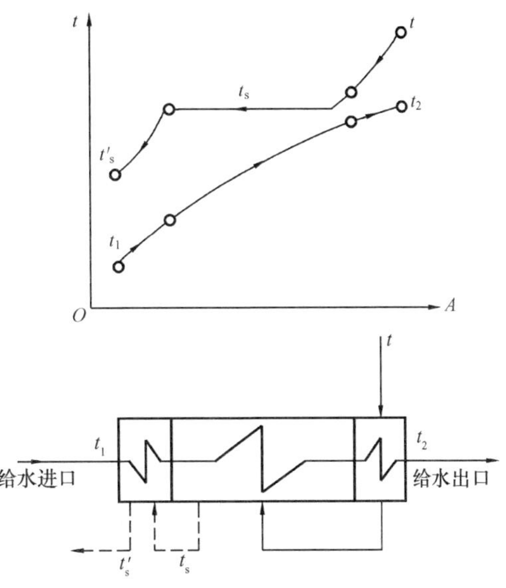

图 3-3 具有过热蒸汽冷却段、蒸汽凝结段和疏水冷却段加热器的蒸汽定压放热过程和给水温升

2. 外置式蒸汽冷却器的连接方式

外置式蒸汽冷却器水侧的连接方式视主机回热级数、蒸汽冷却器的个数和与主水流的连接关系而异，主要有与主水流并联、串联两种方式，如图 3-4 所示。

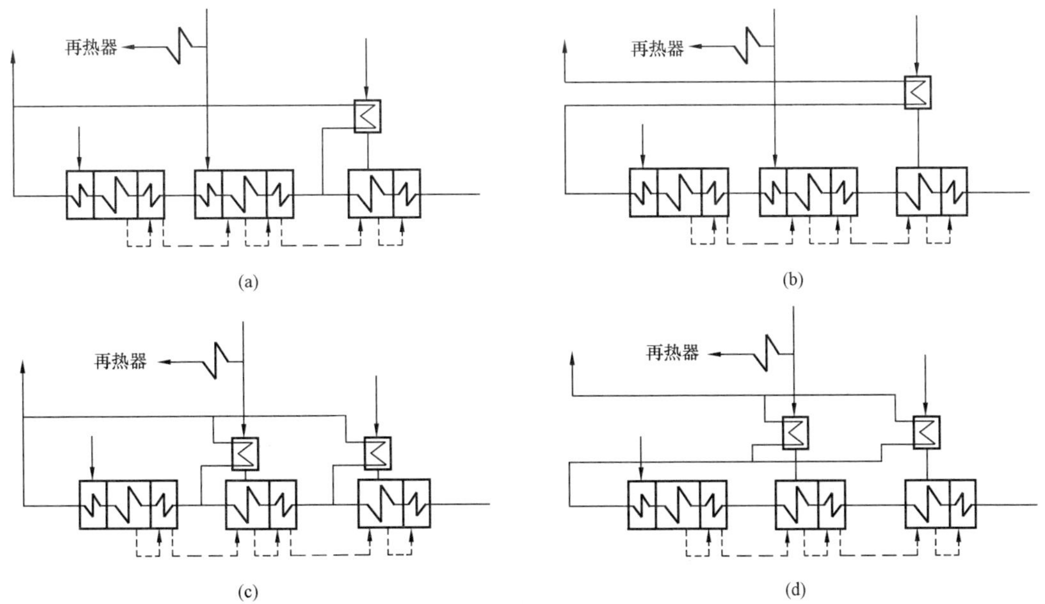

图 3-4 外置式蒸汽冷却器的连接方式

（a）单级并联；（b）单级串联；（c）与主水流分流两级并联；（d）与主水流串联两级并联

串联连接时，全部给水进入蒸汽冷却器。并联连接时，进入蒸汽冷却器的给水只占总给水量的一小部分，以给水不致在蒸汽冷却器中沸腾为准，最后与主水流混合后送入锅炉。

如只设单级外置式蒸汽冷却器，恒设在再热后的第一个抽汽口（即中压缸的第一个抽汽口），因为该级抽汽的过热度最大，设蒸汽冷却器的收益最好，有并联与串联两种连接方式，如图 3-4(a)、(b)所示。若设置两台外置式蒸汽冷却器，多设在再热前、后的抽汽口（即高压缸排汽和中压缸的第一个抽汽口），如图 3-4（c）、（d）所示。使用两级串联连接方式的热经济性优于单级，但增加幅度减小。

四、实际机组的原则性回热系统介绍

图 3-5（a）、（b）、（c）所示分别为 600MW 亚临界压力机组、600MW 超临界压力机组、1000MW 超超临界压力机组的回热系统，其他类型机组的回热系统与其大同小异。目前，大型机组几乎都采用三台高压加热器、四台低压加热器和一台除氧器的八级回热加热系统。为了简化系统，回热加热器的疏水倾向于采用疏水逐级自流的连接方式：高压加热器的疏水逐级自流进除氧器，低压加热器的疏水逐级自流进凝汽器。为了提高回热系统的热经济性，高压加热器多采用卧式三段式，低压加热器大多采用卧式两段式。除氧器也采用卧式布置，

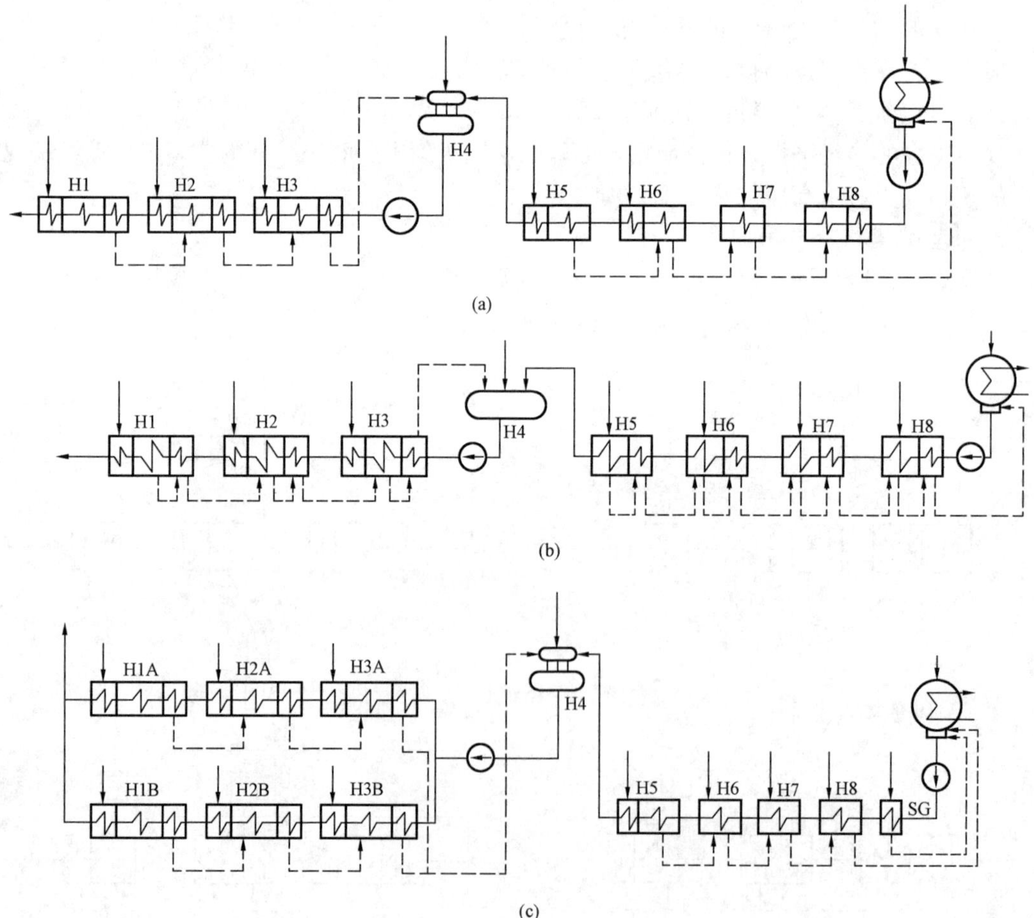

图 3-5 实际机组的回热系统

（a）600MW 亚临界压力机组；（b）600MW 超临界压力机组；
（c）1000MW 超超临界压力机组

有的超临界及以上压力的机组，除氧器采用无头式布置。有些 1000MW 超超临界压力机组的高压加热器采用双列布置，主要是超超临界压力机组对单列布置的高压加热器制造工艺要求太高的原因。

以上回热系统是对大多数凝汽器采用冷却水冷却的机组（又称湿冷机组）而言，在华北、西北水源缺乏地区运行的机组，其凝汽器多采用空气作为冷却介质（称为空冷机组）。与湿冷机组相比，空冷机组设计背压较高，运行中背压变化幅度和频率都较大，因此空冷机组的回热系统有所不同，如哈尔滨汽轮机厂有限公司为某电厂 300MW 空冷机组设计时，回热系统采用了七级回热加热方案，加热器的级数减少，热经济性有所下降，但系统简单，投资减少。

五、回热加热器结构

1. 高压加热器

由于高压加热器水侧工作压力很高，所以其结构比较复杂。目前，我国常用的主要有管板-U 形管式和联箱-螺旋管式两种。联箱-螺旋管式加热器虽然运行可靠，但由于它体积大，消耗金属材料多，管壁厚，热阻及水阻大，热效率低，检修劳动强度大等缺点，在大容量机组中不再采用。现仅介绍电厂中广泛采用的管板-U 形管式高压加热器。

图 3-6 所示为卧式管板-U 形管式高压加热器结构。该加热器由水室、管板和 U 形管束等组成。

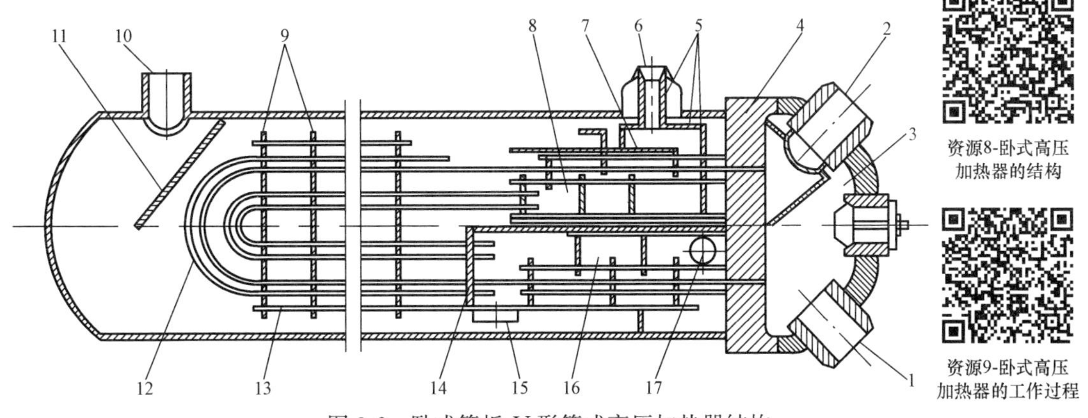

图 3-6　卧式管板-U 形管式高压加热器结构

1、2—给水进、出口；3—水室；4—管板；5—遮热板；6—蒸汽进口；7—防冲板；8—过热蒸汽冷却段；9—隔板；10—上级疏水进口；11—防冲板；12—U 形管；13—拉杆和定距管；14—疏水冷却段端板；15—疏水冷却段进口；16—疏水冷却段；17—疏水出口

现代大型机组，为保证高压加热器运行时的严密性并方便检修，采用焊接的水室结构。这种水室结构又分为人孔盖式和密封座式两种，如图 3-7 所示。

人孔盖式水室结构和作用原理与锅炉汽包的人孔门盖板相同。人孔盖及活动接头与水室壁连接，加热器运行时，孔盖被给水压力由内向外压紧起密封作用。它结构简单，密封可靠，人孔盖的拆除和安装有一套专用工具，操作简便，省时省力。

图 3-6 所示的卧式高压加热器上的水室为人孔盖式结构。进、出给水是通过分流隔板隔开的，分隔板焊接在管板上，避免了由封头直接焊接面导致的较高局部应力。封头上开有放

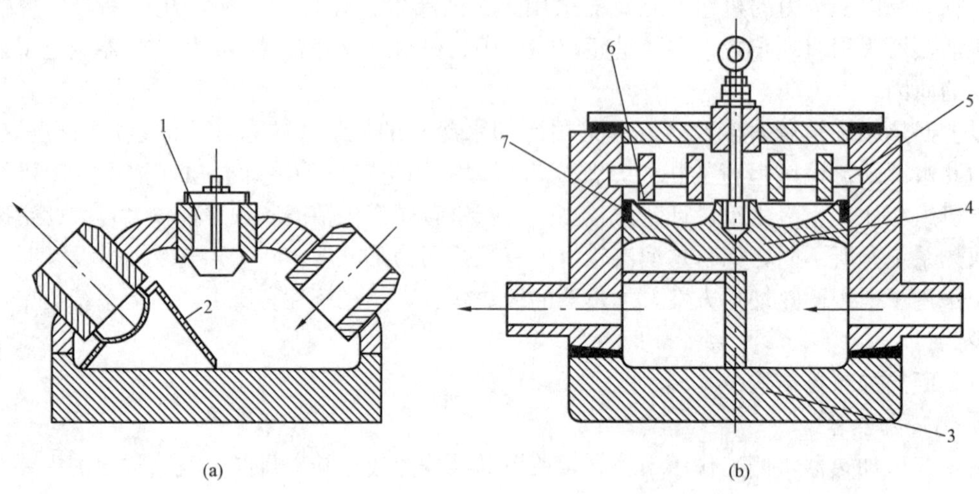

图 3-7 水室结构

（a）人孔盖式；（b）密封座式

1—压力密封人孔；2—独立的分流隔板；3—管板；4—密封座；5—均压四合环；6—垫圈；7—密封环

气孔，供设备启动时放气用。此外，在水室上还设有水侧安全阀和化学清洗接头。

密封座式水室结构，是利用进入加热器内的水侧压力作用在密封座上起密封作用的。其优点是检修方便，水室冷却快；缺点是水室受力大，水室壁较厚，材料消耗多且加工工作量大。

高压加热器的壳体呈圆筒形，由合金钢板卷制并与冲压的椭圆形封头焊接而成。外壳上焊有各种不同规格的对外接管。为便于壳体的拆移，在壳体上还安装有拉耳和滚轮。

加热器受热面由胀接或焊接在管板上的 U 形管束组成。现代大容量机组采用的高压加热器的管板很厚（为 300～655mm），而管壁相对很薄，为保证它们之间的严密性，采用了先进的氩弧焊爆胀管工艺。管束用专门的骨架固定形成一个整体，便于从壳体里抽出。给水由进口连接管进入水室，流过 U 形管束吸热后进入水室出口侧，通过出水管流出。加热蒸汽在管束外凝结放热后，疏水经疏水装置进入下一级加热器。

为充分利用加热蒸汽的过热度及降低疏水的出水温度，提高热经济性，通常把高压加热器的传热面设置为三部分，即过热蒸汽冷却段、凝结段和疏水冷却段。

过热蒸汽冷却段布置在给水出口流程侧。它利用具有一定过热度的加热蒸汽的显热加热较高温度的给水，给水吸收了蒸汽部分过热热量，其温度可升高到接近或等于甚至超过加热蒸汽压力下的饱和温度（传热端差可降为负值）。该段受热面用包壳板、套管和遮热板封闭起来，这不仅使该段与加热器主要汽侧部分形成内部隔离，而且避免过热蒸汽与管板、壳体等的直接接触，有利于保护管板和壳体。为防止过热蒸汽对管束的直接冲刷，在该段的蒸汽进口处还设有防冲板。蒸汽进入该段后，在一组隔板的导向下，以适当的速度，均匀地流过管束。在蒸汽离开该段时，留有一定的过热度，以防止湿蒸汽对管束的冲蚀。

凝结段是利用蒸汽凝结时放出的潜热加热给水的。过去国产加热器上常把隔板设计成引导汽流呈 S 形均匀地经过管束，流向加热器尾部。其实由于这时的传热过程是有相变的对流换热过程，工质流速的大小对换热已不太重要，因此，现在加热器凝结段的隔板已不这样设计，而是设计成在上部留有一定的蒸汽通道，使蒸汽沿着加热器长度方向均匀分布，并自上而下地流动凝结（像在凝汽器中凝结一样），隔板主要起着支撑管束和防振的作用。

不凝结气体通常是由位于管束中心并沿整个凝结段布置的排气管或内置式排气装置排出。冷凝的疏水和上一级高压加热器来的疏水聚积在壳体的最低部位，不断地流向疏水冷却段。为防止上一级高压加热器的疏水对加热器管束的冲刷和引起振动，在加热器尾部装有防冲板。

疏水冷却段位于给水进口流程侧。疏水由加热器壳体较低处的疏水进口通过虹吸的作用进入该段，在一组隔板的引导下，流经管束，最后从位于该段顶部在壳体侧面的疏水口流出。这种疏水出口管的设置，是便于在运行前排放残余气体。目前疏水冷却段的设计通常采用两种方式：一种是该段由包壳板及一定的疏水水位密封，如图 3-6 所示；另一种是由包壳板密封该段的所有管子。前者由于有一部分管子浸入水中作为无效面积，因此传热面利用率低，结构不紧凑，但对水位波动的要求较低。后者疏水不浸没传热面，结构紧凑，但对水位的波动要求较高，一般采取适当增加虹吸口深度及运行中将疏水水位保持在正常水位线附近来减少虹吸口露出水面的机会。端板的作用是防止凝结段的蒸汽进入疏水冷却段。

立式管板-U 形管式高压加热器的结构如图 3-8 所示，结构原理类似于卧式加热器，但要在其中设置疏水冷却段，则需要依靠本级加热器与疏水流向下一级加热器的压力差，使疏水在加热器内做由下向上的流动。

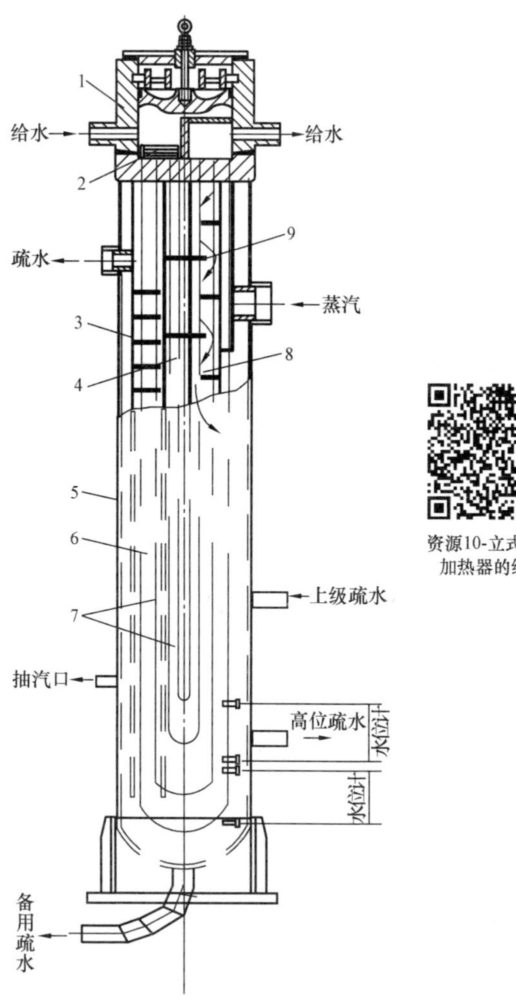

资源10-立式高压加热器的结构

图 3-8　立式管板-U 形管式高压加热器的结构

1—水室；2—导流装置；3—包壳；4—蒸汽凝结段；5—壳体；6—疏水冷却段；7—管束；8—过热蒸汽冷却段；9—蒸汽冷却段隔板

2. 低压加热器

低压加热器的结构和工作原理类似于高压加热器。由于低压加热器所承受的压力和温度远低于高压加热器，因此不仅所用材料次于高压加热器，而且结构上也简单些。

卧式低压加热器主要由端盖、管板、U 形管束、隔板、防冲板等组成，并设计成可拆卸壳体结构，便于检修时抽出管束，如图 3-9 所示。壳体由钢板焊接成圆筒后再与法兰焊成一体，并与短接

资源11-卧式低压加热器的结构

资源12-卧式低压加热器的工作过程

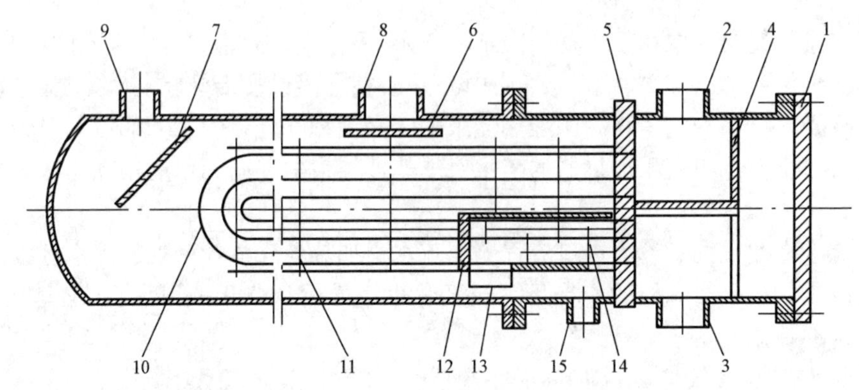

图 3-9 卧式低压加热器

1—端盖；2、3—给水进、出口；4—水室分隔板；5—管板；6、7—防冲板；8—蒸汽进口；9—上级疏水进口；10—U形管；11—隔板；12—疏水冷却段端板；13—疏水冷却段进口；14—疏水冷却段；15—疏水出口

法兰连接而成。水室由钢板焊制成的圆筒通过法兰与大平端盖连接，再焊接在管板上构成。壳体材料为碳钢，管板、大平端盖和壳体法兰为低合金材料，U形管材料为不锈钢。

卧式低压加热器的传热面一般设计成两个区段：凝结段和疏水冷却段。在国产机组上，对应抽汽过热度较大的低压加热器，同样也设置蒸汽冷却段。

立式低压加热器的结构如图 3-10 所示，它应用于被加热水的压力约在 7.0MPa 以下，因此 200MW 以下容量机组的低压加热器和中压电厂的高压加热器均采用这种结构，其原理类似于卧式低压加热器。加热蒸汽从加热器外壳的上部进入加热器汽侧，借导向板的作用，使汽流在加热器中呈 S 形向下流动，在管子的外壁进行凝结放热，将热量传给被加热的水，疏水汇集在加热器底部，经疏水装置自动排出。

大型机组的末级和次末级低压加热器常布置在凝汽器喉部，即为安装在凝汽器喉部的内置式低压加热器（见图 3-11）这是因为末级和次末级的抽汽压力已经很低，其抽汽口常对着凝汽器，而且由于容积流量很大，需使用大直径管道。如国产 300MW 机组的两台并列运行的末级低压加热器抽汽是由四根 $\phi529\times9$mm 的管道引出，如此大直径的管道布置非常困难，内置式布置可解决上述问题。

内置式低压加热器为卧式、管板-U 形管束、四流程，其结构如图 3-12 所示。加热器的蒸汽室由四块隔板分成五段，蒸汽从一端分两路引入加热器，同时进入这五个小室，加热凝结水。疏水由加热器底部的疏水管引出，经 U 形水封管，进入凝汽器。加热器管束下部装有滑轮，可抽出检修和调换。

3. 轴封加热器

轴封加热器又称为轴封冷却器，其作用是防止轴封及阀杆漏汽（汽-气混合物）从汽轮机轴端逸至机房或漏入油系统中，同时利用漏汽的热量加热主凝结水，其疏水至凝汽器，从而减少热损失并回收工质。

轴封加热器一般为卧式、U 形管结构，如图 3-13 所示。它由圆筒形壳体、U 形管束及水室等部件组成。水室上设有主凝结水进、出管，并且可以互换使用。管束主要由隔板和若干根焊接并胀接在管板上的U形不锈钢管组成，其下部装有滚轮，使管束在壳体内可以自由膨胀，并便于检修时管束的抽出和装入。

主凝结水由水室进口流入U形管管束，在U形管束中吸热后，从水室出口流出轴封加热器。汽-气混合物出口与轴封风机或射水式抽气器扩压管相连，风机或抽气器的抽吸作用使加热器汽侧形成微真空状态，汽-气混合物由进口管吸入壳体，在管束外经隔板形成的通道迂回流动，蒸汽放热凝结成水，疏水经水封管进入凝汽器，残余蒸汽与空气的混合物由轴封风机或射水式抽气器排入大气。

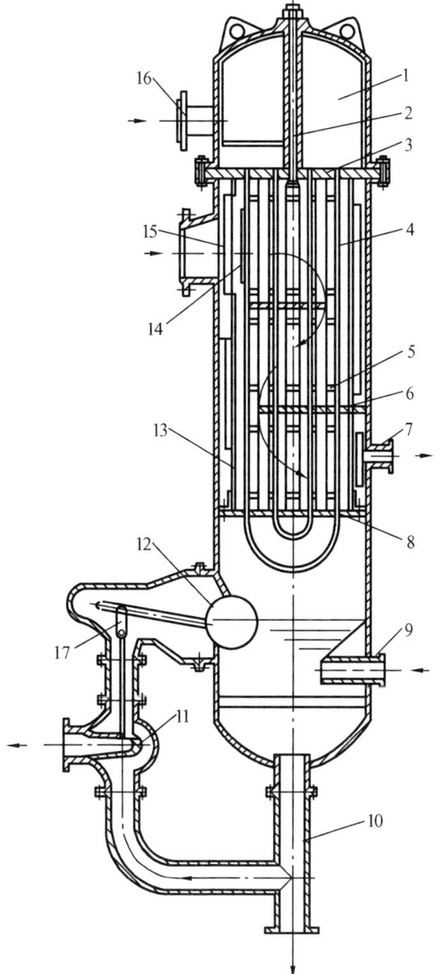

资源13-立式低压加热器的结构

图 3-10　立式低压加热器

1—水室；2—锚形拉撑；3—管板；4—U形管；5—导向板；6—隔板；7—抽空气接管；8—U形管固定板；9—邻近加热器来的疏水管；10—加热器疏水管；11—疏水器；12—疏水器浮子；13—骨架；14—保护板；15—进汽管；16—主凝结水进口管道；17—传动连杆

六、回热加热器的疏水装置

疏水装置的作用是可靠地将加热器中的凝结水及时排出，同时又不让蒸汽随同疏水一起流出，以维持加热器汽侧压力和凝结水水位一定。

电厂中常用的疏水装置有浮子式疏水器，疏水调节阀及U形水封管等。

1. 浮子式疏水器

浮子式疏水器由浮子、传动连杆等组成。它利用浮子随加热器中疏水水位的升降，通过连杆系统带动滑阀，使疏水阀开度变化，从而调节疏水量的大小，保持加热器中的凝结水位在正常范围内，如图 3-10 所示。

由于这种疏水装置的传动部件长时间浸泡于水中，易于锈蚀、卡涩、磨损，影响正常运行，因此，多用于中小容量机组的加热器上。

2. 疏水调节阀

高参数大容量机组上广泛采用这种疏水装置，它分为电动式和气动式两种。特别是气动式疏水调节阀具有快速关断性，保护性能好，运行灵活，安全可靠，便于在集控室自动控制，在 300、600、1000MW 机组上普遍采用。

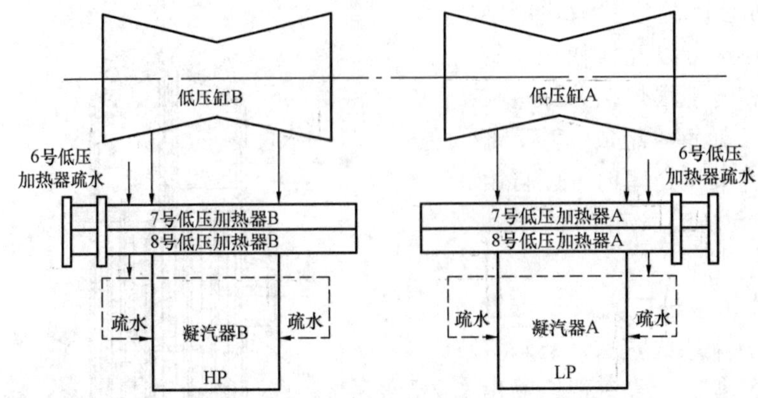

图 3-11 安装在凝汽器喉部的内置式低压加热器

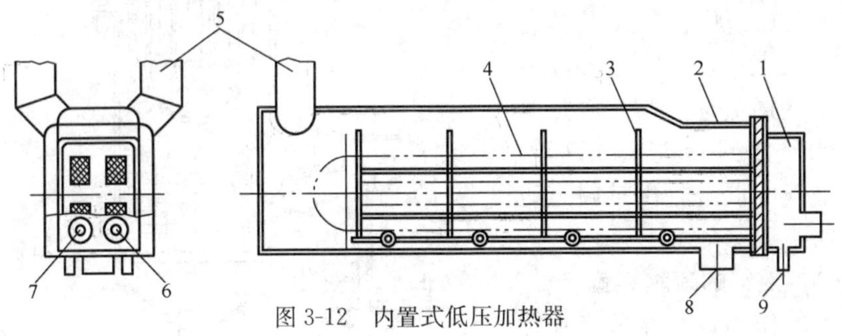

图 3-12 内置式低压加热器

1—水室；2—壳体；3—隔板；4—管束；5—进汽口；

6、7—凝结水进、出口；8—疏水出口；9—水侧放水口

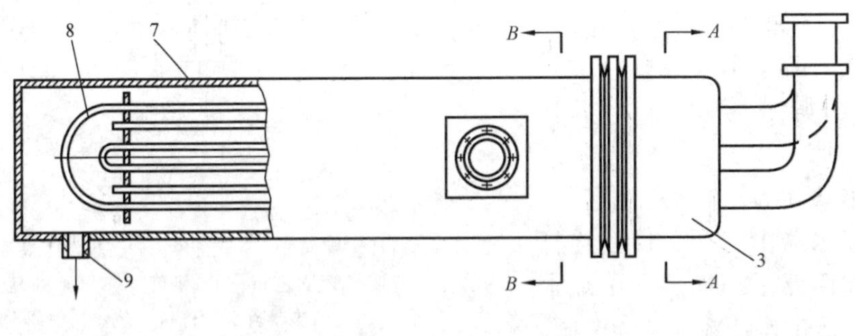

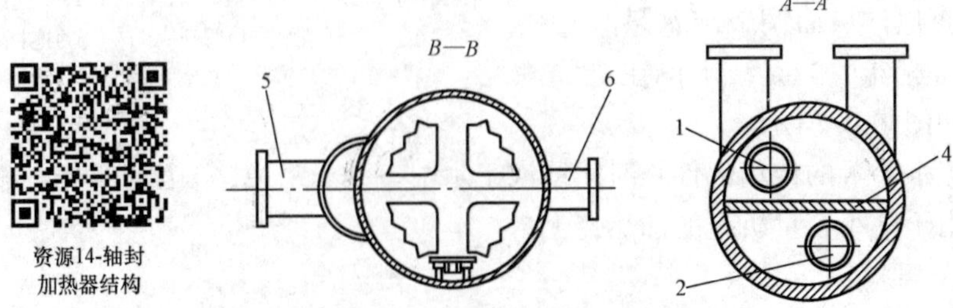

图 3-13 轴封加热器的结构

1、2—凝结水进、出口；3—水室；4—水室隔板；5、6—汽-气混合物进、出口；7—壳体；8—U 形管束；9—疏水出口

（1）电动疏水调节阀。如图 3-14（a）所示，这种调节阀常用于高压加热器中，当调节阀摇杆转动时，带动杠杆及相铰链的阀杆在上、下轴套之间滑动，使滑阀开大或关小，从而调节疏水量的大小。其控制系统如图 3-14（b）所示，动作原理是：控制水位计接受加热器壳侧水位变化信号，经差压变送器、比例积分单元、操作单元，最后由电动执行机构操纵疏水调节阀，从而实现对加热器水位的控制。

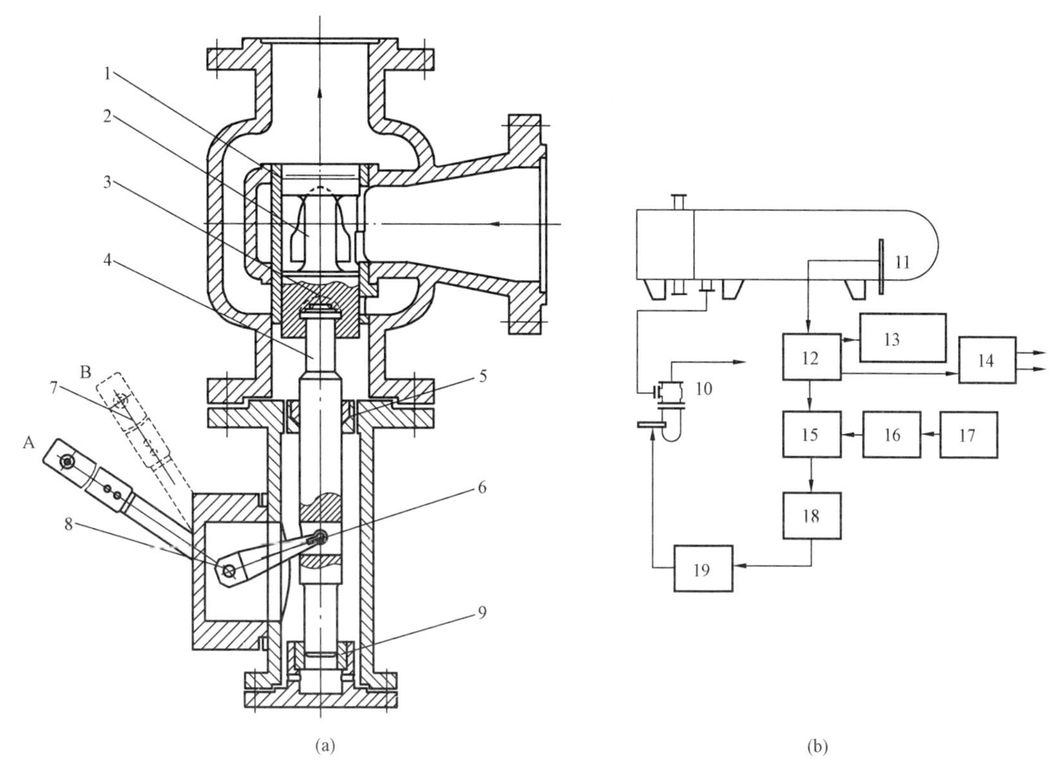

图 3-14　电动疏水调节阀及其控制系统

（a）电动疏水调节阀；（b）控制系统

1—滑阀套；2—滑阀；3—钢球；4—阀杆；5—上轴套；6—杠杆；7—摇杆；8—芯轴；9—下轴套；10—疏水调节阀；11—控制水位计；12—差压变送器；13—水位远方指示计；14—报警单元；15—比例积分单元；16—定值单元；17—恒流单元；18—操作单元；19—电动执行机构

（2）气动疏水调节阀。气动疏水调节阀及其气压控制系统如图 3-15 所示，当压力信号输入薄膜气室后，对膜片产生推力，克服弹簧的反作用力，带动推杆上下移动，推杆带动阀杆和阀瓣运动，并通过阀瓣在套筒内的移动来改变套筒窗口流通面积，从而调节疏水量。此外，在阀瓣上还开有均压孔，使作用于阀瓣上下部分的轴向不平衡力大为减小，因此，即使工作在压差较高的条件下也可以用普通执行机构来驱动。当膜片产生的推力与弹簧的反作用力相平衡时，推杆就停止运动，从而使阀门处于某一开度。

气动疏水调节阀气压控制系统，根据加热器内疏水水位的变化，气源来的压力为 0.2～1.0MPa 的压缩空气经 BUZ 型气动基地式液位仪表控制转化，输出一个压力控制信号至气动疏水调节阀执行机构的薄膜气室中，操纵疏水调节阀，控制疏水量的大小。

气动基地式液位仪表既能对系统的液位进行现场指示和调节，又可为集控室提供可靠的

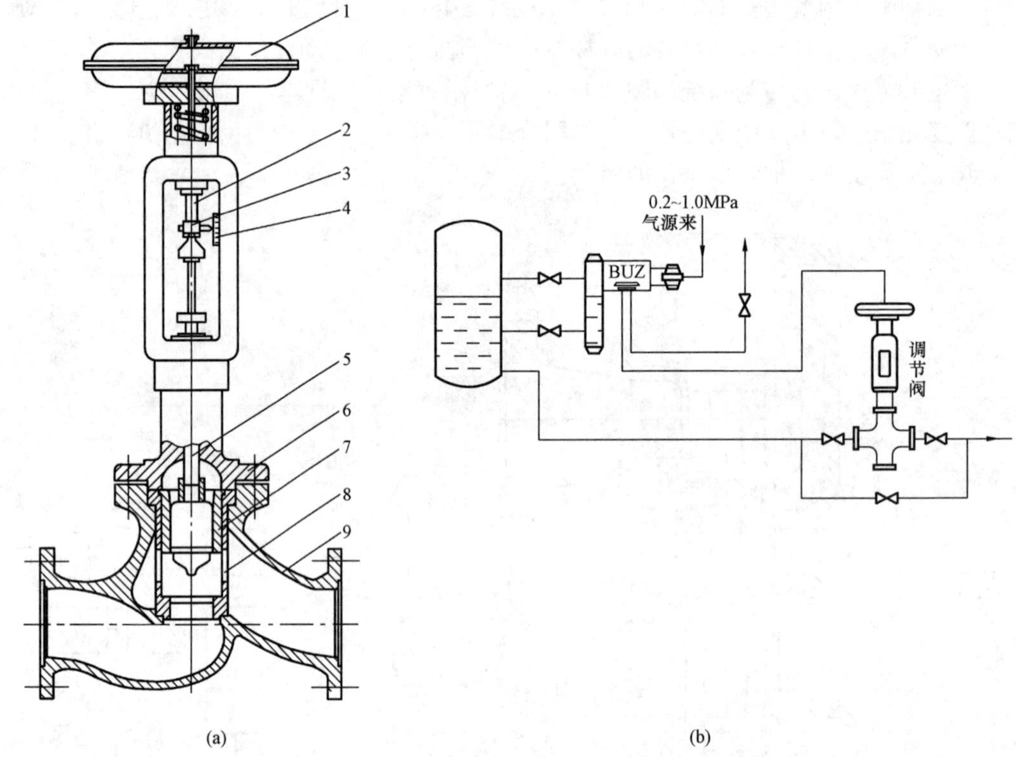

图 3-15 气动疏水调节阀及其气压控制系统

(a) 气动疏水调节阀；(b) 气压控制系统

1—薄膜气室；2—推杆；3—指针；4—标尺；5—阀杆；6—阀盖；7—阀瓣；8—套筒；9—阀体

变送信号。广泛地应用在发电厂的疏水扩容器、除氧器、凝汽器、高低压加热器、凝结水箱等需要对液位进行调节的设备中。

3. U 形水封管

U 形水封管是由疏水管自身弯制而成，其结构简单，安全可靠，但仅适用于两容器间压差小于 0.1MPa 的情况下，因为压差大于 0.1MPa，将使 U 形管太长，布置困难。因此，它主要应用于低压加热器、轴封加热器、疏水扩容器等低压设备疏水通往凝汽器的管道上。

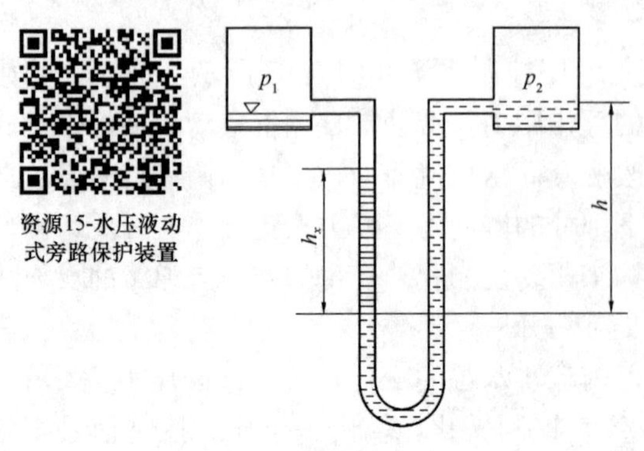

图 3-16 U 形水封管工作原理

U 形水封管的工作原理如图 3-16 所示。用 U 形管内一侧高度为 h 的水柱静压力来平衡两容器间的压力差。在平衡状态时

$$p_1 = p_2 + \rho g h \tag{3-1}$$

式中 p_1——压力较高容器的内压力，Pa；

p_2——压力较低容器的内压力，Pa；

ρ——凝结水的密度，kg/m^3；

g——重力加速度，m/s^2；

h——U 形管右侧管中凝结水水柱高度，m。

当压力为 p_1 容器内的凝结水量增加时，U 形管左侧管中水位升高，平衡被破坏，若水位升高为 h_x 时，凝结水就会在富裕静压 $\rho g h_x$ 的作用下疏水至压力为 p_2 的容器中。U 形水封管中始终有一段水柱存在，以防止水位过低时蒸汽进入下一级加热器。

根据 U 形水封管的工作原理，有的机组还设计安装了多级水封管和水封筒作为低压加热器、轴封加热器等设备的疏水装置。图 3-17（a）所示为多级水封的原理图，它可适用于两容器间的压差较大时，当每级水封管的高度为 H、级数为 n 时，则两容器之间的平衡压差为

$$p_1 - p_2 = n\rho g H$$

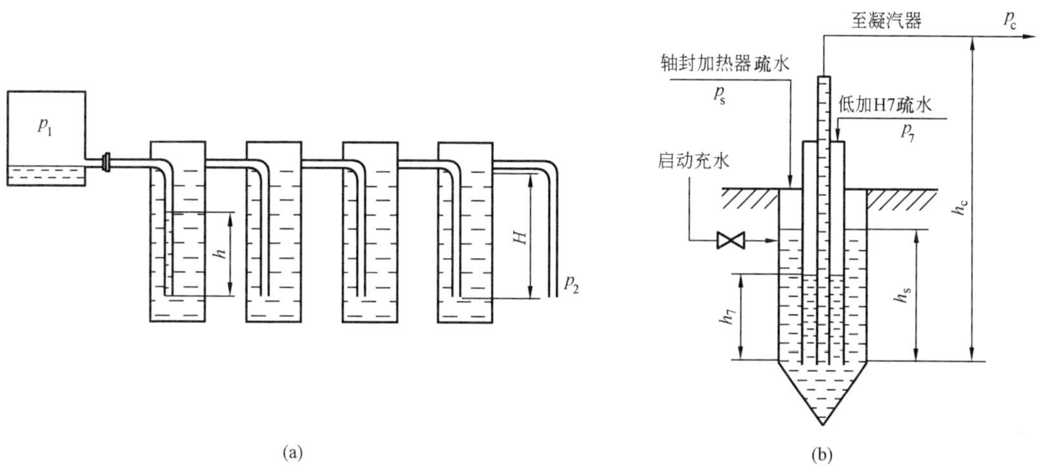

图 3-17　多级水封和水封筒

（a）多级水封原理图；（b）水封筒的工作原理图

图 3-17（b）所示为水封筒的工作原理图，水封筒用于平衡低压加热器 H7 与凝汽器、轴封加热器与凝汽器之间的压力差。平衡状态时

$$p_c + \rho g h_c = p_7 + \rho g h_7 = p_s + \rho g h_s$$

式中　p_c、p_7、p_s——分别为凝汽器、低压加热器 H7、轴封加热器内的压力，Pa；

h_c、h_7、h_s——相应凝结水的水柱高度，m。

4. 汽液两相流的疏水自动调节器

汽液两相流疏水自动调节器是基于流体力学理论，采用汽液两相流自平衡原理，利用汽液变化的自调节特性以控制加热器疏水水位而设计的一种水位控制器。这种调节器摒弃了传统水位控制器的机械运动部件和电气控制系统，无需外力驱动，执行机构的动力来自本级加热器的蒸汽，所需汽量仅为加热器疏水量的 0.3%。

疏水自动调节器主要由信号传感器（信号管）和调节器两部分组成，如图 3-18 所示。信号传感器是一根信号管，它的作用是采集、发送加热器水位信号（液相）和调节用汽量信号（汽相），送入调节器，完成常规自动控制中的测量、变送、给定值设定、偏差比较、放大运算等功能。

调节器由壳体、喷嘴和扩压段组成，如图 3-19 所示。喷嘴和扩压段组成缩放型通道。

疏水进入调节器后，先在喷嘴中收缩加速，来自信号管的一定量的调节蒸汽由喉部缝隙进入，与疏水相互作用后流出调节器。调节阀的作用是控制出口水量，相当于常规自动控制机构中的执行机构。

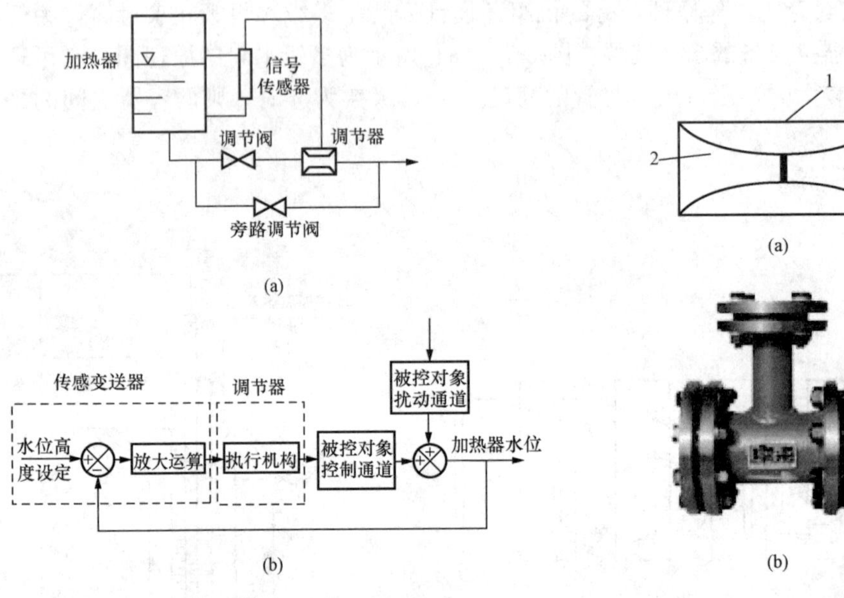

图 3-18　汽液两相流疏水自动调节器

(a) 汽液两相流疏水自动调节器控制系统示意图；(b) 控制框图

图 3-19　调节器

(a) 调节器结构；(b) 调节器外观图

1—壳体；2—喷嘴；3—扩压段

汽液两相流疏水自动调节器的调节原理：当加热器水位上升时，信号传感器（信号管）内的水位也随之上升，导致发送的调节汽量减少，进而减少通过调节器中两相流的汽量，使得喉部的有效同流面积增加，疏水量增大，加热器水位随之下降，反之亦然。在整个系统内始终维持着上述的动态平衡，从而实现加热器水位的自动调节。

现场运行结果表明，汽液两相流疏水自动调节器水位控制稳定，因为是全密封装置而无泄漏，安全可靠，近年来在火力发电机组上得到了广泛的应用。

七、高压加热器自动旁路保护装置

高压加热器由于水侧的给水压力很高，常因制造工艺、检修质量、操作不当等原因而引起给水泄漏事故。为使高压加热器故障时不中断进入锅炉的给水，在高压加热器给水管道上设置自动旁路保护装置。该装置的作用是：当高压加热器发生故障或管束泄漏时，迅速自动切断高压加热器的进水，同时给水经旁路直接向锅炉供水。

目前，高压加热器上采用的给水自动旁路保护装置主要有两种形式：水压液动控制式和电气控制式。

1. 水压液动控制式

图 3-20 所示为水压液动控制式旁路保护装置。该装置由进口联成阀、出口止回阀及控制水管路系统组成。联成阀是由进口阀和旁路阀组合而成，二者共用一个阀瓣。联成阀与出口止回阀通过加热器外部的旁路管相连。正常运行时，联成阀的阀瓣处于最高位置，进口阀全开，旁路阀全关，给水由进口阀进入加热器管束中，在加热器中经蒸汽加热后，顶开出口

止回阀流出。联成阀采用低压凝结水控制的外置活塞式结构，当任何一台高压加热器因故障使水位上升超过允许的上限时，电接点液位信号器向控制室报警，同时，接通水位高接点，使电磁阀开启，由凝结水泵出口来的凝结水，经滤网、电磁阀，进入联成阀活塞的上部，活塞在压力水的作用下，克服下部的弹簧力，强行快速关闭进口联成阀，加热器进水中断，出口止回阀因给水失压联动关闭，给水经旁路直接向锅炉供水。同时，相应加热器抽汽管道上的进汽阀和止回阀连锁关闭，高压加热器解列。当电磁阀失灵时，应手动开启电磁阀的旁路阀使保护装置动作。

在高压加热器投入时，可开启联成阀活塞上部的放水阀，使活塞上部泄压，活塞在其下部弹簧力的作用下向上移动，开启进口阀关闭旁路阀，加热器通水。

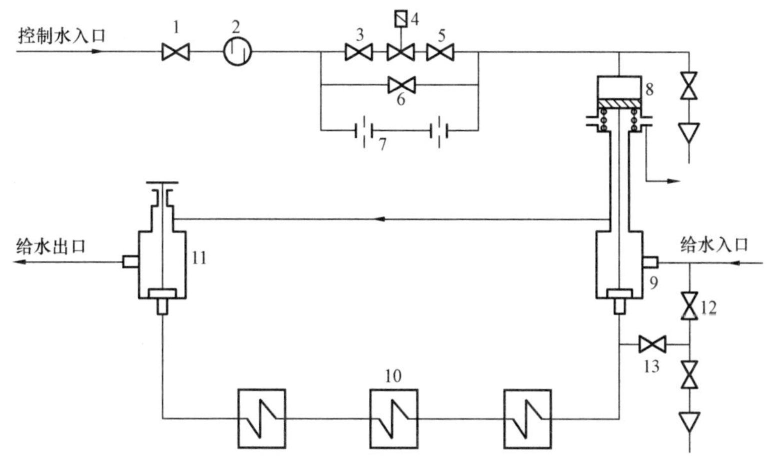

图 3-20　水压液动控制式旁路保护系统

1、3、5—截止阀；2—滤网；4—电磁阀；6—电磁阀旁路阀；7—节流孔板；8—活塞；9—进口联成阀；10—高压加热器；11—出口止回阀；12—控制阀；13—注水阀

2. 电气控制式

图 3-21 所示为电气控制式旁路保护装置。该装置由高压加热器进、出口电动阀、旁路电动阀（当采用三通快速关断阀的旁路装置时，无此阀）、事故疏水阀及继电器等组成。上述各阀门由三台高压加热器的水位信号器通过继电器控制。当任何一台高压加热器故障，汽侧出现高水位危及机组安全运行时，水位信号器发出高水位信号，送到继电器，由继电器接通加热器进、出口阀门和旁路阀电气线路，高压加热器的进、出口阀自动快速关闭，旁路阀快速开启，给水由旁路向锅炉供水。同时，继电器控制事故疏水阀门打开，进行大量疏水，并向控制室声光报警。高压加热器抽汽管上的进汽阀和止回阀也自动关闭，三台高压加热器同时解列。有的机组上采用了三通快速关断阀的旁路保护装置，三通阀始终保证有一路是畅通的。

当全部高压加热器共用一套旁路保护装置时，只要任何一台高压加热器事故，水位达到保护装置动作值时，所有高压加热器都要停运，这将使进入锅炉的给水温度明显下降，若锅炉保持原来的蒸发量则必加大燃煤量，可能造成过热器超温。同时，当高压加热器全部停运后，由于抽汽量大幅度减少，在机组出力不变的情况下，使汽轮机监视段压力升高，停用抽汽口以后的各级叶片、隔板及轴向推力过负荷。为保证机组安全，机组必须限负荷运行。因此，600MW 及有些 300MW 机组上的高压加热器趋向于采用小旁路，即每一台高压加热器设置一套旁路保护装置，这虽然增加一定的投资，但对于机组的安全经济运行却是有利的。

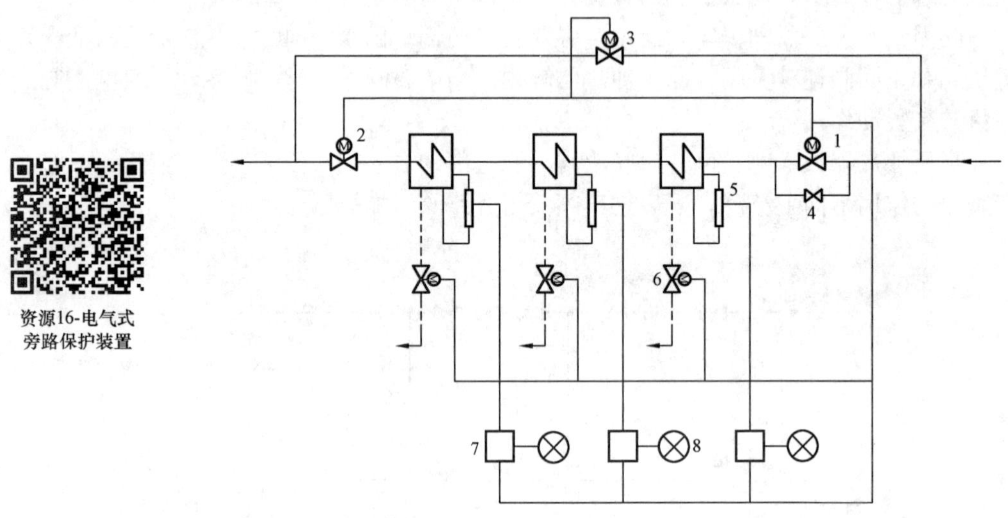

图 3-21 电气控制式旁路保护系统

1—进水阀；2—出水阀；3—旁路阀；4—启动注水阀；5—水位信号器；6—事故疏水阀；7—继电器；8—信号灯

八、回热加热器的全面性热力系统

（一）回热抽汽系统

在汽轮机中做过一部分功的蒸汽，引入回热加热器加热给水，可提高电厂的热经济性。再热机组一般设有 7 或 8 级抽汽。其中一级供除氧器，2 或 3 级供高压加热器，其余供低压加热器。回热抽汽还提供锅炉汽动给水泵小汽轮机的正常工作汽源及各种用途的辅助蒸汽。有的抽汽管道从高压缸及中压缸排汽管上接出，这样可减少汽轮机的抽汽口。

回热抽汽管道一侧是汽轮机，一侧是具有一定水位的加热器和除氧器。在汽轮机负荷突降或甩负荷时，就可能使蒸汽和水倒流入汽轮机，引起汽轮机超速及水击事故。为防止上述事故的发生，在回热抽汽管道上采取以下保护措施。

(1) 装设液动或气动止回阀。当电网或汽轮机发生故障，自动主汽阀关闭时，连锁快速关闭止回阀，切断抽汽管路。对于现代大容量机组，由于除氧器的汽化能量较大，在与除氧器连接的抽汽管道上均增设一个止回阀，以加强保护。

(2) 设置电动隔离阀。当任何一台加热器因管系破裂或疏水不畅，水位升高到事故警戒水位时，通过水位信号自动关闭相应抽汽管道的电动隔离阀，与此同时，该抽汽管道上的止回阀也自动关闭。电动隔离阀的另一个作用是在加热器停用时，切断加热器汽源。在有些机组抽汽电动隔离阀上还设置旁路阀，以减小大口径电动隔离阀的预启力，同时对阀体进行预热。

(3) 在每一根与回热抽汽管道相连的外部蒸汽管道（如小汽轮机正常汽源管道，辅助蒸汽汽源管道）上，均设置电动隔离阀和止回阀，严防蒸汽倒流。

（4）安装在汽轮机抽汽口侧的电动隔离阀或止回阀，应尽量靠近汽轮机，以减少汽轮机甩负荷时阀前抽汽管道内储存的蒸汽能量，有利于防止汽轮机超速。

（5）电动隔离阀前或后、止回阀前后的抽汽管道低位点，均设有疏水阀。当任何一个电动隔离阀关闭时，连锁打开相应的疏水阀，将抽汽管内可能积聚的凝结水疏至扩容器，防止汽轮机进水。在机组启动时，疏水阀开启，将抽汽管道暖管的凝结水及时疏放出去。当机组低负荷时，利用疏水阀保持抽汽管道处于热备用状态，以便随时恢复供汽。

某600MW机组的回热抽汽系统如图3-22所示。全机共有八段不调整抽汽。高压缸共两段，第一段供高压加热器H1，第二段用高压缸排汽供高压加热器H2。中压缸共有两段，第三段供高压加热器H3，第四段供除氧器HD、驱动锅炉给水泵的小汽轮机和辅助蒸汽联箱。低压缸共有四段，分别供低压加热器H5～H8。在第一到第六段抽汽管道上，均采取了如前所述防止蒸汽和水倒流入汽轮机的保护措施。在第七、八段抽汽管道上未装任何阀门，其原因是：这两段抽汽分别所供的低压加热器H7、H8安装在凝汽器喉部，抽汽压力已经很低，即使机组甩负荷，蒸汽倒流入汽轮机，因其焓降很小引起超速的可能性不大，并且在加热器疏水和主凝结水管道上采取了防止汽轮机进水的措施，这样就可省去不易加工制造且布置安装不便的大口径阀门。

（二）回热加热器的疏水与放气系统

图3-23所示为某600MW机组上采用的回热加热器的疏水与放气系统。

1. 回热加热器疏水系统

回热加热器疏水系统的作用：①回收加热器内抽汽的凝结水即疏水；②保持加热器的水位在正常范围内，防止汽轮机进水。

（1）高压加热器的疏水。①正常运行时，各高压加热器疏水经疏水调节阀逐级自流进入除氧器。②在机组启动初期，高压加热器疏水通过各台高压加热器的启动疏水支管直接排至地沟。待水质合格后，疏水可经事故疏水管道排至疏水扩容器后进入凝汽器。③当高压加热器发生管系破裂或因疏水装置失灵出现高水位时，迅速打开事故疏水阀，疏水通过每台高压加热器一路具有较大通流能力的管道经电动截止阀至事故疏水母管，经事故疏水扩容器后排入凝汽器。

（2）低压加热器疏水。①正常运行时，各低压加热器的疏水用疏水调节阀逐级自流入凝汽器。②各低压加热器的启动疏水通过放水管道排至地沟。③各级低压加热器均设有单独的事故疏水接口，事故疏水排入凝汽器。

2. 回热加热器的放气系统

为了减小回热加热器的传热热阻，增强传热效果，防止气体对热力设备的腐蚀，在所有加热器的汽侧和水侧均设置排气装置及其排气管道系统，以排除加热器内的不凝结气体。

每台加热器的汽侧设有启动排气和连续排气装置。启动排气用于机组启动和水压试验时迅速排气。连续排气用于正常运行时连续排除加热器内的不凝结气体。

高压加热器启动排气通过两只隔离阀排入大气。低压加热器因在启动时其汽侧处于真空状态，所以低压加热器启动排气经一只隔离阀排入放气母管后进入凝汽器。

高压加热器连续排气管分别从各加热器引出，经针形调节阀和一只隔离阀进入放气母管后，接入除氧器；低压加热器的连续排气通过一只节流孔板和一只隔离阀进入母管，再接入

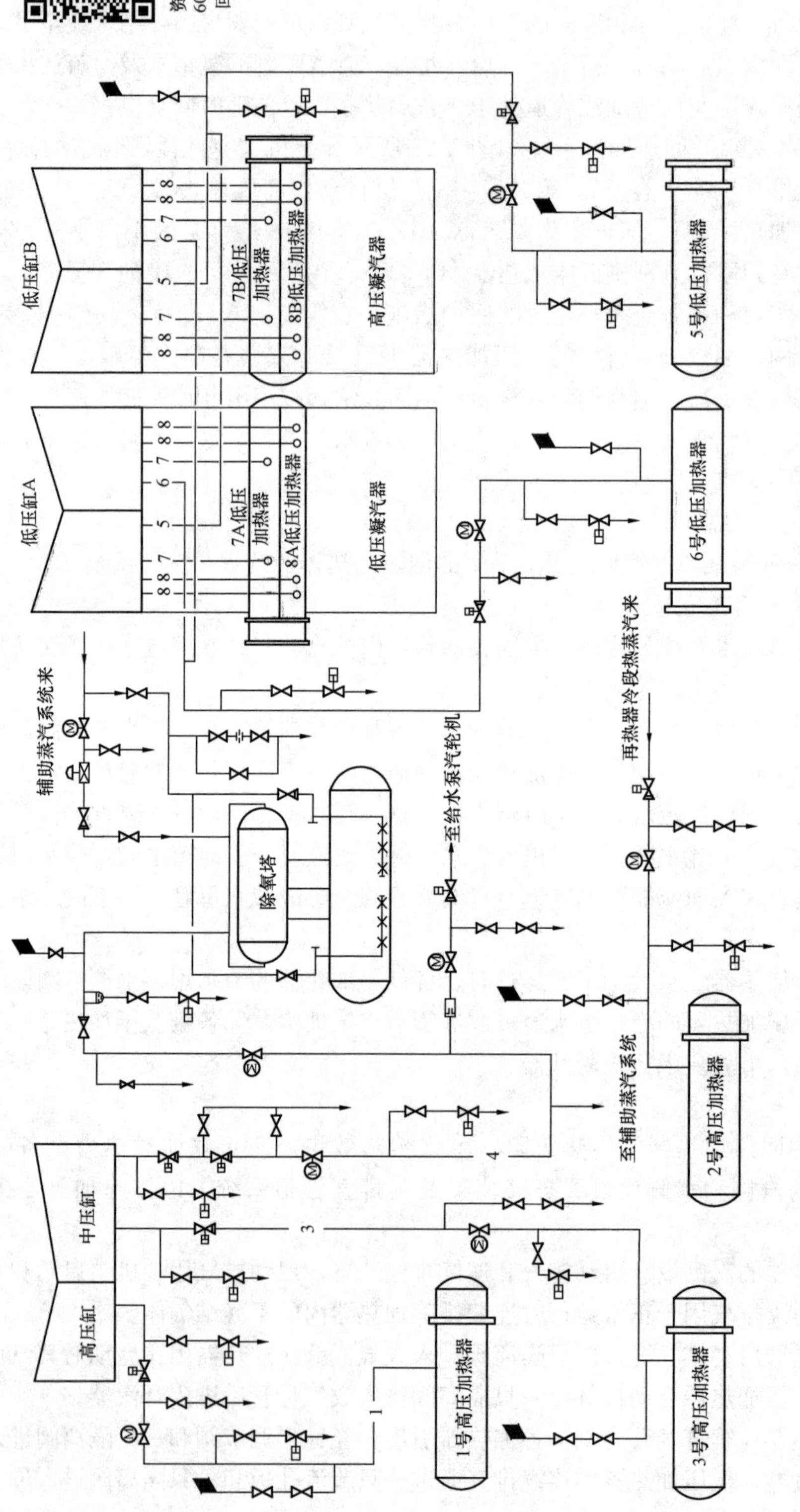

图 3-22 某 600MW 机组的回热抽汽系统

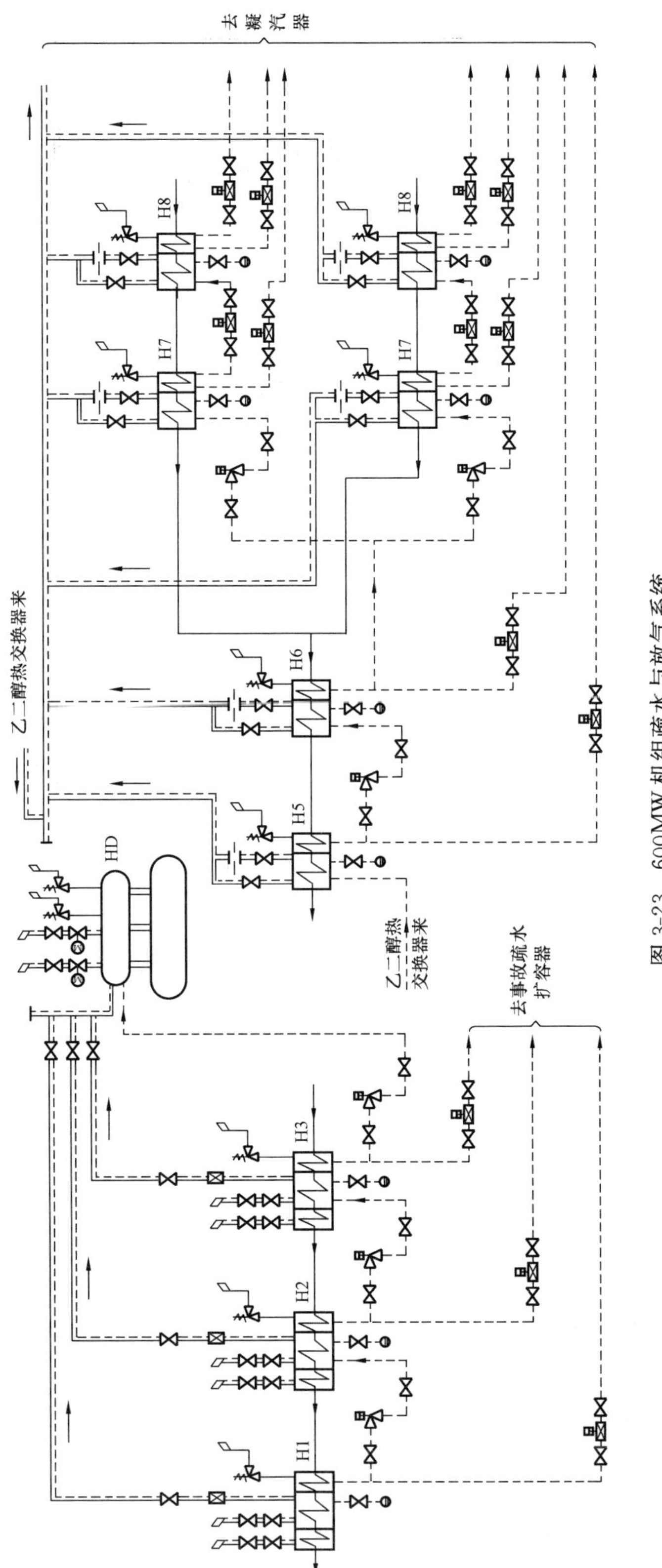

图 3-23 600MW 机组疏水与放气系统

凝汽器。节流孔板用于限制排气量，防止排气量过大，气体带蒸汽进入除氧器或凝汽器，使热经济性下降。当需更换节流孔板时，启动排气管用于连续排气。

除氧器的各放气管排入大气，不分启动和连续放气。

因每台加热器工作压力不同，为了避免相邻两台加热器放气系统构成循环回路，影响压力较低的加热器排气，设计安装时采取以下措施：①压力较低的加热器排气至母管的接口应在压力较高的加热器排气接口的下游；②排气母管的管径要足够大。

在汽侧压力大于大气压的加热器和除氧器上，均设有安全阀，作为超压保护。

所有加热器水侧备有手操向空排气阀，以便加热器充水时排去水室中空气。

加热器充氮和湿保护管接在启动放气管上，以便在机组长期停用时，充以氮气或化学处理水，用作加热器的防腐保护。

九、回热加热器的运行

回热加热器是否投入不仅影响机组回热的热经济性，还会影响机组的安全性。这是因为给水加热每减少10℃，机组的热耗率约增加0.4%。加热器停运后使给水温度明显下降，威胁着机、炉的安全。因此，在机组运行中，应尽可能地提高回热加热器的投入率。

1. 回热加热器的投、停原则

（1）高、低压加热器原则上应随机组滑启滑停。若因某种原因不能随机滑启滑停时，应按抽汽压力由低到高的顺序依次投入各加热器，按抽汽压力由高到低的顺序依次停止各加热器。这样一方面可尽可能多地利用较低压力的抽汽，减小传热温差，提高热经济性；另一方面可减小高温加热蒸汽对加热器的热冲击。

（2）严禁泄漏的加热器投入运行。因为加热器U形管中水的流速很高，一旦某一处泄漏将严重冲刷其他管子，致使事故扩大。

（3）必须在加热器各种保护装置及水位计完好的情况下，方可投入加热器运行。

（4）加热器投入时，要先投水侧，再投汽侧。加热器停止时，要先停汽侧，后停水侧。这是因为汽侧加热蒸汽的温度要比U形管中水（水侧）的温度高，否则会对加热器产生很大的热冲击。

（5）加热器投运过程中，应严格控制加热器出水温度变化率在规定的范围内，以防热冲击而损坏设备。

（6）运行中每停止一台高压加热器，应根据机组参数的控制情况适当降低机组负荷。

2. 启动

启动前，加热器和除氧器的所有启动放气阀应处于开启位置。

随机组滑启滑停时，各加热器抽汽管道上的电动隔离阀和气动止回阀以及各疏水阀处于开启状态。具体启动步骤详见第七节中低压加热器启动和第八节中高压加热器启动。

在启动期间，由于启动时各级抽汽压力较低，如果相邻两级加热器间压差不足以克服疏水管道阻力损失和静水头，加热器内水位上升时，高压加热器疏水通过启动疏水阀排至启动疏水扩容器，或通过事故疏水阀排入事故疏水扩容器。低压加热器疏水通过启动疏水阀进入凝汽器。

3. 正常运行

为保证回热加热器安全经济运行，在加热器正常运行时，应监视并确保加热器所有抽汽管道上的电动隔离阀、气动止回阀均处于开启状态，自动疏水阀与有关的联动信号系统处于接通状态。各加热器连续放气阀处于开启状态，加热器疏水与放气系统的所有启动阀均关闭。并注意监视以下项目，做好相应的工作。

（1）疏水水位。加热器正常运行时，其疏水调节阀由各加热器水位信号控制，自动维持加热器正常水位。

加热器水位过高时，其传热面会被水淹没，使传热面积减少，传热效果下降，蒸汽不能及时凝结，造成加热器汽侧压力升高，给水温度下降，影响机组的安全经济运行。这种情况主要是由于加热器中的水管泄漏或疏水调节装置失灵所致。若水管泄漏应及时解列加热器，进行堵漏。若疏水调节装置失灵，应将疏水切换至事故疏水扩容器，检修调节装置。否则，当水位迅速升高到进汽管口时，水就可能从抽汽管倒流入汽轮机造成严重的水击事故。加热器出现高水位时，应打开事故疏水阀。如果水位继续升高，应关闭上一级加热器的正常疏水阀，停止上一级疏水的进入，同时开启上一级加热器的事故疏水阀，保证上一级加热器的正常疏水。加热器水位上升到事故水位警戒线时，水位开关动作，在报警的同时自动关闭该加热器抽汽管道上的电动隔离阀和气动止回阀，并联动开启该抽汽管道上的气动疏水阀。同时打开隔离阀和止回阀后的手动疏水阀，以排除抽汽管内的积水，确认积水排除干净且不会形成积水后，关闭手动疏水阀。而汽轮机抽汽口附近的气动疏水阀仍处于开启位置。

加热器水位过低将引起疏水带汽，蒸汽流入下一级加热器中放出潜热，排挤低压抽汽，会降低热经济性。同时由于疏水管中汽水的两相流动，将对疏水阀及疏水管弯头产生严重的冲蚀，影响安全。对于卧式加热器，水位过低还会使疏水冷却段入口端露出水面，导致推动疏水通过该段的虹吸受到破坏，凝结段的汽水会同时冲向疏水冷却段，冲蚀该段管子外壁。运行中若发现水位过低，应检查疏水的自动调节装置。

（2）传热端差。加热器的传热端差一般为 3～6℃。现代大型机组上的高压加热器由于采用了蒸汽冷却段，传热端差可以为零，甚至为负值。汽轮机生产厂家提供各回热加热器的传热端差，运行人员要做到心中有数。运行中若发现传热端差增大，要查明原因，采取相应的措施，及时消除。

传热端差增大可能是以下原因：

1）传热面结垢，增大了传热热阻。此时，通过水室上的化学清洗接管对水侧进行冲洗，冲洗水通过水侧放水阀排入地沟。

2）汽侧集聚了空气。空气是不凝结气体，附着在加热器管子表面，降低传热效果。更严重的后果是空气中的氧气加剧加热器管束的腐蚀，导致管子的泄漏。因此在运行中，要使所有加热器各自向处理不凝结气体的设备排气（高压加热器到除氧器，低压加热器到凝汽器），并保持合适的连续排气量。

3）疏水水位过高。如前所述，水位过高，会减少加热器的传热面积，使传热端差增大。

4）旁路阀漏水、进水联成阀未全开、水室分隔板焊缝的开裂或螺栓连接的分隔板垫圈不严密等都可能使水走旁路，使加热器出水温度降低，传热端差增大。当发现旁路阀不严时，应及时手动关上。检查全开进水联成阀。及时补焊水室分隔板或更换垫圈。

（3）汽侧压力与出口水温。在运行中，如加热器内的汽侧压力比抽汽压力低得多时，加热器出口水温会下降，回热效果降低。其原因一般是进汽阀或止回阀未开足，造成抽汽管道上节流损失增大。因此，抽汽管道上的止回阀应定期作严密灵活性试验，进汽阀应处于全开位置。

（4）加热器负荷。加热器不允许过分超负荷运行。因为超负荷运行会使流过管束的蒸汽和水的流速大大增加，对加热器传热面的冲刷加剧，并使管束振动而损坏。对于高压加热器还应注意负荷与疏水调节阀开度之间的关系。当负荷未变而疏水调节阀的开度增加时，管束就有可能出现轻度泄漏，此时要停运高压加热器，以防止压力水对邻近管束的冲刷。

4. 停运

若短期停运，高压加热器的所有进汽、进水阀和放水放气阀严密关闭，使高压加热器慢慢冷却并保持密闭，防止空气漏入。凝汽器抽真空系统继续运行，使汽轮机抽汽管道、各低压加热器及其疏水管道处于真空状态并保持干燥，这样可防止设备和管道氧腐蚀，也可在各加热器水侧充加联氨调整 pH 值到 8 的水；若长时间停机，各加热器水侧存水放空后，采用充氮系统进行干燥保养。

第二节　除氧器及其管道系统

一、给水除氧的任务和方法

1. 给水除氧的任务

当水与空气接触时，就会有一部分气体溶解到水中去。给水系统溶解于水中的气体主要来源有两个：一是补充水带进；二是处于真空状态下的热力设备（凝汽器和部分低压加热器等）及管道附件不严密漏进了空气。

给水中溶解气体，会带来以下危害：

（1）腐蚀热力设备及管道，降低其工作可靠性与使用寿命。给水中溶解的气体危害最大的是氧气，它会对金属材料产生腐蚀；其次是二氧化碳，它会加快氧腐蚀。而在高温条件下及水的碱性较弱时，氧腐蚀将加剧。如给水中溶有 0.03mg/L 的氧，高温下工作的给水管道及省煤器在短期内就会出现穿孔的点状腐蚀，对锅炉安全威胁很大。同时对汽轮机通流部分、汽水管道、回热系统的设备产生氧腐蚀损坏。

（2）阻碍传热，降低热力设备的热经济性。不凝结气体附着在传热面上及氧化物沉积形成的盐垢，会增大传热热阻，使热力设备传热恶化。同时，氧化物沉积在汽轮机叶片上，会导致汽轮机出力下降和轴向推力的增加。

因此，给水除氧的任务是除去水中的氧气和其他不凝结气体，防止热力设备腐蚀和传热恶化，保证热力设备的安全经济运行。

为突出除氧，给水的除气习惯上都称为除氧，除气装置称为除氧器。

GB 12145—2016《火力发电机组及蒸汽动力设备水汽质量》规定，控制给水溶氧量的指标为：对工作压力为 5.78MPa 以下的锅炉，给水溶氧量不应大于 15μg/L；对工作压力为 5.88MPa 以上的锅炉，给水溶氧量不应大于 7μg/L；加氨处理时，给水溶氧量不应大于 10μg/L。当采用加氧处理时，给水的调节指标见表 3-1。

表 3-1　加氧处理时给水调节指标

pH 值（25℃）	氢电导率（25℃）/（μS/cm）		溶解氧/（μg/L）
	标准值	期望值	标准值
8.5～9.3	≤0.15	≤0.10	10～150

注　1. 采用中性加氧处理的机组，给水的 pH 值宜为 7.0～8.0（无铜给水系统），溶解氧宜为 50～250μg/L。
2. 氧含量接近下限值时，pH 值应大于 9.0。

2. 除氧的方法

给水除氧的方法有化学除氧和物理除氧两种。

化学除氧法是利用某些易与氧发生化学反应的化学药剂，使之与水中溶解的氧发生化学反应，生成对金属不产生腐蚀的物质而达到除氧的目的。化学除氧法只能彻底除去水中的氧，而不能除去其他气体，同时生成的氧化物将增加给水中可溶性盐类的含量，且药剂价格昂贵。所以只有在要求彻底除氧的亚临界及以上参数的电厂，才作为一种辅助的除氧手段。这些电厂一般都采用联氨作药剂，因为它具有给水的彻底除氧和维持给水有较高的 pH 值（将联氨转化成氨）的双重作用，且除氧过程中不产生新的盐类。

物理除氧法用得最广泛的是热力除氧。这种方法成本低，不但能除去水中溶解的氧气，还可除去水中溶解的其他不凝结气体，且没有任何残留物质。因此除核电站外所有火电厂都无例外地用它。

二、热力除氧原理

热力除氧原理是以亨利定律和道尔顿定律作为理论基础的。

亨利定律指出：在一定温度下，当溶于水中的气体与自水中离析的气体处于动平衡状态时，单位体积水中溶解的气体量和水面上该气体的分压力成正比，即

$$b=k\frac{p_{\mathrm{f}}}{p} \tag{3-2}$$

式中　b——气体在水中的溶解量，mg/L；

k——气体的质量溶解度系数，其大小随气体种类和温度而定，定压下，氧气及二氧化碳气体在水中的溶解度随着温度的提高而下降，mg/L；

p_{f}——动平衡状态下水面上气体的分压力，Pa；

p——水面上的全压力，Pa。

在除氧器中，某气体在水中的溶解与离析处于动平衡时的分压力称为平衡压力 p_{b}，由式（3-2）可知，平衡压力的表达式为

$$p_{\mathrm{b}}=\frac{b}{k}p \tag{3-3}$$

根据亨利定律，如果水面上某气体的实际分压力小于水中溶解气体所对应的平衡压力 p_{b}，则该气体就会在不平衡压差 $\Delta p=p_{\mathrm{b}}-p_{\mathrm{f}}$ 的作用下，自水中离析出来，直至达到新的平衡为止。如果能从水面上完全清除气体，使气体的实际分压力为零，就可以把气体从水中完全除去。这就是热力除氧的基本原理。

道尔顿定律为我们提供了将水面上气体的分压力降为零的方法。它指出：混合气体的全压力等于各组成气体的分压力之和。

在除氧器中，除氧器水面上的全压力 p 等于水中溶解的各种气体的分压力 p_{fj} 及水蒸气的分压力 $p_{\mathrm{H_2O}}$ 之和，其表达式为

$$p=\Sigma p_{\mathrm{fj}}+p_{\mathrm{H_2O}} \tag{3-4}$$

当将给水定压加热时，随着水蒸发过程的进行，水面上的蒸汽量不断增加，蒸汽的分压力逐渐升高，及时排出气体，相应地水面上各种气体的分压力不断降低。当水被加热到除氧器压力下的饱和温度时，水大量蒸发，水蒸气的分压力就会接近水面上的全压力，随着气体的不断排出，水面上各种气体的分压力将趋近于零，于是溶解于水中的气体将会从水中逸出而被除去。

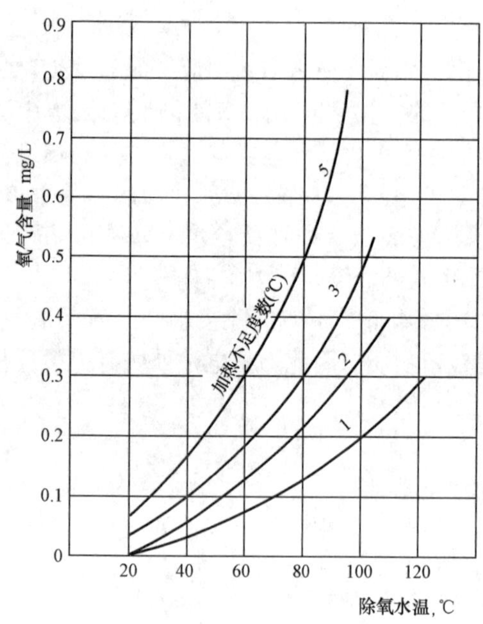

图 3-24 水中溶氧与加热不足温度的关系

热力除氧是个传热传质过程，要保证理想的除氧效果，必须满足下面的条件：

(1) 一定要把水加热到除氧器压力下的饱和温度，以保证水面上水蒸气的压力接近于水面上的全压力。实验证明：即使有少量的加热不足，都会引起除氧效果的恶化。如图 3-24 所示，在大气压力下，水加热不足 1℃时，水中的含氧量就接近 0.2mg/L。

(2) 必须将水中逸出的气体及时排出，使水面上各种气体的分压力减至零或最小。

(3) 被除氧的水与加热蒸汽应有足够的接触面积，且两者逆向流动，这样不仅强化传热，而且保证有较大的不平衡压差，使气体易于从水中离析出来。

气体自水中离析出来的过程基本上可分为两个阶段：

第一阶段为初期除氧阶段。此时，由于水中溶解的气体较多，不平衡压差 Δp 较大，气体以小气泡的形式克服水的黏滞力和表面张力逸出。此阶段可以除去水中 80%～90%的气体。

第二阶段为深度除氧阶段。这时，水中还残留着少量的气体，相应的不平衡压差 Δp 很小，气体已没有足够的动力克服水的黏滞力和表面张力逸出，只有靠单个分子的扩散作用慢慢离析出来。这时可以用加大汽水的接触面积，使水形成水膜，减小其表面张力，从而使气体容易扩散出来，也可用制造蒸汽在水中的鼓泡作用，使气体分子附着在气泡上从水中逸出。

在除氧器设计和运行时，都要强化传热传质过程，满足除氧的基本条件，保证深度除氧效果。

三、除氧器的类型和结构

(一) 热力除氧器的类型

热力除氧器的类型见表 3-2。

表 3-2 热力除氧器的类型

分类方法	名称
按工作压力分	1. 真空式除氧器，工作压力 $p<0.0588$MPa 2. 大气式除氧器，工作压力 $p=0.1177$MPa 3. 高压除氧器，工作压力 $p>0.343$MPa
按结构分	1. 淋水盘式 2. 喷雾式 3. 填料式 4. 喷雾填料式 5. 膜式 6. 无头除氧器
按布置的形式分	1. 立式除氧器 2. 卧式除氧器
按运行方式分	1. 定压除氧器 2. 滑压除氧器

高压以上参数的机组，为简化系统，补充水一般补入凝汽器。为避免主凝结水管道和低压加热器的氧腐蚀，在凝汽器下部设置除氧装置，对凝结水和补充水进行除氧，故凝汽器称为真空除氧器。

大气式除氧器的工作压力略高于大气压力，以便把水中离析出来的气体排入大气。这种除氧器常用于中、低压凝汽式电厂和中压热电厂。

在高参数大容量机组上，广泛采用

高压除氧器，额定负荷下的工作压力约为 0.58MPa，给水温度可加热至 158～160℃，含氧量小于 7μg/L。其优点是：①节省投资。高压除氧器在回热系统中可作为一台混合式加热器，从而减少高压加热器的数量。②提高锅炉的安全可靠性。当高压加热器因故停运时，可供给锅炉温度较高的给水，对锅炉的正常运行影响较小。③除氧效果好。气体在水中的溶解度系数随着温度的升高而减小。高压除氧器由于其压力高，对应的饱和水温度高，使气体在水中的溶解度降低。④可防止除氧器内“自生沸腾”现象。所谓除氧器的“自生沸腾”现象是指过量的热疏水进入除氧器，其汽化产生的蒸汽量已满足或超过除氧器的用汽需要，使除氧器内的给水不需要回热抽汽加热就能沸腾。这时，原设计的除氧器内部汽与水的逆向流动遭到破坏，在除氧器中形成蒸汽层，阻碍气体的逸出，使除氧效果恶化。同时，除氧器内的压力会不受限制地升高，排汽量增大，造成较大的工质和热量损失。在高压除氧器中，由于除氧器内压力较高，要将水加热到除氧器压力下的饱和温度，所需热量较多，进入除氧器的热疏水所放出的热量满足不了除氧器用汽的需要，因此，不易发生“自生沸腾”现象。

（二）典型除氧器结构

除氧器的结构型式可分为淋水盘式、喷雾式、喷雾填料式和喷雾淋水盘式等。由于淋水盘式和喷雾式除氧器难以实现深度除氧，除氧效果较差，因此目前电厂已较少采用，有的已作了改进。现仅介绍在现代大容量机组上普遍采用的几种典型的除氧器。

1. 高压喷雾填料式除氧器

国产 300MW 机组上配用高压喷雾填料式除氧器的结构如图 3-25 所示。主凝结水先进入中心管 4，再由中心管流入环形配水管 3，在环形配水管上装有若干个喷管 2，水经喷管

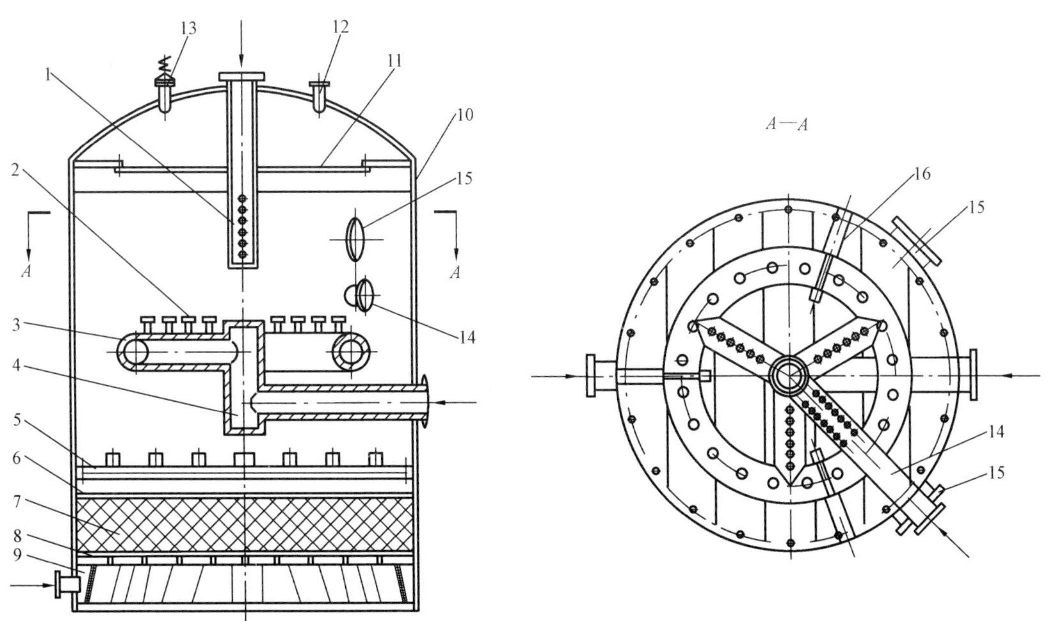

图 3-25　高压喷雾填料式除氧器的结构

1—一次蒸汽进汽管；2—喷管；3—环形配水管；4—中心管；5—淋水区；6—滤板；7—Ω 形填料；8—滤网；9—二次蒸汽进汽室；10—筒身；11—挡水板；12—排气管；13—弹簧安全阀；14—疏水进入管；15—人孔；16—吊攀

喷成雾状，加热蒸汽由除氧塔顶的进汽管1进入喷雾层，蒸汽对水进行第一次加热，由于汽水间传热面积大，除氧水很快被加热到除氧器压力下的饱和温度，这时有80%～90%的溶解气体以小气泡的形式从水中逸出，进行初期除氧。

在喷雾除氧层下部，装置一些填料7，如Ω形不锈钢片、小瓷环、塑料波纹板、不锈钢车花等，作为深度除氧层。经过初期除氧的水在填料层上形成水膜，使水的表面张力减小，水中残留的气体比较容易地扩散到水的表面，被除氧塔下部向上流动的二次加热蒸汽带走，分离出来的气体与少量蒸汽由塔顶排气管12排出。

2. 喷雾淋水盘式除氧器

图3-26所示为300MW机组卧式喷雾淋水盘式除氧器的结构。

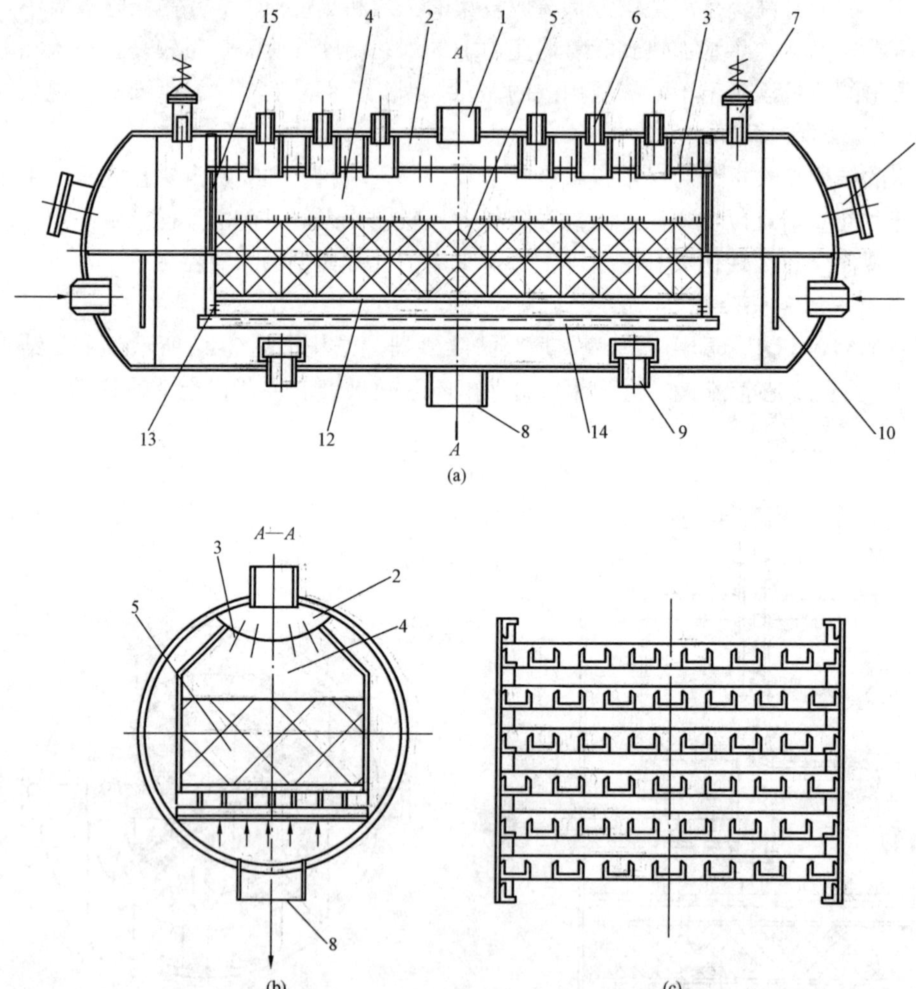

图3-26 卧式喷雾淋水盘式除氧器的结构

(a) 除氧器纵剖面图；(b) 除氧器横剖面图；(c) 淋水盘箱示意图

1—凝结水进水管；2—凝结水进水室；3—恒速喷管；4—喷雾除氧空间；5—淋水盘箱；6—排气管；7—安全阀；8—除氧水出口；9—蒸汽连通管；10—布汽板；11—搬物孔；12—栅架；13—工字钢；14—基面角铁；15—喷雾除氧段人孔门

除氧器本体由圆形筒身和两端两只椭圆形封头焊接而成。本体采用不锈钢复合钢板制作。

凝结水进水室由一个弓形的不锈钢罩板和两端两块挡板与筒体焊接而成。在弓形罩板上沿除氧器长度方向均匀地装设着若干只恒速喷管，以保证在各种工况下均获得良好的雾化效果。

喷雾除氧段是用两块侧包板与两端的密封板焊接而成。在密封板上设有人孔。

深度除氧段也是由两块侧包板和两端的密封板焊接而成的。在该段装有布水槽、淋水盘箱和下层栅架。淋水盘箱中交错布置有十几层的小槽钢［见图 3-26（c）］，使凝结水向下流动的过程中被分成无数水膜。

卧式喷雾淋水盘式除氧器的工作过程如下：主凝结水由除氧器上部的进水管进入进水室，经恒速喷管雾化，进入喷雾除氧段。加热蒸汽从除氧器两端的进汽管进入，经布汽孔板分配后均匀地从栅架底部进入深度除氧段，再流入喷雾除氧段与圆锥形水膜充分接触，迅速把凝结水加热到除氧器压力下的饱和温度，绝大部分的气体在该除氧段除去，完成初期除氧。穿过喷雾除氧段的凝结水喷洒在布水槽钢中，布水槽钢均匀地将水分配给淋水盘箱。在淋水盘箱中，凝结水从上层的小槽钢两侧分别流入下层的小槽钢中，经过十几层上下彼此交错布置的小槽钢后，被分成无数细流，使其具有足够的时间与加热蒸汽充分接触，凝结水不断沸腾，这时，残余在水中的气体在淋水盘箱中进一步离析出来，进行深度除氧。离析出的气体，通过进水室上的六只排气管排入大气。除氧后的水从除氧器的下水管流入除氧水箱。

这种形式的除氧器有如下优点：①卧在除氧水箱上，其高度较低，有利于布置；②沿其长度方向上可布置多个排气口，使逸出的气体更快地排出器外，保证了除氧效果；③在较长的弓形凝结水进水室布置相当数量的恒速喷管，从而保证了除氧器滑压运行时的除氧效果；④与除氧水箱的连接只需一根或两根下水管和两根蒸汽连通管（如图 3-27 所示），工地安装工作量小，只要作管子的对焊工作，并且对接环形焊缝易于焊接，还能进行焊后的除应力热处理和 X 射线检查，保证连接质量。因此，300MW 及以上容量机组广泛采用这种形式的除氧器。

除氧器下面的给水箱是凝结水泵与给水泵之间的缓冲容器。当机组启动、负荷大幅度变化、凝结水系统故障或除氧器进水中断等异常情况下，可保证在一定时间内不间断向锅炉供水。对于大容量机组，给水箱的有效总容量为 5～10min 的锅炉最大给水消耗量。并且随着机组容量的增大，规定的时间值越来越小，因为过大的给水箱会给加工制造、运输、布置和安装带来诸多困难。

给水箱一般是由卧式筒身和两端两个冲压椭圆封头焊制而成的。它位于除氧器下面，与立式除氧器焊接成一个整体，对于卧式除氧器则是通过下水管和蒸汽平衡管相连，如图 3-27所示。给水箱壳体上装有不同规格的对外接管，在两端的封头上开有人孔门供检修用。水箱内设有控制除氧器水位过高的溢水装置。除氧器水箱内设有启动加热装置，这不仅可避免采用除氧循环泵增加设备和系统投资，还能利用蒸汽的鼓泡作用辅助除去给水中的不凝结气体。水箱内还设有接收启动分离器来的启动放水装置。

为保证除氧器的安全运行，除氧器及其水箱上还设有弹簧式安全阀、压力表、温度计、水位计及电接点液位信号器等。

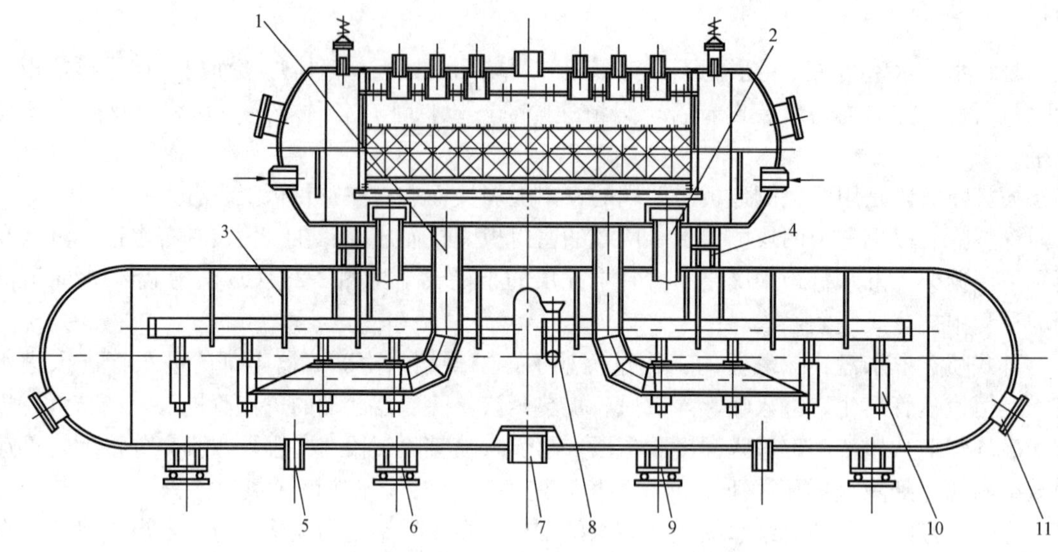

图 3-27 除氧器与水箱的组合

1—下水管；2—汽平衡管；3—吊架；4—上支座；5—放水口；6—活动支座；
7—出水口；8—溢流管；9—固定支座；10—启动加热装置；11—人孔

资源18-无头式除氧器的结构

资源19-无头式除氧器的工作过程

3. 无头除氧器

无头除氧器是一种特殊形式的卧式除氧器，其除氧塔和给水箱布置成一体，从外观看不到除氧塔，因此称为无头除氧器，也称为内置式除氧器。无头除氧器外部结构如图 3-28 所示。

无头除氧器由壳体、进/出水管、恒速喷嘴、加热蒸汽管、排气管、挡板、蒸汽平衡管及安全阀、测量装置、人孔等组成。

图 3-29 所示为无头除氧器进汽、进水分配示意。除氧器的加热蒸汽有两路汽源，分别为汽轮机的四段抽汽和辅助蒸汽，四段抽汽引入给水箱底部，主要用于深度除氧和加热给水；辅助蒸汽引入本体内，经分配管后均匀布置在汽水空间，供启动时加热用。加热蒸汽排管沿除氧器筒体轴向均匀分布。

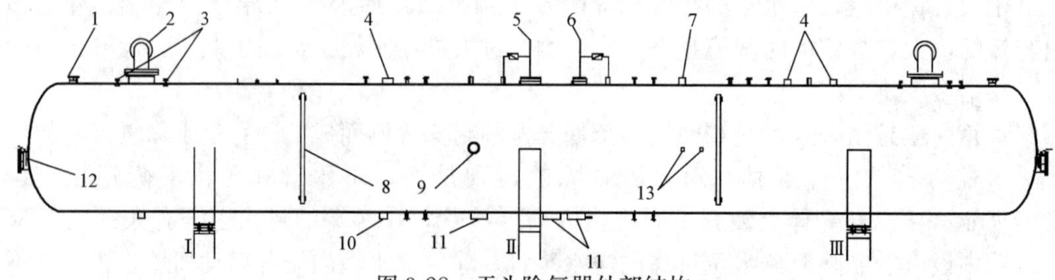

图 3-28 无头除氧器外部结构

1—安全阀；2—进水门；3—排气口（每个喷嘴周围四个）；4—再循环接口；
5—四抽汽供汽接口；6—辅助蒸汽供汽接口；7—高压加热器疏水接口；
8—就地水位计；9—溢流口；10—放水口；11—出水口；12—人孔；
13—压力测点

除氧器的上部两侧各安装一只盘式蝶形喷嘴，凝结水分两路进入除氧器。喷嘴的作用是能随机组负荷的变化自动调节喷水的流量，使喷出的水膜始终保持稳定的形态，以适应机组滑压运行。在两只喷嘴的周围各设置一个启动排气口和四个连续排气口，用于除氧器启动及运行时排出不凝结气体。

为保证安全运行，无头除氧器的上部还设有全启式弹簧安全阀、溢流与放水口，防止除氧器发生超压和满水事故。

无头除氧器的除氧过程分为两个阶段：在初期除氧阶段，凝结水经过高压喷嘴形成发散的锥形水膜向下进入初期除氧区，水膜在这个区域内与上行的过热蒸汽充分接触，迅速将水加热到除氧器压力下的饱和温度，大部分氧气从水中析出，经喷嘴周围的八个排气口及时排出；经过初期除氧的水落入水空间流向出水口，加热蒸汽通过排管从水下送入，与水混合加热，同时对水流进行扰动，并将水中的溶解氧及其他不凝结气体从水中带出水面，达到对凝结水进行深度除氧的目的。水在除氧器中的流程越长，对水进行深度除氧的效果越好。

另外，在无头除氧器上还设置有蒸汽平衡管、吹扫管、再沸腾管、泡沫发生器、疏水闪蒸区等。

蒸汽平衡管设在每个加热蒸汽进口管路上，其上装有止回阀，起到平衡供汽管和除氧器压力的作用。在正常运行时蒸汽平衡管不起作用，当供汽压力突降时止回阀打开，使除氧器的压力跟随汽源压力一同变化，减小除氧器和供汽管的压差，以防止供汽管内进水。除氧蒸汽平衡管如图 3-30 所示。

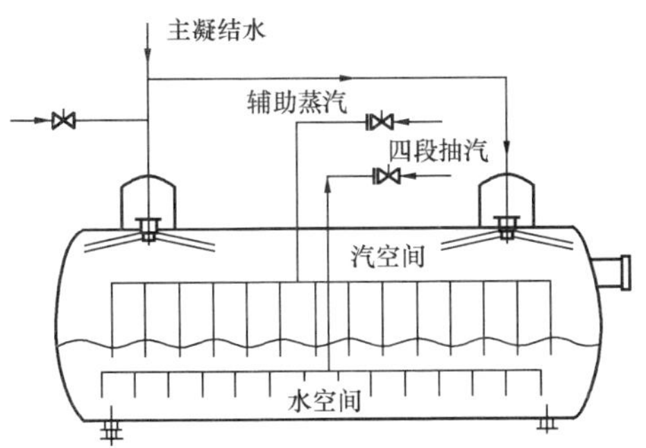

图 3-29　无头除氧器进汽、进水分配示意

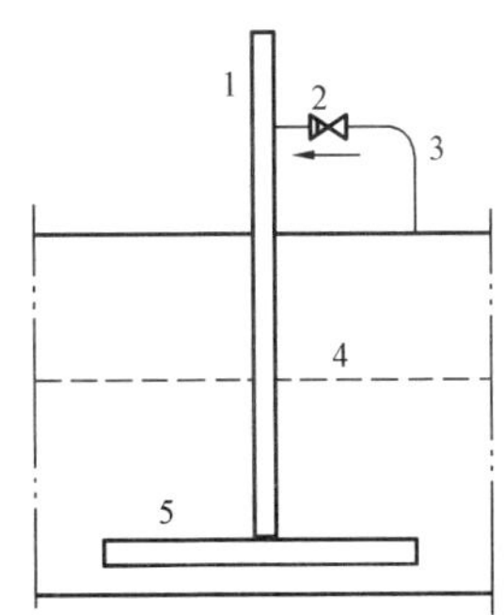

图 3-30　除氧蒸汽平衡管

1—进汽管；2—止回阀；3—蒸汽平衡管；4—除氧器水面；5—加热蒸汽排管

吹扫管布置在水面上，在吹扫管中布置了许多吹扫口，作用是：①吹扫蒸汽吹散聚集在水面上的氧气层，增加水面上、下的氧气浓度差，有利于氧气的扩散；②吹扫蒸汽吹破水面，减少了水的表面张力，便于水中的氧气向水面扩散；③吹扫后蒸汽向上流动，加热嘴喷出来的雾化水，充分利用了余热。

在除氧器底部安装了一根沸腾母管和若干沸腾支管，在沸腾母管和沸腾支管上又安装了许多泡沫发生器。泡沫发生器四壁有许多交错的喷射小孔，加热蒸汽自喷射小孔喷出，与周围的水混合，形成许多泡沫，强化了汽水之间的传热和传质。

沸腾管和泡沫发生器的原理与传统式除氧器的再沸腾原理相似，作用相同，但由于内部结构不同，新型除氧器的泡沫量大，加热速度快，效果较好。

无头除氧器较常规除氧器容量大（无头除氧器容量为6000t/h，常规除氧器为4000t/h以下)、运行压力范围大（无头除氧器运行压力为0.02～2MPa，常规除氧器为0.049～0.83MPa或0.147～1.202MPa)、能够在较大的负荷范围内满足较小的溶氧（在10%～110%额定负荷，均保证出口含氧量小于5μg/L）要求、无需设启动循环泵、喷嘴个数少(300MW机组配一个1200t/h喷嘴或两个600t/h喷嘴；600MW机组配两个1200t/h型喷嘴)、连接管少、尺寸小、质量小、结构简单、安装方便。

目前无头除氧器多为引进日本东芝公司和荷兰施托克公司的技术制造，例如，哈尔滨锅炉厂有限责任公司引进日本东芝公司技术为其1000MW超超临界压力机组配套生产的新型除氧器。

资源20-旋膜式除氧器的结构

资源21-旋膜式除氧器的工作过程

4. 旋膜式除氧器

旋膜式除氧器是一种新型热力式除氧器。图3-31所示为旋膜填环式除氧器。这是一种国内设计并发展起来的除氧器，其上段喷水成膜，下段是拉西环填环层。

在进水处，由上下两块环板焊接在筒壳内壁形式水室。在上下两块环板间焊接有多个管子，每根管子上钻有多个小孔，小孔与中心线间存在倾斜角，水喷出时存在一个切向分力，使水旋转。由于向下倾斜，除重力外还有加速向下流动的力，造成水流旋转流动向下形成水膜，呈抛物体旋转中空水膜裙状。在雾化室此水膜裙即为传热传质面积，蒸汽与它接触传热并使水初步除氧，如图3-32所示。靠近喷管下端出口处另钻有小孔，作为蒸汽进入喷管的补充进口，以防止抛物体圆柱形旋转的中空水膜裙阻挡蒸汽而在水膜裙中缺少蒸汽。在下部的拉西环填料层，进一步加热给水，对给水进行深度除氧。在填料层以下设有一次蒸汽进

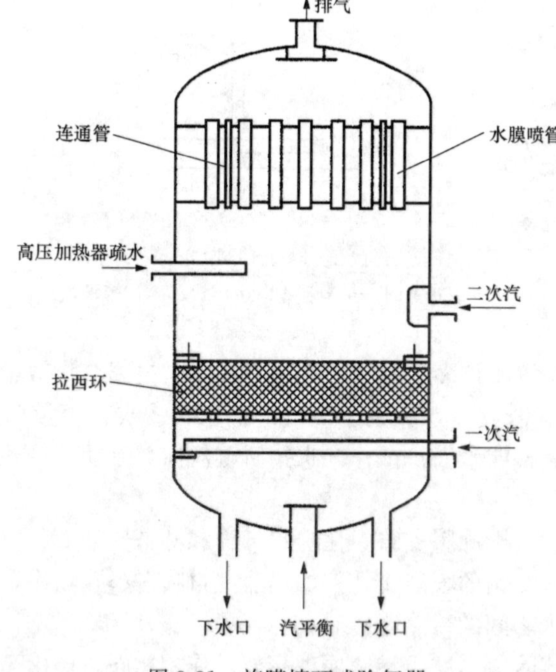

图3-31 旋膜填环式除氧器

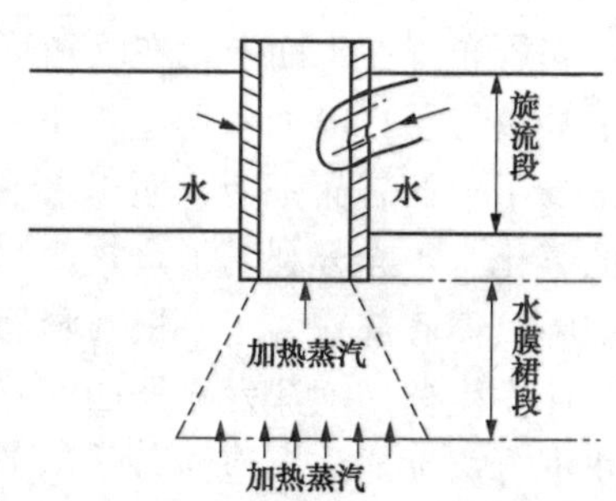

图3-32 水膜喷管起膜原理

口，在填料层以上设有高温水进口（例如高压加热器疏水）及二次蒸汽进口。少量的蒸汽携带着氧气从喷管内向上通过，并最终从除氧器顶部排出。

图 3-33 所示的拉西环是由 0.4～0.5mm 奥氏体不锈钢薄板（材质 1Cr18Ni9 或 1Cr18Ni9Ti）制成的直径为 25mm 和长度为 25mm 的圆环体，圆环上冲制出长方形的翼片，并向环内弯曲成向心的圆弧形，每立方米容积内装载的质量约为 400kg（每千克质量的数量约为 120 只），每立方米容积内装载的数量约 5 万只，有非常好的除氧性能。尽管奥氏体不锈钢薄板价格很好，但因是利用边角余料冲压，所以价格相对较低。

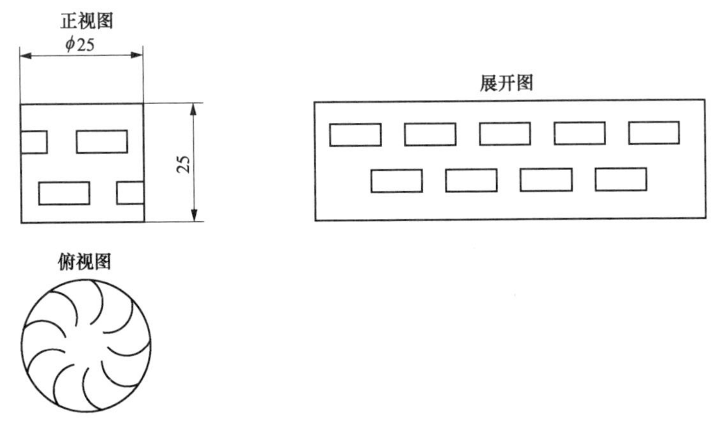

图 3-33　拉西环

四、除氧器在热力系统中的连接

（一）除氧器汽源的连接方式

除氧器汽源的连接方式有定压连接方式和滑压连接方式，在定压连接方式中又分为单独定压连接和前置定压连接两种方式，如图 3-34 所示。图 3-34（a）为单独定压连接方式，在除氧器的汽源管道上设置压力调节阀和切换上一级抽汽的切换阀，以保证机组正常运行时除氧器压力稳定在规定的范围内，这种连接方式多用于中压和高压凝汽式机组上。图 3-34

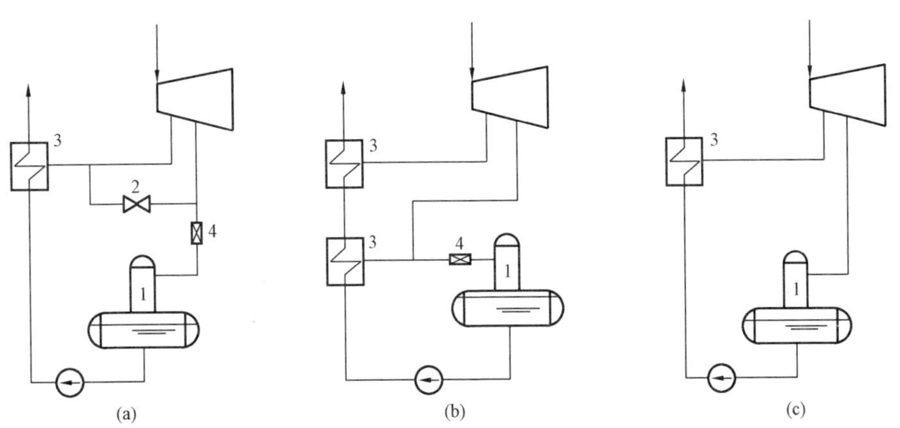

图 3-34　除氧器汽源的连接方式

（a）单独定压连接方式；（b）前置定压连接方式；（c）滑压连接方式

1—除氧器；2—切换阀；3—高压加热器；4—压力调节阀

(b) 为前置定压连接方式，除氧器与其相邻的上一级加热器共用一段抽汽，就给水流向而言，高压除氧器位于高压加热器之前，故称为前置连接，为保持除氧器压力的稳定，在进入除氧器的抽汽管道上仍设置压力调节阀。

定压除氧器独立连接时，因有压力调节阀，势必造成蒸汽的节流损失，使抽汽管道上的压降增大，除氧器出口水温降低，引起高一级的回热抽汽量加大，抽汽做功减少，机组的热经济性下降。机组低负荷运行时，本级抽汽不能满足除氧器定压需要，还要切换较高压力的上一级抽汽，损失将更大。严重的是定压运行除氧器因有切换较高压力抽汽的切换阀，增加了阀门误操作的机会，并且一旦误开高压抽汽阀，将引起除氧器的恶性事故。

定压除氧器前置连接时，与除氧器共用同一段抽汽的高压加热器出水温度与除氧器的定压无关，因而压力调节阀的节流与该级加热器对应的出口温度无关，这时不存在因装有压力调节阀而降低机组热经济性的现象。但它以增加一台高压加热器为代价，故应用较少，我国仅在 CC-25 型机组上采用这种系统。

图 3-34 (c) 所示为除氧器的滑压连接方式，在除氧器抽汽管道上不设压力调节阀，除氧器的压力不是恒定的，而是随着机组负荷的变化而变化，从而避免了蒸汽节流损失。同时，滑压运行的除氧器，能很好地作为一级回热加热器使用，所以在汽轮机设计制造时，其回热抽汽点能得到合理布置，使机组的热经济性得到进一步提高。需要说明的是，滑压运行的除氧器在启动初期、机组甩负荷和低负荷工况下使用辅助蒸汽加热时，仍然维持低压定压运行状态，此时压力的调节是通过辅助蒸汽管道上的压力调节装置实现的。

（二）单元机组除氧器的全面性热力系统

除氧器不仅具有除氧和加热给水的作用，同时还有汇集蒸汽和水流的作用，图 3-35 所示为某 600MW 机组除氧器热力系统。

进入除氧器的加热蒸汽管道有：正常加热汽源（四段抽汽）1，备用汽源（辅助蒸汽）2，连续排污扩容器来汽 6，来自高压加热器的连续排气 8。

进入除氧器需除氧的水管道有：主凝结水 3，三台高压加热器来的疏水 4，锅炉暖风器疏水 5。为防止凝结水倒流，在进入除氧器之前的主凝结水管道和锅炉暖风器疏水管道上装有止回阀。

在除氧器给水箱上连接的管道有：去两台汽动给水泵的两根低压给水管道和去电动给水泵低压给水管道 9，三台给水泵的最小流量再循环管 10，给水箱至定排扩容器的溢水、放水管 11、12。另外还有去凝汽器用于循环清洗管道等。

除氧器下部设有两根下水管 13 和二根汽平衡管 14 与除氧水箱相连。

对于直流锅炉除氧器给水箱上还接有来自启动分离器水管道。

为在机组启动前，使除氧器给水箱中的化学除盐水能够均匀迅速加热并除氧，除氧器管道系统中还装设一台除氧器循环泵 15。其进水管从电动给水泵的进口给水管上引出，出水管接至凝结水进除氧器的管道上。水泵进口装一只手动闸阀和一只抽屉式滤网，出口装一只手动闸阀和一只止回阀。机组正常运行时，除氧循环泵进、出口闸阀全关，其出口止回阀装在靠近凝结水管处，以防凝结水倒流。除氧器给水箱中设置了启动加热和再沸腾装置时，系统中不再设置除氧循环泵。

（三）并列运行的除氧器系统

中参数发电厂一般将相同参数的除氧器并列运行。高参数大容量机组因给水量大，为保

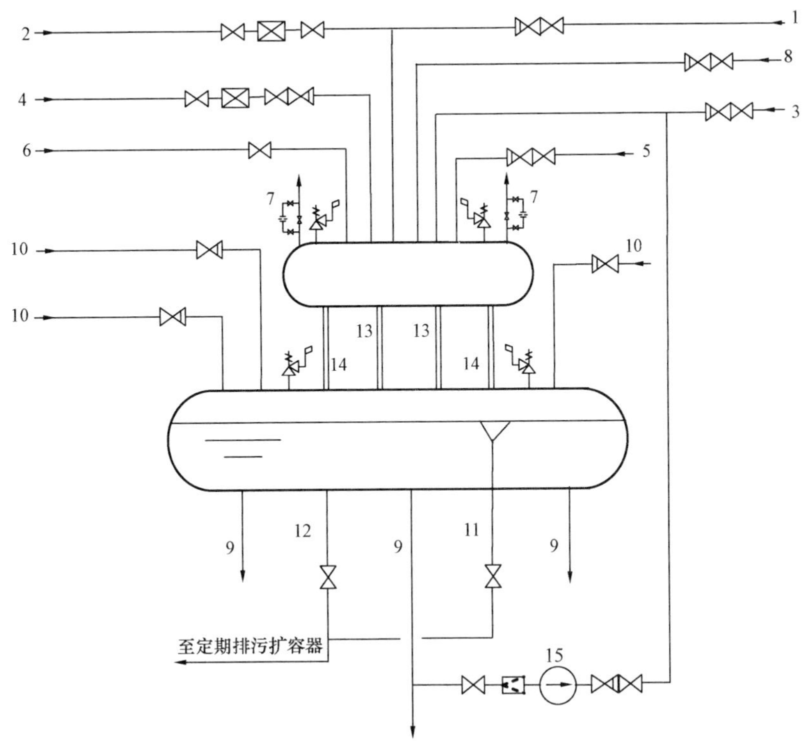

图 3-35　600MW 机组除氧器热力系统

证除氧器压力稳定，有的也采用两台除氧器并列运行。

图 3-36 所示为两台并列运行的除氧器及给水箱管道系统。除氧器的加热蒸汽分别由各机组抽出引至除氧器底部，中间用抽汽母管相连，以保持抽汽压力稳定。被加热的主凝结水和软化水引至除氧器上部，高压加热器的疏水温度较高，通常引至除氧器中部。除氧器给水箱的水位通过软化水进口水位调节阀来调节。除氧器的压力由抽汽管进口压力调节阀来保持稳定。除氧器给水箱应有一根或两根下水管与给水泵低压给水母管相连。

为使并列运行除氧器的工况一致，两台除氧器给水箱的汽空间和水空间分别设有汽、水平衡管。由连续排污扩容器来的扩容蒸汽送入汽平衡管。可以单独设立水平衡管，为简化系统，也可以用给水泵低压进水母管来代替。每台给水泵出口止回阀前接出的再循环管至再循环母管与除氧器给水箱相通。给水箱下部装有疏放水母管，在发生事故或停机检修时由放水管把水放入疏水箱，放水管应从水箱的最低点引出，以便将水全部放完。为防止水箱充水过多，在水箱最高水位处装有溢水管，溢水管与放水母管相通。

为了使同一参数的除氧器运行工况一致，其除氧水箱的蒸汽空间和水空间都用平衡管相连接。水箱应有一根或两根下降水管和给水泵的进水母管相连接。

除氧器的加热系统中，除氧用蒸汽应接入除氧头的合适位置（下部或中部）。被加热的凝结水和补充水应从除氧头顶部流进配水槽或喷嘴中。水箱装有水位调节阀以控制补充水进入除氧器的流量。

除氧水箱设有放水管的溢水装置，在发生事故或停机检修时，从除氧水箱中可把水从放水管放出。放水管应从水箱的最低点引出并引入疏水箱。

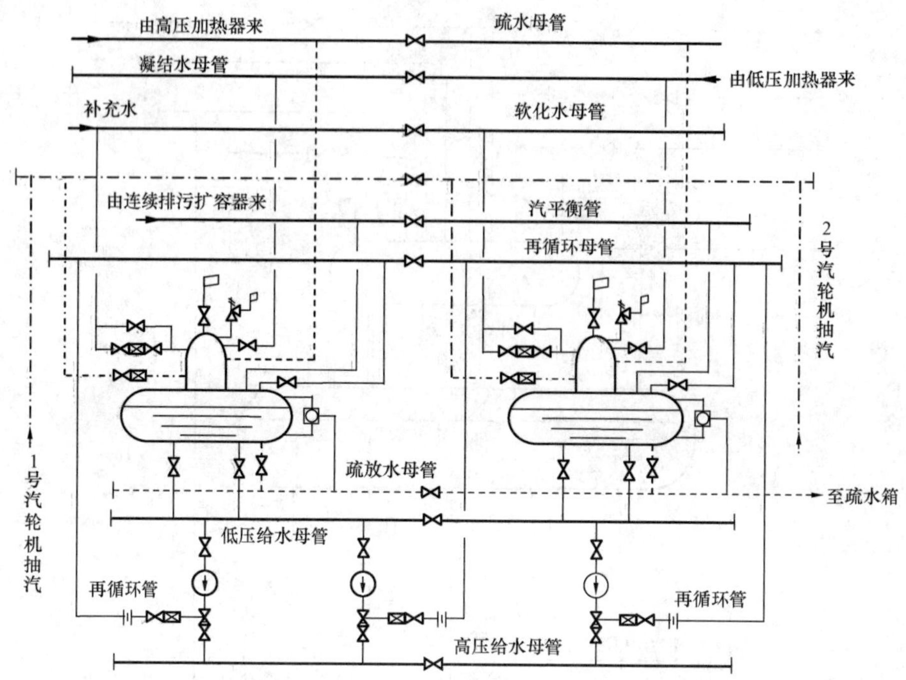

图 3-36　两台并列运行的除氧器及给水箱管道系统

为防止除氧水箱内充水过多，当水位达到最高水位（溢水位）时，水箱内过多的储水进入溢水管排入疏水箱。

资源22-除氧器上水

五、除氧器运行

（一）除氧器的运行方式

除氧器运行采用定压运行和滑压运行两种方式。定压运行是指除氧器在运行过程中其工作压力始终保持定值，这种运行方式与除氧器汽源定压连接方式相对应。滑压运行是指除氧器的运行压力不是恒定的，而是随着机组负荷变化而变化，该运行方式对应于除氧器汽源的滑压连接方式。

滑压运行方式不仅热经济性好，而且安全性高，故现代大容量机组除氧器均采用滑压运行。

除氧器的滑压运行也带来一定的问题。滑压运行中，除氧器的工作压力随着机组负荷不断地变化，而除氧器内给水温度的变化总是滞后于其压力变化的。当机组负荷增大时，除氧水温度的升高跟不上压力的增加，除氧水不能及时达到饱和状态，致使除氧效果恶化。当机组负荷减小时，除氧水温度的下降滞后于压力的减小，使除氧水的温度高于除氧器压力对应的饱和温度，这虽然使除氧效果变好，但安装于除氧器下面的给水泵容易发生汽蚀。工程实际中，在除氧水箱内装设再沸腾管来解决机组负荷增大时除氧效果恶化问题；采取提高除氧器的安装高度、给水泵前设前置泵、加速给水泵入口处的换水速度和快速投入备用汽源等措施保证给水泵在负荷减少时安全运行。

（二）除氧器运行

1. 除氧器启动

用补充水泵或凝结水输送泵向除氧器上水至正常水位。检查开启除氧循环泵，打开除氧器的排气阀，开启辅助蒸汽至除氧器的调节阀，投入除氧器压力自动控制，对除氧器加热。对于不设除氧循环泵，用除氧器水箱再沸腾管加热的除氧器，可启动给水泵前置泵，通过给水再循环管，使除氧器水箱的水循环流动，促进给水均匀加热。在加热期间，应注意控制除氧器温升在规定的范围内，保持水量变化缓慢，以防除氧器振动。同时注意监视除氧器压力、水位稳定，溶氧量合格。当由低压加热器来的凝结水合格后，开启主凝结水调整阀向除氧器供水。当机组启动带负荷后，四段抽汽压力略大于辅助蒸汽的供汽压力时，检查四段抽汽至除氧器进汽阀应自动打开，辅助蒸汽至除氧器的进汽阀应关闭。除氧器由定压运行改为滑压运行。

2. 正常运行维护和监视

为保证除氧器的安全经济运行，在运行中应监视和控制以下项目。

(1) 溶氧量。除氧器在运行中，要求水中的溶氧量必须符合规定。要获得良好的除氧效果，必须满足热力除氧的基本条件。

因汽轮机负荷增加使除氧器内压力的突然升高，或进水温度太低、进水量过大、喷管雾化效果不好等原因都会导致除氧水达不到饱和温度，除氧效果恶化。为防止加热不足，在加装再沸腾管的除氧器中，投入给水再沸腾蒸汽，以改善除氧效果。

溶氧量不合格，也可能是排气阀开度不够，应及时调整排气阀开度，使气体能及时排出，以减小气体在水面上的分压力，从而减小溶氧量。

对于喷雾填料式除氧器，当溶氧量不合格时，应调整进入喷雾除氧空间的一次蒸汽和进入填料层的二次蒸汽的分配比例。当一次蒸汽量较小时，喷雾空间的压力降低，填料层的蒸汽压力增加，可能形成蒸汽把水托起的现象，使蒸汽的自由通路减少。同时，一次加热蒸汽量的不足又可能使雾化水加热不足，使初期除氧效果降低。如果一次加热蒸汽量过大，又会使二次加热蒸汽量减少，影响深度除氧效果。因此，合适的一、二次蒸汽分配比例是保证喷雾填料式除氧器除氧效果的又一条件。

(2) 压力和温度。除氧器运行中，应监视除氧器内的压力和温度，要求两者相对应，即除氧水的温度达到除氧器压力下的饱和温度，否则要采取措施消除加热不足。还要监视除氧器内的压力和温度与当时机组运行工况相对应，注意除氧器有可能超压时安全阀的动作情况，确保除氧器在运行中的安全可靠性。

(3) 给水箱水位。除氧器运行中，应严密监视除氧器水位并控制其在正常值。水位过高，会造成除氧器满水，使除氧器振动及排汽带水等，严重时会使水通过抽汽管道进入汽轮机，造成汽轮机的水击事故；水位过低，使给水泵的倒灌高度降低，容易造成给水泵汽蚀。水位过低也就意味着除氧器水箱存水量减少，一旦补充水发生故障，会威胁锅炉上水，造成停炉等事故。

3. 常见故障与处理（见表 3-3）

表 3-3　除氧器故障与处理方法

故障现象	原　因	处理方法
除氧器振动，内部有撞击声，振动逐渐剧烈，排气管喷水，压力摆动	1. 进水温度过低 2. 进汽量突然增大，内部汽水过负荷	1. 暂停补充冷水，提高水温 2. 机组降负荷运行

续表

故障现象	原因	处理方法
除氧器水位低	1. 进水减少或补水中断 2. 误开事故放水阀 3. 凝结水再循环阀开度过大 4. 锅炉进水突然增加或排汽量、排污量过大	1. 加大进水或补水 2. 关严事故放水阀 3. 关小或全关凝结水再循环阀 4. 关小锅炉排污阀或暂停排污
除氧器水位高	1. 进水量过大 2. 给水泵故障 3. 凝汽器泄漏(热井水位同时升高) 4. 锅炉突然降负荷	1. 减小进水量 2. 启动备用给水泵 3. 对凝汽器查漏 4. 查明锅炉原因，迅速处理，必要时开启放水阀放水
除氧器压力下降	1. 进水量过大，进水温度过低 2. 抽汽电动隔离阀或抽汽止回阀误关或未完全打开 3. 排气阀开度过大 4. 安全阀误动 5. 机组甩负荷	1. 适当减少进水量，提高进水温度 2. 全开进汽阀或使用备用汽源 3. 调整排气阀开度 4. 阀门误动，应立即恢复 5. 使用备用汽源
排气带水	1. 排气阀开度过大 2. 喷雾填料式除氧器一次加热不够 3. 内部汽流速度过大	1. 合理调整排气阀开度 2. 调整一次加热的汽、水比 3. 适当降负荷

4. 停运

除氧器随机组的停止而滑停。当除氧器供汽压力低于辅助蒸汽的供汽压力时，辅助蒸汽至除氧器管道上的调节阀自动打开，除氧器由辅助蒸汽供汽，除氧器在供汽调节阀的控制下定压运行。当机组停止运行，锅炉已不需要进水时，停止向除氧器进水、进汽。除氧器停运后，要对其进行必要的保养。若停运后检修，则对其进行全面隔绝，并放尽余汽余水。

延伸阅读

六、给水加氧技术（延伸阅读，扫描二维码获取）

第三节 主蒸汽与再热蒸汽系统

一、主蒸汽系统的形式及应用

锅炉与汽轮机之间连接的新蒸汽管道，以及由新蒸汽送往各辅助设备的支管，都属于发电厂的主蒸汽管道系统。

发电厂主蒸汽管道所输送的工质流量大、参数高，因此对发电厂运行的安全性和经济性影响大。对其要求是：系统简单；工作安全、可靠；运行调度灵活，便于切换；便于检修、扩建；投资和运行费用最小。发电厂常用的主蒸汽管道系统有四种形式，如图 3-37 所示。

1. 集中母管制系统

集中母管制系统是指发电厂所有锅炉产生的蒸汽先集中送往一根蒸汽母管，再由母管引至每台汽轮机和其他用汽处。为增加其可靠性，集中母管一般用分段阀分段，当某一段出现故障时，分段阀可以将其隔离，使故障不会波及其他段。

2. 切换母管制系统

切换母管制系统是指每台锅炉与其对应的汽轮机组成一个单元，各单元之间设有联络母

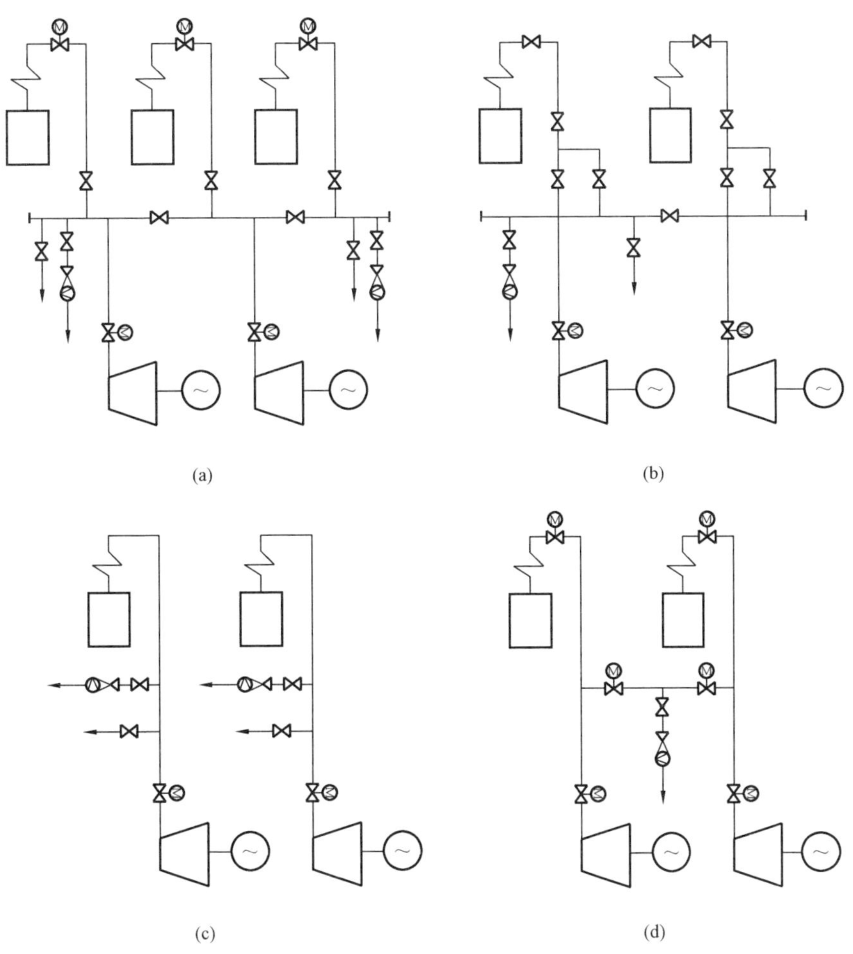

图 3-37　主蒸汽系统的形式
(a) 集中母管制；(b) 切换母管制；(c) 单元制；(d) 扩大单元制

管，每一单元与母管相连处加装一段联络管和三个切换阀门，单元之间可以交叉运行。

以上两种形式的主蒸汽系统由于运行灵活，被中、小容量机组广泛采用。

3. 单元制系统

单元制系统是指一机一炉相配合的连接系统，汽轮机和供它蒸汽的锅炉组成独立的单元，与其他单元之间无任何蒸汽管道相连。

单元制主蒸汽管道系统主要有以下优点：①单元与其他机组之间无任何连接管道，其管子的长度最短，阀门等管道附件最少，因此可节省大量的高级合金钢管和阀门，投资少；②管道的压降和散热损失少，热经济性好；③便于机电炉的集中控制，运行费用少；④事故的可能性减少，事故的范围只限于一个单元，不影响其他机组的正常运行。其缺点是：各单元机组之间不能相互切换，运行灵活性差，单元机组中任何一个主要热力设备发生故障，整个单元就要停止运行。

现代大容量电厂，机、炉容量相匹配，为节省投资，便于机、电、炉的高度自动化集中控制，几乎都采用单元制系统。由于再热式机组之间的再热蒸汽很难实现切换运行，所以再热机组的主蒸汽系统必须采用单元制。

4. 扩大单元制系统

扩大单元制系统是指将单元制系统用一根母管和隔离阀门相互连接起来的主蒸汽系统。这种系统的特点介于单元制和切换母管制之间，与单元制相比机炉可交叉运行，运行灵活。与切换母管制相比，高压阀门少。我国一些高压凝汽式发电厂也有采用这种形式的。

二、单元制主蒸汽、再热蒸汽系统

现代大型机组广泛应用单元制系统。随着机组容量的增大，锅炉炉膛宽度加大，烟气流量、温度分配不均，造成主蒸汽、再热蒸汽两侧的汽温偏差和压力偏差增大。机组运行中，过大的温度偏差会使汽缸等高温部件受热不均，造成汽缸变形，严重时会引起动静摩擦损坏设备；过大的压力偏差，将会引起汽轮机机头因受力不均发生偏转位移，致使汽轮机产生强烈振动。国际电工协会规定的最大允许汽温偏差：持久性的为 15℃，瞬时性的为 42℃。因此，单元制主蒸汽、再热蒸汽系统要求有混温措施，它分为双管式系统，单管-双管式系统和双管-单管-双管式系统三种形式，如图 3-38 所示。

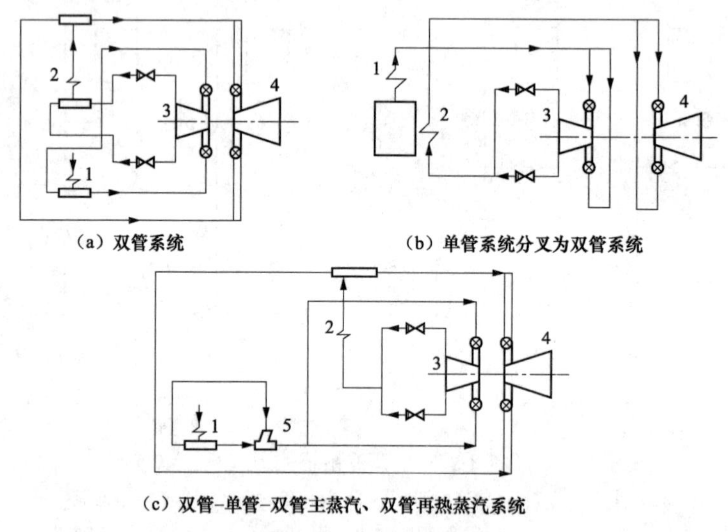

(a) 双管系统 (b) 单管系统分叉为双管系统

(c) 双管-单管-双管主蒸汽、双管再热蒸汽系统

图 3-38 再热机组的主蒸汽管道系统

1—过热器；2—再热器；3—高压缸；4—低压缸；5—Y 形三通

双管式系统可以避免用管壁厚、管径大的主蒸汽和再热蒸汽管道及大口径阀门，以节省投资，并使蒸汽流速在允许范围内，不造成过大的蒸汽流动压降，若相同流量，双管的总质量与单管相近。另外，由于其支吊重量不太集中，便于管道的布置，应力分析中有较大的柔性，因此，国产中间再热式机组广泛应用双管式系统。但这种系统左右两侧的主蒸汽、再热蒸汽存在温度偏差，有的国产机组的主蒸汽温度偏差达 30～50℃，其混温措施主要是在汽轮机之前装设中间联络管。

单管系统的管径大，载荷集中，应力分析中柔性较小，管道支吊困难，但单管混温有利于满足汽轮机两侧对温度偏差的限制。

对于不同机组的主蒸汽与再热蒸汽系统，虽然布置形式不尽相同，但大同小异，这里仅介绍一种典型的 600MW 超临界压力机组主蒸汽系统，如图 3-39 所示。

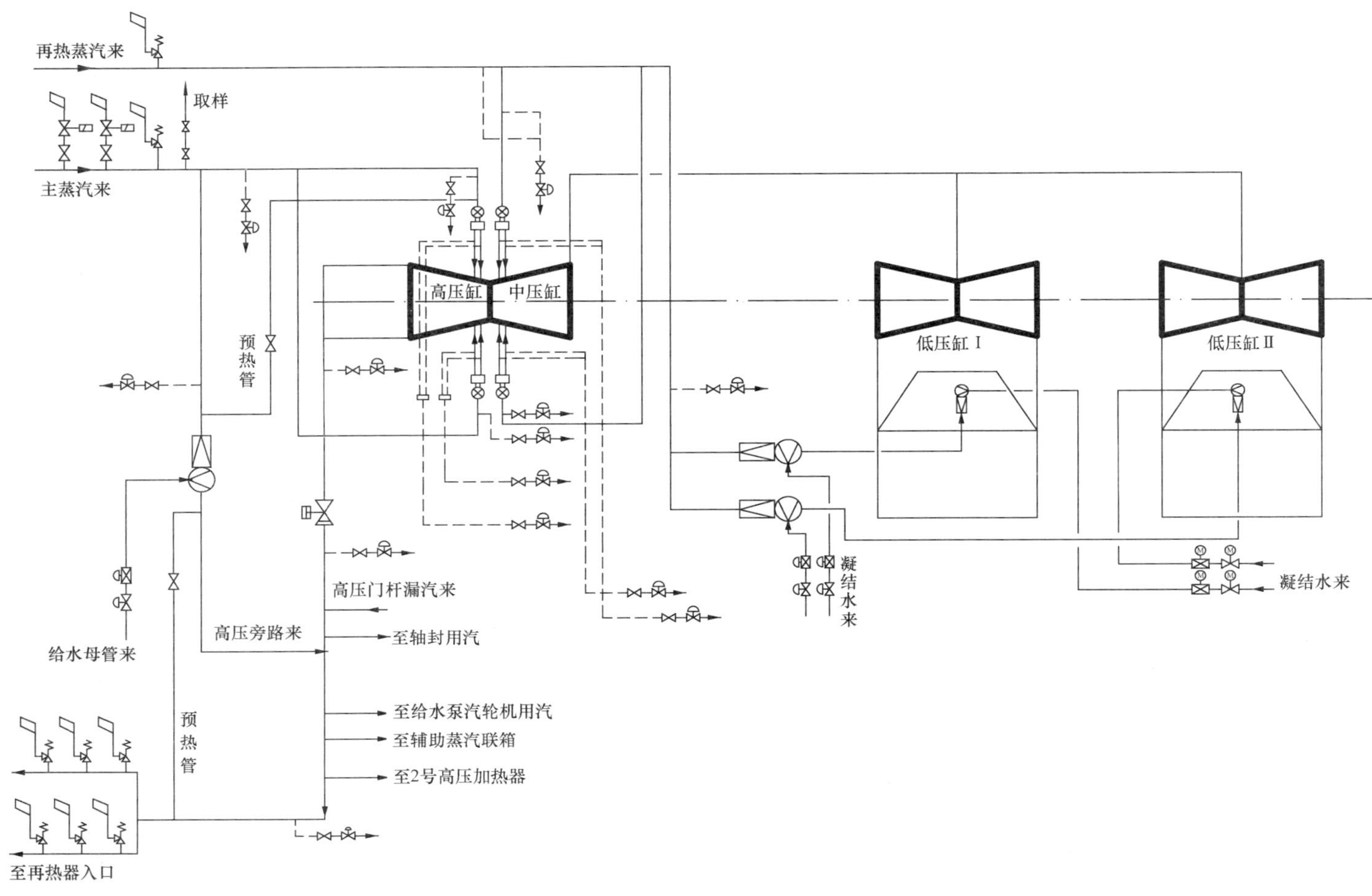

图 3-39　600MW 超临界压力机组主蒸汽及再热蒸汽系统

1. 主蒸汽系统

主蒸汽系统采用单管-双管布置。主蒸汽由锅炉过热器出口联箱经一根管道引出送往汽轮机，在汽轮机主汽阀前用斜三通分成两根管道，分别引到汽轮机高压缸左、右两侧的主汽阀，再经两个高压调节汽阀分四路进入汽轮机高压缸。

主蒸汽管道上依次装设电磁释放阀、弹簧式安全阀、自动主汽阀和调节阀等附件。两只电磁释放阀一只由汽包压力控制，另一只由过热器压力控制。电磁释放阀的整定压力值小于安全阀，测量点超压时，电磁释放阀首先动作排汽，也可在集控室迅速开启排汽以减少安全阀的动作次数。

弹簧式安全阀由过热器压力控制，当过热器超压时，弹簧式安全阀动作放汽，确保机组运行安全。

自动主汽阀的主要功能是在汽轮机事故停机（如汽轮发电机组甩负荷、调节阀失灵等）或正常停机时，自动迅速切断进入汽轮机的主蒸汽，而且越快就越能保证机组的安全。对于600MW等级的汽轮机组，要求自动主汽阀完成关闭动作的时间小于0.2s。自动主汽阀的阀芯腔内另设有预启阀，机组启动时，预启阀先开，既可减小自动主汽阀开启时的提升力，又可对其后的调节阀进行预热。在自动主汽阀中还设有滤网、疏水措施等，以防止焊渣、杂物、水等进入汽轮机。汽轮机正常运行时，自动主汽阀全开，停机时，自动主汽阀关闭。

调节阀的功能是通过改变阀门开度来控制汽轮机的进汽量。高压调节阀内也设有预启阀（也有个别制造厂的调节阀不设预启阀）、滤网（有的不设滤网）。

该机组的主蒸汽管道上不安装流量测量装置和电动隔离阀，目的是减少管道的阻力损失，提高机组的热经济性。主蒸汽流量由主蒸汽压力与调节级后压力的差值来确定。锅炉做水压试验时与汽轮机侧的隔离，是由具有较高严密性的自动主汽阀来保证的（水压试验采用主汽阀直接隔绝，或将主汽阀门芯拆除，换以专供水压试验用的主汽阀堵板门芯，可保证水压试验的顺利进行）。另外，在单管分成双管的结合处一般设置斜三通，以减小阻力及扰动。有些机组的自动主汽阀严密性不能保证，设置有电动隔离阀。

主蒸汽管道上设有疏水系统，其作用是在机组启动期间使蒸汽迅速流经主蒸汽管道，加快暖管升温，提高启动速度。另外，在机组启动前或停机后及时排出管道内的凝结水。主蒸汽管道上设有三个疏水点：一点位于主蒸汽管道末端靠近斜三通处，另外两点分别位于主汽阀前及阀后的导汽管上。每根疏水支管上设置一个截止阀和一个气动薄膜调节阀，疏水最终排至本体疏水扩容器。当汽轮机的负荷低于15%额定负荷运行时，疏水调节阀自动开启，以确保汽轮机本体及相应蒸汽管道的可靠疏水。气动调节阀也可根据情况手动开启或关闭。不同机组设置疏水点的位置大同小异。

2. 再热蒸汽系统

再热蒸汽系统是指从汽轮机高压缸排汽口经锅炉再热器至汽轮机中压联合汽门前的全部蒸汽管道和分支管道。按再热蒸汽温度的高、低，分为再热冷段和再热热段蒸汽系统，再热冷段蒸汽系统是指从汽轮机高压缸排汽口到锅炉再热器进口联箱的再热蒸汽管道及其分支管道，再热热段蒸汽系统是指从锅炉再热器出口联箱至汽轮机中压缸进汽门之间的再热蒸汽管道及其支管。

如图3-39所示，再热冷段管道采用双管-单管-双管布置，从高压缸两侧排汽口引出两根管道，汇总成单管，到再热器事故喷水减温器（图3-39中略），分成双管进入再热器进口联箱。

再热冷段总管上装设一只气动止回阀，其作用是避免高压旁路运行时蒸汽倒流进入汽轮机，以及当再热器事故喷水减温器和高压旁路喷水减温水系统失灵时水进入汽轮机。有些机组为了减少再热冷段的压力损失，取消了止回阀。

再热冷段上除设有引至二号高压加热器的抽汽管道外，还设有引至轴封系统、给水泵汽轮机和辅助蒸汽联箱的高压备用汽源。同时设有高压门杆漏汽的引入支管，用于回收高压主汽阀及调节阀的门杆漏汽。

在再热器入口前的两支管道上，各装有三只弹簧式安全阀，分别由高压缸排汽压力和再热器压力控制，防止超压。

再热冷段蒸汽管道上也设有疏水系统，共设三个疏水点。一点位于止回阀之后，另外两点分别位于两个斜三通之后和之前。疏水经截止阀和一个气动调节阀排至本体疏水扩容器。

再热热段管道系统采用单管-双管布置，再热热段蒸汽进入中压缸前经斜三通分成两路，经过两个中压联合汽门后，分四路进入中压缸。

在再热器出口联箱引出的管道上装设一只弹簧式安全阀，由再热器出口压力控制。再热热段管道的疏水类似于主蒸汽系统。

第四节　再热机组的旁路系统

一、旁路系统及其作用

目前，蒸汽中间再热机组多采用烟气再热的方法。这样，布置在锅炉烟道中的再热器，在机组启、停和甩负荷工况下，再热器中无蒸汽冷却，再热器有可能被烧坏。为适应再热机组启、停和事故工况下的特殊要求，以及保证再热机组有较好的负荷适应性，再热机组都设置一套旁路系统。

汽轮机的旁路系统是指蒸汽绕过汽轮机，经过与汽轮机并联的减温减压装置，到参数较低的蒸汽管道或凝汽器中的连接系统，如图 3-40 所示。主蒸汽绕过汽轮机高压缸，经减温减压后进入再热冷段蒸汽管道的系统称为高压旁路或一级旁路。再热后的蒸汽绕过汽轮机中、低压缸，通过减温减压后直接排入凝汽器的系统称为低压旁路或二级旁路。主蒸汽绕过汽轮机经减温减压后直接进入凝汽器的系统则称为整机旁路或一级大旁路。任何再热机组的旁路系统均是上述三种形式中一种、二种、三种形式的组合。

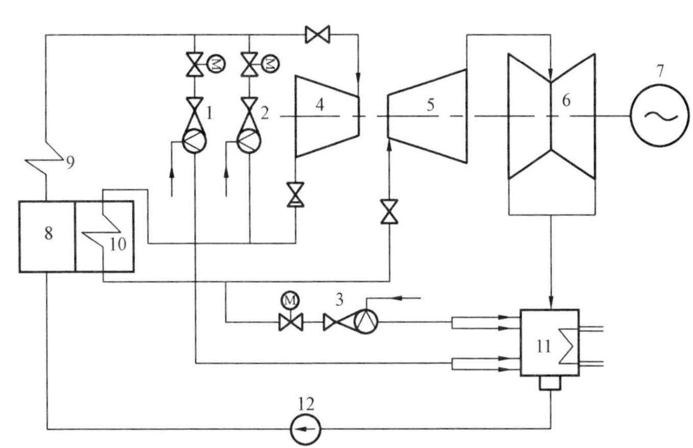

图 3-40　再热机组三级旁路系统

1—整机大旁路；2—高压旁路装置；3—低压旁路装置；4—高压缸；5—中压缸；6—低压缸；7—发电机；8—锅炉；9—过热器；10—再热器；11—凝汽器；12—水泵

再热机组的旁路系统有以下三个方面的作用。

1. 保护再热器

机组正常运行时，汽轮机高压缸排汽进入再热器，再热器可以得到充分冷却。但在启动过程中，汽轮机冲转前，或在机组甩负荷，高压缸无排汽时，再热器因无蒸汽流过或流量不够时，就有超温烧坏的危险。设置旁路系统，使蒸汽流过再热器，达到冷却再热器的目的。

2. 改善启动条件、加快启动速度

单元机组普遍采用了滑参数启动方式，为适应汽轮机启动过程中，在不同阶段（暖管、冲转、暖机、升速、带负荷）对蒸汽参数的要求，锅炉要不断地调整汽压、汽温和蒸汽流量。若单纯调整锅炉燃烧或运行压力很难达到上述要求。采用旁路系统就可改善启动条件，尤其在机组热态启动时，利用旁路系统，能很快地提高新蒸汽和再热蒸汽的温度，缩短启动时间，延长汽轮机寿命。

对于大容量机组，当发电机负荷减少、解列或只担负厂用电负荷、或汽轮机甩负荷时，旁路系统能在几秒钟内完全打开，使锅炉逐渐调整负荷，并保持在最低稳燃负荷下运行，而不必停炉，在故障消除后可快速恢复发电，从而减少停机时间和锅炉的启、停次数，大大缩短了单元机组的重新启动时间，有利于系统稳定。

3. 回收工质、消除噪声

机组在启、停过程中，锅炉的蒸发量大于汽轮机的汽耗量，在负荷突降或甩负荷时，有大量的蒸汽需要排出。多余的蒸汽若直接排入大气，不仅损失了工质，而且对环境产生很大的噪声污染。设置旁路就可以达到回收工质和消除噪声的目的。

另外，在机组负荷突降或甩负荷时，利用旁路系统排放蒸汽，可减少锅炉安全门的动作次数。

总之，再热机组的旁路系统是机组在启、停或事故工况下的一种调节和保护系统。

二、旁路系统的容量

旁路系统的容量即旁路系统的通流能力，是在机组的设计压力下，旁路系统能够通过的蒸汽量 D_1 与锅炉额定蒸发量 D_b 比值的百分数，其计算式为

$$k=\frac{D_1}{D_b}\times 100\%$$

式中 k——旁路系统的设计容量，%；

D_1——旁路系统通过的蒸汽量，kg/h；

D_b——锅炉的额定蒸发量，kg/h。

机组在非设计工况下，蒸汽的参数将发生变化，体积流量也要改变。因此旁路系统的实际通流能力与设计容量是不同的。当汽压变低时，蒸汽的比体积增大，通流能力就会变小，在运行中应注意。

根据单元机组的调峰和启动的要求，旁路系统的容量一般选定在30%～70%之间。

三、旁路系统的形式

1. 两级串联旁路系统

如图 3-41 所示，由锅炉来的新蒸汽绕过汽轮机高压缸，经高压旁路减压减温后进入锅炉再热器。由再热器出来的再热蒸汽绕过汽轮机的中、低压缸，经低压旁路减压减温后排入凝汽器。

经低压旁路减压减温后的蒸汽，在进入凝汽器之前，压力和温度仍较高，为保证凝汽器的安全经济运行，在凝汽器喉部装有膨胀扩容式减压减温装置。所以，两级串联旁路系统，实际上是三级减压减温。

两级串联旁路系统，由于阀门少，系统简单，又具有保护再热器的功能，被广泛地应用于再热机组上。

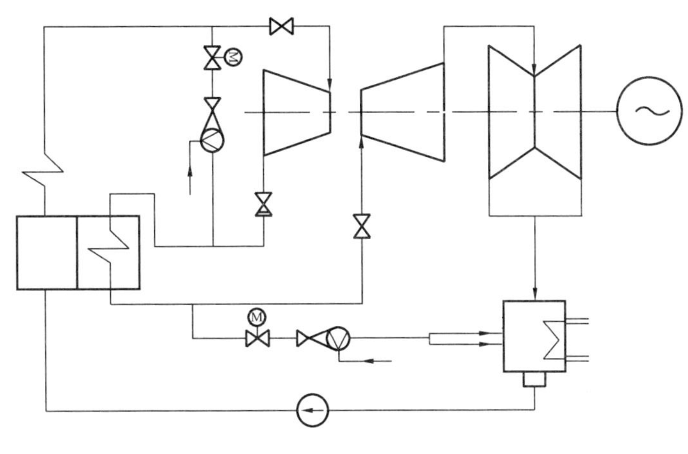

图 3-41　两级串联旁路系统

2. 一级大旁路

如图 3-42 所示，由锅炉来的新蒸汽，绕过全部汽轮机，经整机大旁路减压减温后排入凝汽器。

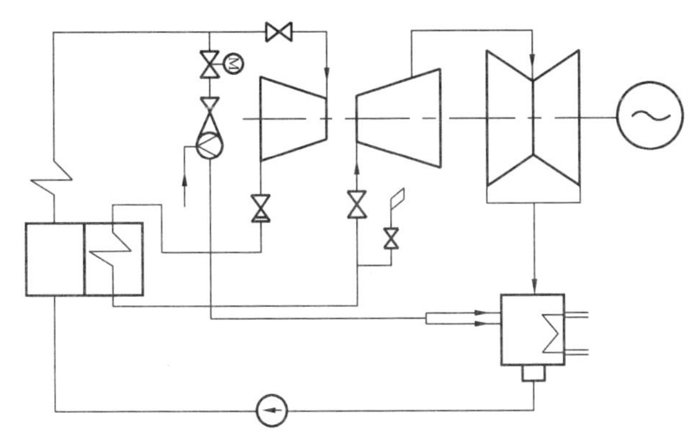

图 3-42　一级大旁路系统

一级大旁路应用于再热器不需要保护的机组上。例如：国产 HG-670t/h 锅炉，全负荷时再热器区域的烟温约为 685℃，在 50% MCR 负荷以下时，再热器区域的烟温一般不超过 580℃，当再热器材料用 12Cr1MoV 或 12Cr2MoVSiB 时，其允许温度分别为 590℃ 和 620℃。因此，当锅炉运行负荷在 50%MCR 以下时，再热器不通蒸汽冷却，允许短时间干烧。

采用一级大旁路，可以提高机组运行的可靠性，但在低负荷运行和机组热态启动时，再热汽温的调节比较困难。因此，在中压联合汽门前装有对空排汽阀，在必要时用于提高再热蒸汽的汽温。

3. 两级并联旁路系统

如图 3-43 所示，它是由高压旁路和整机旁路并联组成的系统。高压旁路的容量为 17%，主要用于保护再热器，只有在再热器可能超温时才开启，机组热态启动时也可用它向空排汽来提高再热汽温。整机旁路的容量为 20%，其作用是：在机组启、停或甩负荷时，将多余的蒸汽排入凝汽器；当锅炉超压时，

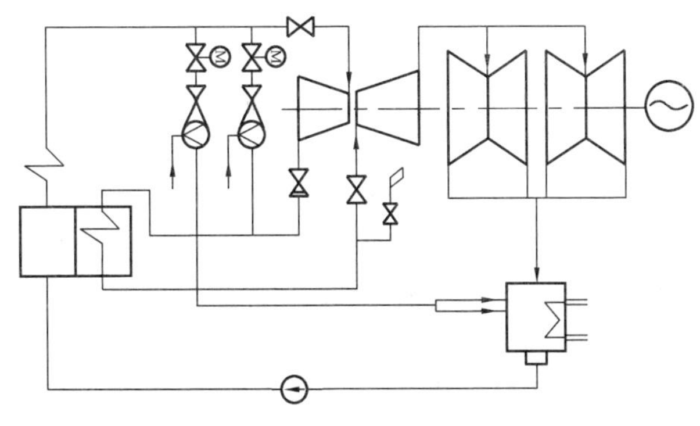

图 3-43　两级并联旁路系统

起到安全阀的作用，以减少安全阀的动作次数。国产 300MW 机组上采用过这种形式。

4. 三级旁路系统

如图 3-40 所示，它是由两级串联旁路系统和整机旁路组成的。旁路系统的总容量为 45%，其中整机旁路为 30%，串联旁路为 15%。

三级旁路系统功能较齐全，但系统复杂，旁路装置多，投资和运行费用高。因此这种系统只在国产 200MW 机组上采用过。

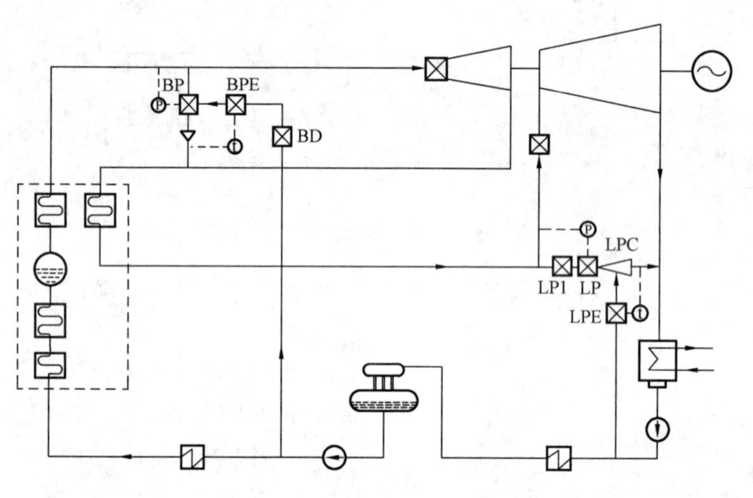

图 3-44 三用阀的旁路系统

BP—高压旁路调节阀；LP1—低压隔离阀；BPE—高压旁路减温水调节阀；LP—低压调节阀；BD—减温水减压隔离阀；LPE—低压旁路减温水调节阀；LPC—低压旁路减温器

5. 三用阀的旁路系统

三用阀的旁路系统实际上是一种由高、低压旁路组成的两级串联旁路系统，如图 3-44 所示，其高压旁路的容量为 100%。这种系统是目前较为先进的旁路系统，在引进型 300 和 600MW 机组上得到了广泛应用。

高压旁路三用阀的功能如下所述。

(1) 启动调节功能。在启动过程中，为协调锅炉产汽量与汽轮机用汽量的供求矛盾，保护再热器，并使蒸汽参数与汽轮机的冲转要求相匹配，从锅炉点火开始，高压旁路始终呈调节状态，以维持汽轮机的正常启动压力和启动流量。随着汽轮机冲转后用汽量的增加，高压旁路逐渐关小，直至锅炉产汽量与汽轮机用汽量相平衡时，高压旁路关闭。由于阀门的通流能力大，锅炉启动时可以采用较大的燃烧率，将多余的蒸汽通过旁路排入凝汽器，使过热器内保持适当的压力，以适应不同启动工况，并可缩短机组的启动时间。

(2) 截止功能。当汽轮机用汽量与锅炉产汽量相平衡以后，高压旁路作为截止阀将主蒸汽系统与再热蒸汽系统隔离，使整个汽水系统处于正常运行状态。为保证机组在正常运行时，高压旁路保持热备用状态，在高压旁路阀后接有预热管，作为高压旁路阀后的管道暖管用，以避免要求高压旁路立即投入时，其阀后管道产生过大的热冲击。

(3) 安全阀功能。在事故工况下，如当汽轮机甩负荷主蒸汽压力上升很快时，高压旁路能在 1～3s 内打开，加之通流能力为 100%，完全可以替代过热器出口安全阀起溢流作用，以保证锅炉各受热面免遭超压的危险。由于高压旁路具有安全阀的作用，所以在高压旁路阀前后不设置隔离阀，以确保其溢流作用。机组采用三用阀的旁路系统时，在锅炉过热器出口就不再设安全阀。

需要说明的是，其低压旁路的容量不是 100%，而是 60%～70%，这是因为随着机组容量的不断增大，过多的蒸汽进入凝汽器，给凝汽系统的设计带来很大的困难。因此低压旁路阀不起安全阀的作用，在再热器出口仍设置有安全阀，作为再热器超压保护。

四、旁路系统举例

我国300MW及以上容量的机组大多采用两级串联旁路系统，高压旁路的容量一般为30%、50%、60%或100%，低压旁路的容量一般为50%或65%。旁路系统的容量应根据机组可能的运行情况予以选定，其通流能力并不是越大越好。

图3-39所示的600MW机组上采用两级串联旁路系统，旁路系统的容量为30%，该旁路系统的高、低压旁路阀前均不设隔离阀，在旁路系统停运时，高、低压旁路阀能保证系统的严密性。

1. 高压旁路系统

资源23-600MW超临界机组的旁路系统

高压旁路系统主要由高压旁路阀、高压喷水调节阀和高压喷水隔离阀及其连接管道组成，每台机组设置一套。高压旁路阀兼有减压减温作用，采用气动控制，1～5s内即可将阀门全开。高压喷水来自给水泵出口母管，喷水压力高于所需要减温的蒸汽压力。高压喷水调节阀用于调节减温水的流量，以满足高压旁路对蒸汽温度的要求。高压喷水隔离阀具有关断作用，在高压旁路停用时关闭减温水。

在机组运行期间，高压旁路处于热备用状态，图3-39所示的机组设置了两根预热管。高压旁路阀前引出一根通汽预热管，接至汽轮机主汽阀前的管道上，利用主蒸汽管上高压旁路接口与预热管接口处的压差，使少量蒸汽在预热管内缓慢流动，以加热高压旁路阀的阀体及阀前管道。同时回收该部分预热蒸汽至汽轮机内做功，以提高机组的热经济性。在预热管上设有一只调节阀，用于调节预热管中蒸汽的流量，使高压旁路停运期间，阀体入口端能达到比主蒸汽温度低100～150℃的最佳预热温度。高压旁路阀后引出一根预热管，接至再热冷段管道的末端，利用高压旁路接口与末端预热管接口处的压差，使少量蒸汽在预热管内缓慢流动进行预热，同时回收该部分预热蒸汽至再热器。在该预热管上同样设有一只调节阀，以保证停运期间阀体出口段能达到最佳预热温度。要求预热管从管道（水平布置时）的上方接出或接入。

高压旁路阀前设有疏水点，疏水经截止阀和气动调节阀后进入疏水扩容器。高压旁路阀后不设疏水点，启动时形成的凝结水通过再热冷段蒸汽管道上的低位点疏水装置排至疏水扩容器。旁路系统的疏水阀在机组启动时用于排除旁路管道内的凝结水，在旁路暖管备用期间关闭。

2. 低压旁路系统

低压旁路系统由低压旁路阀、低压喷水调节阀和低压喷水隔离阀等组成，每台机组设置两套。低压喷水调节阀用于调节减温水的流量，以满足低压旁路对蒸汽温度的要求，低压喷水来自凝结水泵的出口。低压喷水隔离阀具有关断作用，在低压旁路停用时关闭减温水。

低压旁路的预热是由该阀前引出一根预热管（图3-39中未画），接至凝汽器，利用再热热段上低压旁路接口与凝汽器的压差，使少量蒸汽在预热管内缓慢流动，以加热低压旁路阀的阀体及阀前管道，在该预热管上装有一只调节阀和节流装置，调节阀用于调节预热管中蒸汽的流量，使低压旁路在停运期间进口端能够达到最佳预热温度。为了防止对凝汽器管束的吹损和影响凝汽器的真空，预热蒸汽经节流并冷却后再引至凝汽器。

低压旁路阀前设有疏水点，疏水经截止阀和气动调节阀后进入疏水扩容器。低压旁路阀后不设疏水点，启动时形成的凝结水直接排至凝汽器。

资源24-旁路系统投运

五、旁路系统运行

旁路系统、主蒸汽和再热蒸汽都属于高温高压蒸汽管道。这些高温高压管道及其附件，在运行中容易产生裂纹而损坏，其原因有两个：一是高温蠕胀，即管道及其附件经过长时间在高温高压状态下运行逐渐形成裂纹，最后导致破裂；二是由于机组启停时，管道及其附件中工作介质温度的改变，使管道承受温差热应力，在交变应力的作用下，材料产生疲劳形成裂纹，最后导致破裂。因此在管道运行中必须采用适当的方式，限制管道内的温度及温度的变化速度，以满足机组在启、停、正常运行和事故工况下的运行要求，确保机组安全经济运行。

1. 机组启动

机组启动状态是根据机、炉的停运时间和汽轮机缸壁温度划分的，一般分为冷态、温态、热态、极热态。

冷态启动时，机炉和蒸汽管道的金属处于较低的温度状态下，锅炉点火后，应开启主蒸汽管道上的所有暖管疏水阀，进行暖管。在暖管过程中，要监视管道的内外壁温差不能太大，采用调节疏水阀开度的方法，控制管壁温升率在规定的范围内，避免管道因热胀不均而引起裂纹。当锅炉汽压上升，烟气温度增高到再热器需要通汽冷却时，应投入旁路系统运行。在控制室手操投入旁路系统时，应同时开启高、低压旁路装置，或先投入低压旁路，再投高压旁路，决不允许顺序颠倒，否则将损坏旁路装置。旁路系统投入后，应开启再热热段蒸汽管道上全部低位点的疏水阀，进行暖管，这时同样要控制再热蒸汽管道系统的管壁温升率在允许的范围内。

当汽轮机主汽阀前的主蒸汽的汽压、汽温达到汽轮机冲转参数的要求时，可对汽轮机进行冲转、暖机、升速、并网、带负荷等工作。在机组的整个启动调节过程中，应注意高、低压旁路的配合调节，除汽轮机有特殊需要外，一般情况下，应尽量使高、低压旁路的流量接近，以免造成汽轮机高压缸和中、低压缸的负荷不匹配，引起汽轮机胀差的变化。汽轮机带负荷后，根据运行情况，关闭主蒸汽、再热蒸汽管道上疏水阀。当汽轮机负荷达一定值时，关闭高、低压旁路装置，开启高压旁路阀前、后的预热管或高、低压旁路阀前后经常疏水阀，使旁路系统处于热备用状态。高、低压旁路解列后，中压缸调节汽阀全开，不再调节再热蒸汽流量。对于采用汽动给水泵的机组，当负荷增大到一定值时，小汽轮机汽源通过内切换逐步由主汽轮机的抽汽供给，停用新汽汽源。此时，应开启小汽轮机高压主汽阀前预热管或经常疏水阀，使新汽汽源（高压汽源）管道处于热备用状态。

机组温、热态启动时，汽轮机本体内部的金属温度较高，而汽轮机冲转的条件要求主、再蒸汽温度应高于高、中压缸内下缸壁温约50℃。因此，锅炉的升温升压速度要求较快，这时应尽快地投入旁路系统，提高主、再热蒸汽温度，以满足汽轮机对于蒸汽参数的要求。由于在机组停运后，主、再热蒸汽管道系统的冷却速度比汽轮机汽缸冷却得快，主、再热蒸汽管道温度要低一些，所以热态启动暖管时，也要注意控制主、再热蒸汽管道的温升率不得超过允许值。

2. 正常运行

机组正常运行中，旁路系统应处于热备用状态，以便需要及时投用。主蒸汽系统按汽轮机的负荷提供参数符合要求的蒸汽，根据汽轮机负荷的变化，由高压缸的调节汽阀控制进汽量，中压缸的调节汽阀全开，不调节进汽量。中压缸的进汽量随高压缸排汽量而定。

进入汽轮机的主蒸汽、再热蒸汽温度应保持在额定参数范围内，当主、再热蒸汽温度超过上限时，应通过锅炉调节降低汽温。若汽温下降到低于允许的下限值时，应开启有关疏水阀，防止汽轮机进水，同时要求锅炉调节中采取措施，并按规程要求，限制负荷运行。运行中还应监视主蒸汽和再热蒸汽管道两侧的蒸汽温度偏差不应超过允许值，否则要通过锅炉进行调整。

正常运行中，主蒸汽的压力应控制在额定参数范围内，当超过上限时，联系锅炉人员调整。若调整不能满足要求时，应投入旁路系统，排出多余工质，以降低汽压，减少锅炉安全阀的动作次数。

3. 故障甩负荷

汽轮机带厂用电或空载运行、停机不停炉的情况下，锅炉维持最低稳燃负荷运行，一般只维持 0.5～1h，在故障排除后，立即向汽轮机供汽。这两种运行工况下，应尽快投入旁路系统，排放多余蒸汽，协调机炉运行，同时可避免锅炉安全阀的动作。

在锅炉故障停机停炉的情况下，投入旁路系统运行，排放多余蒸汽，回收工质，也可避免锅炉安全阀的动作或减少动作安全阀的个数。

4. 停机

不论是采用滑参数停机方式还是正常停机方式，为了使汽轮机温差、胀差不超限，应严格控制主、再热蒸汽的温降率在允许值以内。采用滑参数停机时，还应注意主蒸汽要有不小于 50℃的过热度。在机组停运时，通常锅炉的蒸发量大于汽轮机的汽耗量，投入旁路系统，将多余蒸汽排入凝汽器，可以协调机、炉停运，并回收工质。

若停机检修或机组长时间停运，应放尽管道中的积水，并进行管道的防腐保护。

第五节　发电厂的汽水损失及锅炉排污利用系统

一、发电厂的汽水损失及补充

（一）发电厂的汽水损失及减少汽水损失的措施

发电厂在进行汽水动力循环的过程中，总是存在原因不同、数量不等的汽水损失，同时伴随着热量损失。要使发电厂正常运行，就必须对损失的工质进行补充。

发电厂的汽水损失，根据损失的部位不同分为内部损失和外部损失两大类。内部损失包括热力设备及其管道的暖管疏放水，汽包炉的排污水、各种动力设备（汽动泵、射汽式抽汽器等）的用汽、汽封用汽、蒸汽吹灰用汽、加热重油用汽、汽水取样及设备检修时的排放水等，这些属于工艺上必需的正常性汽水损失。另外，还有非工艺上偶然性汽水损失，即通常所讲的由于热力设备和管道的不严密造成的跑冒滴漏。外部损失是指热电厂对外供热设备及管道的工质损失，它与热负荷的性质（热水负荷还是蒸汽负荷）、供热方式（直接或间接供汽、开式或闭式水网）及回水的质量（是否被污染）有关，变化范围很大，甚至完全不能回收（如热水负荷）。

发电厂的汽水损失不仅有工质损失，还伴随着热量损失。汽水损失的大小，不仅影响电厂的热经济性，还危及设备的运行安全和使用寿命。因此，不论是在机组的启停、正常运行和检修过程中，都要尽可能减少汽水损失。减少汽水损失的措施：①选择合理的热力系统及汽水回收方式，尽量回收工质并利用其热量，如锅炉的连续排污利用系统、轴封蒸汽利用系统、发电厂的疏放水系统等对汽水的回收及利用；②改进工艺过程，如蒸汽吹灰改为压缩空气、炉水吹灰，锅炉、汽轮机和除氧器由额定参数启停改为滑参数启停或滑压运行方式；③提高设备及其管道的安装检修质量，如用焊接取代法兰等；④提高运行技术、管理和维修人员的素质，完善监督机制及考核管理办法等。

根据GB 50660《大中型火力发电厂设计规范》（以下简称“设规”），火电厂各项汽水损失减见表3-4。

表3-4　火力发电厂各项汽水损失

损失类别		正常损失
厂内水汽循环损失	1000MW机组	为锅炉最大连续蒸发量的1.0%
	300、600MW级机组	为锅炉最大连续蒸发量的1.5%
	125、200MW级机组	为锅炉最大连续蒸发量的2.0%
汽包锅炉排污损失		根据计算或锅炉厂资料，但不少于0.3%
闭式热水网损失		热水网水量的0.5%～1.0%或根据具体工程确定
火力发电厂其他用水、用汽损失		根据具体工程情况确定
对外供汽损失		
厂外其他用水量		
间接空冷机组循环冷却水损失		

注　厂内水汽循环损失包括锅炉吹灰、凝结水精处理再生及闭式冷却水系统等水汽损失。

（二）火电厂的汽水质量

为保证机组的经济运行，必须对火电厂的汽水质量进行监督，监督的重要依据是GB/T 12145《火力发电机组及蒸汽动力设备水汽质量标准》。

由于热力设备蒸汽参数的不断提高，单机容量不断增大，对水汽质量的要求越来越高，而且水处理的方式不同，以及水处理和测试技术不断发展，同一种水的质量标准值略有差异。水汽标准有：锅炉补充水、给水、炉水、蒸汽、汽轮机凝结水、疏水、生产返回水、热网补给水、冷却水及水冷发电机冷却水等标准。如锅炉的蒸汽质量国家标准见表3-5。

表3-5　汽轮机冲转前的蒸汽质量标准

炉　型	锅炉过热蒸汽压力/MPa	电导率/（μS/cm）（氢离子交换后，25℃）	二氧化硅	铁	铜	钠
			μg/kg			
汽包炉	3.8～5.8	≤3.0	≤80	—	—	≤50
	>5.8	≤1.0	≤60	≤50	≤15	≤20
直流炉	—	≤0.5	≤30	≤50	≤15	≤20

（三）发电厂汽水损失的补充

发电厂在机组运行过程中，必须对汽水损失进入补充。对于凝汽式电厂，化学处理后的补充水通常进入凝汽器，具体的补充水系统将在本章第七节详细介绍。对于热电厂，由于其外部汽水损失很大，有的甚至回收率为零，补充水量很大，所以，化学处理后的补充水进入专门为之设置的大气式除氧器，经除氧合格后进入与之温度压力最为接近的热力系统，详见本章第十二节 CC-200-12.75/535/535 型供热机组的原则性热力系统。

二、锅炉排污及其利用系统

（一）锅炉的排污率

为保证锅炉的炉水品质，在汽包锅炉的炉水中要加入某些化学药品，使随给水进入锅炉的结垢物质生成水渣或呈溶解状态，或生成悬浮细粒呈分散状态，这些杂质留在炉水中，随着运行时间的增长，炉水中含盐量超过允许值，这不仅使蒸汽带盐，影响蒸汽品质，还可能造成炉管堵塞，影响锅炉的安全运行。

为获得清洁蒸汽，在汽包锅炉运行中，把一部分含盐浓度较大的炉水、悬浮物和水渣通过排污排出，同时补入同量纯净的水，使炉水中的含盐量在一定的范围内。锅炉排污又分为连续排污和定期排污。连续排污是从汽包中含盐量较大的部位连续排放炉水，由于连续排污量大，对连续排污要求回收工质和热量。定期排污是从炉水循环的最低点（水冷壁下联箱）排放炉水，一般在低负荷时进行，排污时间为 0.5～1min，排污量为锅炉额定蒸发量的 0.1%～0.5%，定期排污能迅速地降低炉水的含盐量。汽包锅炉均设置一套完整的连续排污利用系统和定期排污系统。

锅炉在运行过程中，需要连续不停地排污，才能保证管道和设备的安全运行，连续排污水量的大小用排污率表示。锅炉的连续排污水量与锅炉额定蒸发量比值的百分数称为锅炉的排污率，即

$$\beta_{bl}=\frac{D_{bl}}{D_b}\times 100\%$$

式中　β_{bl}——锅炉的排污率，%；

D_{bl}——锅炉的排污量，kg/h；

D_b——锅炉的额定蒸发量，kg/h。

锅炉的排污量过大，会使电厂工质损失增大，热经济性下降；过小又使炉水含盐量增大。因此根据 GB 50660 的规定：汽包炉的排污率不得低于 0.3%。

（二）锅炉的连续排污利用系统及其经济性分析

锅炉连续排污不仅造成工质损失，而且还伴有热量损失。锅炉的连续排污损失几乎占全厂汽水损失的一半，并且随着机组容量的不断增加，排污水量越来越大。为了回收这部分工质，利用其热量，发电厂设置了连续排污利用系统。锅炉的连续排污利用系统一般由排污扩容器、排污水冷却器及其连接管道和阀门组成。

在高压发电厂中，为提高排污利用系统的回收效果，常采用依次串联的两级排污利用系统；在超高参数和亚临界参数的发电厂中，为简化系统，常采用单级排污利用系统，如图 3-45所示。

锅炉的连续排污水流出汽包后进入排污扩容器，在扩容器压力下一部分水汽化为蒸汽，因蒸汽含盐量少，所以可以进入热力系统，一般是送入与扩容器压力相应的除氧器中，从而回收一部分工质和热量。

单级排污利用系统中，回收蒸汽一般进入除氧器。扩容器内未汽化的排污水含盐量很大，工质已不能回收，但其温度仍在 100℃以上，为充分利用这部分热量，流出排污扩容器后的排污水通过排污冷却器，加热化学补充水，当排污水温度降至许可的 50℃以下，排入地沟。

资源25-连续排污扩容器的结构

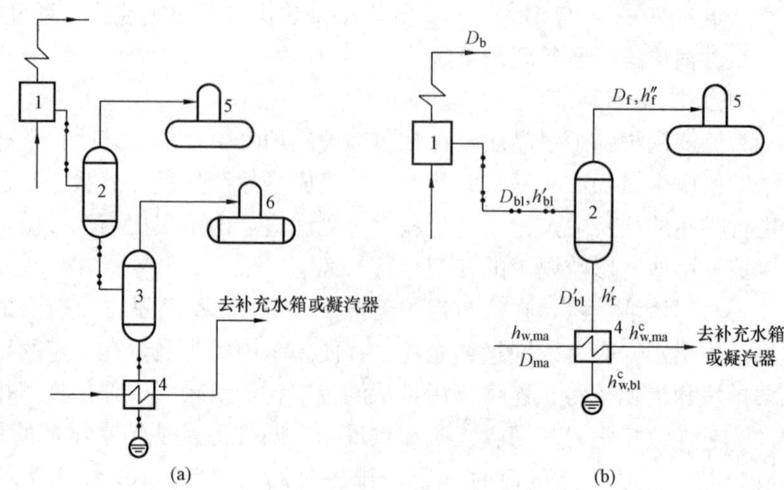

图 3-45 锅炉连续排污利用系统

(a) 两级串联排污利用系统；(b) 单级排污利用系统

1—锅炉；2—Ⅰ级连续排污扩容器；3—Ⅱ级连续排污扩容器；4—排污冷却器；5—高压除氧器；6—大气式除氧器

如图 3-45 (b) 所示，根据扩容器的物质平衡、热平衡和排污冷却器的热平衡式，三个方程式联立求解三个未知量：扩容器的蒸汽量 D_f、未扩容的排污水量 D'_{bl} 和排污冷却器出口的补充水比焓 $h^c_{w,ma}$。

扩容器的物质平衡式 $D_{bl} = D_f + D'_{bl}$ kg/h (3-5)

扩容器的热平衡式 $D_{bl}h'_{bl}\eta_f = D_f h''_f + D'_{bl}h'_f$ kJ/h (3-6)

排污冷却器的热平衡式 $D'_{bl}(h'_f - h^c_{w,bl})\eta_r = D_{ma}(h^c_{w,ma} - h_{w,ma})$ kJ/h (3-7)

将式 (3-5) 代入式 (3-6) 得到工质的回收率 α_f

$$\alpha_f = \frac{D_f}{D_{bl}} = \frac{h'_{bl}\eta_f - h'_f}{h''_f - h'_f} \tag{3-8}$$

上几式中 D_{bl}——锅炉连续排污量，kg/h；

D_f、D'_{bl}——扩容蒸汽、未扩容的排污水量，kg/h；

h'_f、h''_f——扩容器压力下的饱和水、饱和蒸汽的比焓，kJ/kg；

h'_{bl}——排污水的比焓，即汽包压力下饱和水的比焓，kJ/kg；

D_{ma}——补充水量，kg/h；

$h_{w,ma}$、$h^c_{w,ma}$——排污冷却器进、出口补充水的比焓，kJ/kg；

$h^c_{w,bl}$——排污冷却器排污水的比焓，kJ/kg；

η_f、η_r——扩容器、排污冷却器的效率，一般取 0.97～0.99。

式 (3-8) 的分子为 1kg 排污水在扩容器内的放热量，取决于汽包的压力和扩容器的压力。分母为扩容器压力下 1kg 排污水的汽化潜热，在压力变化不大时，近似为常数。因此，当汽包压力一定时，α_f 值取决于扩容器的压力 p_f，p_f 越低，α_f 就越大，一般 α_f = 30%～50%。由此可见，当其他条件一定时，扩容器的压力越低，回收工质的数量就越多，但能位的贬值越大。这是因为压力低的扩容蒸汽引入回热系统时，排挤的回热抽汽压力越低，使回热系统的做功比就越小。在定功率情况下，回热的抽汽做功越少，使凝汽的做功就越大，导致额外的冷源热损失越大，使机组的热经济性降低也越多。也就是说，回收工质并利用其“废热”的热经济性，并未体现在机组的热经济性上，而是反映在能提高全厂的热经济性，即降低煤耗上。

扩容器的压力通常是以额定工况下除氧器的工作压力为基准，再考虑扩容蒸汽管道的压损确定。

两级串联排污利用系统中，回收蒸汽经第一级排污扩容器进入高压式除氧器，经第二级排污扩容器后进入大气式除氧器或与之压力温度最接近的回热加热器。当其他条件不变，两级系统中的低压扩容器压力若与单级扩容器压力相同，并引入相同压力的除氧器中时，则两系统工质的回收率基本相同，因两级系统中高压扩容器回收工质的品位较高，引入热力系统相应的设备中排挤的是较高压力的抽汽，所以两级系统的热经济性较单级高，但要增加一级扩容设备和相应的管道、阀门，使系统的投资增加，在工程实际中，锅炉排污利用系统的形式须进行严格的技术经济比较才能确定。

（三）火电厂工质回收和“废热”利用的原则

以上对锅炉连续排污利用系统的热经济性分析，适用于火电厂其他工质的回收和“废热”的利用系统，形成火电厂工质回收和“废热”利用的原则。

（1）发电厂工质回收的同时，总有热量的利用，不仅考虑工质回收的数量，还要考虑其能量品位的高低。要尽量减少利用热量时的能位贬值。回收的工质应尽可能地引至与之压力、温度取最接近的回热系统，使其排挤回热抽汽导致额外冷源热损失最小。

（2）回收工质并利用其“废热”的热经济性，并未体现在机组的热经济性指标上，而是反映在全厂的热经济性指标上，即体现在降低全厂的煤耗上。因此，如果通过技术经济比较后，确定利用“废热”是合算的，就应该尽可能地设置“废热”利用系统。

（3）工质回收和“废热”利用系统，不仅考虑热经济性，还要考虑投资、运行费用等的影响，应通过技术经济比较来确定。

（四）全面性锅炉排污系统

锅炉排污系统包括连续排污利用系统和定期排污系统。如前所述，连续排污利用系统是为回收工质和热量而设置；定期排污系统主要为安全性方面而设置，因此可不考虑工质的回收。

图 3-46 所示为某 300MW 机组汽包炉排污系统。在从汽包底部接出的连续排污管道上装设电动截止阀、调节阀各一只，调节阀信号来自汽包内炉水硅酸根含量，自动控制连续排污量，以维持炉水硅酸根在允许值以内。另外，在该管上还装设一套流量测量装置，以便监视排污水流量和调节阀工作情况。

连续排污扩容器上部二次蒸汽出口管上设置一个关断闸阀和止回阀，供检修关断和防止蒸汽倒流，下部排水管上装设一个气动水位调节阀，就地自动调节扩容器的水位，调节阀前后装设关断阀和旁路阀，便于调节阀故障检修。在扩容器出口装有一个放水闸阀，供扩容器检修放水。

定期排污系统由定期排污扩容器及其连接管道和阀门组成。锅炉汽包的紧急放水、定期排污水、锅炉检修或水压试验后的放水、锅炉点火升压过程中对水循环系统进行冲洗的放水、过热器和再热器的下联箱及出口集汽箱的疏水等均进入锅炉定期排污扩容器后，排入排

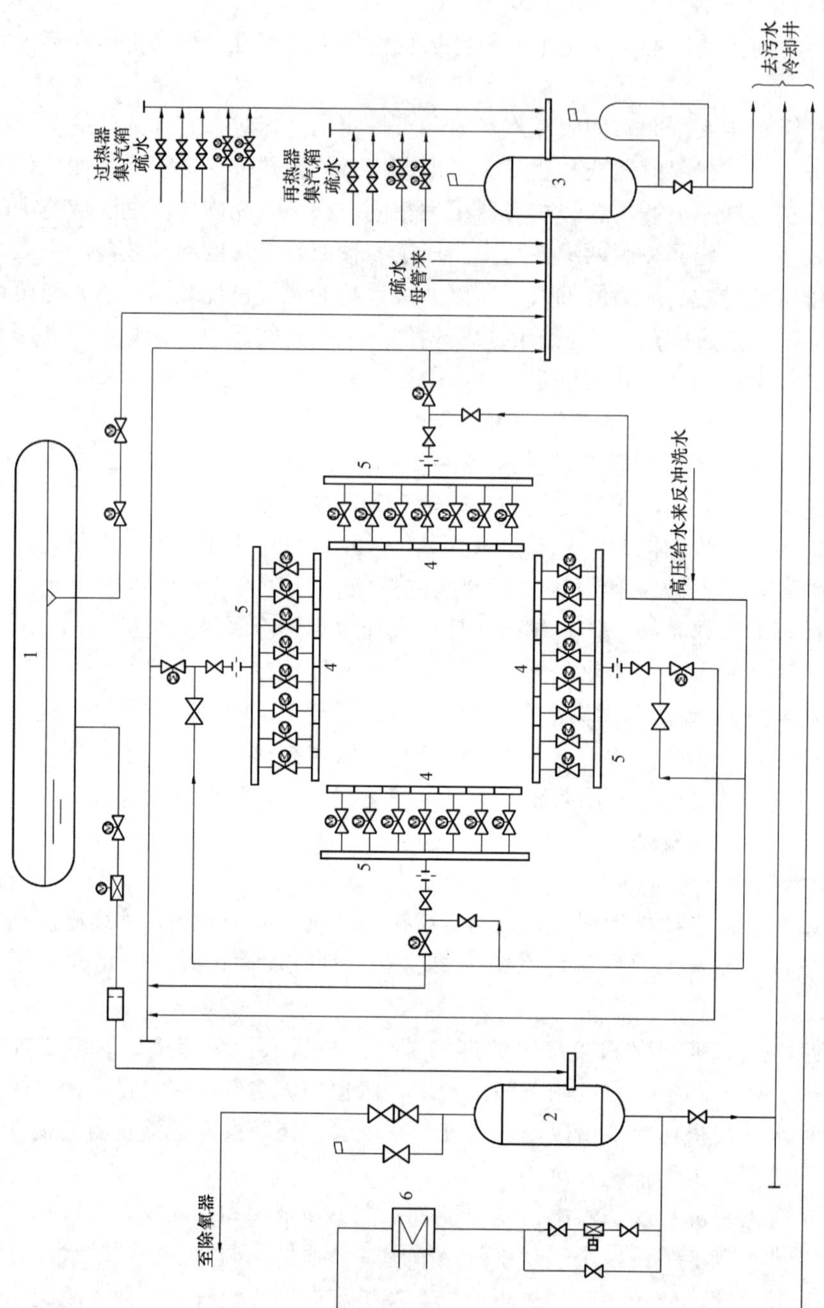

图 3-46 300MW 汽包炉排污系统

1—汽包；2—连续排污扩容器；3—定期排污扩容器；4—水冷壁下联箱；5—排污联箱；6—排污冷却器

污冷却井或地沟。为防止汽包满水事故的发生，在汽包中部装设有汽包高-高水位紧急放水管，该放水管上串联两个电动放水阀和汽包水位信号连锁，当汽包水位超过允许值时，自动开启电动放水阀，汽包水位恢复正常时自动关闭，紧急放水电动阀还可以在集控室操作。放水通往锅炉定期排污扩容器。

锅炉炉膛每一个水冷壁下联箱均设一只供定期排污用的电动排污阀，作快开快关用。炉膛四周设置四个定期排污联箱，所有水冷壁下联箱的排污管道，按所在位置就近接至相应的排污联箱。每个排污联箱的排污引出管均通过一个节流孔板、手动截止阀、电动截止阀后接至定期排污母管。节流孔板是为了限制排污水量防止由于操作不当而破坏水循环，手动截止阀经常处于全开位置，电动截止阀作为调节用。节流孔板后接有一路从高压给水管道来的反冲洗管，当孔板被焊渣堵塞时，可使用高压水反冲洗。定期排污母管接受四个排污联箱来的污水通至定期排污扩容器的进水联箱。所有的电动阀开、关由程序控制并可在集控室远方操作，各水冷壁下联箱的排污阀也可采用程序控制以减少运行操作。

进入定期排污扩容器的污水和疏放水经扩容降压后，蒸汽通过上部排汽管排入大气，污水排至污水冷却井和工业废水混合冷却至允许排放的温度后排入下水道。为防止扩容器中蒸汽进入冷却井向外冒汽而影响环境，在扩容器排水管设计一个 U 形水封管，以维持扩容器内有一定水位。为避免 U 形管产生虹吸而破坏水封，在 U 形管顶部装设一根通大气管道。扩容器下部装设一个放水阀供检修或停运时放净存水。

引进型 300MW 和 600MW 机组所配置的控制循环汽包炉，为进一步简化排污系统，在连续排污扩容器后不设排污冷却器，从连续排污扩容器流出的排污水，进入定期排污扩容器后，排入废水处理系统。

（五）锅炉排污系统运行

锅炉升压要受炉水中硅酸根含量的限制，因此，在升压过程中，必须调节汽包的连续排污量并开启部分定期排污阀，以保证硅酸根含量在允许值。根据炉水循环的水质情况，确定进行连续排污或定期排污。

连续排污水通过连续排污扩容器排出的饱和蒸汽含硅量应进行检测，如含硅量超过允许值时，应开启扩容器蒸汽出口的向空排汽阀，并关闭至除氧器的供汽阀将不合格的蒸汽排入大气。污水经排污冷却器后排入定期排污冷却井。

锅炉检修后冷炉启动过程中，投运定期排污时要注意排污管道上的节流孔板或排污阀是否被焊渣或固体物所堵塞，如发现堵塞情况，应开启高压给水反冲洗阀，进行反冲洗后再进行定期排污。定期排污水经定期排污扩容器扩容后的蒸汽排入大气，污水排至冷却井，此时应检查至冷却井的冷却水阀门是否已经开启，防止未经冷却的高温水排入下水道。

在正常运行中，汽包连续排污投入自动，调节阀接受炉水硅酸根含量的信号，自动调节连续排污水量，维持炉水硅酸根含量在允许值内。一般情况下，连续排污量应控制在规定的范围以内。

锅炉水冷壁下联箱的定期排污，在正常运行中，如果锅炉水质合格，水循环系统管内壁洁净无垢时，可不进行定期排污。但在给水和炉水中固形物含量超过允许极限值时，应进行定期排污。当定期排污时，必须注意汽包水位的变化，每个水冷壁下联箱轮流进行排污，电动阀快开快关，不许破坏炉水循环。

锅炉停运检修时，应释放汽包的压力至大气压，炉水自然冷却至 70℃ 水温时方可进行放水工作。

资源26-汽轮机汽封装置

第六节　汽轮机轴封蒸汽系统

一、轴封蒸汽系统的作用

汽轮机在各种运行工况下，轴封蒸汽系统都应提供合乎要求的轴封和阀杆密封用汽。轴封蒸汽系统的作用可归纳如下：

（1）防止汽缸内蒸汽和阀杆漏汽向外泄漏，污染汽轮机房环境和轴承润滑油油质。

（2）防止机组正常运行期间，高温蒸汽流过汽轮机大轴，使其受热从而引起轴承超温。

（3）防止空气漏入汽缸的真空部分。在机组启动及正常运行期间，保证凝汽器的抽真空效果及真空度。在汽轮机打闸停机及凝汽器需要维持真空的整个热态停机过程中，防止空气漏入汽轮机，加速汽轮机内部冷却，造成大轴弯曲。

（4）回收汽封和阀杆漏汽，减少工质和能量损失。

二、轴封蒸汽系统的形式及组成

大型机组都采用具有自动调节装置的闭式轴封蒸汽系统，不同机组的轴封蒸汽系统不相同，但其设计原理基本一致，按供汽的方式大致可分为外来汽源供汽方式及自密封供汽两种形式。

（一）用外来汽源供汽的轴封蒸汽系统

图3-47所示为300MW机组上采用的用外来汽源供汽的汽轮机轴封蒸汽系统，该轴封蒸汽系统由减温器、均压箱、轴封冷却器（即凝结水系统中的轴封加热器）、压力调节装置及其连接管道组成。

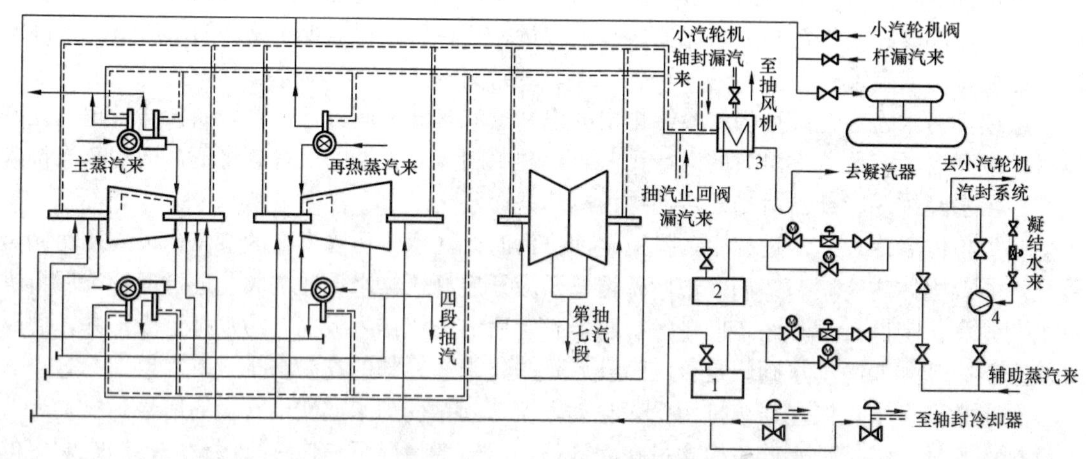

图3-47　用外来汽源供汽的汽轮机轴封蒸汽系统
1—高中压缸均压箱；2—低压缸均压箱；3—轴封冷却器；4—减温器

轴封汽源从辅助蒸汽联箱接出。对汽轮机低压缸的轴封供汽，由于要求的供汽温度较低，因此在其供汽管道上安装有一台喷水减温器，减温水来自凝结水升压泵出口，通过温度调节装置自动保持减温器出口汽温为160～170℃，减温器前、后隔离阀和旁路阀便于减温水系统检修。通过调节减温器旁路阀的开度，来实现向高、中压缸轴封提供温度合适的密封蒸汽，正常运行中，汽轮机高、中压汽缸的轴封供汽温度为345～350℃。

汽轮机高、中压汽缸合并使用一个均压箱，低压缸用另一个均压箱。为保持轴封供汽压力的稳定，通过轴封压力气动调节阀，控制轴封均压箱汽压保持在0.127～0.147MPa，再利用各供汽管道上进汽阀的微量调节，使供汽腔室的汽压在各种工况下始终稳定在0.100 9～0.127MPa。轴封蒸汽抽出腔室的汽压，通过轴封冷却器中凝结水的冷凝作用及其抽真空装置，使其保持在0.095MPa左右的微负压状态下，以达到轴封和阀杆漏汽不向外泄漏，回收工质和热量的目的。

1. 汽轮机本体轴封

（1）高压缸轴封。汽轮机正常运行时，高压缸内处于正压状态，汽封的目的是防止高温蒸汽沿轴端向外泄漏。汽轮机采用中压缸启动时，在汽轮机切缸之前，高压缸内处于负压状态，汽封的作用是防止空气漏入汽缸内。

高压缸前轴端装有六道汽封片、五个汽封腔室，后轴端设五道汽封片和四个汽封腔室。从轴端向汽缸内各汽封腔室蒸汽的流动情况是，前轴端第五腔室布置在内缸和外缸之间，从前调节级后泄漏出来的蒸汽，由高压汽缸上部的隔热栅与外缸内壁之间的间隙流至汽轮机第一段抽汽口，这样既减少了内缸的散热又降低了汽缸内外壁的温差。前后轴端的第四腔室漏汽，汇合成一根总管接至中压缸第四段抽汽管上。前后轴端的第三腔室漏汽，接至压力低于大气压的低压缸的第七段抽汽管上。前后轴端的第二腔室是供汽腔室，由轴封均压箱供给合格的密封蒸汽，从而用低温蒸汽封住高温漏汽。密封蒸汽向两侧泄漏，一部分漏至第三腔室，另一部分漏至第一腔室。前后轴端的第一腔室为汽封漏汽腔室，该腔室保持微真空状态，抽出的蒸汽和空气的混合物通过漏汽母管至轴封加热器。

（2）中压缸轴封。中压缸在额定负荷时，缸内处于正压状态。在机组启动凝汽器抽真空期间，处于真空状态。因而中压缸的轴封蒸汽起压力密封和真空密封的作用。

中压缸的前轴端有五道汽封片、四个汽封腔室，后轴端有三道汽封片、两个汽封腔室。前端的第四腔室布置在内缸和外缸之间，漏汽从汽缸夹层流至第三级抽汽口。第三腔室的漏汽接至第七段抽汽管上。前后轴端汽封的第二腔室均为汽封供汽腔室。第一腔室为汽封漏汽腔室，汽封漏汽经漏汽母管接至轴封加热器。

（3）低压缸轴封。两个低压缸在各种工况下，汽缸内部均处于真空状态。汽封是防止空气漏入破坏凝汽器真空的。汽缸的两侧轴端均装有三道汽封片和供、漏汽腔室。供汽来自低压供汽母管，汽封漏汽经漏汽母管接至轴封加热器。

2. 阀杆汽封

汽轮机的高压主汽阀、高压调节汽阀、中压联合汽阀的阀杆漏汽，均有两个漏汽腔室。高压腔室的漏汽汇成一根母管接至除氧器供除氧水加热，低压腔室的漏汽全部接至轴封加热器，供加热凝结水，以回收阀杆漏汽的热量和工质。高压漏汽管道上装设有隔离阀，在除氧器进口处装设一个止回阀和倒“U”形管道（图3-47中未标出），其作用是：①在汽轮机甩负荷时，防止除氧器内的蒸汽倒流入汽轮机；②除氧器给水箱事故满水时，防止水倒流入汽轮机。

各级抽汽管道上止回阀的阀杆均要设置汽封，这是因为各段抽汽管道内所处的压力不同，当止回阀内是正压时，沿阀杆将向外漏汽；当处于负压时，大气就会通过阀杆漏入阀体内。在每个抽汽止回阀上均设有两道汽封接口。第二道与汽封供汽母管相连接，第一道接至汽封漏汽母管。当止回阀内部的蒸汽压力大于汽封供汽母管压力时，阀杆漏汽通过第二道接口漏至汽封母管。当止回阀内部压力小于汽封供汽母管的压力时，由汽封供汽母管供密封蒸汽，以防止空气沿阀杆漏入阀体内。

另外，轴封蒸汽系统还设有完善的疏水系统，以防轴封蒸汽将水带入汽轮机。

资源27-600MW超临界机组轴封系统

（二）自密封供汽式轴封蒸汽系统

目前，大型汽轮机普遍采用自密封供汽轴封蒸汽系统。这种轴封蒸汽系统在机组启停及低负荷时由备用汽源向轴封供汽；在高负荷时，高、中压缸轴封漏汽通过轴封供汽母管，对低压缸轴封进行供汽，实现自平衡密封供汽，蒸汽消耗量小，运行经济、安全、可靠。

图 3-48 所示为典型的自密封供汽轴封蒸汽系统。在轴封供汽母管上一般设有三个汽源管道：主蒸汽、冷再热蒸汽及厂内辅助蒸汽管道，通过调节阀引入轴封供汽母管。高、中压缸和低压缸轴封与轴封供汽母管相连接。轴封供汽母管的压力控制站由主蒸汽调节阀、再热冷段供汽调节阀、辅助汽源供汽调节阀和溢流调节阀组成。在低负荷时，根据启动状态选用合适的汽源向高、中、低压轴封供汽；机组负荷达到 75%额定负荷时，高、中压缸的轴封漏汽可以满足低压缸轴封供汽的需要量，此时轴封系统达到自密封（无需外部汽源供汽）；负荷大于 75%额定负荷以后，高、中压轴封漏汽除向低压轴封供汽外，多余的蒸汽通过溢流调节阀排往凝汽器。

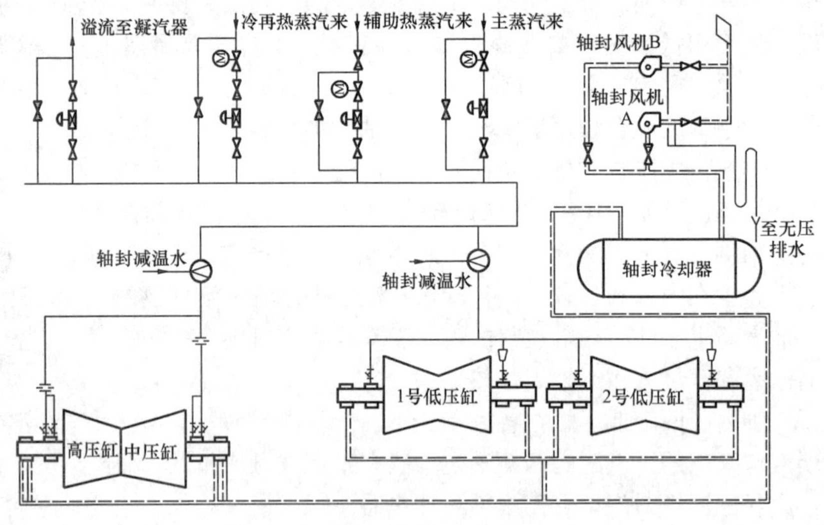

图 3-48　典型的自密封供汽轴封蒸汽系统

三、小汽轮机的轴封蒸汽系统

随着汽轮发电机组单机容量的不断增大，给水泵耗功也不断增加。当单机功率在250MW 以上时，单台给水泵耗功就需要 6MW。在这种情况下，采用小汽轮机作为原动机驱动给水泵，不仅可以节约大量的厂用电，而且可扩大给水泵转速调节范围，避免了节流调节带来的损失，并采用高转速来减少给水泵的级数，减轻泵的质量，提高水泵的效率。同时，也不会因电动机启动电流大而影响厂用电气设备的正常运行。因此，250MW 及其以上容量的机组多采用小汽轮机驱动给水泵。

小汽轮机轴端汽封的供汽和漏汽管道、主汽阀和调节汽阀的阀杆漏汽管道以及蒸汽过滤器等组成了小汽轮机的轴封蒸汽系统，如图 3-49 所示。

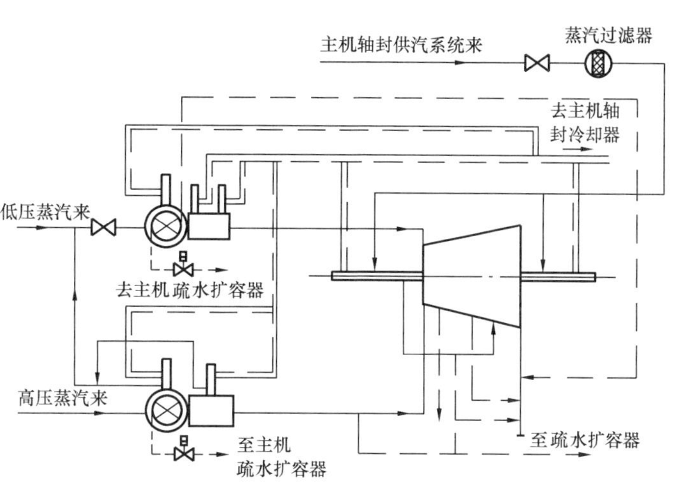

图 3-49　小汽轮机轴封蒸汽系统和疏水系统

小汽轮机前轴封共分为四段，从汽缸侧向轴端依次设有内漏汽腔室、供汽腔室、外漏汽腔室。后轴端汽封共分三段，依次设有汽封腔室和漏汽腔室。前轴封内汽封第一段漏汽引到小汽轮机第 5 压力级继续做功，前后轴封外漏汽进入主汽轮机轴封冷却器。

小汽轮机轴封供汽来自主汽轮机低压缸汽封供汽母管，供汽压力一般为 0.03MPa 表压，供汽温度应与汽轮机转子温度相匹配，否则易在转子表面引起高的热应力而影响转子寿命，温差太大，甚至会产生轴端变形，损坏汽轮机转子，因此供汽温度要求限制在 177℃以下。当引自主汽轮机汽封供汽系统的蒸汽压力和温度偏高时，轴封蒸汽系统还备有均压箱或压力调节阀、喷水减温器及一套温度控制设备。

高压主汽阀和调节汽阀阀杆漏汽均分高、低压两段漏汽。其高压段漏汽接至小汽轮机低压进汽电动截止阀前，(有的小汽轮机该段漏汽接至除氧器)，其低压段漏汽接至主汽轮机轴封冷却器。低压主汽阀和调节汽阀的阀杆漏汽进入主汽轮机轴封冷却器。

四、轴封蒸汽系统的运行

资源28-轴封系统的投运

确认轴封蒸汽系统已具备投运的条件。开启汽源供汽阀门，对轴封蒸汽系统中有关供汽设备和管道进行暖管和疏水，以防止凝结水进入轴封蒸汽系统。

汽轮机冷态启动时，凝汽器开始抽真空之前或同时向轴封供汽。但在热态启动时，必须先投轴封蒸汽系统再抽真空，以使机组热应力减至最小并缩短启动时间。投入轴封蒸汽系统顺序为：先启动轴封加热器的射水抽气器或抽气风机，并调节射水抽气器的排气阀或抽气风机的蝶阀，使漏汽腔室压力保持在 0.095MPa 的微真空状态。投入轴封供汽，开启疏水阀一段时间后关闭，通过自动调节装置保持供汽压力在规定的范围内。冷态启动时，高、中、低压缸的轴封供汽温度为 160～170℃。热态启动时，高、中压缸的供汽温度必须与汽轮机转子表面的温度相适应，一般要求供汽温度不得高于轴封区域金属温度 110℃，低压缸和小汽轮机的轴封蒸汽温度控制在 120～170℃范围内。对于自密封轴封蒸汽系统，注意各汽源的切换，当负荷达到一定值时，实现自密封供汽，检查轴封母管溢流阀应打开。

在机组正常运行时，调整并保持供汽压力和温度稳定在正常值，维持漏汽腔室处于微负压状态。在机组各种运行工况下，保证轴封蒸汽系统的正常工作。

汽轮机解列打闸停机后，轴封蒸汽系统仍需继续供汽，以防止冷空气漏入汽轮机内部，过快地局部降低金属温度而引起热应力。根据停机过程的具体情况，当凝汽器真空为零时，可停止向汽轮机轴封供汽。此时依次关闭供汽装置进汽阀，停运减温器，停止轴封加热器的射水抽气器或抽气风机，打开轴封蒸汽系统各疏水阀。

第七节 主凝结水系统

一、主凝结水系统的作用和组成

主凝结水系统的主要作用是把凝结水从凝汽器热井送到除氧器。为保证整个系统可靠地工作，提高效率，在输送过程中，还对凝结水进行除盐净化、加热和必要的控制调节，同时在运行过程中提供有关设备的减温水、密封水、冷却水和控制水等，另外还补充热力循环过程中的汽水损失。

主凝结水系统一般由凝结水泵、轴封加热器、低压加热器等主要设备及其连接管道组成。亚临界压力及超临界压力参数机组由于锅炉对给水品质要求很高（特别是直流炉），在凝结水泵后设有除盐装置。有些国产机组由于除盐装置耐压条件的限制，凝结水采用二级升压，因此在除盐装置后还装设有凝结水升压泵。对于大型机组，主凝结水系统还包括由补充水箱和补充水泵等组成的补充水系统。

一般机组的主凝结水系统具有以下共同点：

(1) 设两台容量为100%的凝结水泵或凝结水升压泵，一台正常运行，一台备用，运行泵故障时连锁启动备用泵。

(2) 低压加热器设置主凝结水旁路。旁路的作用：当某台加热器故障解列或停运时，凝结水通过旁路进入除氧器，不因加热器事故而波及整个机组正常运行。每台加热器均设一个旁路，称为小旁路；两台以上加热器共设一个旁路，称为大旁路。大旁路具有系统简单、阀门少、节省投资等优点，但是当一台加热器故障时，该旁路中的其余加热器也随之解列停运，凝结水温度大幅度降低，这不仅降低机组运行的热经济性，而且使除氧器进水温度降低，工作不稳定，除氧效果变差。小旁路与大旁路恰恰相反。因此，低压加热器的主凝结水系统多采用大小旁路联合应用的方式。

(3) 设置凝结水最小流量再循环。为使凝结水泵在启动或低负荷时不发生汽蚀，同时保证轴封加热器有足够的凝结水量流过，使轴封漏汽能完全凝结下来，以维持轴封加热器中的微负压状态，在轴封加热器后的主凝结水管道上设有返回凝汽器的凝结水最小流量再循环管。

(4) 各种减温水及杂项用水管道，接在凝结水泵出口或除盐装置后。因为这些水要求是纯净的压力水。

(5) 在凝汽器热井底部、最后一台（沿凝结水流向）低压加热器的出口凝结水管道上、除氧器水箱底部都接有排地沟的支管，以便在机组投运前，冲洗凝结水管道时，将不合格的凝结水排入地沟。

(6) 化学补充水通过补充水调节阀进入凝汽器，以补充热力循环过程中的汽水损失。

资源29-600MW超临界机组凝结水系统

二、主凝结水系统举例

图3-50所示为典型600MW机组的主凝结水系统。

1. 凝结水泵及其管道

凝结水从低压凝汽器热井水箱引出一根管道，用T形三通分别接至两台凝结水泵（一台正常运行，一台备用）的进口，在各泵的进口管上各装有电

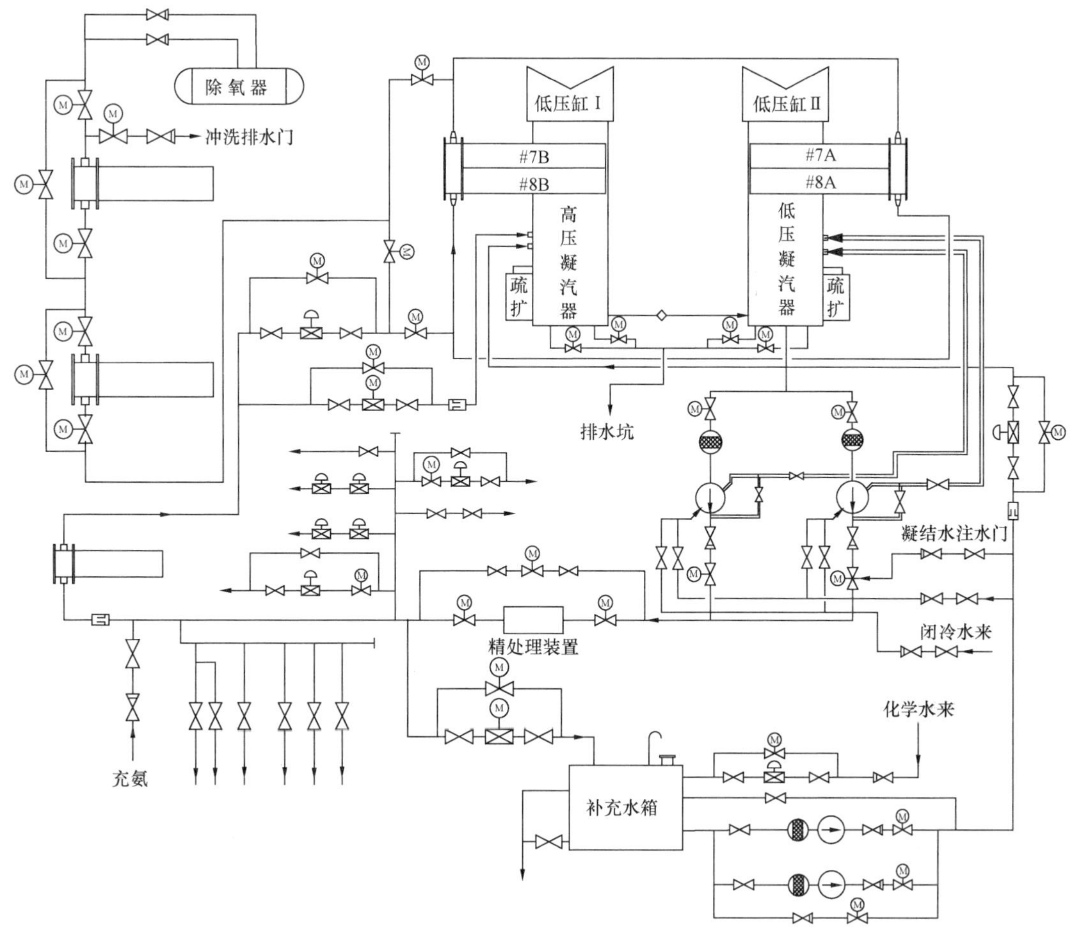

图 3-50　典型 600MW 机组的主凝结水系统

动闸阀和一个滤网。闸阀用于水泵检修隔离，滤网可防止热井中可能积存的残渣进入泵内，滤网上装有压差开关，当滤网受堵压降达到预定值时，向集控室发出报警信号。如确认热井内部已经洁净，也可拆除滤网以减少阻力损失。在两台凝结水泵的出水管道上均装有止回阀和电动隔离阀，隔离阀上装有行程开关，便于控制和检查阀门的开闭状态，止回阀防止凝结水倒流。

两台凝结水泵本体及出口管道上均设置抽气管道，在泵启动及运行时将空气抽至低压凝汽器，以防止凝结水泵发生汽蚀。

凝结水泵设有两路密封用水，启动前由凝结水输送泵出口管道的支管向水泵提供密封用水；在凝结水泵启动后，由闭式冷却水系统提供水泵的密封用水。有的机组直接由凝结水泵的支管提供密封用水。

2. 凝结水的化学处理

为了确保锅炉给水品质，防止由于凝汽器铜管泄漏或其他原因造成凝结水中含有盐质固形物，在凝结水泵之后设置一套凝结水除盐装置，以控制凝结水溶解固形物的浓度。除盐装置进、出水管上各装一只电动隔离阀和一只电动旁路阀，在启动充水或运行中除盐装置故障需切除时，旁路阀开启，进、出口阀关闭，主凝结水走旁路。除盐装置投入运行时，进、出口阀开启，旁路阀关闭。

3. 凝结水最小流量再循环

在轴封加热器后、低压加热器 H8 前，设置一根通往凝汽器的凝结水最小流量再循环管道。该管上设有凝结水最小流量再循环装置，它由一个调节阀、两个隔离阀和一个旁路阀组成。调节阀的信号取自于轴封加热器前凝结水流量装置，当运行中流量小于凝结水升压泵和轴封加热器所要求的最小流量时，自动开启再循环管路，以维持凝结水升压泵和轴封冷却器中的最小流量。

4. 除氧器水位控制

除氧器水位控制装置安装在轴封加热器和 8 号低压加热器之间，由一套自动调节装置和一只电动旁路阀组成。自动调节装置由一个气动调节阀和其前、后的两个隔离阀组成。当凝结水量较少时，气动调节阀根据除氧器水箱水位进行单冲量调节；当凝结水量大于规定值时，气动调节阀根据除氧器水箱水位、凝结水流量和给水流量进行三冲量调节。气动调节阀故障检修时，主凝结水由电动旁路阀给除氧器上水。

除氧器还设有水位自动保护：

(1) 设有三级高水位保护。水位高Ⅰ值时，声光报警，自动开启除氧器溢流放水电动门。水位高Ⅱ值时，声光报警，自动开启除氧器事故放水电动阀，关闭主凝结水管道上的所有水位调节阀及 3 号高压加热器的正常疏水阀，凝结水最小流量再循环自动开启。水位高Ⅲ值时，将连锁关闭除氧器抽汽管上的止回阀、电动阀，打开其前、后疏水阀，解列除氧器汽侧。

(2) 设有两级低水位保护。水位低Ⅰ值时，声光报警，闭锁汽动泵的前置泵，电动给水泵启动。水位低Ⅱ值时，声光报警，联动解列前置泵及汽（电）动给水泵，停机处理。

5. 低压加热器及其管道

为防止加热器满水造成汽轮机进水，7、8 号低压加热器设有一个共用大旁路，进、出口闸阀和旁路阀均采用电动控制，并与该加热器高Ⅱ值水位信号联动。当 7、8 号任何一台低压加热器出现高水位时，控制室报警。当水位继续升高达到高Ⅱ值水位时，控制室报警的同时，进、出口闸阀关闭，旁路阀开启，凝结水经旁路运行。

5、6 号低压加热器为卧式，均采用小旁路（每个加热器有单独的旁路）。当加热器水位过高或因其他故障需要隔离检修时，关闭该加热器进、出口闸阀，旁路阀自动开启。

5 号低压加热器出口的主凝结水分两路经过止回阀进入除氧器。止回阀靠近除氧器侧布置，防止机组降负荷或甩负荷时，除氧器内蒸汽倒入凝结水系统造成管系振动。

6. 补充水系统

补充水系统是从补充水箱到凝汽器之间的设备、管道及附件的总称。补充水系统包括补充水箱、补充水泵、调节装置、连接管道及管件等。

补充水箱用来储存经化学车间处理后的除盐水，为系统提供启动充水和运行补水，并在调节凝汽器及除氧器水位时起调节容器作用。水箱水位由进水管上的调节装置控制，调节装置由一个气动薄膜调节阀和其前、后的隔离间以及与之并联的旁路阀组成。

补充水箱出口设置两台补充水泵，一台运行、一台备用。在补充水泵的进口管上装有闸阀和滤网，出口管上各装有止回阀和闸阀，出口管道上接出补充水泵再循环管路，返回补充水箱。机组启动时，通过补充水泵完成向凝汽器热井补水、凝结水泵密封用水及凝结水管路充水排气等工作。旁路管道上装设一只电动隔离阀和一个止回阀。机组正常运行期间停运补充水泵，通过旁路管道，依靠补充水箱与凝汽器真空之间的压差进行自流补水。

7. 凝汽器水位控制

补充水首先补入高压凝汽器热井，再引至低压凝汽器热井。在进入凝汽器前的补充水管路上设有喷嘴流量计和用以维持热井水位的调节装置。该调节装置由一个电动补水调节阀和其前、后的隔离阀以及与之并联的电动旁路阀组成。正常运行时，电动补水调节阀根据热井水位信号自动控制补充水量，以维持凝汽器热井水位。当水位降低时，自动开大电动补水调节阀；当水位继续下降，低水位信号报警时，在集控室快速开启电动旁路阀，增加补水量。当热井水位高时，自动关小电动补水调节阀。

另外，在凝结水精处理装置后的主凝结水出口管道上设置有凝汽器高水位调节装置。该装置由一个电动调节阀、两个隔离阀和一个电动旁路阀组成，当凝汽器热井出现高水位时，凝结水可返回补充水箱。

8. 各种减温水及杂项用水

为满足热力系统的运行需要，从凝结水精处理装置出口的主凝结水管上引出多路分支供给热力系统的不同用水。这些分支主要包括低压旁路减温水，高、低压凝汽器的三级减温水，低压缸的喷水，疏水扩容器减温水，汽轮机轴封高、低压减温水，轴封加热器水封补水，真空泵补水，闭式冷却水系统补水，发电机定子冷却水系统补水，凝汽器真空破坏阀密封水，给水泵密封水供水，给水泵汽轮机轴封供汽减温水，炉前燃油雾化蒸汽减温水等。

9. 启动清洗及排水系统

凝汽器底部接出排污管道，管道上装设电动闸阀，在机组投运前冲洗凝汽器时，将不合格的凝结水排至循环排水坑。

5 号低压加热器出口管道上引出一路排水管接至循环水排水管道，排水管道上设有一个电动闸阀和一个止回阀。该管道只在机组启动期间使用，以排放水质不合格的凝结水，并对主凝结水系统进行冲洗。当凝结水的水质符合要求时，关闭排水阀，开启 5 号低压加热器出口电动隔离阀，凝结水进入除氧器。

三、主凝结水系统运行

以典型 600MW 机组的主凝结水系统（见图 3-50）为例说明主凝结水系统的运行程序。

（一）启动

凝结水系统启动前，必须具备下列条件：①凝结水补充水箱充水到正常水位，至凝汽器热井的补充水管路充水，补充水泵已灌水，并为投运做好准备。②凝结水系统、给水箱已冲洗完毕。凝结水系统已充水放气，凝汽器热井、除氧器给水箱充水至较高水位。③凝结水泵再循环电动门开启，凝结水最小流量再循环、除氧器给水箱、凝汽器热井水位等自动控制装置处于可运行状态。全部控制系统均处于完善状态。

1. 凝结水泵启动

资源30-凝结水泵变频启动

凝结水泵启动条件：凝汽器热井水位已达到规定值；水泵入口电动门开，出口电动门关；凝结水泵密封水已投入；凝结水泵冷却水已投入。以上条件满足后，手控启动一台凝结水泵，投入凝结水最小流量再循环。若凝结水水质不合格时，应开启 5 号低压加热器出口排水门进行冲洗，此时凝结水精处理装置走旁路；水质合格后，精处理装置投入，凝结水经除氧器水位调节阀进入除氧器。当凝汽器真空能满足向热井自流补水时，停运补充水泵，补充系统提供各密封水，补水的支管切换至凝结水供给。

资源31-低压加热器的投运

2. 低压加热器的启动

低压加热器的启动一般分为机组运行中的启动和随机启动。

(1) 机组运行中的启动。启动时，首先缓慢开启低压加热器至凝汽器的启动放气阀，以排出低压加热器停运时汽侧空间集聚的大量空气，此时要注意凝汽器真空的变化，以防止加热器启动放气阀开得过快而导致凝汽器真空的降低。然后，缓慢开启低压加热器水侧进口阀，向低压加热器注水，并监视加热器疏水水位，注意加热器有无泄漏，同时开启水室的放气阀，待有水流出后关闭。注水正常后，逐渐全开水侧出、进口阀，加热器通水。当用加热器出口阀来调整凝结水水位时，应注意根据水位情况确定出口阀的开度，之后投入抽汽管道上的止回阀控制系统，使其置于运行状态。缓慢稍开抽汽管道上的电动隔离阀向加热器送汽，对加热器预热，按规程规定预热一段时间后，全开进汽阀，并根据抽汽管道上的疏水情况，关小直至全关其止回阀前、后的疏水阀。对于设有疏水泵的回热加热器，待加热器水位升至水位计的3/4时，开启疏水泵，打开疏水泵的出口阀，保持水位正常。若疏水泵工作失常，将疏水切换经水封管至凝汽器。

(2) 随机启动。低压加热器随汽轮机一起启动时，将加热器水侧的进口阀、出口阀、进汽阀、疏水阀及空气阀全部打开，并投入止回阀控制系统，关闭汽侧放水阀，操作较为简单。

(二) 正常运行

机组正常运行时，凝结水系统根据汽轮机发电机组的要求，在各种变负荷工况下运行。除氧器给水箱、凝汽器热井、补充水箱等水位均自动维持在正常值。凝结水系统的再循环在低负荷时自动投入。

(三) 非正常运行

1. 低压加热器解列

由于加热器管子泄漏或疏水不畅，引起加热器汽侧水位过高，则加热器解列，凝结水走旁路。根据加热器的停运台数，按规定降低汽轮机出力。

2. 除盐装置旁路运行

当除盐装置发生故障或需反冲洗，停运一台或更多的除盐罐时，应根据具体情况，凝结水部分或全部旁路运行，当部分通过旁路运行时，应手调旁路阀平衡凝结水量。

3. 汽轮机甩负荷

甩负荷造成汽轮机主汽阀跳闸时，除氧器给水箱水位调节阀自动关闭，暂时中断凝结水进入除氧器，这样可减缓除氧器压力的急剧下降，防止给水泵汽蚀。这时凝结水通过最小流量再循环管运行。

(四) 停机

机组开始减负荷，关闭凝结水补充水箱的水位调节阀降低水箱水位，负荷逐渐减少到凝结水不能满足轴封加热器流量要求时，投入凝结水最小流量再循环运行。汽轮机解列后，关闭除氧器给水箱和凝汽器热井的水位调节阀。当所有接至热井的疏水中断且凝汽器真空破坏后，才能停运凝结水泵和凝结水升压泵。凝结水泵停运后，若给水泵尚需继续运行，应启动补充水泵提供密封水。

在机组按正常参数停运时，低压加热器在机组负荷减到规程规定的数值以下时，方可停运。停运时，先关闭加热器抽汽管道上的电动隔离阀和止回阀，同时全开抽汽止回阀前、后的疏水阀，然后全开加热器水侧旁路阀，全关水侧进、出口阀。如有保护装置，也应切除。这时应注意加热器的疏水水位，待降到水位计的 1/3 时，关闭加热器的疏水装置。设有疏水泵的加热器，应停运疏水泵，关闭泵的出口阀。

在机组滑参数停运时，加热器采用随机滑停方式。汽轮机停机后，低压加热器水侧的进、出口阀可不关闭，除开启抽汽管道上的疏水阀和汽侧放水阀外，无其他操作。

第八节 给 水 系 统

一、给水系统的形式

发电厂的给水系统是指从除氧器给水箱经前置泵、给水泵、高压加热器到锅炉省煤器前的全部给水管道，还包括给水泵的再循环管道、各种用途的减温水管道以及管道附件等。

给水系统的主要作用是把除氧水升压后，通过高压加热器利用汽轮机抽汽加热供给锅炉，提高循环的热效率，同时提供高压旁路减温水、过热器减温水及再热器减温水等。

因给水泵前后的给水压力相差很大，对管道、阀门和附件的金属材料要求也不同，所以通常分为低压和高压给水系统。

1. 低压给水系统

由除氧器给水箱经下水管至给水泵进口的管道、阀门和附件组成，由于承受的给水压力较低，称为低压给水系统。为减少流动阻力，防止给水泵汽蚀，一般采用管道短、管径大、阀门少、系统简单的管道系统。

低压给水管道常分为单母管分段制和切换母管制两种。单母管分段制是下水管接在低压给水母管上，给水再由母管分配到给水泵中。这种系统由于系统简单，布置方便，阀门少，压力损失小，故应用较为广泛。切换母管制由一台除氧器与一台给水泵组成单元，单元之间用母管相连，备用给水泵接在切换母管上。这种系统调度灵活、阻力小，但管道布置复杂，投资大，多用于给水泵出力与机炉容量匹配的情况。

2. 高压给水系统

由给水泵出口经高压加热器到锅炉省煤器前的管道、阀门和附件组成，由于承受的给水压力很高，称为高压给水系统。该系统水压高，设备多，对机组的安全经济运行影响大，所以对其要求严格。

资源32-600MW超临界机组主给水系统

高压给水管道系统有集中母管制、切换母管制、扩大单元制和单元制四种形式。前三种形式的给水管道系统，由于运行调度灵活、供水可靠，并能减少备用泵的台数，在我国超高参数以下机组中普遍采用，如图 3-51 所示。它们的共同特点是：①在给水泵出口的高压给水管道上按水流方向装设一个止回阀和一个截止阀。止回阀用于防止高压水倒流，截止阀用于切断高压给水与事故泵和备用泵的联系。②为防止低负荷时给水泵汽蚀，在各给水泵的出口止回阀前接出至除氧器给水箱的再循环管，保证在低负荷工况下有足够的水量通过给水泵。③高压加热器均设有给水自动旁路，当高压加热器故障解列时，可通过旁路向锅炉供水。④在冷、热高压给水母管之间，设置直通的“冷供管”，作为高压加热器事故停用或锅炉启动时向锅炉直接供水，机组正常运行时，处于热备用状态。⑤备用泵设在合适的位置，以便投运时阻力最小，操作方便。

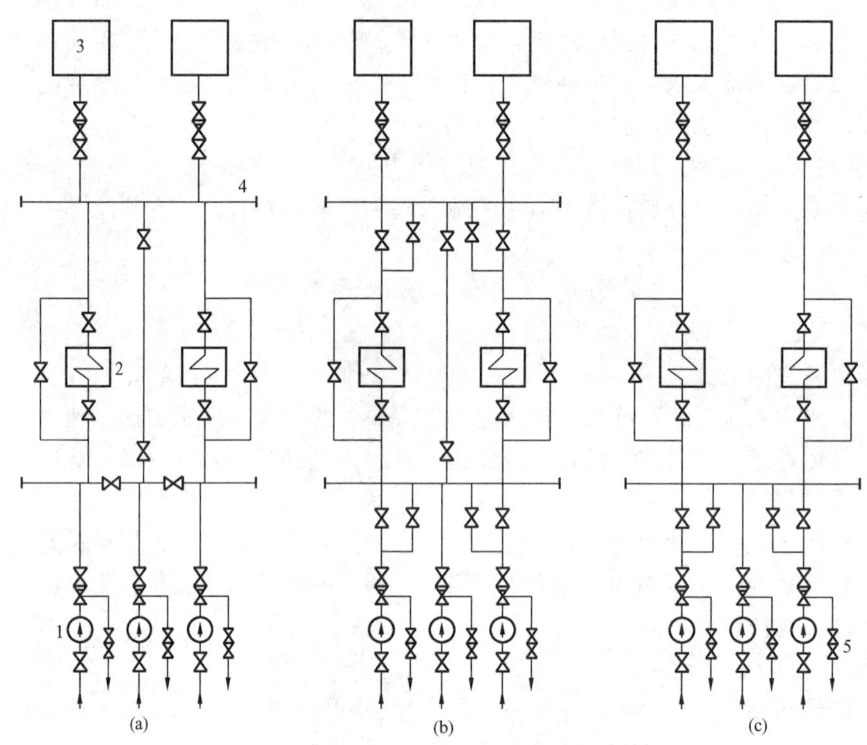

图 3-51 高压给水管道的形式

(a) 集中母管制；(b) 切换母管制；(c) 扩大单元制

1—给水泵；2—高压加热器；3—锅炉；4—给水母管；5—给水再循环管

二、单元制给水系统

单元制给水系统由于具有管道最短，阀门最少，阻力小，可靠性高，又非常便于集中控制等优点，因此是现代发电厂中最为理想的给水系统，在 300MW 及其以上容量机组得到广泛应用。

现以图 3-52 所示的典型 600MW 超临界压力机组给水系统为例来说明单元制给水系统的组成。

1. 给水泵及其前置泵管道

给水从除氧器给水箱下水口分三路进入三台前置泵。电动给水泵的前置泵与电动给水泵通过液力联轴器同轴连接，汽动给水泵的前置泵单独由电动机驱动。每台前置泵吸水管上各装设一个电动闸阀和一个粗滤网，滤网可分离在安装检修期间可能积聚在给水箱和给水管内的焊渣、铁屑，从而保护水泵。在前置泵吸水管上还装有泄压阀，防止给水泵备用期间，给水前置泵进口阀门关闭时，进水管可能由于备用给水泵止回阀的泄漏而超压。泄压阀出口接管进入一个敞开的漏斗，以便运行人员监视，若有泄漏，运行人员可从泄压阀出口发现。系统中设有两台 50%容量的汽动给水泵，汽动泵单独运行时，能供给锅炉 60%的额定给水量。电动给水泵的容量为 30%，主要供机组启、停期间使用。在机组正常运行时，电动泵处于热备用状态，当汽动给水泵故障或汽轮机甩负荷时，电动泵可立即投入运行。机组启动时可

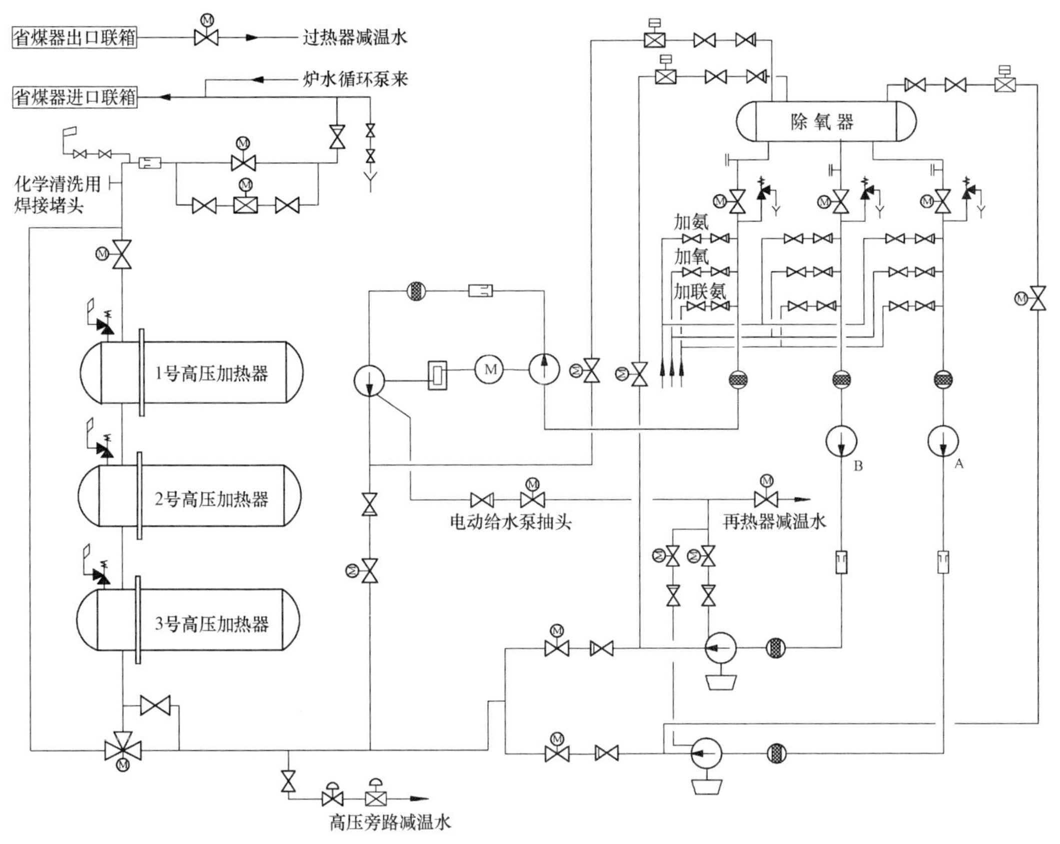

图 3-52　典型 600MW 超临界压力机组的给水系统

由辅助蒸汽向给水泵汽轮机供汽，由汽动给水泵向锅炉供水。

由于给水泵及其前置泵是同时启停的，因此在前置泵出口至给水泵进口之间的管道上不设隔离阀。这段管道上依次设有放空气管、流量测量装置和精滤网。放空气管用于给水泵及管路系统启动前充水排气。给水泵的出口管道上依次装有止回阀、电动闸阀。给水泵出口设置止回阀的目的是当工作泵因故停运切换至备用泵时，防止压力水倒流，引起工作泵倒转。

图 3-52 所示的机组采用了给水加氧处理技术，但在启停过程中仍采用给水除氧运行方式。在电动主闸阀后设有加氨、加联氨和加氧的接入口。在机组启动初期，投入给水除氧运行方式，加氨、联氨以配合除氧器进行辅助除氧，控制锅炉给水中的溶氧量为最低；当机组负荷超过 30％额定负荷时切换至给水加氧运行方式，加氧、氨以保证给水中的溶氧量和 pH 值；停机过程中机组负荷低于 30％额定负荷时也要切换至给水除氧运行方式，需要加氨和联氨进行辅助除氧。

2. 暖泵管路

为防止启动时温度较高的除氧水对给水泵产生热冲击，使泵壳体上下出现温差，造成热变形，引起动静摩擦，给水泵启动前要进行充分暖泵，所以大型机组的给水泵均设置了正、反暖泵管路。

正暖是在所有泵都停止运转后，若准备启动一台给水泵（可以是电动泵也可以是汽动泵）时，除氧器水箱内的热水在除氧器压力和给水箱静压的作用下，经前置泵、给水泵入口，通过泵体，从泵出口端排至凝结水回收水箱。

反暖是当一台或两台给水泵处于热备用状态时，利用运行前置泵出口的热水从备用给水泵出口端两侧底部接入，流过泵体，经给水泵入口、前置泵返回给水箱。

3. 给水泵最小流量再循环装置

三台给水泵出口均设置独立的最小流量再循环装置，其作用是保证给水泵有一定的工作流量，以免在机组启停和低负荷时发生汽蚀。最小流量再循环管道由给水泵出口管路上的止回阀前引出，并接至除氧器给水箱。

最小流量再循环装置由两个隔离阀和一个气动调节阀组成，气动调节阀的动作信号取自给水泵之前的流量测量装置。给水泵启动或低负荷运行时，气动调节阀自动开大进行调节；随着给水泵流量的增加，气动调节阀逐渐关小；当流量达到规定值后，气动调节阀全关。再循环管道进入除氧器给水箱前经过一个止回阀，防止给水箱内水倒流入备用给水泵。

4. 高压加热器水管路

三台给水泵出水管道在隔离阀后合并成一根给水总管，进入高压加热器。总管与 3 号高压加热器之间设置注水管道，其上有注水阀，用于高压加热器启动时预热，避免造成较大的热冲击和机械冲击。当水侧压力与给水设计压力相符时，关闭注水阀。

如前所述，高压加热器均设有给水自动旁路保护装置。由于目前高压加热器的质量提高，单台高压加热器的事故率减少，为了简化系统、减少投资，大型机组的高压加热器很多采用了给水大旁路系统，即三台高压加热器共用一套带三通快速关断阀的给水自动旁路保护系统，三通快速关断阀始终保持一路是畅通的。当其中任何一台高压加热器发生故障时，切除主路，投入旁路，机组仍能保证较高的可靠性和热经济性。

有的机组为防止三通快速关断阀在旁路保护动作时关闭不严，在 3 号高压加热器给水进口管道上增设了电动闸阀，以加强保护。1 号高压加热器出口管道上装设一个电动闸阀，闸阀后管道与三通快速关断阀旁路管汇合后接至锅炉的给水操作台。为防止高压加热器停运后由于抽汽管道上的隔离阀泄漏，使存在加热器管束内的水被继续加热膨胀，引起水侧超压，每台高压加热器端部水室上安装一个弹簧安全阀。

5. 锅炉给水量控制

1 号高压加热器出口到省煤器进口联箱的管道上依次装有排空气管、流量测量装置、给水操作台和止回阀。排空气管用于向高压加热器水侧注水时排放空气，见水后即可关闭。

现代大容量机组普遍采用调速泵。正常运行中锅炉给水流量控制主要通过调节给水泵汽轮机转速实现，给水操作台只作为给水流量的辅助调节手段，其结构可以简化。给水操作台由并联的给水总电动闸阀和旁路电动调节阀组成，它的作用是在机组启停和低负荷时，由旁路电动调节阀调节给水流量。在锅炉给水量较大时切换至给水总管，给水流量由汽动调速泵调节，满足锅炉上水。给水操作台出口设置一个止回阀，防止炉水发生倒流。

6. 减温水支管

从给水泵中间抽头处引出的水供再热器事故喷水减温用。从三台给水泵的中间抽头各引出一根支管，每根管上装一个止回阀和一个隔离阀，止回阀防止抽出的水倒流回给水泵，隔离阀则方便给水泵检修。三根管子最后汇合成一根总管，通往再热器减温器。

给水泵至高压加热器的给水总管上引出一根支管，为汽轮机高压旁路提供减温水。去高压旁路的管道上设有气动隔离阀和气动调节阀。

省煤器出口联箱引出的总管上装有电动隔离阀，然后分出两根支管，分别去过热器一、二级减温器。过热器喷水减温不同于再热器事故喷水减温，是调节过热器出口蒸汽温度的重要手段，在机组正常运行期间一直投入。喷水减温造成的能量损失是必然的，系统设计时应尽量减少这种损失。主给水经过高压加热器组和省煤器加热，其水温显然高于给水泵出口水，与过热器出口蒸汽之间的温差最小，造成的不可逆损失也是最小的，而且减温水温度高对锅炉过热器的热冲击较小。

三、驱动锅炉给水泵小汽轮机的热力系统

（一）小汽轮机的汽源及其切换

小汽轮机和主汽轮机一样，是将蒸汽的热能转变为机械能的原动机，其工作原理与主汽轮机相同。但是，主汽轮机是在定速下，通过改变调节汽阀的开度来改变进汽量以适应外界负荷变化的。在正常运行时，主汽轮机的调节门开度与进汽量基本成正比关系，而小汽轮机却是一个变参数、变转速、变功率和多汽源的原动机。在正常运行时，一般由主汽轮机的抽汽作为汽源，尽管主汽轮机的抽汽压力正比于负荷，而小汽轮机的转速又正比于给水需要量，在小汽轮机的驱动下给水泵耗功理应处于自调平衡状态，无需调节汽阀加以控制，但实际上也只有在额定工况附近，才能保持这种自调能力的平衡关系。这是因为小汽轮机和给水泵的效率随着负荷的下降而降低，当负荷下降至一定程度（小于70%MCR）时，小汽轮机产生的动力将不能满足给水泵耗功，致使汽动泵转速下降，不能满足锅炉给水的需要量。要满足给水量的要求，则必须开大小汽轮机进汽阀的富余开度，或者全开超负荷进汽阀。如果小汽轮机的进汽量受主汽轮机最大允许的抽汽量的制约，或者没有过负荷的通流面积，则就必须另设高压汽源，通过控制高压调节汽阀的开度，保持小汽轮机动力与给水泵耗功相平衡，以维持必需的转速。

为适应低负荷的要求，小汽轮机除了具有正常运行的低压抽汽汽源外，还设有低负荷时使用的引自高压新汽母管或高压缸排汽来的高压蒸汽汽源，因此存在着两种汽源的进汽切换方式问题。一般小汽轮机汽源的切换有两种方式：高压蒸汽外切换和新蒸汽内切换。

高压蒸汽外切换系统如图3-53所示，小汽轮机只设一个蒸汽室。正常工况时，小汽轮机由主汽轮机中压缸抽汽供汽，当主汽轮机负荷降到低压汽源不能满足小汽轮机的需要时，打开小汽轮机高压蒸汽（即高压缸排汽）管道上的减压阀A，则高压蒸汽经阀A节流后进入汽轮机，与此同时，低压管道的止回阀B动作，小汽轮机自动地由低压汽源切换到高压汽源。切换后，低压蒸汽停止进入汽轮机，小汽轮机完全由高压缸排汽供汽。小汽轮机由高压缸排汽供汽时，随主汽轮机负荷的减小，蒸汽参数下降，减压阀A不断开大，阀门的蒸汽损失不断减小。当主汽轮机负荷降至额定负荷的10%左右时，主汽轮机高压缸排汽压力进一步下降，致使小汽轮机所产生的功率不能继续驱动给水泵，机组不能继续运行。

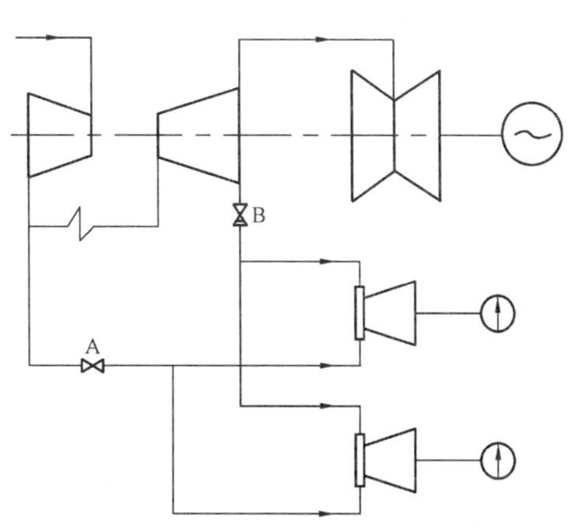

图3-53　高压蒸汽外切换系统

这是用高压缸排汽供汽不可避免的缺点。另外，采用外切换方式，在切换点工况小汽轮机工质突然由低压蒸汽变为高压蒸汽，故对小汽轮机会产生较大的热冲击，同时阀门 A 产生了节流损失。所以，尽管这种切换方式只需设置一个蒸汽室，仍因经济性不高而应用得不多。

所谓新蒸汽内切换就是用主蒸汽管道上的新蒸汽作为小汽轮机的高压内切换汽源，正常汽源为中压缸抽汽或排汽。当主汽轮机负荷低于切换点时，小汽轮机的供汽由主汽轮机的低压抽汽汽源切换到新汽——高压汽源，取消了外切换系统中高压汽源管道上的减压阀 A，在小汽轮机设置了两个独立的蒸汽室，并各自配置有相应的主汽阀和调节汽阀，它们分别与高压汽源和低压汽源相连，如图 3-54 所示。

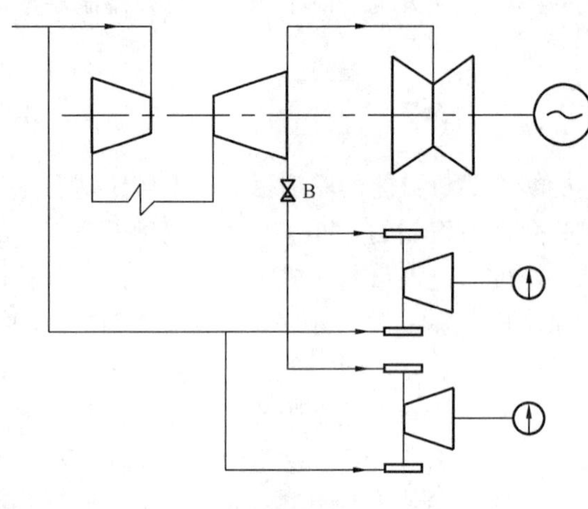

图 3-54　新蒸汽内切换系统

其切换过程是：机组正常运行时，小汽轮机由低压汽源供汽。当主汽轮机负荷降低到低压汽源不能满足小汽轮机需要时，高压调节汽阀开启，将一部分高压蒸汽送入小汽轮机。此时，低压汽阀保持全开状态，高压和低压两种蒸汽分别进入各自的喷管组膨胀，在调节级做功后混合。随着主汽轮机负荷继续下降，高压蒸汽量不断加大，由于低压蒸汽压力随主汽轮机负荷的减小不断下降，而调节级后蒸汽压力随新蒸汽流量的增加而提高，使低压喷管组前后压差减小，低压蒸汽的进汽量逐渐减小。当低压喷管组前后的压力相等时，低压蒸汽不再进入小汽轮机，全部切换到高压汽源供汽，此时低压调节门仍全开，装在低压蒸汽管道上的止回阀自动关闭，以防止高压蒸汽通过低压汽源的抽汽管道倒流入主汽轮机。

这种切换方式的优点是：汽源切换过程中，汽轮机调节系统工作比较稳定，热冲击较小，高压蒸汽在汽阀中的节流损失也小，改善了机组低负荷的热经济性。同时也可保证在主汽轮机负荷很低的工况下，甚至主汽轮机停运时，仍有汽源供给小汽轮机以驱动给水泵，且不增加电厂的额外投资，因此新蒸汽内切换方式得到了广泛应用。

（二）小汽轮机的蒸汽管道系统

600MW 机组小汽轮机采用新蒸汽内切换供汽方式，其蒸汽管道系统如图 3-55 所示。

高压蒸汽从主汽轮机的主蒸汽管道上引出，经一个电动隔离阀送到高压主汽阀，通过调节汽阀进入汽轮机。由于高压蒸汽管道经常处于热备用状态，随时要切换高压蒸汽运行，因此在电动隔离阀后、高压主汽阀前的管道低位点设有带节流栓的疏水装置，用于暖管疏水。在引进型 300MW 机组上小汽轮机的高压主汽阀前设置预热管接到主汽轮机的自动主汽阀前，利用小汽轮机高压汽源在主蒸汽管道上的接口和预热管在主汽轮机自动主汽阀前接口之间的压力差，使少量蒸汽经该管缓慢流向主汽轮机，以加热高压汽源管道，使之处于热备用状态，同时回收该部分预热蒸汽，使之在主汽轮机内做功，提高经济性。

低压汽源自主汽轮机抽汽管上接出。在低压汽源管道上安装一个电动隔离阀和气动止回阀。止回阀的作用是防止由低压汽源切换高压汽源时，高压蒸汽倒流入抽汽管道，造成主汽轮机超速及抽汽管超压。电动隔离阀和主汽阀前分别装设一只气动疏水阀，供暖管和汽轮机

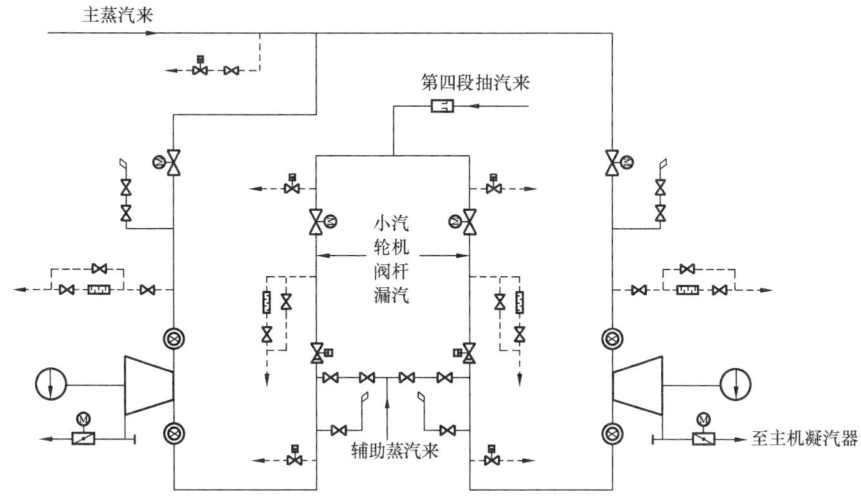

图 3-55　600MW 机组小汽轮机的蒸汽管道系统

超速保护用当汽轮机甩负荷时，气动疏水阀能快速开启，以释放管道内积存的蒸汽和凝结水。在电动隔离阀与止回阀之间管道低位点设置一套带节流栓的疏水装置，在低压汽源管道启动暖管时采用旁路阀疏水，当抽汽压力低，小汽轮机切换高压汽源时采用节流栓经常疏水，使低压汽源处于热备用状态，以便当主汽轮机负荷增加到抽汽满足小汽轮机用汽时及时投用。电动隔离阀后接入小汽轮机高压主汽阀和调节汽阀高压阀杆漏汽，以回收工质。在低压汽源管道止回阀后还接入辅助蒸汽汽源管道，作为小汽轮机调试用汽。

高压和低压蒸汽管道上还设有放气管用作启动放气。蒸汽管道上所有疏水回收进入凝汽器疏水扩容器或疏水集管。

（三）小汽轮机的排汽方式

小汽轮机的排汽有两种方式。一种是乏汽排至专门为小汽轮机设置的凝汽器。这种方式在布置上比较灵活，但需设置单独的凝结水泵将小汽轮机的凝结水打入主凝结水泵出口调节阀后的主凝结水管道中。这不仅使系统复杂，投资增加，而且会增加厂用电消耗和运行维护的工作量，因此新型机组上已不再采用。

另一种排汽方式是乏汽直接排入主汽轮机凝汽器，这是目前广泛采用的。在排汽管上装设一个真空蝶阀，以保证汽轮发电机组正常运行时小汽轮机的乏汽能通畅地排入主汽轮机凝汽器，同时在机组甩负荷或给水泵检修而切除时，真空蝶阀关闭，切断主汽轮机凝汽器与小汽轮机之间的联络，维持主汽轮机凝汽器的真空，保证主汽轮机安全运行。这种排汽方式系统简单，安全可靠。其关键问题是布置排汽进入主汽轮机凝汽器喉口位置，使其既不影响主汽轮机排汽的正常流动，又不对凝汽器的管束和壳体产生冲蚀。采用较多的是在主凝汽器喉颈的下部与内置式低压加热器相应的位置，这个部位，小汽轮机的排汽对主汽轮机排汽的流动影响较小或没有影响。相反，如果小汽轮机的排汽位于凝汽器的喉颈上部，这股汽流将严重影响主汽轮机排汽的流动，这是不希望出现的。另一个常用接口位置是在主凝汽器底排管束和热井之间，这对于多压凝汽器是最合适的，因为在多压凝汽器中底排管束和水面之间有相当高的空间可以利用。还有一个常用接口位置是在凝汽器壳体的侧面，从热力系统布置的观点看，这是比较方便的，缺点是靠凝汽器管子太近，可能出现冲蚀问题，一般用加装大型挡板（钻了孔的平板）进行解决。

资源33-电动给水泵启动

资源34-汽动给水泵的启动

四、给水系统运行

（一）启动

1. 启动前的准备

亚临界压力参数的锅炉或直流炉对给水品质要求严格，因此高压给水系统在停运或大小修后再次投运前，必须进行清洗。启动电动给水泵，对给水管道和高压加热器水侧进行冲洗，同时对高压加热器进行充水查漏工作。然后对锅炉进水冲洗。锅炉排放冲洗水质合格后，进行循环清洗。待循环清洗水质合格后方可投入给水系统。

给水系统在启动前应全部注满水，排走系统内部积存的水和空气。如给水已经过加热除氧，则给水泵必须进行暖泵。

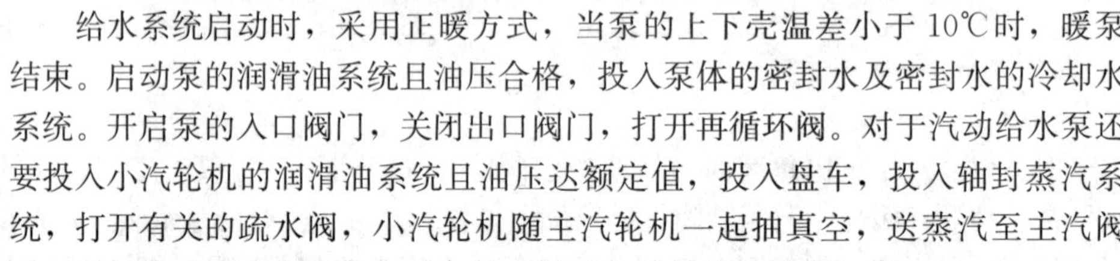

资源35-高压加热器投运

给水系统启动时，采用正暖方式，当泵的上下壳温差小于10℃时，暖泵结束。启动泵的润滑油系统且油压合格，投入泵体的密封水及密封水的冷却水系统。开启泵的入口阀门，关闭出口阀门，打开再循环阀。对于汽动给水泵还要投入小汽轮机的润滑油系统且油压达额定值，投入盘车，投入轴封蒸汽系统，打开有关的疏水阀，小汽轮机随主汽轮机一起抽真空，送蒸汽至主汽阀前。小汽轮机冲转前，给水泵必须具备启动条件，并进行冲转前的试验工作。

2. 启动

（1）电动给水泵启动。启动电动泵时，与之匹配的前置泵入口闸阀全开，给水泵的出口电动阀门全关，启动初期水泵通过给水再循环运行。其出口电动阀门随锅炉进水自动投入，并逐渐开大。当锅炉所需给水流量大于最小给水流量时，再循环阀将自动关小直至关闭。

（2）汽动给水泵启动。当负荷增加至30%MCR左右，可启动一台汽动给水泵。首先启动与之匹配的前置泵，给水通过再循环管回到给水箱。待前置泵运行正常后，手动开启小汽轮机高压主汽阀，同时开启给水泵的出口电动阀，汽动给水泵开始向母管供水。如继续手动增加小汽轮机转速，电动给水泵的转速随汽包水位控制而降低，直到最低转速时出口调节阀开始关闭，当该阀关闭到70%时，将小汽轮机转速切换到自动。当负荷增加到一定值时，汽动给水泵转速随三冲量调节而自动升速。这时电动给水泵仍继续运行直到机组负荷大于50%MCR，第二台汽动给水泵投入运行为止。当汽轮机负荷增加，抽汽压力和流量可以驱动小汽轮机时，小汽轮机的低压调节汽阀自动打开，逐步由抽汽汽源供汽，高压调节汽阀自动关小直到全部使用抽汽时关闭，高压汽源处于热备用状态。

（3）高压加热器启动。高压加热器可以随机滑启，也可根据机组情况，确定投运时间。当加热器在机组运行中启动时，由于抽汽及水侧压力和温度较高，要对加热器进行预热，以减小其热应力。其具体操作步骤如下：①预热。稍开抽汽管道上的隔离阀、止回阀前后的疏水阀，打开汽侧放水阀，对加热器预热。同时，开启汽侧启动排气阀，高压加热器对空排气。预热的时间按规程而定。②注水查漏。预热后开启高压加热器的注水阀，向加热器注水，随着注水压力的上升，开启加热器水室放气阀，当有水流出时关闭。当注水到工作压力时关闭注水阀。此时，检查加热器水侧压力是否下降，检查汽侧水位情况，以判断管子是否泄漏，若漏水则停止投入。③通水。高压加热器进口联成阀和出口止回阀开启，通水正常后，旁路阀关闭。关闭汽侧放水阀。④向加热器送汽。缓慢开启抽汽管道上的电动隔离阀，控制加热器升压、升温速度。⑤疏水。在加热器启动过程中，注意根据疏水水质和疏水水位的变化及时进行疏水方式的切换。⑥关闭加热器抽汽管上止回阀前、后疏水阀，并注意检查加热器出口水温上升情况。⑦加热器的启动排气切换成连续排气。

当加热器随机启动时，应将加热器的进、出口水阀、进汽阀、疏水阀及空气阀全部打开，投入自动保护装置，关闭汽侧放水阀。

（二）正常运行

正常运行中，在机组不同负荷下，要求两台汽动给水泵和三台高压加热器全部投运，给水流量自动调节。即使机组负荷降到低于50%MCR时，两台汽动给水泵均应投入运行。因为此时抽汽参数低没有足够的能量驱动一台满出力的给水泵，加之小汽轮机启停过程中操作较多，不便于机组快速增加负荷。

（三）故障及处理

1. 给水泵跳闸

若机组负荷大于60%MCR时，一台汽动给水泵跳闸时立即检查电动给水泵是否联动投入，否则应手动投入。若电动泵启动不成功，应降负荷至60%MCR以下运行，因一台汽动泵单独运行时，只能供60%的额定给水量。若机组负荷小于60%MCR时，一台汽动给水泵跳闸，可不必启动备用泵，因另一台汽动泵单独运行，可满足锅炉给水量的要求。

当一台汽动给水泵的前置泵跳闸时，对应的汽动给水泵将跳闸。

2. 机组甩负荷

当机组甩负荷引起汽轮机主汽阀关闭时，汽动给水泵抽汽汽源中断，主蒸汽高压汽源自动投入维持给水泵运行。此时电动给水泵也自动投入运行，以满足锅炉对给水的需求。当给水流量下降时，给水泵将通过给水再循环运行，直到手动停运为止，同时自动关闭给水泵出口隔离阀。当两台汽动给水泵解列后，电动给水泵继续运行直至锅炉停止给水。

3. 高压加热器故障

由于管子泄漏或疏水不畅，引起高压加热器汽侧水位超过最高水位时，高压加热器自动旁路保护系统动作，给水走旁路，三台高压加热器解列。此时给水温度将大幅度下降，应按规程规定机组限负荷运行。

（四）停机

若机组按正常参数方式停运，随着负荷的降低，两台汽动给水泵逐渐降负荷，降至50%～40%MCR时，可先停一台汽动给水泵，然后逐渐停另一台汽动给水泵。当负荷降到规程规定负荷以下时，可停运高压加热器。关闭加热器抽汽管道上电动隔离阀和止回阀，切断汽源，同时开启抽汽管道上的疏水阀。当加热器停汽逐渐冷却后，加热器给水可切换旁路，关闭加热器水侧进、出口阀。停运过程中应注意给水温降率不大于规定值。

若机组按滑参数方式停运，随着负荷降到50%～40%MCR时，停一台汽动给水泵。当负荷降到35%～30%MCR时，汽动泵切换到电动给水泵运行，三冲量调节信号也随之切换到电动给水泵。切换后手动停运汽动给水泵及其前置泵。随着负荷的进一步下降，电动给水泵三冲量调节改为单冲量调节直到停泵。在机组停运后，高压加热器可停止水侧运行，此时，只需开启抽汽管道上的疏水阀和汽侧放水阀。

若短时间停机，可在加热器水侧加联氨调整 pH 值到 8；若长时间停机，则将各加热器水侧放空，充氮进行干燥保养。

第九节　汽轮机本体疏水系统

一、汽轮机本体疏水系统的作用及组成

汽轮机组在各种运行工况下，当蒸汽经过汽轮机和管道时，都可能积聚凝结水。例如：机组启动暖管、暖机或蒸汽长时间处于停滞状态时，蒸汽被金属壁面冷却而形成的凝结水；正常运行时，蒸汽带水或减温喷水过量的积水等。当机组运行时，这些积水将与蒸汽一起流动，由于汽水密度和流速不同，就会对热力设备和管道造成热冲击和机械冲击。轻者引起设备和管道振动，重者使设备损坏及管道发生破裂。一旦积水进入汽轮机，将会造成叶片和围带损坏，推力轴承磨损，转子和隔板裂纹，转子永久性弯曲，汽缸变形及汽封损坏等严重事故。另外，停机后的积水还会引起设备和管道的腐蚀。为了保证机组的安全经济运行，必须及时地把汽缸和管道内的积水疏放出去，同时回收凝结水，减少汽水损失，因此发电厂设置了汽轮机本体疏水系统。

汽轮机本体疏水包括：主蒸汽管道的疏水，再热蒸汽冷、热段管道的疏水，高、低压旁路管道疏水，抽汽管道疏水，高、中压缸主汽阀和调节汽阀的疏水，高、中压缸缸体疏水，汽轮机轴封疏水等。上述疏水管道、阀门和疏水扩容器等组成了汽轮机的本体疏水系统。

在机组启动过程中排出暖管、暖机的凝结水称为启动疏水，机组正常运行时的疏水称为经常疏水，疏放机组长时间停用时积存的凝结水称为自由疏水或放水。

中小容量机组常采用母管制蒸汽管道系统，长期热备用管道和设备较多，经常疏水较为突出，因此一般设置全厂性的疏放水管道系统进行统一回收和利用。现代大容量机组，因为采用单元制蒸汽管道系统，长期热备用管道和设备较少，管道的保温性能好，机组又实现滑参数运行方式，经常疏水量少，只是因管径大、管壁厚，启动疏水量大，因此单元机组一般设置汽轮机本体疏水系统即可满足汽轮机组对疏水的要求。

二、汽轮机本体疏水系统

1. 疏水点的设置

疏水点一般设在容易积聚凝结水的部位及有可能使蒸汽带水的地方，如蒸汽管道的低位点，汽缸的下部，阀门前、后可能积水处，喷水减温器之后，备用汽源管道死端等。这些部位设置疏水点能够将疏水全部疏出，保证机组安全。

2. 疏水装置及控制

疏水的控制是通过疏水装置实现的。疏水装置包括手动截止阀、电动调节阀、气动调节阀、节流孔板、节流栓和疏水罐等。大型机组多采用电动疏水阀或气动疏水阀作为疏水控制的主要机构。电动阀可以自动开关，也可在集控室由运行人员手操控制。气动疏水阀一般为气关式，由电磁阀控制，当电源、气源和信号中断时，阀门向安全的方向（开启方向）动作，以确保疏水的畅通。它可根据机组的运行情况由程序控制自动开启，也可在集控室手操控制。手动截止阀、节流孔板、节流栓和疏水罐，一般与以上两种疏水阀配合使用组成不同的疏水控制方式。由于各处对疏水的要求不同，疏水的控制方式也不尽相同。

一只手动截止阀一般用于 PN 不大于 2.452MPa 的疏水管道，截止阀全开全关，不调节疏水流量，以防止误操作，确保疏水畅通。在 PN 不小于 3.923MPa 的疏水管道上，用一只截止阀串联一只电动调节阀，进行疏水控制。

压力较高的疏水采用几根疏水管先汇集到节流孔板组件，减压后由一根管引出，通过一个气动调节阀控制疏水，如图 3-56（a）所示。这种疏水方式常见于引进型 300、600MW 机组的高压调节汽阀导汽管的疏水。

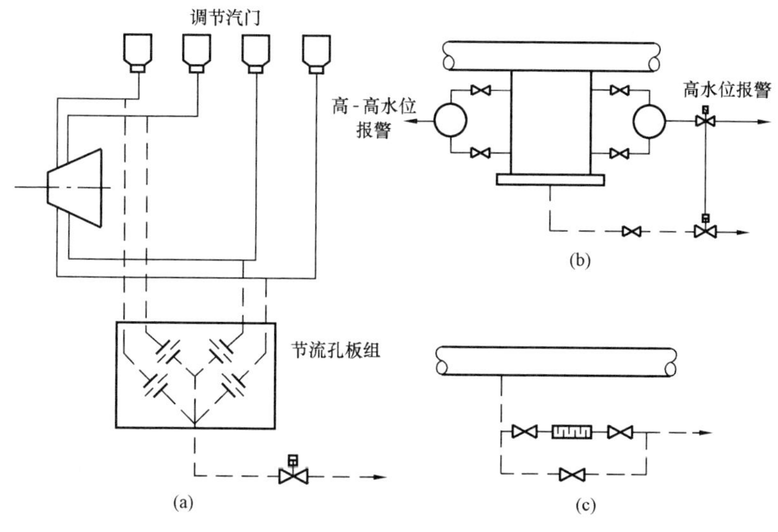

图 3-56　不同的疏水控制方式

（a）节流孔板组件；（b）疏水罐；（c）节流栓

在最易引起汽轮机进水或疏水量大的疏水点，采用如图 3-56（b）所示的疏水罐疏水方式。疏水罐是直径 DN 大于 150mm、长度以能接外视水位计为限的疏水短管，其上设有高水位开关和高-高水位开关。当疏水水位达高水位时，高水位开关通过电磁阀全开气动疏水调节阀，并向集控室发出高水位报警和疏水阀开启信号。当水位达高-高水位时向集控室发出高-高水位报警信号，以引起运行人员注意并采取对策。当机组负荷小于 10%MCR 或汽轮机跳闸时，疏水阀自动打开。这种疏水方式疏水量大且疏水控制的自动化水平高，一般用于大型机组的高压缸排汽止回阀前、后，再热热段蒸汽管道中压联合汽阀前，高压旁路阀后，低压旁路阀前、后，减温器后，以及小汽轮机高压汽源管道等处。

对于处于热备用状态的管道，需要经常有少量的疏水流动进行暖管，确保备用管道随时启动。采用带有旁路的疏水节流栓的疏水方式，可使疏水节流降压，控制疏水量。当需要增大疏水量时，旁路阀同时开启，如图 3-56（c）所示。这种疏水方式多用于大型机组高压旁路阀进口蒸汽管道上疏水及小汽轮机高压备用汽源管道上的疏水。

3. 疏水管道布置

疏水管道的布置以及疏水管道和疏水阀内径的确定，应考虑在各种不同的运行方式下都能排出最大疏水量，且在任何情况下管道和阀门内径均不应小于 20mm，以免被污物阻塞。疏水管道的布置原则如下所述。

（1）疏水管道都应有顺气流、方向向终端的坡度。对依靠重力疏水或疏水压力差较小的疏水管道，其坡度越大越好。疏水管道上不应有低位点或比本体疏水扩容器接口标高还要低的管段。如为满足管道的热补偿要求，疏水管道上需要设置补偿管段，则补偿段应位于在水平方向或垂直方向有坡度的平面内。

(2) 每根疏水管道应单独引至本体疏水扩容器。同一管道不同标高或同一管道压力相差较大处接出的两根或数根疏水管道不应合并再通向本体疏水扩容器，否则较高位或较高压力的疏水会阻滞较低位或较低压力的疏水。不同标高和不同压力的管道和设备接出的疏水管道绝不可合并后再引向疏水扩容器。

(3) 为减少本体疏水扩容器的开孔，扩容器上装有几根进水联箱，其内横截面积要足够大（不能小于接入该联箱的所有疏水管内横截面积之和的10倍），使所有疏水管道同时开启的情况下，联箱内部的压力都能低于接入该联箱压力最低疏水点的压力，并且要求进水联箱的标高必须高于凝汽器热井的最高水位和扩容器的运行水位，以防止凝汽器或扩容器中的水通过进水联箱、疏水管倒流入汽轮机。

(4) 工作压力相近（同一压力等级）的疏水管才能接到同一进水联箱，并按压力从高到低的顺序排列（沿联箱的水流方向），否则，压力高的疏水就可能从压力低的疏水管返至汽轮机，造成汽轮机的进水事故。例如：某机组在运行中，由于锅炉汽温升高到570℃，汽轮机停机。锅炉通过旁路系统排汽到凝汽器。停机后半小时，盘车跳闸且启动不起来。检查发现，高压缸上下壁温差达260℃，中压缸上下壁温差达180℃，说明汽缸已进水。此时，凝汽器水位升高达1.65m（正常水位0.8m），与凝汽器相连的疏水扩容器水位也同时升高，因为中压缸联合汽门的疏水阀已经打开，并有1.5MPa的压力，在该压力的作用下，扩容器内的水经汽缸疏水管冲入汽缸内，使汽缸变形，大轴与汽缸碰磨，引起转子弯曲，盘车跳闸。

(5) 自动疏水阀不允许另设隔离阀与之串联，以免误操作使疏水系统失效。所有疏水阀后的疏水管管径应比阀前管道大1～2级，并且要求疏水阀应尽量集中布置在靠近联箱接口处，可防止阀后管道因疏水汽化造成流动阻塞，且便于操作和维修。

(6) 疏水一般按压力的高低排入与之压力相对应的汽轮机本体疏水扩容器。疏水扩容器上装有减温喷水管，各路疏水经疏水联箱扩容后，再到扩容器继续扩容并减温，使得流出疏水扩容器的汽水接近凝汽器的参数。扩容后的蒸汽从扩容器顶部出汽管进入凝汽器喉部，而凝结水通过底部U形水封管进入凝汽器热井，从而回收工质。

图3-57所示为汽轮机本体疏放水系统，它包括汽轮机本体疏水扩容器和高压加热器危急疏水扩容器各一台，均为立式，位于凝汽器旁。其中汽轮机本体疏水扩容器收集主蒸汽管道、再热蒸汽管道、抽汽管道和汽轮机本体疏水。汽轮机本体疏水包括高、中压主汽阀疏水，高、中压缸外缸疏水，轴封系统疏水等。高加加热器危急疏水扩容器收集三台高压加热器危急疏水、除氧器的溢放水、给水泵汽轮机的大部分疏水和凝结水泵出口的减温水。疏水扩容器的蒸汽通往汽轮机排汽管，水送至凝汽器热井。

三、汽轮机本体疏水系统的运行

汽轮机本体疏水系统在机组运行的各种工况下，必须按以下原则投入：

(1) 在汽轮机启动和向轴封供汽之前各疏水阀必须打开。

(2) 在机组升负荷过程中，只有当金属温度和锅炉运行条件表明不可能形成积水进入汽轮机，疏水阀才能关闭。

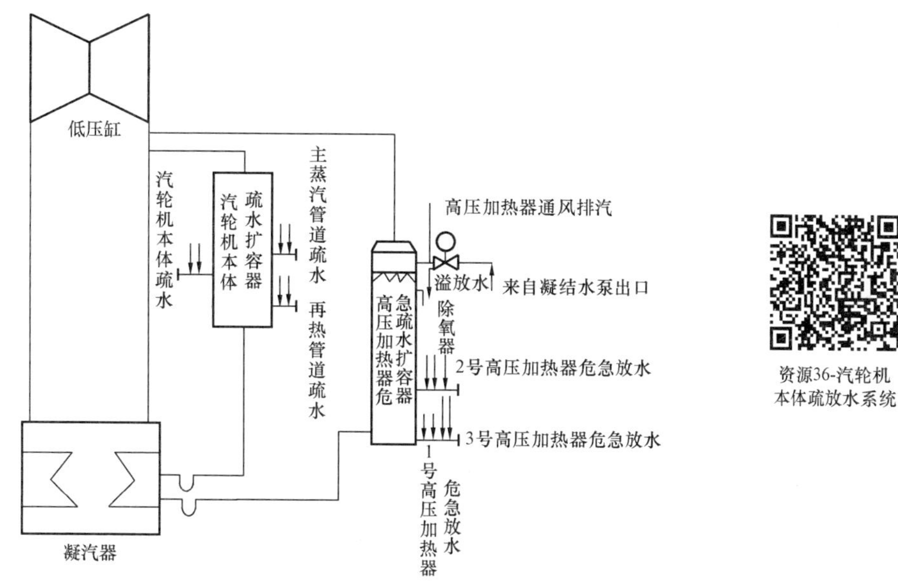

图 3-57　汽轮机本体疏放水系统

(3) 在机组正常运行中，需要经常疏水处，如处于热备用及喷水减温器后等蒸汽管道的疏水点，疏水阀要一直开启。

(4) 机组在降负荷过程中，当负荷降到 20%MCR 时，疏水阀都必须开启。

(5) 当紧急停机时，所有的疏水都应自动开启。

(6) 停机后到汽轮机冷态这段时间，汽轮机疏水阀及其他主要疏水阀也须保持开启，以释放汽轮机内部压力、余汽和凝结水，防止汽轮机超速，减轻停机后的金属腐蚀，同时防止机组再次启动时，造成水击事故。例如：某机组停机后，由于再热冷段蒸汽管道中的积水没有及时疏、放出去，当机组再次启动时，冲转后就发生了冷段管道水冲击而剧烈振动的情况。由于把管道的支吊架弹簧振掉，不得不停止启动。

小汽轮机所有的疏水口，在机组启动前必须全部打开，并维持开启状态到主汽轮机负荷达 40%MCR 以上为止。在停机过程中，等到主汽轮机负荷下降到 25%MCR 时，应全部打开。要特别注意高压主汽阀阀座前疏水管上遥控气动阀的开启情况。

第十节　辅助蒸汽系统

一、辅助蒸汽系统的作用与容量

单元制机组的发电厂均设有辅助蒸汽系统。辅助蒸汽系统的作用是保证机组在各种运行工况下，为各用汽项目提供参数、数量符合要求的蒸汽。

辅助蒸汽系统容量按一台机组启动与另一台机组正常运行用汽量确定，一般来说，对于两台并列运行的机组，可共用一套辅助蒸汽系统，互相供应辅助蒸汽。辅助蒸汽的参数，是根据各电厂对辅助蒸汽用汽要求而定的。

资源37-600MW超临机机组的辅助蒸汽系统

二、辅助蒸汽系统的组成

辅助蒸汽系统主要由供汽汽源、用汽支管、辅助蒸汽联箱（或称辅助蒸汽母管)、减压减温装置、疏水装置及其连接管道和阀门等组成。图 3-58 所示为某 1000MW 机组的辅助蒸汽系统。

（一）供汽汽源

辅助蒸汽系统汽源的确定，要充分考虑到机组启动、低负荷、正常运行及厂区的用汽情况。其正常汽源应在满足需要的前提下，尽可能地利用低压抽汽或废热，以提高电厂的热经济性。另应考虑在机组启动或回热抽汽参数不能满足要求时，有适当的备用汽源。其疏水也应回收。

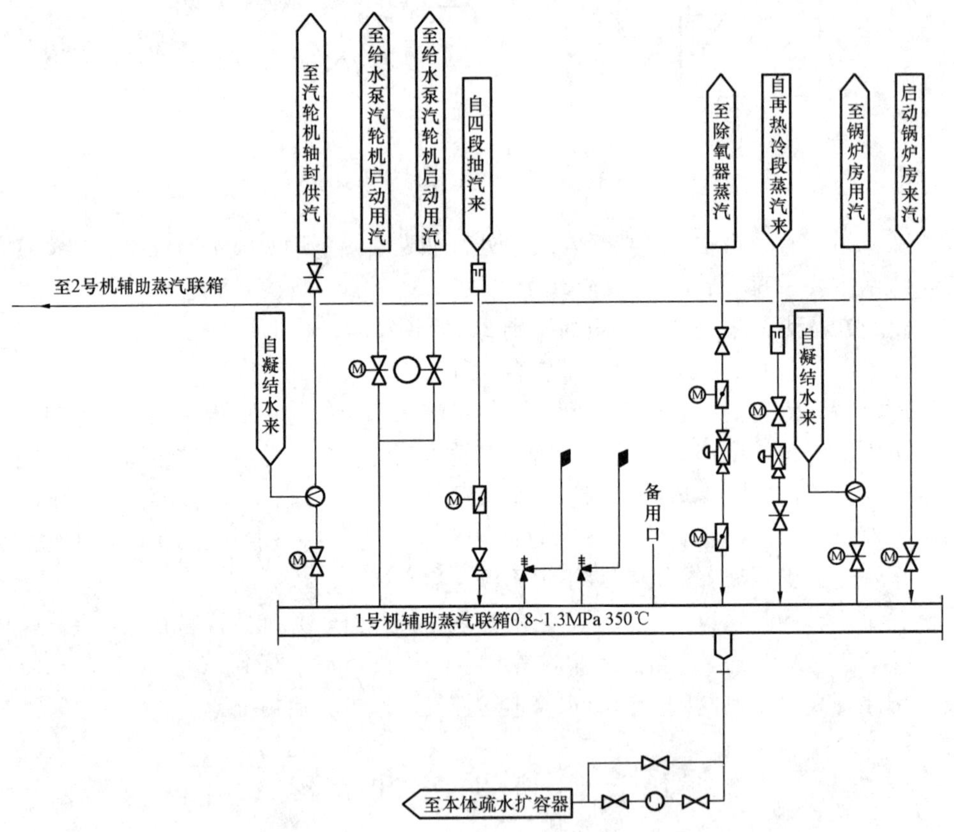

图 3-58 某 1000MW 机组的辅助蒸汽系统

1. 启动锅炉或老厂供汽

对于新建电厂的第一台机组，要设置启动锅炉，用锅炉新蒸汽来满足机组的启停和厂区用汽。对于扩建电厂，可利用老厂锅炉的过热蒸汽作为启动和低负荷汽源。

2. 再热冷段供汽

再热冷段供汽汽源可接至高压旁路之后，这样在机组启动、低负荷及机组甩负荷工况下，只要旁路系统投入，且其蒸汽参数能满足用汽要求时，就能供应辅助蒸汽。当旁路系统切除，再热冷段蒸汽能满足要求时，由高压缸排汽供辅助蒸汽。该供汽管道上装有止回阀，防止辅助蒸汽倒流入汽轮机。

3. 汽轮机抽汽供汽

当负荷大于75% MCR时，利用汽轮机与辅助蒸汽联箱压力相一致的抽汽供辅助蒸汽，并且在抽汽供汽管与辅助蒸汽联箱之间不设减压阀，在辅助蒸汽联箱所要求的一定压力范围内，滑压运行，从而减少了压力损失，提高机组运行的热经济性。接入辅助蒸汽联箱的抽汽管道上也装有止回阀。

（二）辅助蒸汽的用途

1. 向除氧器供汽

（1）机组启动时，供除氧器加热用汽。

（2）低负荷或停机过程中，当除氧器压力低于一定值时，抽汽汽源自动切换至辅助蒸汽，以维持除氧器定压运行。

（3）甩负荷时，辅助蒸汽自动投入，以维持除氧器内具有一定的压力。

（4）在停机情况下，向除氧器供应一定量的辅助蒸汽，使除氧器内储存的凝结水表面覆盖一层蒸汽，防止凝结水直接与大气相通，造成凝结水溶氧量增加。

2. 小汽轮机的调试用汽

机组启动之前，若给水泵汽轮机需要调试用汽，可由辅助蒸汽供给。供汽管接在小汽轮机低压主汽阀前。

3. 主汽轮机和小汽轮机的轴封用汽

对于采用辅助蒸汽供汽的轴封蒸汽系统，在各种工况下，辅助蒸汽系统都要提供合乎要求的轴封用汽。对于在正常运行时采用自密封平衡供汽的轴封蒸汽系统，当机组启停及低负荷工况下，由辅助蒸汽向主汽轮机和小汽轮机供轴封用汽。600MW机组在供给轴封蒸汽管道上设有电加热器，用于机组热态启动，因汽缸壁温度过高而辅助蒸汽温度不能满足需要时，投入电加热器提高辅助蒸汽的温度以满足启动要求。

4. 采暖用汽和锅炉暖风器用汽

燃用高硫煤的电厂，如锅炉尾部受热面的金属温度低于露点，会引起腐蚀、堵灰。解决的办法之一是采用暖风器，即利用回热抽汽来加热空气，以提高进入空气预热器的进口空气温度。利用回热抽汽加热空气，扩大了回热效果，提高了汽轮机的内效率，但却使锅炉排烟热损失增大，降低锅炉的效率。因此，采用暖风器后，全厂的热经济性是否提高或降低，取决于合理选择暖风器的系统和参数。正常运行时，电厂的采暖用汽和锅炉暖风器用汽由汽轮机抽汽供给。当机组低负荷运行，汽轮机抽汽压力不能满足用汽要求时，由辅助蒸汽系统供汽。

5. 其他用汽

辅助蒸汽还提供卸油、油库加热、燃油加热及燃油雾化用汽，以及机组停运后的露天管道和设备的保暖用汽等杂项用汽。

（三）减压、减温和超压保护装置

当供汽参数不符合辅助蒸汽参数的要求时，在接入辅助蒸汽联箱的供汽管道上，装设有减压装置和喷水减温器。辅助蒸汽联箱向外供汽的有些用汽管道上装有减温器。

资源38-减温减压器结构及工作过程

减温器设在减压装置之后，减温水来自除盐水或主凝结水。

为防止压力调节阀失灵时，辅助蒸汽联箱超压，在辅助蒸汽联箱上安装两只弹簧安全阀作为超压保护。

(四)辅助蒸汽系统的疏水

为防止辅助蒸汽系统在启动、正常运行及备用状态下，管道内积聚凝结水，在供汽管道低位点和辅助蒸汽联箱的底部均设有疏水点，疏水排至汽轮机本体疏水扩容器。

三、辅助蒸汽系统的运行

机组启动时，投入启动锅炉或老厂来汽，向辅助蒸汽系统供汽，并根据用汽需要，加大启动锅炉的负荷。当再热冷段蒸汽压力达到要求时，改由再热冷段蒸汽供汽，逐步减少启动锅炉的供汽量。当抽汽压力满足各用汽设备要求的压力时，切换由抽汽汽源供汽。

机组正常运行时，辅助蒸汽系统由汽轮机抽汽供汽，此时，辅助蒸汽系统供给除由汽轮机抽汽供汽外的其他用汽。

机组甩负荷时，可由高压旁路路后的蒸汽供汽，当旁路不能投入时，由相邻机组正常辅助蒸汽汽源供汽。

第十一节 工业冷却水系统

一、工业冷却水系统的作用及形式

在发电厂中有许多转动机械因轴承摩擦而产生大量的热量，各种电机和变压器运行中因存在铁损和铜损也转变成大量的热能，某些设备因高温流体流过而吸热等。所有这些热量如不及时排出，则设备或部件的温度越来越高，将引起设备超温而烧坏。为确保设备的安全运行，必须对这些设备进行冷却。此项冷却任务通常由发电厂的工业冷却水系统完成。

发电厂根据各设备对冷却水水温和水质的不同要求，采用开式冷却水系统和闭式冷却水系统。

开式冷却水系统是指冷却水取自水源经开式循环水泵升压后，经过各设备的冷却器吸热后再排入水源的冷却水系统。闭式冷却水系统是指冷却水经闭式冷却水泵升压后，送入各设备冷却器中吸热，然后进入闭式水冷却器中，将热量传给冷却介质（开式冷却水），经冷却后的冷却水再由闭式冷却水泵送入各设备冷却器重复使用的冷却水系统。

资源39-600MW超临界压力机组开式循环冷却水系统

二、开式冷却水系统

(一)系统的组成和要求

开式冷却水系统一般由两台开式循环水泵、各设备冷却器及其连接管道、阀门和附件组成，有的机组同时设有一台事故备用泵。图 3-59 所示为 300MW 机组的开式冷却水系统。

由于开式冷却水品质较差、水温较低，因此一般是满足下列条件的设备热交换器或冷却器接入开式冷却水系统：①要求冷却水品质低于“凝结水”品质的设备，如管式冷却器等；②要求冷却水的温度低于闭式冷却水温度的设备；③需要大量冷却水的设备。

开式冷却水泵的总压头应根据冷却水系统的管道、附件和设备的阻力总和确定。为保证冷却水的洁净，在冷却水泵的入口装有可自动反冲洗的过滤器。开式冷却水的流程：循环水供水母管→过滤器→开式冷却水泵→各冷却器→循环水排水母管。

开式冷却水系统一般设有两个水源。正常水源是凝汽器循环水。在机组正常运行期间，

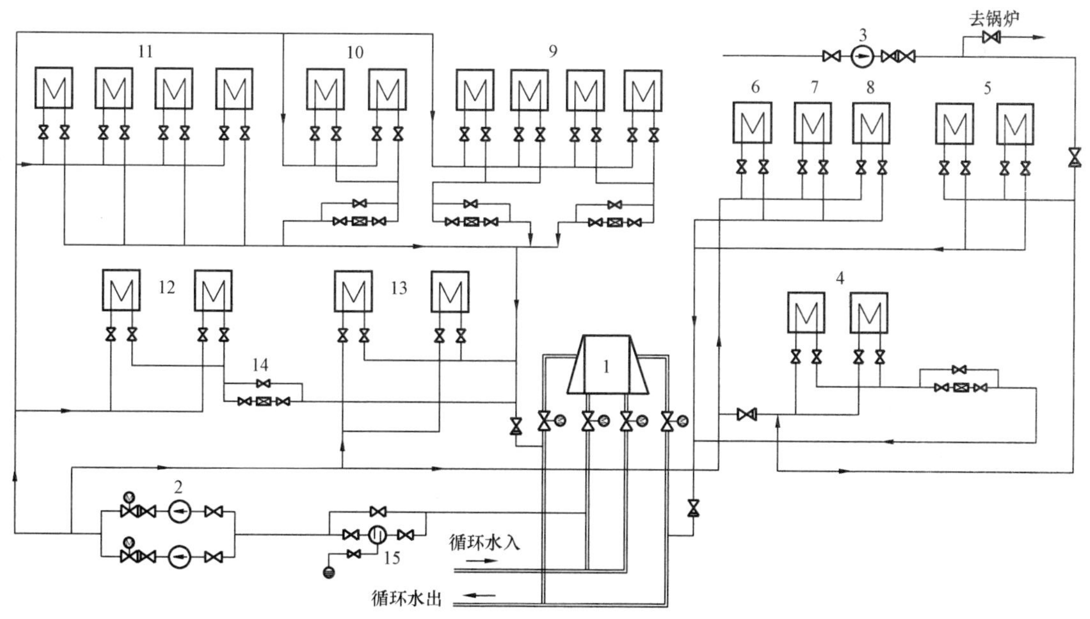

图 3-59 300MW 机组开式冷却水系统

1—凝汽器；2—开式冷却水泵；3—停机事故备用泵；4—汽轮机发电机组冷油器；5—汽动泵冷油器；6—电动泵电动机空冷器；7—电动泵工作油冷却器；8—电动泵润滑油冷却器；9—发电机氢气冷却器；10—发电机定子水冷却器；11—励磁机空冷器；12—闭式水冷却器；13—真空泵冷却器；14—温度控制站；15—过滤器

开式冷却水泵自凝汽器循环水进水母管取水，回水排入凝汽器循环水出水管。备用水源是工业水。在电厂停电或夏季运行期间，启动柴油发电机拖动一台事故备用泵，向汽动泵冷油器、汽轮发电机组冷油器、柴油发电机组冷却器（图中未标出）、锅炉循环泵冷却器和清洗冷却器（见图 3-59）等提供工业冷却水。在工业水系统的管道上设有一只止回阀，以防止开式冷却水倒流入工业水系统。

系统中设置两台冷却水泵，正常情况下，一台运行一台备用。在泵的进水母管上设有一只 100%容量的自动清洗滤网，滤网的进、出水侧各设有一只蝶阀，还设一只旁路阀，用于滤网检修时通水。跨滤网接一只差压开关，在滤网差压高时，自动清洗滤网，并发出报警。在每台水泵的进口设置一只手动蝶阀，出口设置一只止回阀和手动蝶阀。该泵不设置最小流量再循环管，如果由于阀门不正确操作使流量下降到低于最小流量时，装在每一台泵出口管道上的流量开关使水泵跳闸，同时连锁启动备用泵。

在被冷却介质温度要求比较严格的设备冷却器出水母管上设有温度控制站，它由一只调节阀、两只手动阀和一只旁路阀组成，根据被冷却介质的出口温度信号来调节冷却水量，从而控制被冷却介质的温度。无温度控制站的各设备冷却器的出口阀，既用于隔离又可手动调节冷却水量来控制被冷却介质的温度。一般设有温度控制站的冷却器有闭式水冷却器、汽轮发电机组冷油器、发电机定子水冷却器、发电机氢气冷却器。

（二）系统运行

在开式冷却水系统启动前要进行充水放气工作，充水排至循环水管道。投运前必须做以下检查：①一台或两台循环水泵已运行。②开式冷却水泵进口压力满足所要求的净正吸水

资源40-开式冷却水系统的投运

头。③开式冷却水泵出口阀门已打开。④凡需运行的冷却器的进、出口阀门已打开。

以上条件具备后，在主控制室手动操作启动一台开式冷却水泵，备用泵操作开关置于自动位置。

正常运行时，一台开式循环冷却泵运行，供给系统中各设备冷却器所需的冷却水，有温度控制站的冷却器能自动根据被冷却介质的温度信号控制冷却水量，未设温度控制站的冷却器通过对出口阀门的调节使之处于合适的位置。

对于设有备用的冷却器（如闭式水冷却器、汽轮发电机组冷油器、小汽轮机冷油器等），当运行的冷却器故障时，可投入备用冷却器，以保证机组的正常运行。对于无备用的冷却器退出运行时，可根据规定降低机组负荷，以使设备安全运行。

当运行泵故障停运时能自动启动备用泵投入运行，同时在厂用电消失时，柴油发电机启动，事故停机备用泵能自动投入运行，保证运行机组能安全地停下来。

当机组停运时，开式冷却水系统必须继续运行一段时间，直到设备剩余的热量完全排除为止。

三、闭式冷却水系统

（一）系统的作用及组成

闭式冷却水系统作用是在电厂各种运行工况下，向要求冷却水质较好的小容量设备冷却器和部分大容量设备冷却器（包括各转动机械的密封水、轴承冷却水、润滑油冷却水、抗燃油冷却水等的冷却器）提供水质、温度均符合要求的冷却水。

资源41-600MW超临界压力机组闭式循环冷却水系统

如图 3-60 所示，闭式冷却水系统一般由膨胀水箱、闭式冷却水泵、闭式水冷却器、药品混合箱以及管道、阀门和附件等组成。闭式冷却水的流程：冷却水由闭式冷却水泵→各供水母管→各设备冷却器→回水母管→闭式水冷却器→闭式冷却水泵进口，补充水通过闭式膨胀水箱供给。

闭式冷却水系统正常补充水为凝结水系统来的凝结水。系统的初期注水由补充水泵来的除盐水完成。在补充水管上装有气动调节阀，前后有手动隔离阀，并有手动旁路阀，用于调节补充水量，维持膨胀水箱水位。

闭式冷却水系统容量是以汽轮机调节阀全开，并有5%的超负荷工况为基础设计的。它在机组从启动到最大负荷的各种工况下运行，并随机组一起启动或停运。闭式冷却水泵及冷却器均为两套100%容量，其中一套运行，一套备用。

高位布置的膨胀水箱为冷却水泵提供了足够的净正吸水头。膨胀水箱的水位只维持其容积的一半，使其有一定的富裕空间，以适应系统流量变化或水膨胀时起缓冲作用。

为了预防系统中管道和设备腐蚀，应定期向闭式循环系统中加入磷酸三钠。药液通过漏斗和阀门注入药品混合箱内，利用闭式冷却水泵出口的来水进入药品混合箱，与药品混合后进入闭式冷却水泵入口管内，给系统加药。

闭式水冷却器为表面式，闭式冷却水在管外流动，开式冷却水在管内流动。闭式冷却水压力高于开式冷却水压力，以防止在管子泄漏时，开式冷却水进入闭式冷却水系统，污染闭式冷却水。

(1) 闭式冷却水的温度控制。开式冷却水的正常水温为 15～30℃，最高为 33℃。闭式冷却水通过各设备冷却器的回水温度为 47℃左右，进入闭式冷却水冷却器冷却后的水温为

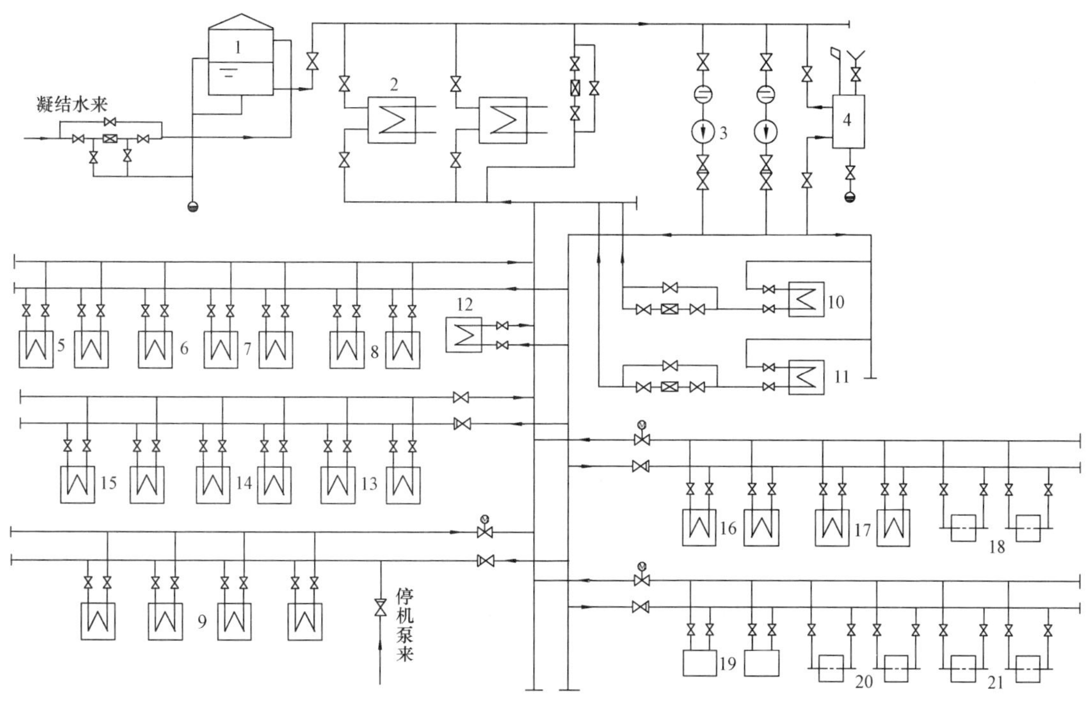

图 3-60　300MW 机组闭式冷却水系统

1—闭式膨胀水箱；2—闭式水冷却器；3—闭式冷却水泵；4—药品混合箱；5—电动给水泵及其前置泵冷却器；6—EH 油冷却器；7、8—分别为两台汽动泵及其前置泵冷却器；9—锅炉循环泵冷却器及清洗冷却器；10—氢冷发电机空侧密封油冷却器；11—氢冷发电机氢侧密封油冷却器；12—取样冷却器；13—送风机冷油器；14—引风机冷油器；15—空气预热器冷油器；16、17—高、低油站冷却器；18—排粉风机轴承；19—磨煤机减速箱；20、21—磨煤机进、出口轴承

38℃。正常运行时，闭式冷却水温度可以通过温度控制站调节开式冷却水流量控制（见图 3-59），也可调节通过闭式冷却水冷却器的闭式冷却水量控制。在闭式冷却水冷却器进、出口母管上还并联有气动调节装置，它由一只气动调节阀及其前后隔离阀和一只旁路阀组成，用于冬季开式冷却水温度较低时，调节闭式冷却水温度以满足设备对冷却水的要求。

（2）被冷却介质温度控制。在被冷却介质温度要求比较严格的设备冷却器（如氢冷发电机氢侧密封油冷却器和空气侧密封油冷却器）的出水母管上设有温度控制站，它由一只气动调节阀及其前后隔离阀和一只旁路阀组成。根据被冷却介质的温度信号调节进入冷却器的闭式冷却水量，从而控制被冷却介质的温度。未设温度控制站的各设备冷却器的出口阀既用于隔离也可调节闭式冷却水量，以控制被冷却介质的温度。

（二）系统运行

开式冷却水系统运行正常后，才能开启闭式冷却水系统。

在启动充水之前，开启各设备前后的隔离阀、管道高位点以及各设备水室的放气阀，各冷却器出口气动调节阀处于全开状态，并投入自动，两台冷却水泵投入联动。

资源42-闭式冷却水系统的投运

手动开启膨胀水箱补充水管路上的旁路阀，由补充水泵向水箱上水，再通过水箱向系统各设备和管道充水。当系统充满水，空气驱赶干净后，关闭各放气阀。膨胀水箱水位达到正常水位时，关闭旁路阀，开启气动调节阀前后的手动隔离阀，投入水位自动控制。

启动闭式冷却水泵，加药系统投入。对不设温度调节的各设备冷却器，调节其出水管道上隔离阀的开度，控制通过冷却器的冷却水量。

正常运行时，一台闭式冷却水泵和一台闭式冷却水冷却器运行，另一套处于备用连锁状态。补充水经气动调节阀进入膨胀水箱，并能自动控制膨胀水箱水位。

机组停运后，可停止闭式冷却水系统运行。手动停止闭式冷却水泵运行，其进出口阀门保持开启。可以手动关闭各设备冷却器的进、出口阀，切除各冷却器，也可不切除。

闭式冷却水系统停运后，应将各设备水室和管道的余水通过放水阀排尽。

在机组运行期间，当水箱水位低于下限值时，闭式冷却水泵自动跳闸。当运行泵跳闸或水泵出口母管压力低于限值时，应自动连锁启动备用泵。

当某一设备的冷却水因故中断时，如有备用可投入备用设备，根据要求延时后停运该设备。当两台闭式冷却水泵和闭式水冷却器故障时，则需停运闭式冷却水系统，停止冷却水供应，当设备中断冷却水时，根据情况机组减负荷或停运。在设有停机泵的冷却水系统中，事故情况下，可启动停机泵供锅炉循环泵电机冷却水。

第十二节　发电厂原则性热力系统

一、发电厂原则性热力系统的拟定

（一）发电厂原则性热力系统及其组成

发电厂原则性热力系统表示工质流过时状态参数发生变化的各种必须热力设备及设备之间的主要联系。发电厂原则性热力系统图是以规定的符号表明工质在完成热力循环时必须流经的各种热力设备之间连接的线路图，故同类型同参数的设备在图上只表示一个，备用设备和管路、附属机构都不画出，除额定工况时所必需的附件（如定压运行除氧器进汽管上的调节阀）外，一般附件均不表示。

原则性热力系统实质上表明了工质的能量转换及热量利用的过程，反映了热功转换过程的技术完善程度和热经济性高低。通过对原则性热力系统的定性分析，可了解电厂热力循环的形式（如回热循环、再热循环及供热循环等）、蒸汽的初终参数、疏水方式以及废热回收利用等对电厂经济性的影响。

原则性热力系统主要由下列各局部热力系统组成：主蒸汽及再热蒸汽系统、主凝结水系统、除氧给水系统、回热抽汽系统、疏水系统、补充水系统、小汽轮机的热力系统、锅炉排污利用系统等，对于供热机组还包括对外供热系统。

（二）发电厂原则性热力系统的拟定步骤

1. 确定发电厂的型式及规划容量

根据国家的国民经济发展计划和区域的发展规划与要求以及上级下达的任务，通过综合的技术经济比较及可行性研究，论证并确定发电厂的性质及其规划容量。发电厂的性质包括电厂的型式（凝汽式或供热式、新建或扩建）及其在电网中的作用，即是否并入电网，是承担基本负荷、中间负荷还是调峰负荷。地区只有电负荷，应建凝汽式电厂；若地区还兼有热负荷，应根据近期热负荷和规划热负荷的大小、特性，通过技术比较，当热电联产比建坑口电厂供电、集中锅炉房供热方案更为经济合理时，则应建热电厂。

根据电网结构及其发展规划，燃料资源及供应状况，供水条件、交通运输、地质地形、地震及占地拆迁、水文、气象、废渣处理、施工条件及环境保护要求和资金来源等。通过综合分析比较确定电厂规划容量、分期建设容量及建成期限。涉外工程要考虑供货方或订货方所在国的有关情况。

2. 汽轮机和锅炉的型式、容量及参数的确定

发电厂的机组容量应根据系统规划容量、负荷增长速度和电网结构等因素进行选择。最大机组容量不宜超过系统总容量的 10%，对于负荷增长较快的形成中的电力系统，可根据具体情况并经技术经济论证后选用较大容量的机组。对于已形成的较大容量的电力系统，应选用高效率的 600、1000MW 机组，这类超临界、超超临界压力参数机组的供电煤耗率一般低于 300g/kWh。为便于生产管理，电厂的机组台数以不超过六台，机组容量等级以不超过两种为宜。同容量机炉宜采用同一型式或改进型式，其配套设备的型式也宜一致。各汽轮机制造厂生产的汽轮机型式、单机容量及其他蒸汽参数是通过综合的技术经济比较或优化确定的。选定汽轮机单机容量，其蒸汽初参数也随之确定。

当有供热需要，且供热距离与技术经济条件合理时，宜优先选用高参数大容量的抽汽供热式机组。当冬季采暖负荷较大时，宜选用大容量的凝汽-采暖两用机，使供热机组的初参数接近或等于系统中的主力机组，以节省更多的燃料。全年有稳定可靠的热负荷时，宜选用背压式机组或带抽汽的背压式机组，并宜与抽汽式供热机组配合使用，以保证安全经济运行。

根据电力负荷的需要，凝汽式发电厂宜采用一机一炉制，即单元制系统，不设备用锅炉，这就要求锅炉与汽轮机的容量和参数相匹配。

通常把汽轮机长时间（几千小时）连续运行的最大负荷称为额定负荷或最大连续负荷（MCR），汽轮机在额定进汽参数、额定真空、无厂用抽汽、补水率为 0、额定冷却水温度、全部回热加热器投入运行且达到规定的给水温度时发出额定功率，称为额定工况或最大连续负荷工况，这时的汽耗量为额定汽耗量。国际上常把额定负荷或最大连续负荷作为考核负荷，把进汽阀门全开（VWO）或再加 5%超压时的负荷作为最大可能负荷，故最大可能负荷一般高出额定负荷约 10%，这时的汽耗量相对于汽轮机额定汽耗量的裕度将为 3%～10%（如不考虑超压 5%工况，只考虑调节汽阀全开工况的机组，则其裕度小于 8%）。因此，锅炉的最大连续蒸发量基本上是汽轮机最大可能负荷时的汽耗量。

考虑到锅炉房到汽轮机房管道系统的压降和散热损失，大容量机组锅炉过热器出口额定蒸汽压力宜为汽轮机额定进汽压力的 105%，过热器出口额定蒸汽温度宜比汽轮机额定进汽温度高 3℃，再热器出口额定蒸汽温度宜比汽轮机中压缸额定进汽温度高 3℃。表 3-6 为部分汽轮机、锅炉参数及容量配置情况。

锅炉的型式一般选用自然循环汽包锅炉，对于超高参数以上机组，经论证合理时可采用直流炉、多次强制循环汽包锅炉和低循环倍率锅炉。

热电厂锅炉选择原则与凝汽式有所不同，因为热负荷只有靠本厂或地区热网来供应，而电负荷却有电网作备用，故应考虑热电厂在锅炉检修或事故时，仍能保证工艺热负荷的可靠供应。对于采暖通风热负荷考虑到建筑物的蓄热能力允许稍有降低。由于有热负荷，供热式汽轮机的耗汽量远大于同容量的凝汽式机组，或有两炉配一机、三炉配两机等不同配置方案，应通过技术经济比较论证确定，并满足热化系数在合理的范围内。根据“设规”规定，装有供热式机组的发电厂，当一台容量最大锅炉停用时，其余锅炉的蒸发量应满足：热力用户连续生产所需的生产用汽量，冬季采暖、通风和生活用热量的 60%～70%（严寒地区取

上限)，此时允许降低部分发电厂出力。

表 3-6 部分汽轮机、锅炉参数及容量配置表

汽轮机(凝汽式)			锅炉		
型号	容量/MW	参数 p_0/t_0 (MPa/℃)	型号	容量/(t/h)	参数 p_b/t_b (MPa/℃)
N300-16.18/550/550	300	16.18/550 3.11/550	SG1000/16.67/555	1000	16.67/550 3.24/550
N600-16.18/535/535	600	16.18/535 3.21/535	HG2050/16.67-1	2050	16.67/540 3.27/540
N1000-25/600/600	1000	25/600 4.225/600	超超临界压力直流炉	3100	26.15/605 5.06/605
D4Y 454	600	24.2/538 4.34/566	超临界压力直流炉	1900	25.4/541 4.77/569

3. 绘制发电厂原则性热力系统图

可根据汽轮机制造厂提供的该机组本体汽水系统和选定的锅炉型式来绘制原则性热力系统图。此时循环参数(主蒸汽和再热蒸汽的压力、温度、排汽压力)、回热参数(回热级数及其抽汽压力、温度，最终给水温度和各级加热器的型式)都已确定，选择好疏水方式。在这种情况下，绘制原则性热力系统图主要是确定：汽包锅炉的连续排污利用系统，除氧器的型式和工作压力、除氧器定压或滑压运行方式、是否采用前置泵、给水泵的型式及其连接方式、补充水汇入热力系统的方式(引至除氧器或凝汽器)、辅助设备(如轴封冷却器、暖风器等)及其连接方式的选择等。对于热电厂还要进行载热质的选择、供汽方式的确定、供热设备及其连接方式的确定。

4. 进行发电厂原则性热力系统计算

进行几个典型工况的原则性热力系统计算及全厂热经济性指标的计算，详见本节三。

5. 选择热力辅助设备

有些热力辅助设备是随锅炉、汽轮机成套供应的。不随锅炉、汽轮机成套供应的热力辅助设备，主要有除氧器及其水箱、凝结水泵组、给水泵组、锅炉的排污扩容器等。这些辅助设备应根据最大工况时原则性热力系统计算所得的各项汽水流量，按照“设规”的要求，结合辅助热力设备的产品规范，合理选择。

二、原则性热力系统举例

1. N600-16.67/537/537 型机组原则性热力系统

图 3-61 所示为引进美国西屋公司制造技术，哈尔滨汽轮机厂制造的 N600-16.67/537/537 型汽轮机，配用 HG2008/18.24 型强制循环汽包炉的原则性热力系统。该机组有八段不调整抽汽，回热系统为“三高、四低、一滑压除氧”，三台高压加热器和低压加热器 H5 内设有蒸汽冷却段，各回热加热器内均设有疏水冷却段。疏水采用逐级自流方式，高压加热器的疏水逐级自流进入除氧器，低压加热器疏水逐级自流至低压加热器 H8 后，用疏水泵打入低压加热器 H8 出口的主凝结水管道，轴封加热器 SG 的疏水直接流入凝汽器热水井。

系统设有汽动给水泵，其汽源取自第四段抽汽，排汽进入主凝汽器中。

锅炉采用一级连续排污利用系统，排污扩容蒸汽送入除氧器，浓缩排污水经冷却后排入

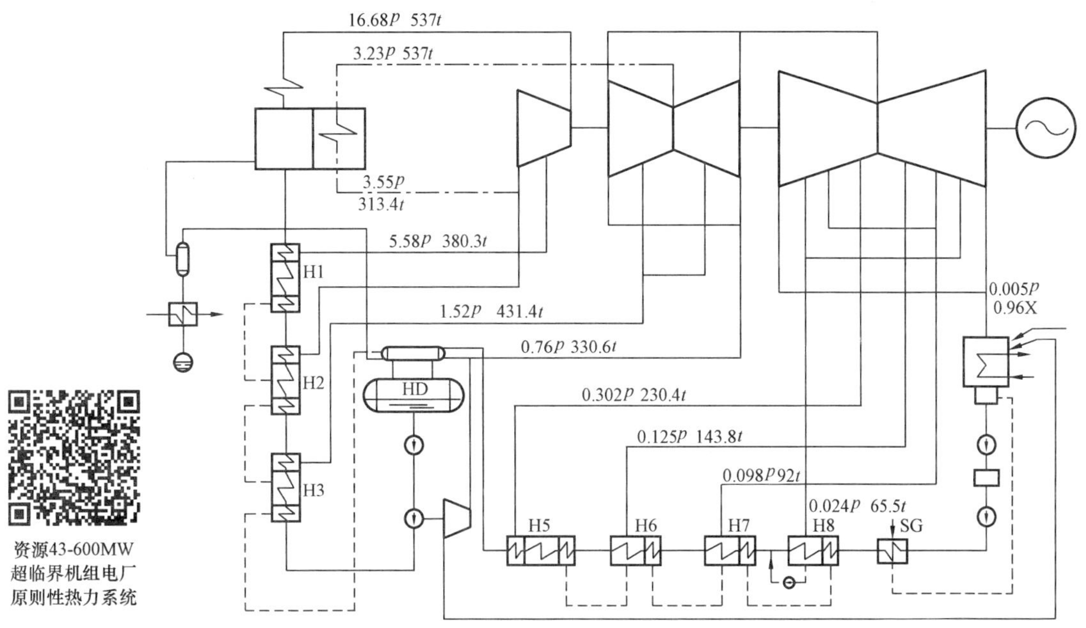

图 3-61 N600-16.67/537/537 型机组原则性热力系统

地沟。

化学补充水在排污水冷却器中加热后送入凝汽器，以补充全厂的汽水损失。

额定工况时，机组设计热耗率为 7875.6kJ/kWh。

2. 超临界压力 600MW 机组原则性热力系统

图 3-62 所示为成套引进超临界 600MW 机组原则性热力系统。锅炉由瑞士苏尔寿公司

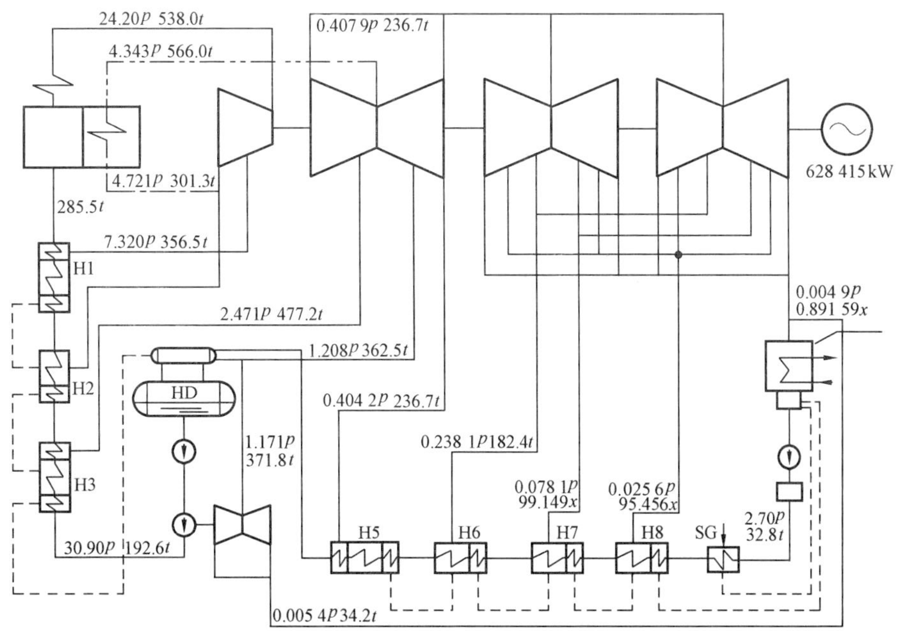

图 3-62 超临界 600MW 机组原则性热力系统

和美国GE公司供应，为超临界压力、一次中间再热、螺旋管圈、四角燃烧、变压运行的直流炉。汽轮机由瑞士ABB公司提供，为单轴四缸、四排汽、反动、凝汽式汽轮机。该机组有八段不调整抽汽，回热系统为“三高、四低、一滑压除氧”。高压加热器H1、H3和低压加热器H5设有蒸汽冷却段，各回热加热器内均设有疏水冷却段。疏水采用逐级自流方式，高压加热器的疏水逐级自流进入除氧器，低压加热器疏水逐级自流入凝汽器热井，轴封加热器的疏水也流入凝汽器热井。

系统设有汽动给水泵，小汽轮机为双流式，其正常工作汽源为第四段抽汽，排汽进入主凝汽器。

额定工况时，机组设计热耗率为7640kJ/kWh。

3. 超超临界压力1000MW机组原则性热力系统

图3-64所示为国产超超临界压力1000MW机组原则性热力系统。锅炉为超超临界参数螺旋管圈变压运行直流锅炉，采用单炉膛塔式布置、四角切圆燃烧、一次再热、平衡通风、露天布置、机械排渣、全钢悬吊构造，型号为SG3100/26.15-M546。汽轮机为超超临界、一次中间再热、单轴、四缸四排汽、双背压、凝汽式汽轮机，型号为N1000-25/600/600。汽轮机本体共分为四个缸，分别为高压缸、中压缸、A低压缸、B低压缸，中、低压缸通流部分均对称分流设计，高压缸设有一个双流调节级，经混合后流入其后的8个压力级，中压缸2×6级，低压缸2×2×6级。该机组有八段不调整抽汽，回热系统为“三高、四低、一滑压除氧”，汽轮机回热系统八段抽汽中，一～三段抽汽向H1～H3三个双列高压加热器供汽，四段抽汽向给水泵汽轮机、除氧器、辅助蒸汽供汽，五～八段抽汽向H5～H8低压加热器供汽；高压加热器给水采用液动大旁路系统，当本列任一台高压加热器故障时，本列三台高压加热器同时从系统中退出，凝结水能快速切换，通过给水旁路供省煤器，保证机组仍能带额定负荷。

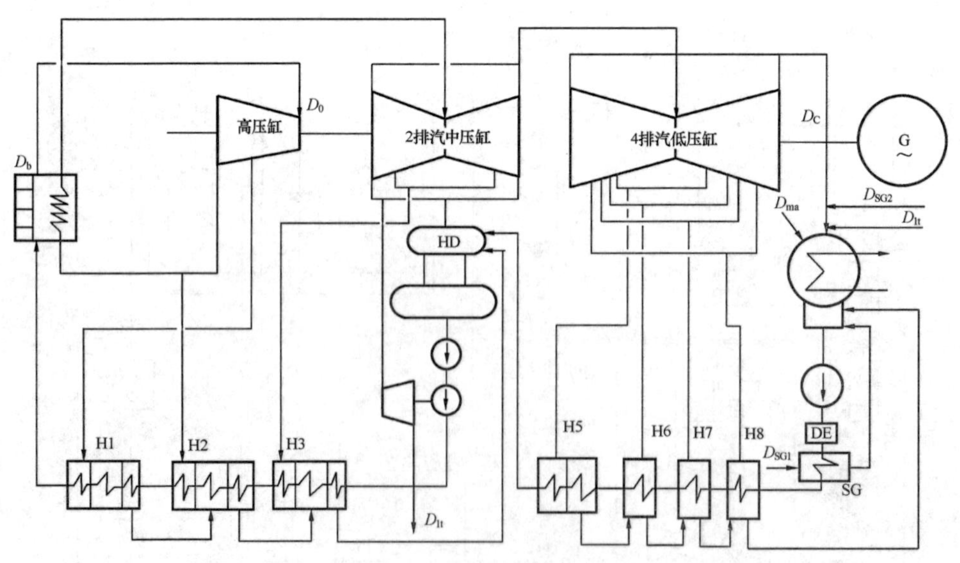

图3-63 超超临界压力1000MW机组原则性热力系统

系统设有汽动给水泵，给水泵汽轮机为双流式，其正常工作汽源为第四段抽汽，排汽进入主凝汽器。

额定工况时，机组设计热耗率为 7325kJ/kWh。

4. 超超临界压力二次再热 N1000-31/600/620/620 型机组原则性热力系统

图 3-64 所示为超超临界压力二次再热 N1000-31/600/620/620 型机组原则性热力系统。

机组中 2752t/h 锅炉由哈尔滨锅炉厂有限责任公司制造，锅炉最大连续蒸发量（BMCR 工况）2752.2t/h，锅炉蒸汽参数为 32.87MPa/605℃、二次再热蒸汽温度均为 620℃，为超超临界参数变压运行、二次中间再热、平衡通风、露天布置、固态排渣、全钢构架、全悬吊结构塔式直流锅炉。汽轮机由上海汽轮机有限公司设计制造，采用德国西门子公司技术，汽轮机本体由超高压缸、高压缸、中压缸和两只低压缸串联布置组成。汽轮机型式为超超临界、二次中间再热、单轴、五缸四排汽、双背压、十级回热抽汽、反动凝汽式，其主蒸汽压力为 31MPa，主蒸汽温度为 600℃，一次再热蒸汽压力为 9.97MPa，一次再热蒸汽温度为 620℃，二次再热蒸汽压力为 3.05MPa，二次再热蒸汽温度为 620℃。该机组设计热耗为

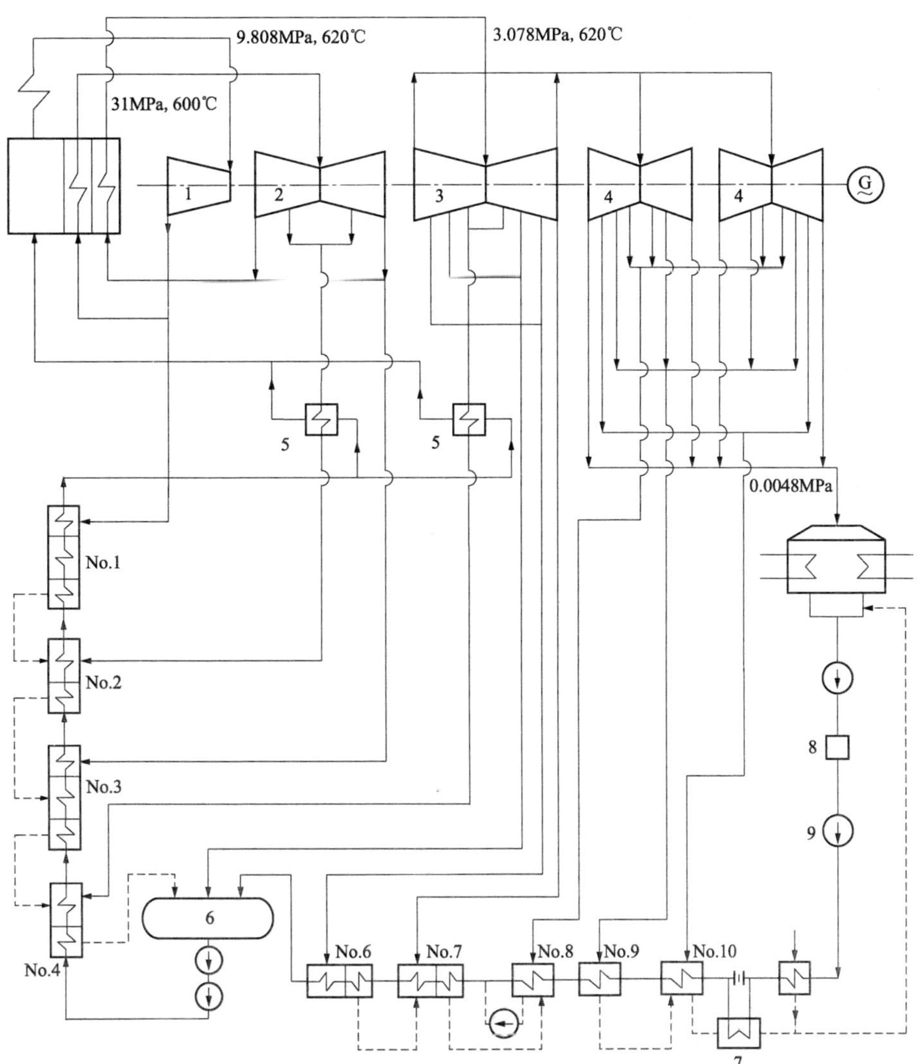

图 3-64　超超临界压力二次再热 N1000-31/600/620/620 型机组原则性热力系统

1—超高压缸；2—高压缸；3—中压缸；4—低压缸；5—外置式蒸汽冷却器；6—除氧器；7—外置式疏水冷却器；8—除盐装置；9—凝结水升压泵

7042kJ/kWh，发电标准煤耗率为 258.20g/kWh。

该机组设有十段非调整抽汽，一、二、三、四段抽汽分别向四个高压加热器（高压加热器采用双列布置）供汽，同时三段抽汽也向给水泵汽轮机和辅助蒸汽系统提供备用汽源。五段抽汽向除氧器（除氧器为内置式）和给水泵汽轮机提供正常工况用汽。六～十段抽汽分别向五台低压加热器供汽，同时六段抽汽也为辅助蒸汽系统提供正常工况用汽。一号和三号高压加热器设置有过热蒸汽冷却段，二号和四号高压加热器设置了外置式过热蒸汽冷却器。各高压加热器、六号和七号低压加热器均设置疏水冷却段，九号和十号低压加热器设置了一个共用的疏水冷却器。高压加热器的疏水逐级自流，疏水最后流入除氧器。六号低压加热器疏水自流入七号低压加热器，七号低压加热器疏水自流入八号低压加热器，八号低压加热器疏水由疏水泵打入七号低压加热器凝结水进口管道。九号和十号低压加热器疏水共同流入低加疏水冷却器后再进入凝汽器热井，轴封加热器的疏水也流入凝汽器热井。

5. CC-200-12.75/535/535 型供热机组的原则性热力系统

图 3-65 所示为国产 CC-200-12.75/535/535 型双抽汽凝汽式供热机组的原则性热力系统。该机组配 HG-670/140-YM9 型自然循环汽包炉，有八级回热抽汽。其主要特点是：①第三、六级抽汽为调整抽汽，其调压范围分别为 0.78～1.27MPa 和 0.118～0.29MPa，前者对工艺热负荷 HIS 直接供汽和高峰热网加热器 PH 的汽源，后者作为基本热网加热器 BH 和大气式除氧器 MD 的汽源。②高压加热器 H2 和高压除氧器 HD 设有外置式蒸汽冷却器 SC2、SC3 与 H1 为出口主给水串联两级并联方式，H2 还设有外置式疏水冷却器 DC2。③两级除氧器均为定压运行，大气式除氧器 MD 是热电厂补充水除氧器。④采用两级锅炉连续排污利用系统，其扩容蒸汽分别引至两级除氧器 HD、MD。

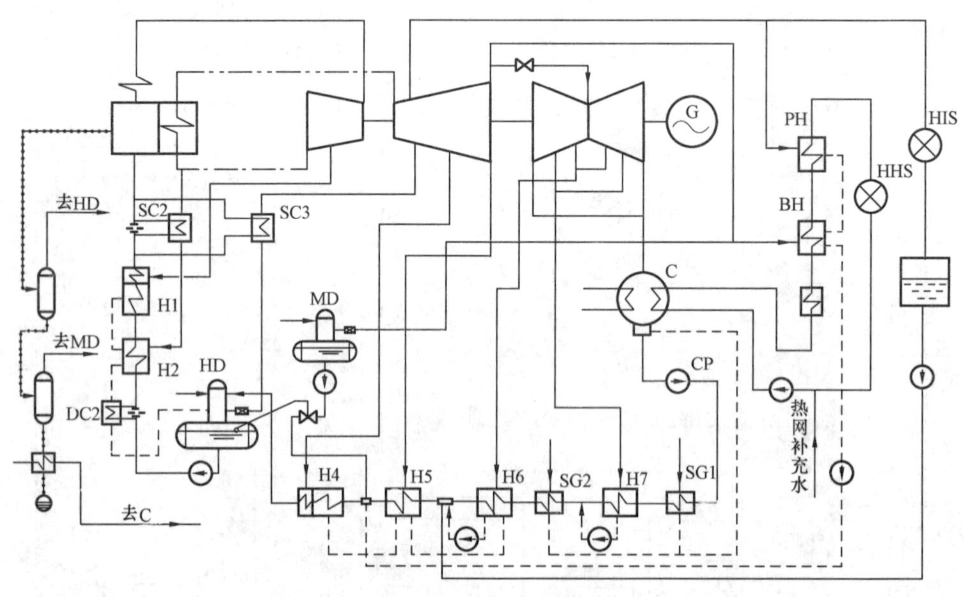

图 3-65 CC-200-12.75/535/535 型供热机组的原则性热力系统

当工业最大抽汽量 50t/h，采暖抽汽量 350t/h，电功率 P_e=136.88MW 时的热耗率 q=4949.7kJ/kWh。夏季工况时，采暖热负荷为零，机组可凝汽运行带电负荷 200MW。额定工况凝汽运行时，机组热耗率为 8444.3kJ/kWh。

6. 900MW 核电厂二回路原则性热力系统

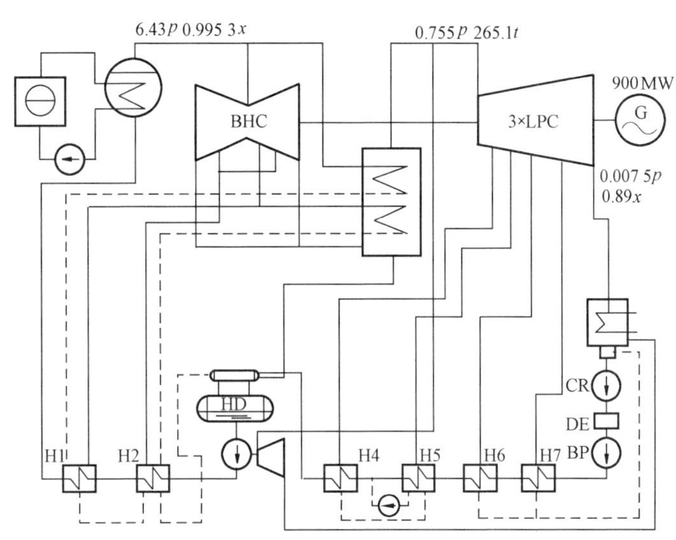

图 3-66　900MW 核电厂二回路原则性热力系统

图 3-66 所示为我国从法国进口的 900MW 核电厂二回路原则性热力系统。该机组为单轴四缸（一个双流高压缸和三个双流低压缸）、六排汽。进入高压缸的蒸汽量为5808t/h，蒸汽的压力为 6.43MPa、干度为 99.53%。进入低压缸蒸汽量为 4000t/h，蒸汽的压力为 0.755MPa、温度为 265.1℃，排汽压力为 7.5kPa，湿度为 11%，给水温度为 226℃。高压缸的排汽湿度为 14%，故高低压缸之间设有汽水分离再热器。该机组有七段不调整抽汽，回热系统为“二高四低一定压除氧”。高压缸排汽进入汽水分离器再热器先进行汽水分离，后蒸汽再加热。第一级再热器的加热蒸汽来自高压缸第一段抽汽，其疏水进入 H2。第二级再热器的加热蒸汽采用新蒸汽，其疏水进入 H1。汽水分离器的疏水进入除氧器。采用两台单容量汽动泵，每台小汽轮机的功率为 3350kW。最大连续功率为 983.8MW。额定工况时机组的热耗率为 10 629kJ/kWh。

三、发电厂原则性热力系统计算

（一）计算的目的

在发电厂的设计或运行中，常需进行全厂的热力系统计算。例如：①论证发电厂原则性热力系统的新方案；②新型汽轮机本体的定型设计；③电厂采用非标准设计；④扩建电厂时，新旧设备共用的热力系统；⑤对运行电厂的热力系统作较大改进；⑥电厂的优化运行；⑦分析研究发电厂热力设备的某一特殊运行方式。前四项为电厂设计，后三项为电厂运行时进行的全厂热力系统计算。

发电厂原则性热力系统计算的主要目的：①确定电厂某一运行工况时各部分汽水流量、参数，该工况下全厂的热经济指标，以分析其安全性和经济性。②根据最大负荷工况计算结果，作为选择锅炉、热力辅助设备和管道的依据。

对于凝汽式电厂，一般只计算最大电负荷和平均电负荷两种工况，后者用于确定设备检修的可能性。若夏季电负荷较高，而供水条件又恶化（如冷却水温升高至 30℃或水质变坏）时，还须计算夏季工况。

对于仅有全年工艺热负荷的热电厂，一般也只计算两种工况，即电、热负荷为最大的工况，电负荷最大和平均热负荷的平均工况。对于有采暖热负荷的热电厂，还要计算采暖热负荷为零时夏季工况。

（二）计算的原始资料

发电厂原则性热力系统计算所需的原始资料有发电厂的原则性热力系统图、指定的电厂计算工况及有关的技术数据。

汽轮机制造厂提供的该机组本体定型设计不同工况汽水系统图，并在图上标出该工况时各汽水参数值，现场称之为汽轮机组的热平衡计算图。这些工况通常有：最大工况（110% D_0）、额定工况（100% D_0）、经济工况，二阀全开工况，一阀全开工况，夏季最大工况（110% D_0，冷却水温 33℃），以及高压加热器切除工况等。在这种热平衡计算图上标出该工况下的主蒸汽、再热蒸汽、排汽参数值（压力、温度、焓、流量），各级回热抽汽的参数，各级回热加热器的进出口水焓及其疏水焓，以及轴封系统的有关数据。应注意的是汽轮机的最大工况，对应的是锅炉的额定蒸发量。锅炉制造厂通常提供锅炉额定工况、90% D_b 工况（对应汽轮机的额定工况）70% D_b、50% D_b（即由煤种而定的最低稳燃负荷，其大小视煤种、燃烧方式等而异）时的锅炉热力计算数据，包括了发电厂原则性热力系统计算所需的汽包压力、过热器出口压力、温度、流量和锅炉效率等数值。

辅助系统的有关数据，如化学补充水温、生水加热器、暖风器、厂内采暖等耗汽量及要求的汽水参数，热电厂热水网温度调节图，热负荷，对外供汽参数，回水率及其水温，给定工况下热网加热器进、出口水温等。

根据“设规”选取汽水损失率、锅炉的排污率，合理选取有关压损和散热损失以及汽轮机的机械效率 η_m 和发电机效率 η_g。

（三）计算的方法与步骤

发电厂原则性热力系统计算实质上是联立求解多元一次线性方程组，独立的方程式个数恒等于未知量的个数。其计算原理和基本方程式是各换热设备（包括混合器）的物质平衡式和热平衡式。为计算方便，通常用相对量计算，即以汽轮机的新汽耗量 1kg 为基准，逐步算出与之相应的其他汽水流量的相对值，最后根据汽轮机的功率方程式求得汽轮机的汽耗量，进而求得各汽水流量的绝对值。具体步骤如下：

（1）应用已知条件在焓-熵图上绘出蒸汽在汽轮机中的工作过程线，以确定已知工况点的汽态参数，查水蒸气表以确定水态参数，并整理成汽、水参数表。在确定汽、水参数时，蒸汽经主汽阀和调速汽阀的压降损失，一般取为蒸汽初压力的 7%，各级回热抽汽管道的压降损失取为该级抽汽压力的 4%～8%。

（2）列出各换热设备中的汽、水物质平衡式和热平衡式，并联立求解，计算出各汽水流量的份额。为便于计算，厂内工质损失都当作是集中在新蒸汽管道上的损失。计算的顺序视电厂的型式和热力系统的特点而定，通常采取“由外到内”“从高到低”的顺序计算。即先从供热设备、水处理设备、锅炉连续排污扩容器开始，然后进行内部的回热系统计算。回热系统的计算一般是从汽侧压力最高的加热器开始，顺次进行到压力较低的加热器。若已知进入凝汽器的蒸汽量，计算顺序从汽侧压力最低的加热器开始较为方便。当加热器的疏水用疏水泵疏水方式时，应利用混合器热平衡式与混合器前后两台加热器的热平衡式，联立求解混合器前后的抽汽份额。轴封加热器也应与其后面（按主凝结水流动方向）的回热加热器并为一体建立热平衡式，这样可以简化计算，减少一个未知量。

（3）利用汽轮机的功率方程式，计算机组汽耗量及各部分的汽水流量，并进行校核计算。校核计算是根据汽轮机各段抽汽量和凝汽量在机内发出的功率总和是否接近于给定的电功率进行的。其误差应在所采用的计算方法与计算工具的允许范围内。否则，需要进行一些必要的修正后重新计算，直至误差在允许的范围内为止。

（4）计算热经济指标，它包括热耗量、热耗率、汽耗率、煤耗率、标准煤耗率和全厂效率等。

（四）原则性热力系统计算举例

1. 已知条件

（1）N300-16.7/537/537 引进型机组发电厂的原则性热力系统如图 3-67 所示。

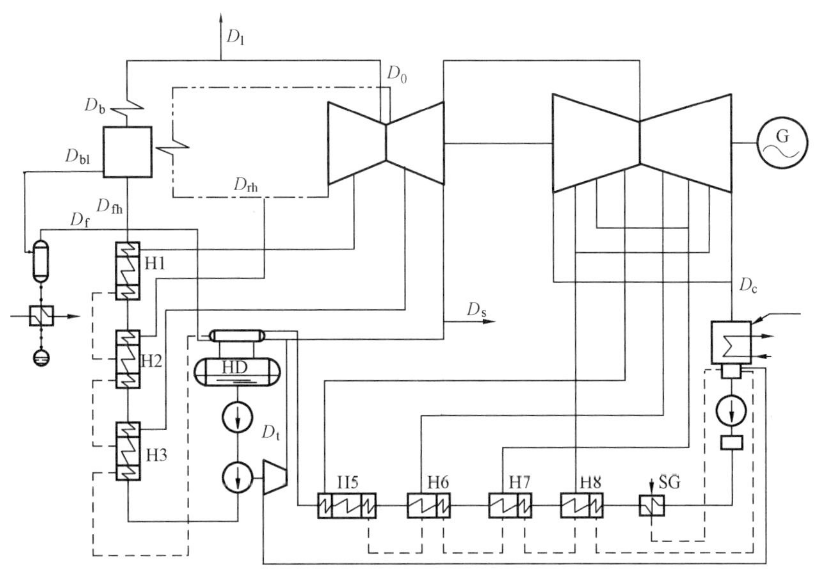

图 3-67　N300-16.7/537/537 引进型机组发电厂的原则性热力系统

（2）汽轮机形式和参数。

机组型号　N300-16.7/537/537凝汽式汽轮机

新蒸汽参数：压力　p_0＝16.7MPa，温度 t_0＝537℃；

再热蒸汽参数：冷段　压力 p_{rh1}＝3.66MPa，温度 t_{rh1}＝321℃；

热段　压力 p_{rh2}＝3.29MPa，温度 t_{rh2}＝537℃；

排汽压力 p_c＝0.005MPa，化学补充水的焓 h_w^{ma}＝136kJ/kg；

回热系统参数：机组在额定工况下的回热系统参数整理成表 3-7 的形式。

（3）锅炉形式和参数。

锅炉形式：SG -1025/18.3 型强制循环汽包锅炉

表 3-7　　**回 热 系 统 参 数**

项　目	回　热　抽　汽　参　数									
	调节级后	一	二	三	四	五	六	七	八	九
加热器编号		H1	H2	H3	H4	H5	H6	H7	H8	排汽
抽汽压力/MPa	12.15	5.93	3.66	1.68	0.82	0.327	0.135	0.074	0.026	0.005
抽汽温度/℃	492	385	321	435	337	230	143	91	X=0.96	X=0.91

锅炉参数：过热器出口压力 p_b=18.3MPa，温度 t_b=540℃；

蒸发量 D_b=1025t/h，汽包压力 p_{bl}=19.7MPa；

锅炉效率 η_b=0.92，给水焓 h_{fw}=1182kJ/kg；

（4）计算中选用的数据。

锅炉排污量：D_{bl}=0.01D_b；

全厂汽水损失：D_l=0.015D_b；

生活用汽：D_s=0.015D_0（D_0——汽轮机的汽耗量），取自第四段抽汽，不回收；

轴封采用自密封系统，额定工况下轴封用汽不计；

小汽轮机额定工况下的用汽取自第四段抽汽，用汽量为 D_t=0.035D_0；

机组的机电效率：$\eta_m\eta_g$=0.98×0.99= 0.97；

加热器效率：η_r=0.98。

2. 计算要求

额定工况下，汽轮机组各部分汽、水流量和各项热经济指标。

3. 计算过程

（1）在 h-s 图上作汽轮机热力过程线，并列出汽、水参数表。

取新蒸汽的在主汽阀和调速汽阀的压降损失 0.05p_0，则 p'_0=（1－0.05）p_0=0.95×16.7=15.856MPa，t'_0=534℃，h_0=3395kJ/kg。再热蒸汽焓 h_{rh2}=3540kJ/kg。

根据给定的蒸汽初、终参数和各级回热抽汽参数，作蒸汽在汽轮机中的热力过程线，如图 3-68 所示。并将各工作点的汽水参数综合列于表 3-8 中。

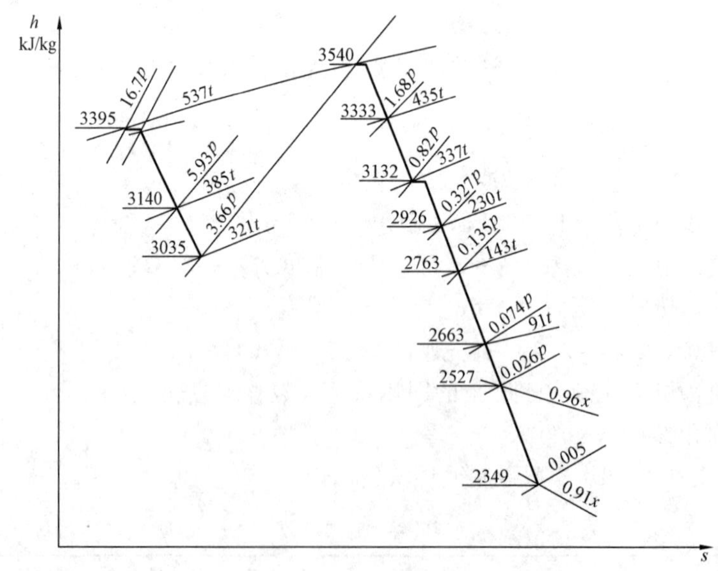

图 3-68　N300-16.7/537/537 引进型汽轮机的热力过程线

（2）锅炉连续排污利用系统的计算。

如图 3-45 所示，取排污扩容器的压力为 0.9MPa，连续排污利用系统的汽水参数列于表 3-9中。

表 3-8　各计算点的汽水参数

项目	名　称	汽水参数									
		单位	H1	H2	H3	H4	H5	H6	H7	H8	C
回热抽汽	抽汽压力 p_j	MPa	5.93	3.66	1.68	0.82	0.327	0.135	0.074	0.026	0.005
	抽汽温度 t_j	℃	385	321	435	337	230	143	91	x=0.96	x=0.91
	抽汽焓 h_j	kJ/kg	3140	3035	3333	3132	2926	2763	2663	2527	2349
	抽汽压损 Δp_j	%	8	4	8	4	8	8	8	8	
	加热器压力 p'_j	MPa	5.46	3.51	1.55	0.79	0.30	0.12	0.068	0.024	
	加热器内饱和水温 t_{sj}	℃	269	243	198	170	133	106	89	64	32.56
	加热器内饱和水焓 h'_j	kJ/kg	1182	1051	842	717	559	443	374	268	136
被加热水	加热器的上端差 δ_t	℃	0	0	0		0	3	3	3	
	加热器的下端差 δ_{tw}	℃	6	6	6		6	6	6	6	
	加热器出口水温 t_{wj}	℃	269	243	197	170	133	103	86	61	32.56
	加热器出口水焓 h_{wj}	kJ/kg	1182	1051	842	717	559	422	355	246	136
	加热器进口水温 t_{wj+1}	℃	243	197	174	133	103	86	61	32.56	
	加热器进口水焓 h_{wj+1}	kJ/kg	1051	842	749.5	559	422	355	246	136	
疏水	加热器疏水温度 t'_{sj}	℃	249	203	180		109	92	67	38.56	
	加热器疏水焓 h'_{sj}	kJ /kg	1082	866	763		457	385	281	163	

表 3-9　锅炉连续排污利用系统的汽水参数

项　目	汽水参数		
	p/MPa	t/℃	h/（kJ/kg）
锅炉排污水	19.7	364	1814
扩容蒸汽	0.9	175	2773
扩容器排污水	0.9	175	742.6

锅炉的蒸发量

$D_b=D_0+D_l=D_0+0.015D_b=1.015\ 23D_0$，即 $\alpha_b=1.015\ 23$（α 表示各项汽水流量相对于汽轮机汽耗量的份额）。

汽水损失

$$D_l=0.015D_b=0.015\ 23D_0，即\ \alpha_l=0.015\ 23$$

生活用汽

$$D_s=0.015D_0，即\ \alpha_s=0.01$$

锅炉的排污量

$$D_{bl}=0.01D_b=0.010\ 15D_0，即\ \alpha_{bl}=0.010\ 15$$

锅炉给水量

$$D_{fw}=D_b+D_{bl}=（1.015\ 23+0.010\ 15）D_0=1.025\ 38D_0，即\ \alpha_{fw}=1.025\ 38$$

小汽轮机的用汽量

$$D_t=0.035D_0$$

即

$$\alpha_t=0.035$$

扩容器产生的扩容蒸汽份额 α_f

扩容器的物质平衡式　$\alpha_{bl}=\alpha_f+\alpha'_{bl}$

扩容器的热平衡式　$\alpha_{bl}h'_{bl}\eta_f=\alpha_f h''_f+\alpha'_{bl}h'_f$　kJ/kg

两式联立求解得

$$\alpha_f = \frac{h'_{bl}\eta_f - h'_f}{h''_f - h'_f}\alpha_{bl} = \frac{1814\times0.98-742.6}{2773-742.6}\times0.010\ 15 = 0.005\ 17$$

未扩容的排污水份额 α'_{bl}

$$\alpha'_{bl} = \alpha_{bl} - \alpha_f = 0.010\ 15 - 0.005\ 17 = 0.004\ 98$$

化学补充水份额 α_{ma}

$$\alpha_{ma} = \alpha_l + \alpha'_{bl} + \alpha_s = 0.015\ 23 + 0.004\ 98 + 0.015 = 0.035\ 21$$

(3) 各级加热器的计算。

1) H1 的计算(见图 3-69)

热平衡式 $\alpha_1(h_1 - h'_{s1})\eta_r = \alpha_{fw}(h_{w1} - h_{w2})$

$$\alpha_1 = \frac{\alpha_{fw}(h_{w1}-h_{w2})}{(h_1-h'_{s1})\eta_r} = \frac{1.025\ 38\times(1182-1051)}{(3140-1082)\times0.98} = 0.066\ 60$$

2) H2 的计算(见图 3-69)

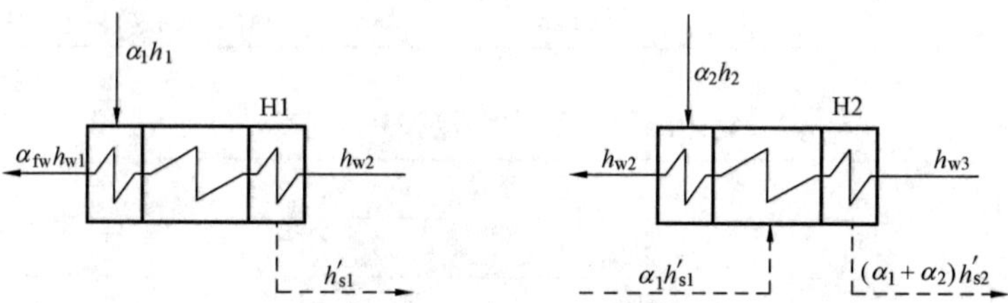

图 3-69 H1 与 H2

热平衡式 $[\alpha_2(h_2 - h'_{s2}) + \alpha_1(h'_{s1} - h'_{s2})]\eta_r = \alpha_{fw}(h_{w2} - h_{w3})$

$$\alpha_2 = \frac{\alpha_{fw}(h_{w2}-h_{w3}) - \alpha_1(h'_{s1}-h'_{s2})\eta_r}{(h_2-h'_{s2})\eta_r}$$

$$= \frac{1.025\ 38\times(1051-842) - 0.066\ 60\times(1082-866)\times0.98}{(3035-866)\times0.98} = 0.094\ 19$$

3) H3 的计算(见图 3-70)

已知给水泵的进口压力 $p_{FP} = p_{HD} + \Delta p_{TP} = 0.79 + 0.2 = 0.99\text{MPa}$,出口压力 $p'_{FP} = 1.25p_{bl} = 1.25\times19.7\text{MPa} = 24.6\text{MPa}$,给水在泵内的平均比体积 $v_{FP} = 0.001\ 1\text{m}^3/\text{kg}$,给水泵的效率 $\eta_{FP} = 0.80$,则

$$\Delta h_{FP} = \frac{(p'_{FP} - p_{FP})v_{FP}}{\eta_{FP}} = \frac{(24.6-0.99)\times0.001\ 1\times10^3}{0.8} = 32.5\ \text{kJ/kg}$$

进入 H3 的给水焓 $h_{w4} = h_{HD} + \Delta h_{FP} = 717 + 32.5 = 749.5\ \text{kJ/kg}$

热平衡式 $[\alpha_3(h_3 - h'_{s3}) + (\alpha_1 + \alpha_2)(h'_{s2} - h'_{s3})]\eta_r = \alpha_{fw}(h_{w3} - h_{w4})$

$$\alpha_3 = \frac{\alpha_{fw}(h_{w3}-h_{w4}) - (\alpha_1+\alpha_2)(h'_{s2}-h'_{s3})\eta_r}{(h_3-h'_{s3})\eta_r}$$

$$= \frac{1.025\ 38\times(842-749.5) - (0.066\ 60+0.094\ 19)(866-763)\times0.98}{(3333-763)\times0.98} = 0.031\ 59$$

4) H4 的计算(见图 3-70)

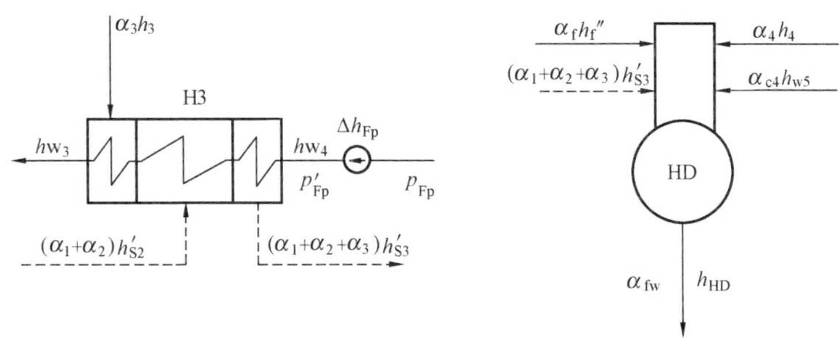

图 3-70　H3 与 H4

物质平衡式　$\alpha_{fw} = \alpha_{c4} + \alpha_1 + \alpha_2 + \alpha_3 + \alpha_4 + \alpha_f$

则

$$\alpha_{c4} = \alpha_{fw} - \alpha_1 - \alpha_2 - \alpha_3 - \alpha_4 - \alpha_f$$

$$= 1.025\,38 - 0.066\,60 - 0.094\,19 - 0.031\,59 - \alpha_4 - 0.005\,17 = 0.827\,83 - \alpha_4$$

热平衡式　$\alpha_4 h_4 \eta'_r + (\alpha_1 + \alpha_2 + \alpha_3) h'_{s3} + \alpha_{c4} h_{w5} + \alpha_f h_f = \alpha_{fw} h_{HD}$

式中　η'_r——抽汽利用系数，取 $\eta'_r = 0.985$。

$$\alpha_4 \times 3132 \times 0.985 + 0.192\,38 \times 763 + (0.827\,83 - \alpha_4) \times 559 + 0.005\,17 \times 2773$$

$$= 1.025\,38 \times 717$$

$$\alpha_4 = 0.044\,07$$

$$\alpha_{c4} = 0.827\,83 - 0.044\,07 = 0.783\,76$$

5）H5 的计算（见图 3-71）

热平衡式　$\alpha_5 (h_5 - h'_{s5}) \eta_r = \alpha_{c4} (h_{w5} - h_{w6})$

$$\alpha_5 = \frac{\alpha_{c4}(h_{w5} - h_{w6})}{(h_5 - h'_{s5})\eta_r} = \frac{0.783\,76 \times (559 - 422)}{(2926 - 457) \times 0.98} = 0.044\,38$$

6）H6 的计算（见图 3-71）

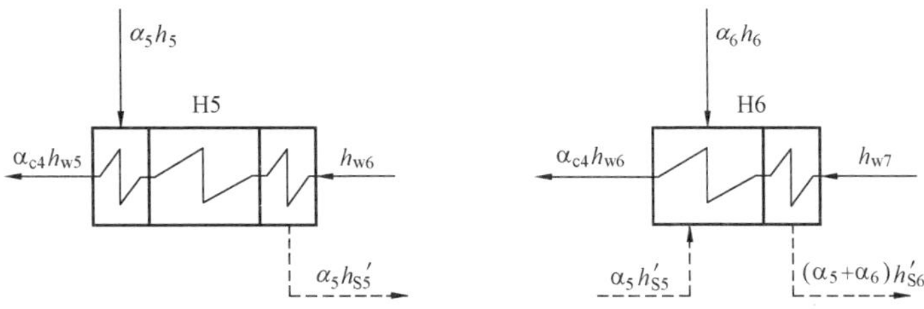

图 3-71　H5 与 H6

热平衡式　$[\alpha_6 (h_6 - h'_{s6}) + \alpha_5 (h'_{s5} - h'_{s6})]\eta_r = \alpha_{c4} (h_{w6} - h_{w7})$

$$\alpha_6 = \frac{\alpha_{c4}(h_{w6} - h_{w7}) - \alpha_5 (h'_{s5} - h'_{s6})\eta_r}{(h_6 - h'_{s6})\eta_r}$$

$$=\frac{0.78376\times(422-355)-0.04438\times(457-385)\times0.98}{(2763-385)\times0.98}=0.02119$$

7）H7 的计算（见图 3-72）

热平衡式 $[\alpha_7(h_7-h'_{s7})+(\alpha_5+\alpha_6)(h'_{s6}-h'_{s7})]\eta_r=\alpha_{c4}(h_{w7}-h_{w8})$

$$\alpha_7=\frac{\alpha_{c4}(h_{w7}-h_{w8})-(\alpha_5-\alpha_6)(h'_{s6}-h'_{s7})\eta_r}{(h_7-h'_{s7})\eta_r}$$

$$=\frac{0.78376\times(355-246)-(0.04438+0.02119)\times(385-281)\times0.98}{(2663-281)\times0.98}=0.03373$$

8）H8 的计算（见图 3-72）

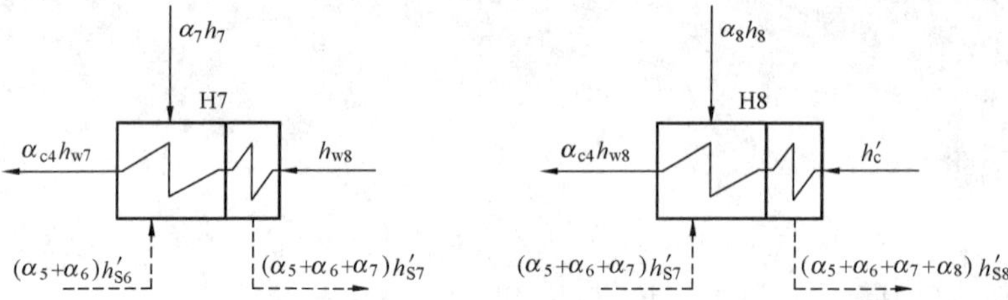

图 3-72 H7 与 H8

因轴封用汽为零，轴封漏汽不计，轴封冷却器可忽略。

热平衡式 $[\alpha_8(h_8-h'_{s8})+(\alpha_5+\alpha_6+\alpha_7)(h'_{s7}-h'_{s8})]\eta_r=\alpha_{c4}(h_{w8}-h'_c)$

$$\alpha_8=\frac{\alpha_{c4}(h_{w8}-h'_c)-(\alpha_5+\alpha_6+\alpha_7)(h'_{s7}-h'_{s8})\eta_r}{(h_8-h'_{s8})\eta_r}$$

$$=\frac{0.78376\times(246-136)-(0.04438+0.02119+0.03373)\times(281-163)\times0.98}{(2527-163)\times0.98}$$

$$=0.03226$$

9）凝汽份额的计算

$$\alpha_c=1-\sum_{j=1}^{8}\alpha_j-\alpha_s-\alpha_t$$

$$=1-0.06660-0.09419-0.03159-0.04407-0.04438-0.02119$$
$$-0.03372-0.03226-0.01-0.035=0.5870$$

（4）汽轮机汽耗量及各段抽汽量的计算。

1）抽汽做功不足系数的计算

$$q_{rh}=h_{rh2}-h_{rh1}=3540-3035=505\ \text{kJ/kg}$$

$$h_0-h_c+q_{rh}=3395-2349+505=1551\ \text{kJ/kg}$$

$$Y_1=\frac{h_1-h_c+q_{rh}}{h_0-h_c+q_{rh}}=\frac{3140-2349+505}{1551}=0.8356$$

$$Y_2=\frac{h_2-h_c+q_{rh}}{h_0-h_c+q_{rh}}=\frac{3035-2349+505}{1551}=0.767\ 9$$

$$Y_3=\frac{h_3-h_c}{h_0-h_c+q_{rh}}=\frac{3333-2349}{1551}=0.634\ 4$$

$$Y_4=Y_s=Y_t=\frac{h_4-h_c}{h_0-h_c+q_{rh}}=\frac{3132-2349}{1551}=0.504\ 8$$

$$Y_5=\frac{h_5-h_c}{h_0-h_c+q_{rh}}=\frac{2926-2349}{1551}=0.372\ 0$$

$$Y_6=\frac{h_6-h_c}{h_0-h_c+q_{rh}}=\frac{2763-2349}{1551}=0.266\ 9$$

$$Y_7=\frac{h_7-h_c}{h_0-h_c+q_{rh}}=\frac{2663-2349}{1551}=0.202\ 5$$

$$Y_8=\frac{h_8-h_c}{h_0-h_c+q_{rh}}=\frac{2527-2349}{1551}=0.114\ 8$$

各级抽汽份额及其做功不足系数的乘积列于表 3-10 中。

2）汽轮机的汽耗量及各段抽汽量的计算。

机组无回热纯凝汽工况时的汽耗量

$$D_0^c=\frac{3600P_e}{(h_0-h_c+q_{rh})\eta_m\eta_g}=\frac{3600\times3\times10^5}{1551\times0.97}=717\ 861\quad \text{kg/h}$$

机组有回热时的汽耗量

$$D_0=\frac{D_0^C}{1-\Sigma\alpha_jY_j}=\frac{717\ 861}{0.774\ 39}=927\ 002\quad \text{kg/h}$$

各段抽汽量见表 3-10，其他各项汽水流量见表 3-11。

表 3-10　α_j、Y_j 和 D_j

α_j	Y_j	α_jY_j	$D_j=\alpha_jD_0$/（kg/h）
$\alpha_1=0.066\ 0$	$Y_1=0.835\ 6$	0.055 65	$D_1=61\ 736$
$\alpha_2=0.094\ 19$	$Y_2=0.767\ 9$	0.072 33	$D_2=87\ 314$
$\alpha_3=0.031\ 59$	$Y_3=0.634\ 4$	0.020 04	$D_3=29\ 284$
$\alpha_4=0.044\ 07$	$Y_4=0.504\ 8$	0.022 25	$D_4=40\ 853$
$\alpha_5=0.044\ 38$	$Y_5=0.372\ 0$	0.016 43	$D_5=41\ 140$
$\alpha_6=0.021\ 19$	$Y_6=0.266\ 9$	0.005 66	$D_6=19\ 643$
$\alpha_7=0.033\ 73$	$Y_7=0.202\ 5$	0.006 83	$D_7=31\ 265$
$\alpha_8=0.032\ 26$	$Y_8=0.114\ 8$	0.003 70	$D_8=29\ 904$
$\alpha_s=0.01$	$Y_s=0.504\ 8$	0.005 05	$D_s=9270$
$\alpha_t=0.035$	$Y_t=0.504\ 8$	0.017 67	$D_t=32\ 443$
$\Sigma\alpha_j=0.413\ 0$	$\Sigma\alpha_jY_j=0.225\ 61$		$\Sigma D_j=382\ 852$
$\alpha_c=1-\Sigma\alpha_j=0.587\ 0$	$1-\Sigma\alpha_jY_j=0.774\ 39$		$D_c=\alpha_cD_0=544\ 150$

表 3-11 **各 项 汽 水 流 量**

项　　目	份额 α_x	流量 $D_x=\alpha_x D_0$/ (kg/h)
全厂汽水损失	$\alpha_l=0.01523$	$D_l=14118$
锅炉排污	$\alpha_{bl}=0.01015$	$D_{bl}=9409$
扩容蒸汽	$\alpha_f=0.00517$	$D_f=4793$
浓缩排污水	$\alpha'_{bl}=0.00498$	$D_{bl}=4616$
化学补充水	$\alpha_{ma}=0.03021$	$D_{ma}=28005$
生活用汽	$\alpha_s=0.015$	$D_s=9270$
小汽轮机用汽	$\alpha_t=0.035$	$D_t=32443$
锅炉蒸发量	$\alpha_b=1.01523$	$D_b=941120$
再热蒸汽量	$\alpha_{rh}=1-\alpha_1-\alpha_2=0.8392$	$D_{rh}=777940$
锅炉给水量	$\alpha_{fw}=1.02538$	$D_{fw}=950529$

(5) 汽轮机功率校核。

$$P_1=\frac{D_1(h_0-h_1)\eta_m\eta_g}{3600}=\frac{61\,736\times(3395-3140)\times0.97}{3600}=4244\text{ kW}$$

$$P_2=\frac{D_2(h_0-h_2)\eta_m\eta_g}{3600}=\frac{87314\times(3395-3035)\times0.97}{3600}=8469\text{ kW}$$

$$P_3=\frac{D_3(h_0-h_2+q_{rh})\eta_m\eta_g}{3600}=\frac{29\,284\times(3395-3333+505)\times0.97}{3600}=4474\text{ kW}$$

$$P_4=\frac{D_4(h_0-h_4+q_{rh})\eta_m\eta_g}{3600}=\frac{40\,853\times(3395-3123+505)\times0.97}{3600}=8454\text{ kW}$$

$$P_5=\frac{D_5(h_0-h_5+q_{rh})\eta_m\eta_g}{3600}=\frac{41\,140\times(3395-2926+505)\times0.97}{3600}=10\,797\text{ kW}$$

$$P_6=\frac{D_6(h_0-h_6+q_{rh})\eta_m\eta_g}{3600}=\frac{19\,643\times(3395-2763+505)\times0.97}{3600}=6018\text{ kW}$$

$$P_7=\frac{D_7(h_0-h_7+q_{rh})\eta_m\eta_g}{3600}=\frac{31\,265\times(3395-2663+505)\times0.97}{3600}=10\,422\text{ kW}$$

$$P_8=\frac{D_8(h_0-h_8+q_{rh})\eta_m\eta_g}{3600}=\frac{29\,904\times(3395-2527+505)\times0.97}{3600}=11\,063\text{ kW}$$

$$P_s+P_t=\frac{(D_s+D_t)(h_0-h_4+q_{rh})\eta_m\eta_g}{3600}$$

$$=\frac{(9270+32\,443)\times(3395-3132+505)\times0.97}{3600}=8632\text{ kW}$$

$$P_c=\frac{D_c(h_0-h_c+q_{rh})\eta_m\eta_g}{3600}=\frac{544\,150\times(3395-2349+505)\times0.97}{3600}=227\,405\text{ kW}$$

$$\Sigma P_j=299\,978\text{ kW}$$

$$\delta=\frac{300\,000-299\,978}{300\,000}=0.007\%$$

误差在允许的范围内，计算结果正确。

(6) 热经济指标计算。

1) 汽轮机热耗量（含小汽轮机）

$$\begin{aligned}Q_0 &= D_0(h_0 - h_{fw}) + D_{rh}q_{rh} + D_f(h''_f - h_{fw}) - D_{ma}(h_{fw} - h_w^{ma}) \\ &= 927\,002 \times (3395 - 1182) + 777\,940 \times 505 + 4793 \times (2773 - 1182) - 28\,005 \times (1182 - 136) \\ &= 2\,422\,647\,559 \text{ kJ/h}\end{aligned}$$

2) 汽轮机组热耗率

$$q_0 = \frac{Q_0}{P_e} = \frac{2\,422\,647\,559}{300\,000} = 8076 \text{ kJ/kWh}$$

3) 锅炉热负荷

$$\begin{aligned}Q_b &= D_b(h_b - h_{fw}) + D_{rh}q_{rh} + D_{bl}(h'_{bl} - h_{fw}) \\ &= 941\,120 \times (3395.5 - 1182) + 777\,940 \times 505 + 9409 \times (1814 - 1182) \\ &= 2\,481\,975\,308 \text{ kJ/h}\end{aligned}$$

4) 各种效率

管道效率 $$\eta_p = \frac{Q_0}{Q_b} = \frac{2\,422\,647\,559}{2\,481\,975\,308} = 97.5\%$$

机组热效率 $$\eta_e = \frac{3600}{q_0} = \frac{3600}{8076} = 44.5\%$$

全厂热效率 $\eta_{cp} = \eta_b \eta_p \eta_e = 0.92 \times 0.975 \times 0.445 = 39.9\%$

5) 全厂热耗率

$$q_{cp} = \frac{3600}{\eta_{cp}} = \frac{3600}{0.399} = 9023 \text{ kJ/kWh}$$

6) 发电标准煤耗率 $$b_{cp} = \frac{0.123}{\eta_c} = \frac{0.123}{0.399} = 0.308\,3 \text{ kg/kWh}$$

第十三节　发电厂全面性热力系统

一、发电厂全面性热力系统的概述

以上介绍的各局部热力系统和机、炉本体的管道系统组成了发电厂的全面性热力系统。绘制发电厂全面性热力系统时，应采用国家规定的或通用的火电厂热力系统管线、设备和阀门的图例，本书采用的热力管线图例、阀门和管件的图形符号依据最新国家标准，如图 3-73和表 3-12 所示。

主蒸汽管
高温再热蒸汽管
低温再热蒸汽管
各级抽汽管道
凝结水、给水及其他管道
疏水、放水及溢水管
定期排污管
连续排污管
空气管
循环水管
减温水管

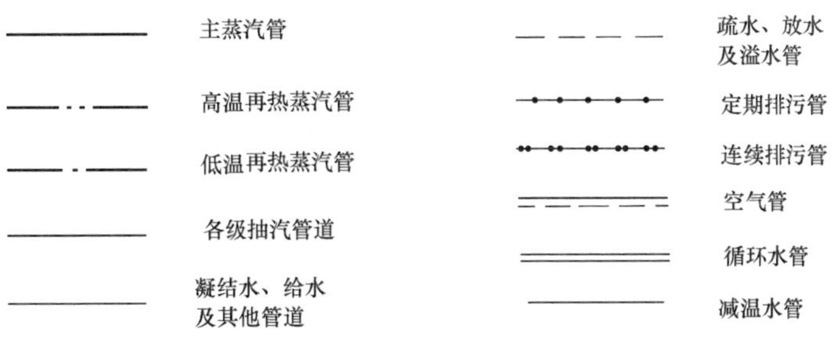

图 3-73　主要热力管线图例

在全面性热力系统中，至少有一台锅炉、汽轮机及其辅助设备的有关汽水管道上要标明公称压力、管径和壁厚。通常在图的右侧应附有该图的设备明细表，标明设备名称、规范、型号单位及其数量和制造厂家或备注。本书作为教材并限于篇幅，在所附的发电厂全面性热力系统图中不再作以上标示，并对发电厂的实际全面性热力系统进行适当简化。

表 3-12　　阀门和管件在系统图上的图形符号

名称				图形符号
阀门	关断用阀门	闸阀		
阀门	关断用阀门	截止阀		
阀门	关断用阀门	球阀		
阀门	关断用阀门	蝶阀		
阀门	关断用阀门	旋塞		
阀门	关断用阀门	隔膜阀		
阀门	调节用阀门	节流阀		
阀门	调节用阀门	调节阀		
阀门	调节用阀门	减压阀		
阀门	调节用阀门	疏水器		
阀门	调节用阀门	减压减温器		
阀门	保护用阀门	止回阀		
阀门	保护用阀门	安全阀	重锤式	
阀门	保护用阀门	安全阀	弹簧式	
阀门	保护用阀门	安全阀	脉冲式	
阀门	阀门按介质流向分类	直通阀		
阀门	阀门按介质流向分类	角阀		
阀门	阀门按介质流向分类	三通阀		
阀门	阀门按介质流向分类	四通阀		

名称			图形符号
阀门	阀门的控制及执行机构	电动	M
阀门	阀门的控制及执行机构	电磁	
阀门	阀门的控制及执行机构	气动	
阀门	阀门的控制及执行机构	液动	
阀门	阀门的控制及执行机构	气动薄膜	
阀门	阀门的控制及执行机构	重锤执行机构	
阀门	阀门的控制及执行机构	浮子执行机构	
阀门	连接件	自动主汽门	
阀门	连接件	大小头	
阀门	连接件	中间堵板	
阀门	连接件	管间盲板	
阀门	连接件	法兰	
阀门	节流孔板	单级	
阀门	节流孔板	多级	
阀门	过滤装置	滤水器	
阀门	过滤装置	蒸汽或空气过滤器	
阀门	过滤装置	泵入口滤网	
阀门	水封装置	单级	
阀门	水封装置	多级	
阀门	流量测量装置	孔板	
阀门	流量测量装置	喷嘴	

续表

名称			图形符号
阀门	排水	至排水管	
		至排水沟	
		漏斗	
	排汽或气	排大气	
		排汽消音器	
		真空破坏阀	
	高压加热器自动旁路		

名称			图形符号
阀门	减温器		
	直接作用式调节阀	阀前	
		阀后	
	水封阀		
	弹簧式排汽阀		
	弹簧式泄水阀		

在识读、分析发电厂全面性热力系统时，要注意以下几点：

（1）明确图例。不同国家的发电厂全面性热力系统的绘制及其图例有所不同，首先要明确图例。

（2）明确主要设备的特点和规格。如锅炉、汽轮机以及发电机的型式、容量和参数。

（3）明确该发电厂的原则性热力系统的特点。如回热系统的特点、给水泵的驱动方式、除氧器的运行方式等。

（4）区分设备情况。不仅不同制造厂家生产的主、辅热力设备有所不同，即使同一制造厂家的产品还有产品序号之分，有的热力设备和热力系统在不断改进。

（5）化整为零地识读发电厂全面性热力系统。生产实际中的发电厂全面性热力系统是较为复杂的，宜将发电厂全面性热力系统化整为零，即先熟悉各局部热力系统，再将其联系成全厂的全面性热力系统。

（6）运行工况分析。一般宜从正常工况着手，再分析低负荷工况、启动、停运及事故工况。对每一工况也宜逐个局部系统地分析，最后再综合为全厂的全面性热力系统的运行工况分析。

二、发电厂全面性热力系统举例

（一）N600-16.7/537/537 国产引进型机组的全面性热力系统

图 3-74 为 N600-16.7/537/537 国产引进型机组的全面性热力系统（见文末插页）。锅炉为强制循环汽包炉，设有三台炉水循环泵，在低温过热器出口和高温过热器进口分别设有一、二级喷水减温（减温水给水泵出口来），再热器进口设有事故喷水减温（减温水由给水泵抽头来）。汽轮机为单轴、四缸、四排汽，中压缸为对称分流布置，低压缸为双缸对称分流布置，低压缸的排汽分别进入双压凝汽器，凝汽器的工作压力分别为 0.004 2MPa 和 0.005 3MPa。

主蒸汽系统和再热蒸汽系统均采用“双管-单管-双管”式，由于主蒸汽管道和再热蒸汽管道均有足够长的单管，有效地消除了进入汽轮机两侧的压力偏差和温度偏差。汽轮机组的旁路系统采用容量为30%的高、低压两级串联旁路系统，分别用给水和凝结水作为减温水，低压旁路为并联两路（图中略），在凝汽器处设置了低压旁路的二级减温减压设备。

机组共有八段不调整抽汽，高压缸的两级抽汽分别供两台高压加热器 H1、H2，中压缸的两段抽汽分别供高压加热器 H3 和除氧器 HD（滑压运行），低压缸的四段抽汽分别供四台低压加热 H5～H8。除第七、第八段抽汽管外，其他各抽汽管道上均设置防止汽轮机进汽、进水的气动式止回阀、电动隔离阀及疏水管。小汽轮机正常汽源（即低压汽源）为第四段抽汽，高压汽源为主蒸汽，调试用汽来自辅助蒸汽联箱。

机组设置两台110%容量的凝水泵，一台备用，一台正常运行。由凝结水泵、化学除盐装置、轴封加热器、四台低压加热器组成了机组的主凝结水系统。凝结水最小流量再循环设在轴封加热器出口的凝结水管道上，以保证凝结水泵和轴封加热器在低负荷时的安全运行。化学补充水经水位调节装置进入凝结水储水箱，再由凝结水输送泵经凝汽器水位调节装置送入凝汽器热井。在除盐装置之后，流量测量装置之前，接出各项减温水及杂项用水。轴封加热器之后的主凝结水管上，设有除氧器水位调节装置，另接出凝汽器高水位放水管至凝结水储水箱，H7、H8 各并联两台分别设置在两台凝汽器的喉部，且 H7、H8 共用一大旁路，其余各低压加热器均设置小旁路。

除氧器采用滑压运行方式，正常汽源为第四段抽汽，启动初期，利用辅助蒸汽通过除氧器水箱中启动加热装置对给水定压除氧。

机组设置两台55%容量的汽动锅炉给水泵和一台相同容量的电动锅炉给水泵，汽动泵作正常运行，电动泵作为启停和备用。三台给水泵均设有前置泵，电动给水泵及其前置泵采用液力耦合器的连接方式。所有给水泵及其前置泵都设有给水流量再循环管，以防止低负荷时给水泵及其前置泵发生汽蚀。三台高压加热器均采用小旁路。

汽轮机轴封蒸汽系统采用自密封式，启停用汽有主蒸汽、冷再热蒸汽和辅助蒸汽。各汽封外档漏汽室的汽-气混合物进入轴封冷却器（又称轴封加热器）后，由抽气风机排大气。

三组水环式真空泵形成该机组的抽真空系统。各低压加热器、凝结水泵等真空设备的各路空气汇集到凝汽器，由水环式真空泵（两台正常运行，一台备用，机组启动时，三台同时运行）抽出排入大气。真空泵组主要由水环式真空泵、气水分离器、冷却器等及其连接管道、阀门和控制部件组成。从凝汽器来的气体，经过气动蝶阀后，沿泵抽气管进入水环式真空泵，泵排出的水和气体的混合物，从泵的出口管到达气水分离器，分离后的气体经气体排放口排入大气，分离出的水与来自水位调节器的补充水（一般用凝结水）一起进入冷却器。冷却后的水分为两路：一路直接进入泵体作为工作水（水环）的补充水，使水环保持稳定而不超温；另一路经节流孔板喷入真空泵抽气管，使即将进入真空泵的气体中所携带的蒸汽冷却凝结下来，以提高真空泵的抽吸能力。冷却器的冷却水取自闭式或开式冷却水系统。分离器高水位溢水，以及真空泵和冷却器停用时的放水排入地沟。

锅炉的连续排污采用一级扩容利用系统，扩容蒸汽进入除氧器，浓缩排污水至定期排污扩容器，最后排至废水处理系统。

汽轮机本体疏水、各备用蒸汽管道和设备的疏水、放水及溢水，分别进入压力相应的疏水集管，后排入两台疏水扩容器 A、B，经疏水扩容器降压扩容后，蒸汽进入凝汽器的蒸汽空间，水进入凝汽器热井。

回热加热器的疏水放气系统以及全厂的辅助蒸汽系统已分别在本章第一节和第十节中介绍，这里不再叙述。

（二）N300-16.7/538/538 国产改进型机组的全面性热力系统

图 3-75 为 N300-16.7/538/538 国产改进型机组的全面性热力系统（见文末插页）。锅炉为一次中间再热、自然循环汽包炉。在低温过热器和大屏过热器出口及高温过热器进口分别设有一、二、三级喷水减温，低温再热器进口设有事故喷水减温，高温再热器进口设有微量喷水减温。汽轮机为单轴、双缸、双排汽，高、中压缸对称分流布置，低压缸对称分流布置，排汽进入凝汽器。

主蒸汽管道与再热冷段管道采用“单管-双管”式系统，再热热段管道采用“双管-单管-双管”式系统。

机组增设两台凝结水升压泵，确保除盐装置的安全运行。补充水由气动调节阀自动控制进入补充水箱。机组启动时，通过补充水泵向凝汽器热井补水，正常运行时，依靠补充水箱与凝汽器之间的压差进行自流补水。

除氧器为滑压运行，启动初期，利用除氧循环泵加速除氧过程。

机组设置两台汽动锅炉给水泵和一台电动锅炉给水泵，三台给水泵设有给水流量再循环管，而其前置泵不再设置给水流量再循环管。

发电机定子冷却水系统为全密闭循环冷却系统。定子冷却水由定子水箱，经冷却水泵、定子水冷却器、过滤器后进入定子线圈，回水进入定子水箱内。两台冷却水泵和两台冷却器，一台正常运行，一台备用。在冷却水系统中装设专供反冲洗用的切换阀和相应管道，以保证冷却水的畅通。为控制水的电导率在允许的范围内，防止由于水的电导率高致使线圈绝缘破坏，系统中设置离子交换器，凝结水先进入树脂离子交换器，经处理净化后进入定子水箱。

其余与上述 N600-16.7/537/537 型机组基本相同。

（三）N600-24.2/566/566 国产引进型机组的全面性热力系统

图 3-76 为 N600-24.2/566/566 国产引进型机组的全面性热力系统（见文末插页）。锅炉为东方锅炉厂引进技术制造的超临界参数、变压、直流、本生型锅炉，其特点是：单炉膛、一次中间再热、尾部双烟道、固态排渣、全钢构架、全悬吊结构、平衡通风、露天布置，采用内置式启动分离系统。在锅炉启动过程中，利用启动分离系统进行汽水分离，蒸汽进入顶棚过热器，水在启动初期进入锅炉疏水扩容器，待水质合格后进入凝汽器；正常运行时，水汽依次经省煤器、水冷壁、启动分离器、顶棚过热器、包覆过热器、低温过热器、屏式过热器和高温过热器至汽轮机。在低温过热器出口和高温过热器进口分别设有一、二级喷水减温，减温水来自省煤器出口。在低温再热器与高温再热器之间设有事故喷水减温，减温水来自给水泵抽头。汽轮机为上海汽轮机厂生产的超临界压力、单轴、三缸四排汽、一次中间再热、凝汽式汽轮机。其特点是：具有冲动式调节级和反动式压力级的混合形式，共 48 级叶轮，其中高压缸 1＋11 级，中压缸 8 级，低压缸 2×2×7 级。低压缸为双缸对称分流布置，低压缸的排汽分别进入双压凝汽器，凝汽器的工作压力分别为 0.005 3MPa 和 0.004 2MPa。

主蒸汽系统和再热蒸汽系统均采用“双管-单管-双管”式。汽轮机组的旁路系统采用容量为 40%的高、低压两级串联旁路系统，分别用给水泵出口给水和轴封加热器出口的凝结水作为减温水，低压旁路为并联两路，在凝汽器处设置了低压旁路的二级减温减压设备。

机组共有八段不调整抽汽，高压缸的抽汽和排汽分别供两台高压加热器 H1、H2，中压缸的两段抽汽分别供高压加热器 H3 和除氧器 HD，低压缸的四段抽汽分别供四台低压加热 H5、H6、H7、H8。除第七、八段抽汽管外，其他各抽汽管道上均设置防止汽轮机进汽、进水的气动式止回阀、电动隔离阀及疏水管。小汽轮机正常汽源（即低压汽源）为第四段抽汽，高压汽源为冷再热蒸汽，调试用汽来自辅助蒸汽联箱。

两台 110%容量的凝结水泵（一台备用，一台正常运行）、化学除盐装置、轴封加热器、四台低压加热器组成了机组的主凝结水系统。凝结水最小流量再循环设在轴封加热器出口的凝结水管道上，以保证凝结水泵和轴封加热器在低负荷时的安全运行。化学补充水经水位调节装置进入凝结水储水箱，再由凝结水输送泵经凝汽器水位调节装置送入凝汽器热井。在除盐装置之后，流量测量装置之前，接出各项减温水及锅炉冷炉上水。轴封加热器之后的主凝结水管上，设有除氧器水位调节装置，另接出凝汽器高水位放水管至凝结水储水箱。H7、H8 各并联两台分别设置在两台凝汽器的接颈处，且 H7、H8 共用一大旁路，其余各低压加热器均设置小旁路。

除氧器采用滑压运行方式，正常汽源为第四段抽汽，启动初期，利用辅助蒸汽通过除氧器启动加热装置对给水定压除氧。

机组设置两台 55%容量的汽动锅炉给水泵和一台 30%容量的电动锅炉给水泵，汽动泵正常运行，电动泵作为启停和备用。三台给水泵均设有前置泵，电动给水泵及其前置泵采用液力耦合器的连接方式。三台给水泵都设有给水流量再循环管，以防止低负荷时给水泵汽蚀。三台高压加热器采用大旁路，进口为三通阀。

汽轮机轴封蒸汽系统采用自密封式，正常运行时高中缸轴封漏汽经溢流阀和减温器后调节压力和温度后进入低压缸汽封，启、停用汽由主蒸汽、冷再热蒸汽和辅助蒸汽进行不同负荷下的汽源切换。各汽封及高中主汽阀和调节汽阀阀杆外挡漏汽室的汽-气混合物进入轴封冷却器（又称轴封加热器）后，空气和其他不凝气体由抽气风机排大气，疏水经 U 形水封管进入凝汽器。高中主汽阀和调节汽阀的阀杆高压漏汽进入冷再热蒸汽管道。

三组水环式真空泵形成该机组的抽真空系统。各低压加热器、凝结水泵等真空设备的各路空气汇集到凝汽器，由水环式真空泵（两台正常运行，一台备用，机组启动时，三台同时运行）抽出排入大气。

汽轮机本体疏水、各蒸汽管道和设备的疏水、放水及溢水分别进入压力相应的疏水集管，后排入两台疏水扩容器 A、B，经疏水扩容器扩容降压后，蒸汽进入凝汽器的蒸汽空间，水进入凝汽器热井。

高压加热器的正常疏水经疏水调节阀逐级自流入除氧器。在机组启动初期，水质不合格的疏水通过各台高压加热器的启动疏水支管直接排至地沟，H1、H2 和 H3 水质合格的启动疏水和事故疏水进入汽轮机本体疏水扩容器 B 和 A。各低压加热器的正常疏水采用逐级自流方式，最后 H8 疏水接至凝汽器壳体两侧的疏水扩容器内，每台低压加热器均设有单独的事故放水管道，分别接至凝汽器壳体两侧的疏水扩容器。各高压加热器的连续放气经调节阀汇集到一根母管后进入除氧器，启动放气通过排气管排入大气。各低压加热器的启动放气和连续放气汇入母管后去凝汽器。

辅助蒸汽系统有四个汽源：启动锅炉蒸汽、冷段再热蒸汽、邻机来汽、第四段抽汽，系统提供小汽轮机的调试用汽、除氧器启动加用热、汽轮机轴封用汽、空预器吹灰及锅炉启动用汽等。

（四）背压、凝汽式热电厂的全面性热力系统

图 3-77 所示为背压、凝汽式热电厂的全面性热力系统（见文末插页）。该电厂有三台单汽包循环流化床锅炉和三台汽轮发电机组，其中两台为凝汽式供热机组，另一台为背压式供热机组。

三台循环流化床锅炉的型号为 SG -130/3.82-M247，设有单级连续排污利用系统，锅炉的连续排污水进入连续排污扩容器，回收蒸汽通过汽平衡母管进入高压除氧器，浓缩后的污水、水冷壁进口集箱的定期排污水，锅炉的紧急放水进入定期排污扩容器，之后排入地沟。

主蒸汽系统采用切换母管制，机组正常运行时，采用一机配一炉的单元式系统，在事故情况下，机组切换由联络母管供汽，运行灵活。

两台凝汽式供热机组的型号为 C-12/3.43/0.981，背压式供热机组的型号为 B-12/3.43/0.981。凝汽式机组的第一级抽汽和背压式机组的排汽向热网供汽，供汽额定压力均为 0.981MPa，事故情况下，由主蒸汽经减压减温后向热网供汽。

每台凝汽式供热机组共有三段抽汽，分别供一台高压加热器、一台除氧器，一台低压加热器。第二段抽汽汇入加热蒸汽母管，作为除氧器的加热用汽。为保证除氧器定压运行，在其加热蒸汽管上设置调压阀，并有切换第一段抽汽的切换阀，在低负荷时，第一段抽汽经减压阀进入除氧器的加热蒸汽母管。高压加热器的正常疏水经浮球式疏水调节阀汇入疏水母管进入除氧器，事故疏水进入危急疏水扩容器。低压加热器的疏水也经浮球式疏水调节阀进入凝汽器。背压式机组的高压加热器用汽来自凝汽式机组的第一段抽汽母管（供热母管）。

凝结水由凝结水泵经射汽冷却器、轴封加热器、低压加热器汇入凝结水母管进入除氧器，轴封加热器与低压加热器之间设置凝结水最小流量再循环，以保证在低负荷时凝结水泵及汽轮机汽封系统的正常运行。除氧水由锅炉给水泵送入高压加热器，通过给水操作台控制流量后进入省煤器。在给水泵前、后及高压加热器之后分别设有低压给水母管、高压给水冷母管和高压给水热母管，这些给水母管均为切换式，四台锅炉给水泵，三台正常运行，一台备用。正常工作时，一台机组配一台给水泵，事故情况下，启动备用给水泵通过母管向锅炉供水。

凝汽式汽轮机的第一段抽汽经均压箱调整参数后作为其汽封供汽，而背压式汽轮机的汽封用汽来自该机的排汽。各台机组汽封的外挡漏汽、自动主汽阀和调节汽阀的阀杆漏汽均进入各自的轴封加热器。轴封加热器的疏水经 U 形管进入凝汽器，空气则由射汽式抽气器抽出。射汽式抽气器的正常汽源凝汽式机组为第一段抽汽、背压式机组为汽轮机排汽，备用汽源为节流降压后的主蒸汽，工作蒸汽连同从轴封加热器抽出的空气进入射汽冷却器，射汽冷却器的疏水经 U 形管进入凝汽器，空气排入大气。

凝汽式机组高压加热器的排气经节流孔板进入低压加热器，低压加热器及凝结水泵的排气进入凝汽器，再由射水抽气器抽出排大气。背压式机组高压加热器的排气汇同汽封漏汽一起进入轴封加热器。

各级抽汽止回阀前、后和主汽阀前的疏水进入疏水膨胀箱，蒸汽进入凝汽器喉部，水进入热井。锅炉和除氧间的疏水经扩容器后，连同除氧器的溢放、水排入疏水箱，再由两台疏

水泵送入疏水母管。

化学除盐水经背压机组的轴封加热器和射汽冷却器吸热后，通过疏水母管进入除氧器，作为全厂汽水损失的补充。

在凝汽器的循环水进口管道上空气冷却器、冷油器等设备的冷却水，回水排入凝汽器的循环水出口管道。凝汽器的循环水进、出口管道上设有胶球清洗装置，以保证凝汽器铜管的畅通。

复 习 思 考 题

1. 回热加热器的疏水连接方式有哪些？各有什么特点？
2. 卧式高压加热器由哪些主要部件组成？简述其工作过程。
3. 卧式高压加热器传热面分成哪几段？它们各有什么作用？
4. 试述轴封加热器的作用，并说明其结构特点。
5. 分别说明气动疏水调节阀气压控制系统的组成和工作过程。
6. 高压加热器给水自动旁路保护装置有哪两种控制形式？分别叙述它们的工作过程。
7. 绘制 600MW 机组的回热抽汽系统图，并说明抽汽管道上防止汽轮机进水、进汽的措施。
8. 识读 600MW 机组回热加热器的疏水与放气系统图，并说明在机组启、停、正常运行时的加热器的疏水、放气情况。
9. 回热加热器的投、停原则是什么？
10. 回热加热器在正常运行中应监视哪些项目？
11. 什么是回热加热器的传热端差？回热加热器在运行中传热端差过大可能是哪些原因？
12. 为什么对锅炉给水进行除氧？除氧的方法有哪两种？
13. 简述热力除氧原理。保证除氧效果的必要条件是什么？如何加强深度除氧？
14. 试述高压喷雾填料式除氧器的基本结构和工作过程。
15. 试述卧式喷雾淋水盘式除氧器的基本结构和工作过程。
16. 除氧器的汽源连接方式有哪些？各有什么特点？
17. 接入除氧器蒸汽管道和水管道有哪些？
18. 除氧循环泵的作用是什么？它在系统中怎样连接？
19. 什么是除氧器滑压运行方式？除氧器滑压运行有哪些优点？会带来什么问题？如何解决这些问题？
20. 除氧器在正常运行中应监视哪些项目？
21. 除氧器常见故障有哪些？如何处理？
22. 主蒸汽系统有哪几种形式？说明在电厂中的应用情况。
23. 单元制主蒸汽系统有什么特点？
24. 识读 600MW 机组主蒸汽系统图，并说明各附件的作用及消除主蒸汽压力偏差和温度偏差的措施。
25. 分别简述“单管-双管”式及“双管-单管-双管”式主蒸汽系统的特点。

26. 识读 600MW 机组上采用的双管式再热蒸汽系统图，并说明其附件的作用。

27. 再热机组旁路系统的作用是什么？有哪些形式？说明其应用情况。

28. 三用阀的旁路系统具有哪些功能？

29. 在哪些情况下投入旁路系统？

30. 发电厂的汽水损失包括哪些内容？减少汽水损失的措施有哪些？

31. 什么是锅炉的排污率？我国对电厂锅炉排污率有什么规定？

32. 火电厂工质回收和“废热”的利用原则是什么？

33. 绘制单级排污利用系统图，并说明其汽水流程和各设备的作用。

34. 锅炉的定期排污系统接受哪些疏、放水？

35. 汽轮机轴封蒸汽系统的作用是什么？用外来汽源供汽的轴封蒸汽系统由哪些设备组成？

36. 识读自密封轴封蒸汽系统图，并说明其工作过程。

37. 凝结水最小流量再循环管的作用是什么？它设置在什么地方？为什么？

38. 绘制引进型 300MW 机组的主凝结水系统图。

39. 分别叙述除氧器、凝汽器和补充水箱水位控制装置的设置情况及它们的水位控制方法。

40. 凝结水系统在启动前应做好哪些工作？怎样启动和停运凝结水系统？

41. 绘制国产 300MW 机组给水管道系统图。

42. 为什么要设置给水泵的暖泵管路？试述给水泵的正、反暖过程。

43. 大型机组锅炉给水量是怎样控制的？

44. 试述小汽轮机新蒸汽内切换过程。

45. 识读小汽轮机主蒸汽系统。

46. 试述给水管道系统的启动过程。

47. 汽轮机本体疏水系统的作用是什么？汽轮机本体疏水系统包括哪些内容？

48. 疏水点应设置在什么部位？汽轮机本体疏水有哪些控制装置？各应用于什么场合？

49. 试述国产 600MW 机组上汽轮机本体疏水系统的布置情况。

50. 辅助蒸汽系统的汽源有哪些？辅助蒸汽系统提供哪些用汽？

51. 分别表述开式冷却水系统和闭式冷却水系统的组成和工作流程。

52. 识读超临界 600MW 机组的全面性热力系统图，并说明系统组成及工质流程。

53. 试将图 3-74 引进国产 N600-16.7/537/537 型机组的全面性热力系统图，概括为它的原则性热力系统图，并进行其原则性热力系统计算。已知：额定工况下，汽轮机进汽参数：$p_0=16.7$MPa，$t_0=537$℃，再热冷段参数：$p_{rh1}=3.584$ MPa，$t_{rh1}=313.4$℃，热段参数：$p_{rh2}=3.226$MPa，$t_{rh2}=537$℃，回热系统参数见表 3-13，抽汽管道的压损按 6%计算。锅炉过热蒸汽参数：$p_b=18.29$MPa，$t_b=540$℃，蒸发量 $D_b=2008$t/h，汽包压力 $p_{bl}=19.42$MPa，锅炉效率 $\eta_b=0.92$，给水的焓 $h_{fw}=1182$kJ/kg。计算中选用的其他数据：全厂汽水损失 $D_l=0.015D_b$；生活用汽 $D_s=0.015D_0$（D_0——汽轮机的汽耗量），取自第四段抽汽，不回收；轴封采用自密封系统，额定工况下轴封用汽不计；小汽轮机额定工况下的用汽取自第四段抽汽，用汽量为 $D_t=0.035D_0$；机组的机电效率 $\eta_m\eta_g=0.98\times0.99=0.97$；加热器效率 $\eta_r=0.98$，锅炉排污量 $D_{bl}=0.01D_b$，取排污扩容器的压力为 0.9MPa，排污利用系统的汽水参数见表 3-14。试求：额定工况下，汽轮机组各部分汽、水流量和各项热经济指标。

表 3-13 回热系统参数

项目	单位	回热抽汽段数								
		一	二	三	四	五	六	七	八	九
加热器编号		H1	H2	H3	H4	H5	H6	H7	H8	排汽
抽汽压力	MPa	5.929	3.584	1.616	0.81	0.321	0.133	0.073	0.026	0.005
抽汽温度	℃	380.3	313.4	431.4	336.6	230.4	143.8	92	65.5	$x=0.92$
加热器出口水焓	kJ/kg	1193	1040.8	854.72	712.13	562.4	433.63	363.38	257.59	
加热器进口水焓	kJ/kg	1040.8	854.72	737.2*		433.63	363.38	257.59	148.03**	
加热器疏水焓	kJ/kg	1065.1	871.45	748.51		455.79	385.54	279.33	171.45	

*、**分别考虑给水泵和凝结水泵耗功而引起的焓升。

表 3-14 排污利用系统的汽水参数

项目	汽水参数		
	p/MPa	t/℃	h/（kJ/kg）
锅炉排污水	19.42	363.23	1797.98
扩容蒸汽	0.9	175.36	2772.13
扩容器排污水	0.9	175.36	742.64

第四章

发电厂的辅助生产设备及系统

第一节　发电厂的燃料输送设备及系统

一、概述

我国绝大部分的火电厂采用煤作为锅炉的燃料。大型火电厂的耗煤量很大，一个百万千瓦级的电厂，年耗煤量达数百万吨。煤从运输机械到输送至锅炉房原煤仓要经过若干系统和环节，因此保证锅炉用煤是输煤系统的首要任务。火电厂的燃料费用约占发电成本的 60%以上。锅炉的安全、经济运行与煤质密切相关，因此控制好锅炉的煤质和加强入厂煤的计量，又是输煤系统的一项重要任务。火电厂输煤系统运距长，使用大型机械多，因此，加强设备管理，防止发生设备损坏和人身伤亡事故，是火电厂生产管理工作的重点之一。

火电厂输煤车间的管辖范围，是从厂外运煤车辆或船舶卸煤进厂起，到煤运入锅炉房原煤仓为止的整个工艺系统。输煤系统的设备一般包括卸煤、受煤、储煤、计量等煤场设备和装置，提升运输设备以及其他辅助设备、附属建筑物等。

二、输煤系统的设备及装置

我国火电厂的厂外运煤方式有水路运输、铁路运输、公路运输、长距离钢绳牵引、带式输送机运输等。我国南方沿江沿海地区，有条件的电厂多采用水路运输；北方地区大多采用铁路运输。

资源44-输煤系统

（一）铁路运煤及其卸煤设备

1. 螺旋卸平机

目前火电厂使用的螺旋卸平机，根据卸车形式，大致可分为桥式、门式、Γ形三种。其中每种形式又有不同的跨距和特点。

桥式螺旋卸车机的工作机构布置在桥架上，桥架可在架空的轨道上往复行走。其特点是铁路两侧比较宽敞，人员行走方便，机构设计较为紧凑。

门式螺旋卸车机的特点是工作机构安装在门架上，门架可以沿地面轨道往复行走。

Γ形螺旋卸车机是门式卸车机的一种演变型式，通常用于场地有限、条件特殊的工作场所。螺旋卸车机按螺旋的旋转方向可分为单向螺旋卸车机械和双向螺旋卸车机两种。

目前国内大多数是使用双向螺旋卸车机，火力发电厂大多选用桥式螺旋卸车机。桥式螺旋卸车机的结构如图 4-1 所示。

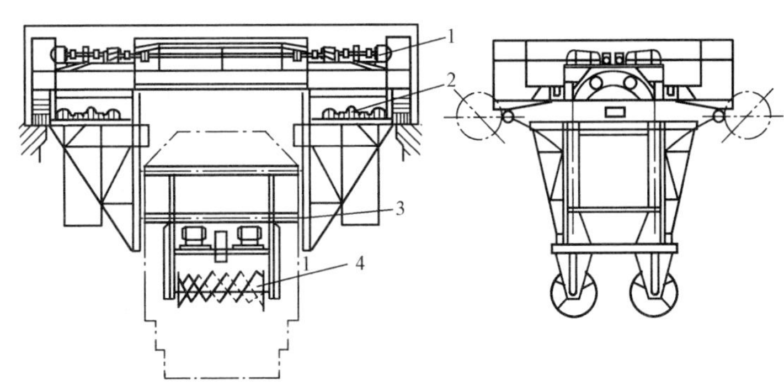

图 4-1　桥式螺旋卸车机的结构

1—螺旋升降机构；2—大车行走机构；3—金属架构；4—螺旋回转

螺旋卸车机卸一节 60t 车的时间（不包括辅助作业）一般平均 6～8min。在辅助作业中，开关车门一般各需 2min，清车底需 4min 左右（配 4 人进行清扫）。卸一列车煤的综合出力，与卸车线货拉多少、调车、车皮形式和吨位、车门多少、煤的松散性、是否冻结等因素有关。一般综合出力为 300～400t/h。一列车分几次卸煤时，需计入调车时间。遇煤冻结不易卸车时，开门和清底时间还要延长。

2. 翻车机

国内生产的翻车机习惯上按翻卸形式进行分类，分为转子式和侧倾式翻车机。

(1) 转子式翻车机。转子式翻车机是被翻卸的车辆中心基本上与翻车机回转中心重合，车辆同转子回转 175°左右，将煤卸到翻车机正下方的料斗中，再通过皮带运输机直接输送到锅炉煤斗或煤场。

国内电厂使用的转子式翻车机的型号有 KFJ-2A 型、ZFJ-100 型和 ZFJ-Y-100 型。另外，KFJ-2 型和 KFJ-3 型以及 M2 型在国内电厂中也有应用。这几种型号翻车机的基本特性相同，只是在压车机构或支承结构上稍有差别。

图 4-2 为 ZFJ-100 型转子式翻车机的基本构造，该翻车机由转子、传动装置、夹车机构、平台及振动器等部分组成。

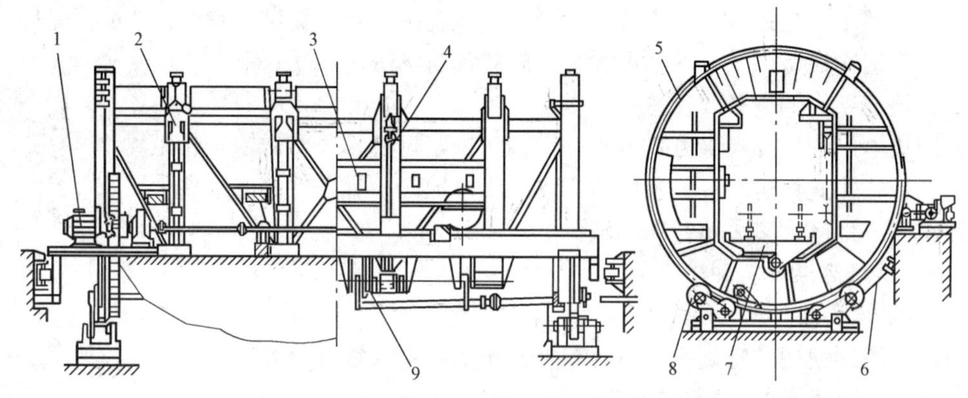

图 4-2 ZFJ-100 型转子式翻车机的基本构造

1—传动装置；2—转子桥架；3—靠板与振动器；4—夹车机构；5—转子；6—曲线板；7—定位及推车平台；8—托棍装置；9—小车导板及制动器

1）转子。转子是一个中空圆形钢结构体，其两端各有一个转子圆盘。转子圆盘之间用转子桥构架相连。转子圆盘与构架的连接处全部采用铆钉连接。转子桥的左右两侧各有四个立柱，每对立柱上安装有开式齿轮及滚道。两端圆盘的滚道自由地放在两组支撑的托辊上，由传动装置带动转子旋转。

2）传动装置。由两台 48kW 的电动机及减速机、制动器、开式齿轮（或销齿）等组成，安装在与推车平台同一层上。两套电动机、减速机、制动器或销齿啮合，带动转子回转。

3）夹车机构。如图 4-3 所示，夹车机构是翻车机的压车装置，共有四套，分别安装在转子桥的四对立柱上。每套由左右夹车钩、绞车、小车、小车刹车及导板等组成。翻卸时，车皮向侧板靠拢，四套机构的八个夹子靠自重下降。当转子大约转到 60°的位置时，八个夹子就牢牢地锁住了整个重车。翻卸完毕转子返回零位，提升钢绳将八个夹子提升到极限高度。

4）平台。安装在转子桥的横梁上。沿平台纵向铺设铁路钢轨，轨距 1435mm。在平台的出车端钢轨两侧设有定位装置，能使各种车辆准确地停在平台上的规定位置。进车端的推车装置，把卸完的空车自动推出翻车机。为了防止平台纵向窜动，在翻车机两端的基础上设有带滚轮的挡轮。平台下安装四组弹簧机构，弹簧机构迫使平台和车辆同时向靠板位移，使车辆墙板靠紧转子桥上的靠板。

5）振动器。安装在一个可伸缩的装置上，通过平台的位移使振动器直接与车辆墙板接触。

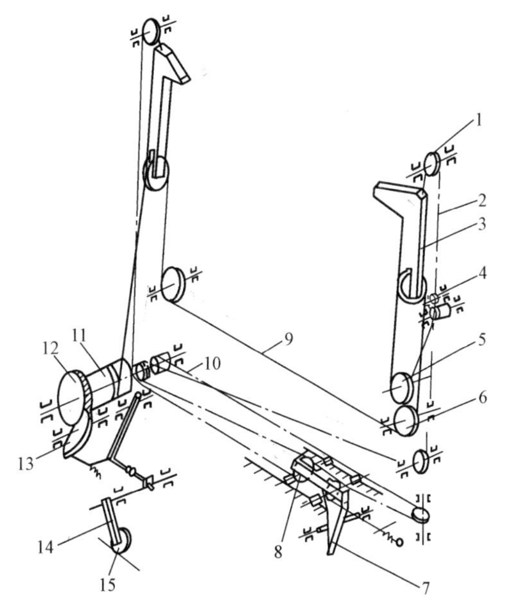

图 4-3　夹车机构

1—提升滑轮；2—提升钢丝绳；3—夹车钩；4—调整绞车；5、6—滑轮；7—平衡小车；8—平衡滑轮；9—压紧钢丝绳；10—平衡钢丝绳；11—滚筒；12—闸轮；13—钩子；14—辊式杠杆；15—曲线轮

ZFJ-100 型转子式翻车机可以与卸车自动线中其他配套设备联动实现自动化卸车，也可以用于机车推送车辆作业，还可以人工操作。当一辆重车以小于 1.2m/s 的速度送进翻车机时，由定位器使重车稳定在规定位置，启动翻车机正转，当转子从 0°转到 5°时，平台及车辆靠自重和弹簧机构的作用移向靠板，直至车辆与靠板完全贴紧，同时四套夹车机构下降，使八个夹子完全压在车辆的墙板上。当转子转到约 60°时，夹车机构刹车，这时八个夹子就锁住了重车。此时六台振动器的振动箱借助与平台的连杆伸出靠板，与车辆墙板贴紧。当转子转到 155°时，六台振动器同时振动，翻车机正转到位后停转，再启动翻车机反转，等回到 150°时振动器停止振动，当回到 60°时，夹车机构绞车松闸，且提升八个夹子。约在 5°左右时，平台及翻卸后的空车依靠设在转子两端站台上的平台挡铁及平台上的复位滚轮的臂，强制平台准确对轨，达到回位。

当转子反转到 0°时，平台上定位器的制动靴下降，推车器将空车推出，定位器的制动靴上升，推车器返回原位，此时可接受另一辆重车，继续翻卸。

（2）侧倾式翻车机。侧倾式翻车机是被翻卸的车辆中心远离翻车机回转中心，使车辆内的煤倾翻到车辆一侧的受料斗内，以便适用于地下水位高的地区。

火电厂常用的侧倾式翻车机主要有 M6271 型、KFJ-1A 型、CFH-1 型和 CFH-2 型。它们的基本特征相同，只是在传动方式、回转点以及压车方式上有所区别。

CFH-2 型侧倾式翻车机采用调车机牵引时，平台上不需加装定位装置，而是采用两对凸凹圆锥体平台定位，这样提高了运行中的可靠性、安全性；同时采用了变速传动，使靠车、夹车、放松、回位等几个环节在 1/3 的正常转速下低速进行，减少了平台回位时的水平冲击力，使翻车机运转平稳，故障率和损车率大大降低。

图 4-4 所示为 KFJ-1A 型侧倾式翻车机构造，它是一种齿轮传动、液压锁紧压车的侧倾式翻车机。其构造由回转盘、压车梁、活动平台、压车机构、传动装置等组成。

回转盘由半圆部和尾部组成，它是钢板焊接成的箱形结构，外侧镶有传动大齿圈，两回

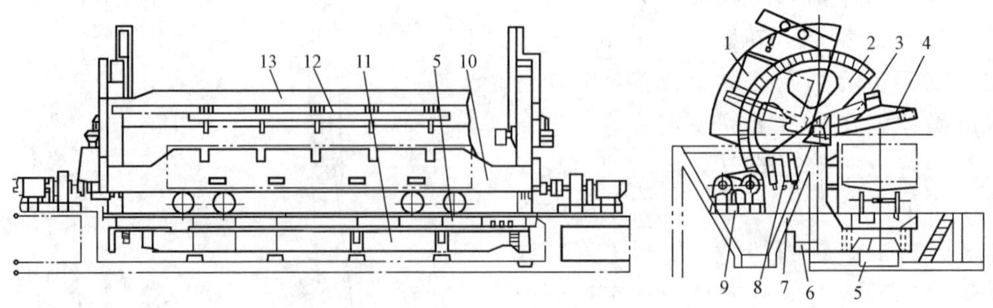

图 4-4 KFJ-1A 型侧倾式翻车机构造

1—平衡块；2—回转盘；3—压车端梁；4—压车小横梁；5—活动平台；6—定位杆；7—插销；8—压车机构；9—传动装置；10—托车梁；11—底梁；12—外通梁；13—压车主梁

转盘通过托车梁、底梁连成一体。大齿圈的回转中心安装有一心轴，心轴两端装有滚动轴承。在回转盘上安装有平衡块，起平衡作用，以减小电动机的功率。

压车梁由主梁、端梁、小横梁和外通梁组成。压车梁一端与端梁连接，另一端用销轴与液压缸的活塞杆端铰接。压车梁可绕端梁支点转动，并使压车小横梁保持在确定的位置。

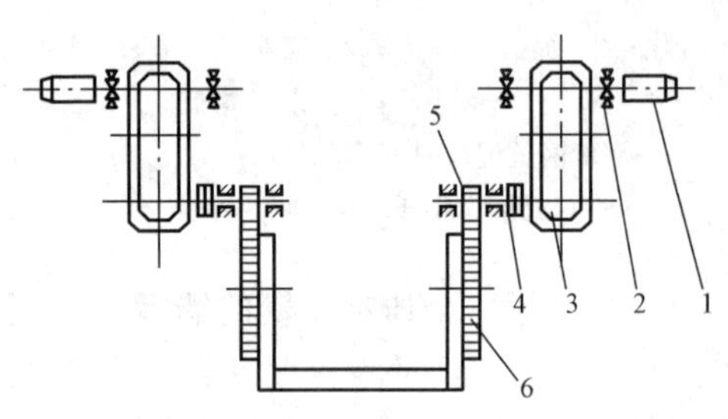

图 4-5 传动装置示意

1—电动机；2—制动器；3—减速器；4—齿形联轴器；5—小齿轮；6—大齿轮

这种翻车机有两组独立的压车机构，分别装在两个回转盘的外侧。每组压车机构均由液压缸、储能器、开闭阀、油泵和油箱等组成。油缸的下端用销轴铰接在回转盘上，油缸活塞杆与压车端梁尾部用销轴连接。

传动装置见图 4-5。两台电动机靠机械装置实现同步。

翻车机的托支梁和底梁都是由两根工字形断面的鱼鳆梁焊接而成的，两端焊接在回转盘底部。托车梁的作用是连接两回转盘并支撑车辆。在托车梁上焊有挡煤板，使翻卸的物料能流入料斗中。在托车梁上装有四组附着式振动器，其作用是将煤卸干净。底梁除连接两回转盘外，还起着支撑活动平台的作用。两回转盘的下部与活动平台之间装有两组缓冲器，平台的另一侧装有定位杆，如图 4-6 所示。当翻车机返回零位时，压缩弹簧缓冲器用以减少冲击振动。

活动平台由两根焊接主梁组成。有六对托辊将平台支撑在底梁上，活动平台承受车辆的全部重量，平台上装有定位器和推车装置。定位器像挡铁一样把溜入翻车机活动平台的车辆停靠在指定位置。推车装置将卸空的车辆推出翻车机。

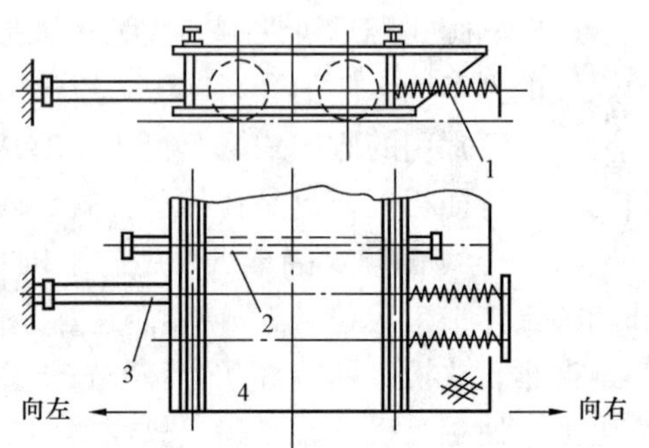

图 4-6 弹簧缓冲器与定位杆示意

1—复位弹簧；2—定位杆；3—导向杆；4—活动平台

(3) 翻车机的配套装置。

1) 重车铁牛。重车铁牛是翻车机卸车线中的主要辅助设备之一，用于牵引重载车辆。为了牵引重车时不采用“溜放”的操作方式，现在的翻车机卸车线已采用不同形式的重车调车机代替重车铁牛。

2）重车调车机。重车调车机也叫重车拨车机，相当于重车铁牛的作用，能将整列重车拨向翻车机。其特点是定位准确，提高了系统效率，简化了土建结构，降低了成本，简化了调车系统。与调车机配套使用的还有夹轮器，它的用途是当调车机把整列车牵引到位后，夹住第二节重车的前轮，防止整列车溜动。

3）摘钩平台。摘钩平台是一种使到位的整列重车与将要被翻卸的一节重车脱钩的设备。

4）迁车台。迁车台是将翻卸完的空车从重车线平移到空车线上的移车设备，用在折返式卸车线上。

5）空车调车机。它在平行于空车线的车机上往复行走，其作用相当空车铁牛，功能是将空车集结。其结构与重车调车机相似，只是功率小些而已。

（4）翻车机及翻车机卸车线的控制。翻车机和翻车机卸车线的控制方式有手动集中控制和自动控制两种，其中自动控制又分为继电器自动控制和微机程序自动控制。手动控制只在调试或微机程序发生故障时使用。随着调车机的出现，翻车机及翻车机卸车线的控制也趋于简单化。

3．自卸式底开车厢

自卸式底开车厢是专用煤车车厢。车厢底是两块相互对合可翻动的平板，当平板翻动时煤由底部卸出，配合轨道下面的输送皮带，可将煤及时送至煤场。

厂外运煤采用 K18 型自卸底开门车时，厂内只需建设受卸装置。卸煤方式分为整列卸、分批卸、边走边卸三种。目前我国使用的自卸底开门运煤的电厂，多数采用分批卸煤方式。受卸装置大多采用长缝煤槽，并配以较大输出能力的带式输煤机，以便及时腾空货位。

（二）火电厂水路运煤的卸煤设备

沿海、沿江的一些火电厂采用水路运煤。内河水运多采用拖轮带运煤驳船的运输方式、海路水运多采用自航大型运煤船舶。

卸船设备按工作性质分为两大类：周期性和连续性动作的机械。属于周期性动作的机械，有各种类型的抓斗起重机；属于连续性动作的机械，有链斗式、刮板式、气力式等卸船机械。

目前用于码头卸船周期性动作的抓斗式起重机有多种类型，如门式抓斗卸船机、固定旋转式抓斗卸船机和门座式抓斗卸船机等。

为适应大容量快速卸煤的需要，起重量为 21t、卸煤能力达 1500t/h 的大型桥式抓斗卸船机已在国内许多电厂使用，如图 4-7 所示。

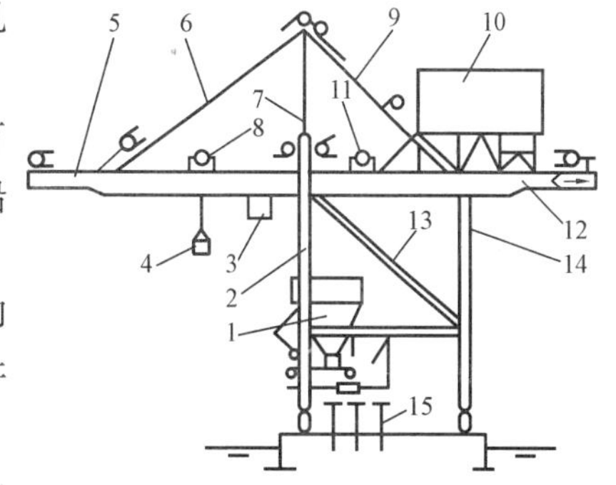

图 4-7　1500t/h 卸船机结构示意

1—料斗；2—海侧门框；3—司机室；4—抓斗；5—悬臂；6—主小车；7—大梁顶架；8—前拉杆；9—后撑杆；10—机房；11—副小车；12—大梁；13—斜撑；14—陆侧门框；15—码头面皮带机

卸船机伸到航道的悬臂可以向上弯折，以保证大型海轮能安全停靠。其抓斗小车在桥架上可往返移动。卸船机工作时，抓斗小车沿前桥行至船舱，取煤后，抓斗小车向岸边行走，将煤卸入前门架内侧落煤斗内，经卸船机自身皮带机将煤送至输煤系统皮带上。整机可通过大车沿码头轨道行走来实现移动取煤。船靠岸或离码头时，前桥变幅仰起，以便船上桅杆自由通过。

（三）受卸装置

所谓受卸装置，是指收受从车上卸下来的煤的构筑物及输出设备的总称。它应满足两个方面的要求：一是备有一定的货位，不影响一次或多次卸车；二是要便于把卸下来的煤运走，送至储煤场或锅炉原煤仓。

目前大中型电厂常用的受卸装置有以下三种类型：①栈台或地槽配螺旋卸车机或抓斗类卸车机械；②长缝煤槽配底开门运煤专用车皮或配螺旋卸车机；③受煤斗配翻车机。

1. 栈台、地槽受卸装置配螺旋卸车机或抓斗类起重机卸车方案

这类方案只适用于耗煤量在100～130t/h的电厂。

2. 长缝煤槽受卸装置

配用螺旋卸车机或采用底开门车辆运煤的电厂，可以采用此种受卸装置受煤。长缝煤槽均以叶轮拨煤机作为给煤设备。

长缝煤槽受卸装置有以下特点：

（1）当配用螺旋卸车机时，与翻车机卸煤比较，对车皮基本上无损伤，对一般车型适应性好，但机械化程度较低，劳动条件较差。

（2）卸车线长度、卸煤和输出能力可根据不同需要灵活选择，它的卸煤能力和输出能力与翻车机方案相当。

（3）煤槽容积大，可容纳足够的缓冲煤量，不必二次转运，从而减轻了煤场的作业量。

（4）可以分段卸不同煤种，用叶轮拨煤机进行混煤。

（5）可做到用推煤机从煤场往槽内推煤，增加运行的灵活性。

（6）地下建筑工程量大，造价高，运行条件较差（灰尘大、潮湿，甚至有地下水渗漏）。

这种受卸装置的铁路线有单线、双线两种形式。叶轮拨煤机分单侧和双侧拨煤型式。由叶轮拨煤机将煤拨到带式输送机上。带式输送机的布置有双路、单路和单路对头布置三种形式。

长缝煤槽受卸装置可分Ⅰ、Ⅱ、Ⅲ、Ⅳ、Ⅴ五种型式。Ⅰ型和Ⅱ型因叶轮拨煤机的型式不同，影响到煤槽的结构尺寸不同，因而其埋置深度也不同。Ⅰ型埋置深度较浅。

就卸车线而言，Ⅰ、Ⅱ、Ⅲ型均为单线布置，其余为双线布置；就下部的受煤带式输送机而言，Ⅰ型和Ⅱ型为单路系统，Ⅲ、Ⅳ、Ⅴ型为双路系统。铁路线单线布置，适用于要求卸车线较长的情况，以便分段卸不同煤种；铁路线双线布置，适用于同时卸车的车皮数较多、调车方便以及场地短且受到限制的电厂。对单路系统，可以设两台带式输送机，对头布置，但其安全性不如双路平行系统。

3. 翻车机受卸装置

翻车机受卸装置按翻车机下部带式输运机的布置形式，可分为带式输送机与翻车机室轴线平行引出和垂直引出两种。此外，按翻车机的台数，又可分为单翻车机卸煤装置和双翻车机卸煤装置等布置形式。

侧倾式翻车机比转子式翻车机地下部分约浅5.9m，因此在地下水位高、地质条件差的情况下，宜采用侧倾式翻车机。

无论是单翻车机还是双翻车机卸煤装置，带式输送机垂直引出时，常使翻车机室远离主厂房；而平行引出时，由于带式输送机多了一次转运，可以做到尽可能靠近主厂房，这往往

对节省占地有重要作用。总之，平行引出和垂直引出各有特点。由于各厂的具体条件不同和总体布置各不一样，所以各厂引出方案各不相同。

4. 翻车机卸煤装置的调车系统

调车系统是翻车机卸煤装置的重要组成部分。随着科学技术的不断进步，调车系统化设备和控制方式的自动化设备应运而生。大中型电厂大多采用拨车机进行调车，控制方式都采用微机程序控制，翻车效率大大提高。

所有翻车机卸车系统都有一共同的问题，即对不能翻卸的异型车如何处理。从理论上讲，使用翻车机卸煤时，煤车组合时不能将异型车编送入厂，因此如果该地区不能翻卸的异型车比例较大时，还需设置卸异型车的设施。

5. 底开门车受卸装置

厂外运煤采用 K_{18} 型自卸底开门车时，厂内只需建设受卸装置。卸煤方式分为三种：整列卸、分批卸、边走边卸。目前我国使用的自卸底开门车运煤的电厂，多数采用分批卸煤方式。受卸装置大多采用长缝煤槽，并配以较大输出能力的带式输送机，以及时腾空货位。

（四）储煤设施

1. 储煤设施的作用

为了安全发电，火电厂一般都需要在厂内储存一定的煤量，设置机械化的储煤场。同时，储煤设施在输煤系统中还起着厂外来煤量与锅炉燃煤量之间的调节、缓冲作用。有时还利用储煤设施进行混煤和高水分煤的自然干燥等工作。

2. 储煤设施设计容量

储煤设施设计容量应综合厂外运输方式，运距，供煤矿点的数量、煤种及品质，燃煤供需关系，火力发电厂在电力系统中的作用，机组形式等因素确定。根据 GB 50660—2011《大中型火力发电设计规范》的规定，储煤设施设计容量应符合下列规定：

（1）运距不大于 50km 的火力发电厂，储煤容量不应小于对应机组 5d 的耗煤量。

（2）运距大于 50km 不大于 100km 的火力发电厂，当采用汽车运输时，储煤容量不应小于对应机组 7d 的耗煤量；当采用铁路运输时，储煤容量不应小于对应机组 10d 的耗煤量。

（3）运距大于 100km 的火力发电厂，储煤容量不应小于对应机组 15d 的耗煤量。

（4）铁路和水路联运的火力发电厂储煤容量不应小于对应机组 20d 的耗煤量。

（5）供热机组的储煤容量应分别在第（1）～第（4）条的基础上，增加 5d 的耗煤量。

（6）对于燃烧褐煤的火力发电厂，在无有效措施防止自燃的情况下，储煤容量不宜大于对应机组 10d 的耗煤量，最大不应超过对应机组 15d 的耗煤量。

（7）当存在两种以上的来煤方式或供煤矿点较多时，储煤容量宜按上面第（1）～第（6）条中较小值取用。

储煤设施的形式应根据气象条件、厂区地形条件、周边环境的要求，并兼顾造价等因素，可采用封闭式储煤设施、半封闭式储煤设施、露天煤场配置挡风抑尘网或露天煤场等形式。

（五）煤场机械

按照工作机械的不同，煤场机械大致可以分为以下三种类型：①铲车式，有铲运机、推煤机、装载机；②抓斗式，有履带抓斗起重机、装卸、桥、门式抓斗起重机；③轮斗式，有斗轮堆取料机、滚轮取料机。

1. 推煤机

作为辅助机械被广泛使用。它可以把煤堆堆成任何形状，在堆煤的过程中可以将煤逐层压实，在用汽车运煤的电厂中，可兼顾平整道路等辅助工作。

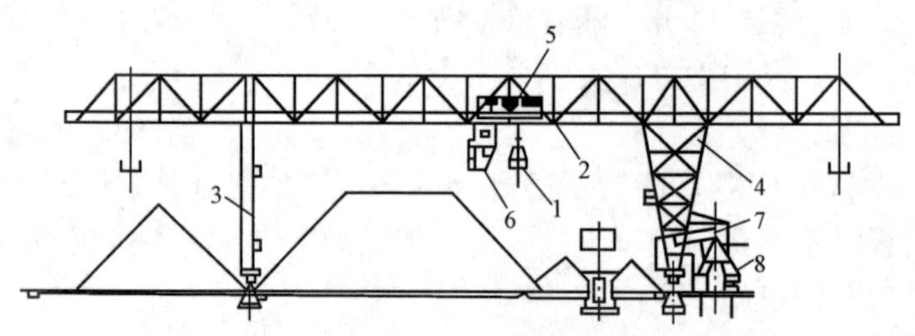

图 4-8 5t×40m 装卸桥

1—抓斗装置；2—桥架；3—挠性支腿；4—刚性支腿；5—小车机构；6—司机室；7—给煤机；8—受料带式输送机

2. 装卸桥

装卸桥主要用于煤场，承担堆取料作业的设备，也可用来卸车和上煤。装卸桥实际上是煤场专用的龙门起重机，它主要由桥架刚性及挠性支腿、小车机构、抓斗装置等组成，见图4-8。

装卸桥的主要参数是跨度和生产率。跨度一般在30m 以上。小车速度一般都在 120m/min 以上，甚至达 160m/min；抓斗起升速度大于60m/min；大车的行走是非工作性的（吊运时不工作），行走速度常在 25m/min 左右。生产率主要取决于抓斗容积。电厂使用的 40m 跨度的装卸桥，其抓斗容积小于 $3m^3$，生产率为140～255t/h。若只用于煤场，则可采用大容积抓斗，生产率可大大提高。

装卸桥的主要优点是运行灵活可行，维修工作简单，可以进行综合作业，雨季能从煤堆下部挖取干煤；缺点是结构自重大，造价高，电耗大，不便于实现自动化。

在装卸桥运行中，尤其是在与推煤机联合作业以及下部有人工作时，要特别注意人身安全。

装卸桥对气候的适应性较差。在大风、大雾、高温、严寒等恶劣气候条件下难以运行。在结构上，如果用在严寒地区必须采用镇静钢。

在运行中，一般不采用开大车的运行方式，开大车只是为了变换工作位置。因此，必须设置沿轨道方向的受煤带式输送机，与其配合运行。

3. 斗轮堆取料机

按其功能分为堆料机、取料机、堆取料机。电厂常用的多为堆取料机，按其整机结构，可分为悬臂式和门式；按其行走方式，可分为轨道式、履带式、固定式等，火电厂中使用最多的是轨道式；按其驱动方式，分为机械驱动、液压驱动、机械液压联合驱动等型式。

对于在直线轨道上运行的斗轮机，从整个结构型式看，它由门座及行走机构、在门座平台上回转的工作机构及尾车等几部分组成。

表征斗轮堆取料机特征的是它的工作机构，包括斗轮及其驱动装置、斗轮臂架、堆取料带式输送机、变幅及回转机构、平衡装置、金属结构等，如图 4-9 所示。

斗轮是通过其本身的回转从煤堆中铲取煤的主要工作部件。按照构造它分为有格式、无格式和半格式三种。半格式斗轮综合了前两种斗轮的优点，强度高，容积大，卸料方便，是目前火电厂应用最广的一种结构形式。

斗轮驱动装置，按斗轮的驱动方式不同可分为液压驱动、机械驱动和机械液压联合驱动三种传动方式。这三种传动方式各有特点，在火电厂中都有采用。

为了保证均衡的取煤能力，回转调速对液压传动来说是靠变量油泵实现的，而机械传动是靠电动机调速的，电动机调速在火电厂中使用较多的有两种方式，即交流调速电动机和交流变频调速电动机。

斗轮堆取料机的变幅机构，其变幅是指斗轮臂架仰俯角的变化运动，变幅的目的是调节取煤时斗轮的取煤高度以及堆煤时煤的落差。变幅受到堆取料带式输送机仰俯角和臂平衡条件的限制。变幅范围一般为±13°～±16°。

变幅的传动方式可分为机械传动和液压传动，具体应用哪种方式与整机平衡方式有直接联系。

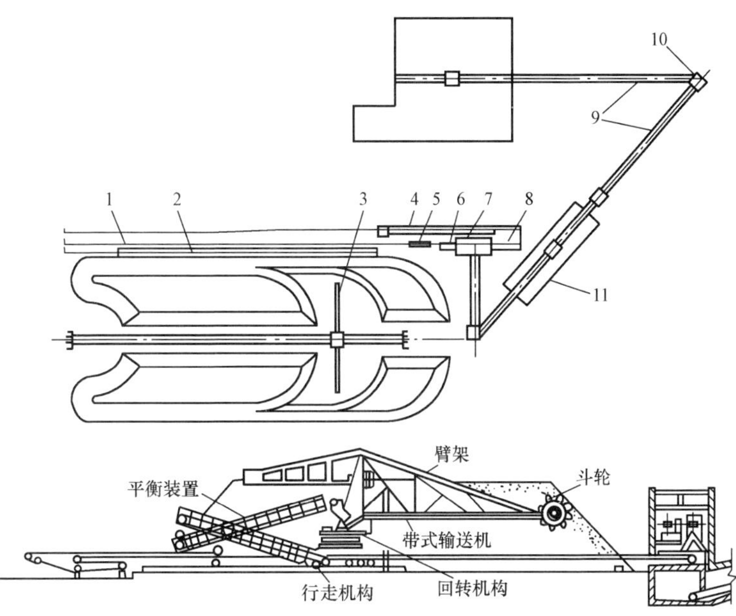

图 4-9　斗轮堆取料机及储煤场

1—重车停放线；2—机车行走线；3—斗轮堆取料机；4—空车铁牛线；5—摘钩平台和液压止挡器；6—重车铁牛槽；7—翻车机室；8—牵车台；9—带式输送机；10—碎煤机室；11—混煤装置

尾车的结构形式取决于使用要求。尾车是堆取料机的重要组成部分之一，是堆煤作业时连接地面皮带与主机的桥梁。它通过挂钩或连杆与主机联系在一起，工作中与主机同时沿轨道行走。根据煤场工艺要求的不同，按功能可分为固定式、折返式、通过式三大类。这三类尾车在火电厂中都有采用。

（六）带式输送机

用带式输送机输送散堆物料，具有输送连续、均匀、生产率高，运送平稳可靠，运行费用低，易于实现远方或自动控制，维修方便等优点。因此，火电厂几乎无例外地采用带式输送机输送燃煤。由于大功率、长距离带式输送机的发展，使用带式输送机作为厂外远距离燃煤输送的也越来越多。实践证明，条件合适时，它比其他运输设备具有更多的优越性。

带式输送机分通用型、特殊型两大类，共计 14 种类型。目前在火电厂应用的带式输送机以通用型居多。随着科技的发展，气垫式带式输送机在一些电厂试用；受地形条件限制，大倾角 U 形带式输送机在电厂中也有使用。随着坑口电站及大机组用煤量的增加，长距离、大运量原煤输送的需要增长很快，因此钢绳芯带式输送机以及钢绳牵引带式输送机也相继在电厂中使用。

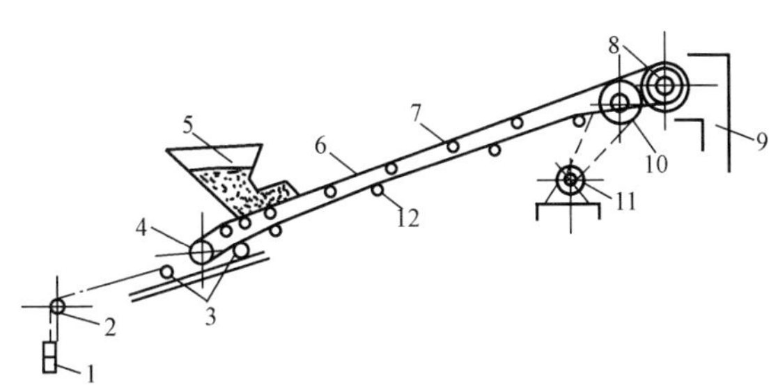

图 4-10　通用带式输送机示意

1—重锤；2—滑车；3—拉紧装置；4—改向滚筒；5—装煤斗；6—胶带；7—上托辊；8—传动滚筒；9—卸煤斗；10—驱动装置；11—电动机；12—下托辊

1. 通用带式输送机

图 4-10 所示为通用带式输送机主要由胶带、上托辊、下托辊、驱动装置、拉紧装置、清扫及制动装置（图中未画出）等

组成。

通用型带式输送机可用于水平输送，也可用于倾斜输送。倾斜向上输送一般不允许超过18°。

2. 气垫带式输送机

气垫带式输送机是由鼓风机向气室供气，通过盘槽上的气孔向上喷气，对胶带产生浮力，使胶带与盘槽之间形成气膜，从而实现流体摩擦的一种输送机构，如图4-11所示。

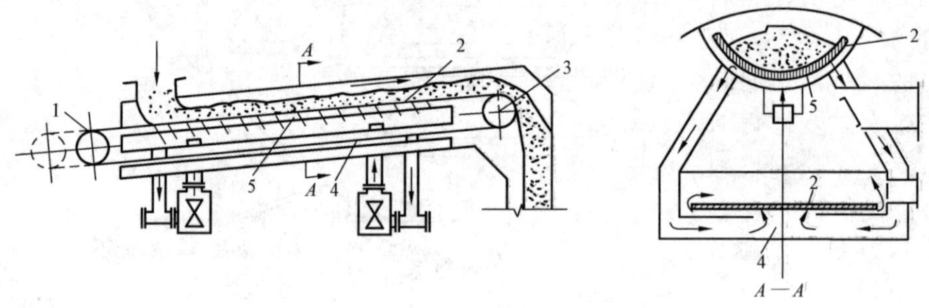

图4-11 气垫带式输送机结构原理

1—拉紧滚筒；2—胶带；3—驱动滚筒；4、5—气室

它与通用带式输送机相比有以下优点：

1）能耗少。由于不用上托辊，摩擦系数比托辊式输送机大大减小，功率可减少20%～25%。

2）由于这种皮带机不颠簸、不跑偏、不撒煤，磨损减少，胶带撕裂的概率减少，因此胶带的使用寿命大大提高。

3）运行平稳，噪声小，可增大提升角，原煤提升角可达25°。

4）由于取消了承载段的托辊，更换托辊的费用大大减少，加之胶带寿命提高，因而维护工作量也大大减少，维护费用降低。根据统计，每年可节约维护费用约50%。

5）带速高，输送量大，最高带速可达12m/s。在同样情况下，带宽可降低1～2级，基建费用可降低10%～20%。

6）适用范围广。一些厂家生产的气垫带式输送机，除用气室代替托辊及增加鼓风机、消声器外，其余部件均可与TD_{75}型通用带式输送机相同。因此，对新建和老设备改造都十分方便。

（七）筛碎设备

火电厂的来煤一般是未经分级的原煤，粒度大多不符合需要，须经破碎才能送往锅炉原煤仓供制粉燃用。因此，电厂输煤中一般设置筛分和破碎设备。

1. 煤筛

电厂常用的煤筛有固定筛、振动筛、滚筒筛、共振筛、概率筛和滚轴筛。

（1）滚轴筛煤机。GSP系列滚轴筛煤机，对煤的适应性广，尤其是对高水分的褐煤更具有优越性，不易堵塞。若需改变筛分粒度及筛分量大小时，只需把筛轴上梅花形筛片的距离及大小适当更换即可。

GSP系列滚轴筛煤机的工作原理，是利用多轴旋转推动物料前移，并同时进行筛分的一种机械。它由电动机经减速器减速后，通过传动轴上的伞齿轮分别传动各筛轴，筛轴的转速为 95r/min，并且可根据需要，在滚轴筛入口端增设电动挡板，煤流既可以经筛面筛分，又可经旁路通过。其结构见图 4-12。

GSP 系列滚轴筛煤机的主要技术参数：筛面宽度1000～1800mm；轴数 6～15 根；出力 690～1500t/h；功率 7.5～18.5kW；筛孔尺寸有两种，即 55mm×65mm 和 60mm×80mm，并可按需要调整。

（2）概率筛煤机。概率筛是运用大筛孔、大倾角和分层筛网。一般根据煤的颗粒组成来确定筛网的层数（常见的为 3～6 层）和孔尺寸，自上而下筛孔尺寸逐层减小，筛面的倾角逐层加大，如图 4-13 所示。其驱动方式为强迫定向振动，采用双质体振动系统，在近共振状态下工作。其动力主要是利用两台振动同步电动机做振源，振幅大，不堵筛，对物料适应性强；主振动弹簧选用剪切橡胶弹簧，设备噪声小，寿命长；机壳密封性好，环境污染小；工作频率为隔振系统固有频率的 3 倍，有良好的隔振效果；筛机运行轨迹是接近于直线的椭圆，工作平稳，生产能力 300～1600t/h 不等。

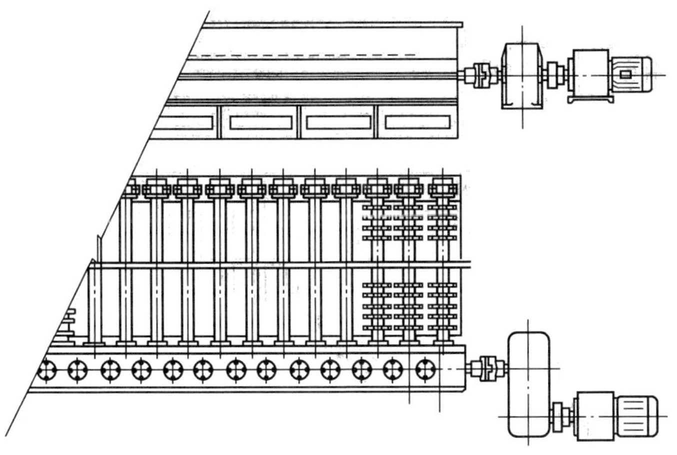

图 4-12　GSP 滚轴筛结构

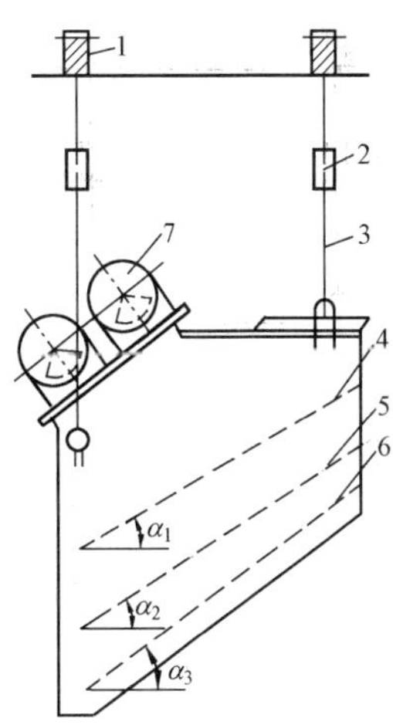

图 4-13　概率筛结构
1—减振弹簧；2—调节装置；3—钢丝绳；4—上筛板；5—中筛板；6—下筛板；7—振动电机

2. 碎煤设备

为了满足磨煤机对粒度的要求，以及防止爬坡皮带运行速度较高时大块煤向下滚动，输煤系统需设置碎煤机械，以满足系统对粒度的要求。通常破碎后的煤粒度不得大于 30mm。

火电厂常用的碎煤机主要有两种型式：反击式碎煤机和环式碎煤机。

（1）反击式碎煤机。反击式碎煤机按转子数量分为单转子和双转子两类，按反击板数量分为单反击板和双反击板两种。MFD 型反击式煤机为单转子双反击板煤机，主要是利用高速旋转的转子将煤块抛起与反击板撞击而破碎的。

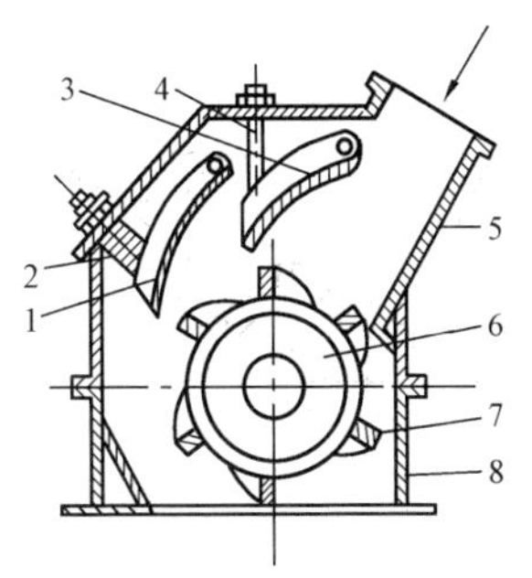

图 4-14　单转子反击式碎煤机结构示意
1—后反击板；2—带弹簧的拉杆；3—前反击板；4—拉杆；5、8—机壳；6—转子；7—打击板

反击式碎煤机的结构主要由机壳、转子、打击板、反击板

等部件组成。图 4-14 为单转子反击式碎煤机结构示意。

物料进入破碎机后，受到高速回转的打击板冲击并被抛向反击板，受到撞击，然后又被反撞回打击板回转空间中，再次受到打击板的冲击，在此期间还有物料彼此之间的撞击。如此反复进行，物料不断产生裂纹、松散而被破碎，直到破碎后粒度小于打击板与反击板之间的间隙为止，并从机壳下端排出。机壳下端是敞开的，不装箅条或隔板，破碎后的合格物料即由此排出。

反击式碎煤机的生产能力从 50t/h 到 500t/h 不等，粒度小于 300mm，排料粒度小于 25mm。

(2) 环式碎煤机。环式碎煤机是火力发电厂普遍采用的一种碎煤设备。它具有结构简单、体积小、质量小、维护量小、能够自行排除杂物及铁件、噪声小、入料口呈微负压、出料口呈微正压、鼓风量小、能形成机内循环风、粉尘小等优点。

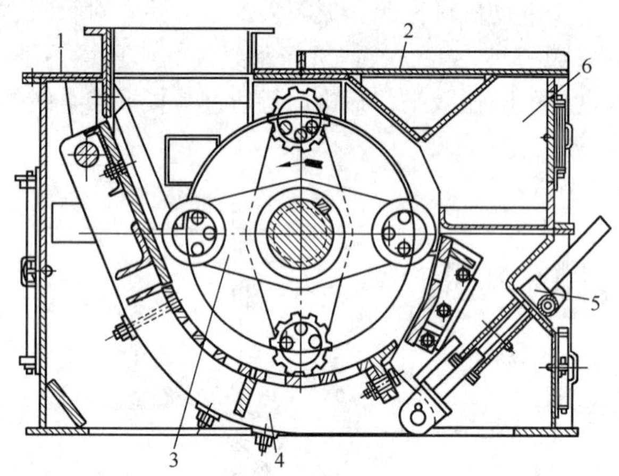

图 4-15 环式碎煤机的基本构造
1—机体；2—机盖；3—转子；4—筛板架；5—调节器；6—除铁室

图 4-15 为环式碎煤机的基本构造。物料进入破碎机后，首先受到随转子高速旋转的环锤的冲击作用而破碎，被破碎的物料同时从环锤上获得动能，高速冲向破碎板，受到第二次破碎，然后落到筛板上，受环锤的剪切、挤压、研磨及物料与物料之间的相互作用进一步破碎，并透过筛孔排出。不能破碎的杂物则进入金属收集器，而后定期排出。

环式破碎机的生产能力从 200t/h 到 1600t/h 不等。它还有一个最大的特点是其上部可不装筛煤机，可以使大小块一齐进入碎煤机，并能顺利排出。

(八) 给配煤设备

火电厂常用的给煤设备有电磁振动给煤机、电动机振动给煤机、叶轮给煤机等。

1. 电磁振动给煤机

它是由电磁力驱动，利用机械振动共振原理的一种给煤设备，如图 4-16 所示。它是一个双质点定向强迫振动的弹性系统。由料槽、连接叉、衔铁和料槽中物料 10%～20% 的质量构成质点 m_1，由振动器壳体、铁芯、绕组等质量构成质点 m_2。m_1 和 m_2 两个质点用板弹簧连接在一起，形成一个双质点的定向振动系统。根据机械振动的共振原理，将电磁振动给煤机的固有频率 f_0 调到与电磁激振力的频率 f 接近，使之比值 $Z=f/f_0=0.85\sim0.9$，机器在低临界近共振的状态下工作。

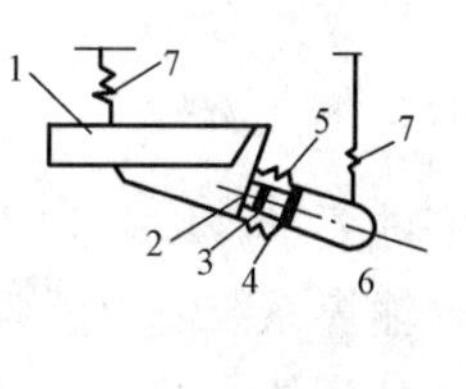

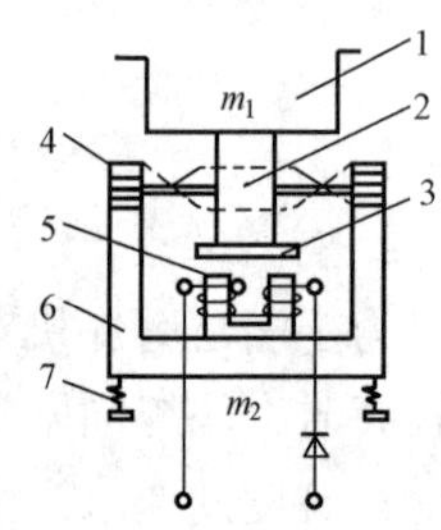

图 4-16 电磁振动给煤机
1—料槽；2—连接叉；3—衔铁；4—弹簧组；5—铁芯；6—壳体；7—减振器

电磁振动器的电磁绕组由单相交流经整流后供电，在正半周内有半波电压加在电磁绕组上，电磁绕组上有电流通过，在衔铁和铁芯之间便产生脉冲电磁力而互相吸引，料槽即向后运动，此时弹簧板变形储存一定的势能。在负半周时整流器不导通，电磁绕组中无电流通过，电磁力逐渐消失，借助弹簧板储存的势能，衔铁与铁芯向相反的方向移开，料槽即向前运动。因此，电磁振动给煤机的料槽交流电源的频率 3000 次/min 往复运动。

2. 变频调速电动机振动给煤机

该型给煤机是采用两台特制的双出轴三相异步电动机轴两端的偏心块旋转时产生的激振力作为激振源的一种给料设备。该给煤设备与电磁给煤机相比较，体积小、重量小、噪声小、维修方便。若采用变频调速时，可实现在线不停机连续调整给煤量，便于实现远方控制。

该型给煤机由于振幅大（可达 5mm），频率低（1450～960 次/min），对于含水分大的煤更合适。采用交流逆变器对振动电动机进行变频调速，实现对给煤量的调节，是目前最理想的给煤设备。

3. 叶轮给煤机

叶轮给煤机是缝隙式煤槽下部普遍采用的一种给煤设备。叶轮给煤机装在一个可以沿煤沟纵向轨道行走的小车上，靠叶轮的转动从缝隙中定量地将煤拨至皮带输送机上，故又称为叶轮拨煤机。小车行走机构和叶轮拨煤机构各自相对独立。图 4-17 所示为叶轮给煤机。

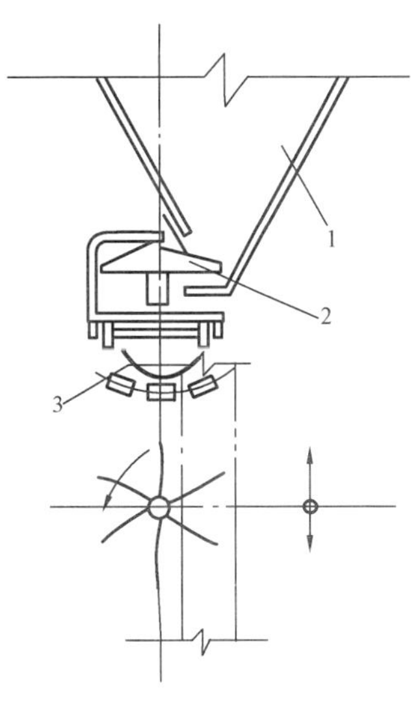

图 4-17　叶轮给煤机

1—煤槽；2—叶轮；3—带式输送机

叶轮给煤机的行车是由只有一个速度的电动机的正反向转动而实现前进或后退的。叶轮的无级调速是由控制器控制电磁调速电动机的转速实现的。若采用交流逆变器进行变频调速，效果就更佳。

4. 配煤设备

它是煤仓间向原煤仓配煤的设备。常用的有犁式卸料器、配煤车、皮带给煤机等。

（1）犁式卸料器。犁式卸料器有电动、液动、气动、手动等几种传动形式，国内以电动的居多。电动组合式犁式卸料器主要由开关箱、电动推杆机、驱动杆支架、平形长托辊、槽形短托辊、滑床等机构组成。

（2）配煤车。配煤车也叫电动双滚筒卸料车，是将输送带上的物料准确地卸到系统沿线的一种机械。在电厂输煤系统中，它一般用在煤仓间向锅炉原煤仓配煤或煤场上部的固定式输送机上做卸煤用。配煤车是由两个导向滚筒、行走机构、落煤筒、皮带清扫器、金属架构及槽形托辊、调偏托辊等组成。

三、燃煤的计量装置及检测

对燃煤计量装置的要求：

（1）单机容量 125MW 及以上火电机组的入炉煤计量，原则上按单台机组进行。已运行的 125MW 和 200MW 机组，有条件者应尽快加装燃煤计量及校验装置；已运行的 300MW 机组与新设计的或新建的 300MW 及以上机组，必须配备按入炉煤正平衡计算煤耗所需的全部装置，包括燃煤计量装置、机械采制样装置、煤位计和实煤校验装置等。入炉煤计量装置在运行中的误差应保证小于｜±0.5%｜。

（2）为准确计量燃煤量，计量装置须定期实煤校验。用实煤校验时，校验的煤量应不小于输煤皮带运行时最大的小时累计量的2%。实煤校验所用的标准称量器具的最大允许使用误差应小于|±0.1%|。校验后的弃煤应方便进入输煤系统。

（3）需使用部计量部门认可的并发有检验合格证的燃煤计量装置。每月用实验校验装置校验燃煤计量装置2～4次。

（一）电子皮带秤

电子皮带秤通常装在皮带机的中部，用它可称量出一段时间走过的物料总量及瞬时物料流量，因此需同时测量单位长度上物料质量和皮带走过的距离。用电子皮带秤的称量托辊去替换皮带机的一组（或两组、四组）托辊，皮带上物料质量通过秤架压到称重传感器上，传感器则将质量转化为电信号送到仪表上。另外运输量还与皮带速度成正比，速度传感器将皮带速度转化为电信号送到仪表上，仪表则通过计算得出物料运输总量（累计量）和物料流量。

（二）静态料斗秤

对电子皮带秤所进行的电子模拟标定、链码标定或挂码标定，只能达到1%～2%的精确度。当需要得到较高的精确度时，就要用已知质量的物料进行校验，把已知物料质量和皮带剩下读数比较的差值作为校正量。实践证明，皮带秤的直接和最有效的校验方法是实物校验法，而其他方法只能作为一种辅助手段使用。

从标准传递角度来看，质量标准由砝码传给料斗秤，料斗秤传给作为替代物的标准煤，标准煤传给皮带秤，因此只有安装了料斗秤的煤耗计量系统，才能真正体现质量的含义，而没有料斗秤的煤耗计算，则只具有相对值的含义。此外，由于皮带秤的运行稳定性差，实物校验通常也需要经常进行，燃煤计量装置每月用实煤校验装置校验2～4次，校验的煤量不小于皮带出力的2%，料斗秤的最大误码率应小于±0.1%，校验后的弃煤应处理方便。这样每次校验都需要几十吨至几百吨被称量过的煤送上皮带作为标准物，这在没有专用称量装置的情况下是很困难的，于是校验皮带秤的料斗便显得十分重要。

（三）动态轨道衡

1. 概述

动态电子轨道衡是一种列车动态自动化称重设备，适用于标准轨距四轴货车进行称重。它既可以用于连挂动态称重，也适用于不连挂的溜放式动态称重，还可以作为静态设备使用。由于在二次仪表中引入了微处理机系统，所以可方便地完成全模拟、无开关、自动称量判别。采用先进的软件程序进行数据处理，提高了整套衡器的精确度。称量结果可汉字显示和打印，并可长期储存在衡机中，以便随时统计查询。还具有智能化故障自动诊断判别和故障自动记录等功能。同时还可提供一个内容丰富的应用程序库，可方便地完成自动消去车皮重量、制表、打印计量单、日统计、月统计、年统计等功能。可见，电子轨道衡称重速度快、效率高、操作简单，为火车进厂煤的准确计量，加强企业管理，搞好经济核算创造了条件。

2. 基本结构

电子轨道衡基本上都是由称量台面、传感器及电气部分组成。根据地形及气温条件的要求，可分为深基坑、浅基坑和无基坑三种形式，但基本原理都是相同的。

（1）称量台面。该部分主要由计量台面、过渡器、纵横向限位器、覆盖板等组成。

（2）传感器。传感器是电子轨道衡中完成力-电转换的关键部件。列车通过台面时，车体重量通过车轮作用于计量台面上，再传给传感器。由传感器将重量信号转换为电压信号。

（3）电气部分。电气部分以微处理机系统为中心，由通道系统、电源系统、加温装置等组成。

四、其他辅助设备

1. 带式电磁除铁器

带式电磁除铁器按电磁铁冷却方式不同，分为风冷、油冷和自然冷却三种。这三种冷却方式以油冷和自然冷却运行比较稳定可靠。它们的工作原理相同，即受非匀强恒定磁场作用，因此都是直流供电。

在每路运煤系统中，应在卸煤设施后的第一个转运站、煤场带式输送机出口处和碎煤机前各装设一级电磁除铁器。当采用中速或高速磨煤机时，应在碎煤机后再增设一级或两级电磁除铁器，以保证铁件不进入制粉系统。

2. 金属探测器

金属探测器用来检测煤中的磁性金属，使电磁分离器加大瞬时电流吸出磁性金属，或发出信号由机械装置从煤流中截取不含有磁性的金属件，或当有大块磁性金属物不能被磁铁分离器吸出时，使带式输送机停机，由人工拣出。总之，通过这些方式防止大块磁性或非磁性金属进入碎煤机、磨煤机、制粉系统，以免损坏设备。

3. 原煤采样器

原煤采样器是用于带式输送机上燃煤的自动采集和制备，采用程序控制，可实现按GB/T 474《煤样的制备方法》标准，进行采样、破碎、缩分及余煤返回。

五、输煤系统的除尘

煤在筛、碎、卸、输送等过程中，都会有粉尘散发出来，如不采取有效措施，任其自由扩散，将会严重污染工作环境和大气，危害人身健康。目前火力发电厂输煤系统采用的除尘方式有以下几种。

1. 湿法除尘

湿法除尘利用水与含尘空气接触，使用液网、液膜或液滴捕集粉尘，达到净化空气的目的。常用的湿法除尘设备有水激式除尘器、水膜式除尘器和喷水除尘等。

2. 干法除尘

干法除尘利用除尘风机将含尘气体吸引到特制的容器中，经过滤将尘粒阻留和集中处理，排出洁净空气，达到净化空气的目的。常用的干法除尘设备有布袋除尘器、高压静电除尘器、负压吸尘器等。

3. 水力清扫

用水力冲洗地面是目前各大中型电厂输煤普遍采用的清扫生产现场的方法。用这种方法清扫地面及墙壁，可以防止粉尘搬家造成的二次污染，对安全生产有利。对于缺水地区，冲洗用水经过集中处理，可以二次利用，粉尘经过沉淀后可以集中处理后燃用。

第二节　发电厂的除尘设备及系统

燃煤电厂的锅炉烟气排放量相当大，且含有大量的固体粉尘（飞灰及未完全燃尽的煤形成的炭黑）、硫氧化物、氮氧化物、一氧化碳及微量有毒物质（汞、铅、镉、氟化氢及多环有机物），这些排放物质均能造成大气的污染，影响生态环境。对于粉尘的污染，如果不采取有效的措施加以控制，我们所生活的环境将会受到严重的污染。

控制粉尘的排放量是绿色发展的要求，不断提高火电厂除尘设备的效率，实现电厂的超低排放，是推进化石能源清洁化、改善大气质量的重要举措。控制粉尘的排放量可保护环境，保障电厂工人及电厂辅机居民的身体健康，同时还可以延长电厂有关辅助设备的使用寿命，降低维修费用，有利于电厂安全运行。

一、粉尘的基本性质

除尘设备的基本性能，在很大程度上取决于除尘装置的类型和粉尘的特性。粉尘的特性主要有粉尘的粒径分布、真实密度、堆积密度、湿润性、荷电性、导电性、质量浓度、成分、比电阻、比亲水性和附着性等。影响火电厂除尘设备性能的因素还有烟气量、水分、露点、温度、湿度、成分和压力等。

1. 粉尘的粒径

构成粉尘的颗粒大小的最佳代表尺寸叫粉尘的粒径，如球形粉粒取直径为粒径。

粉尘的颗粒多为形状复杂而不规则的形体，因此采用不同的方法来测定粉尘颗粒大小的最佳代表性尺寸。

电站锅炉炉烟中排出的粉尘粒径多在 $1\sim100\mu m$ 之间，其中，粒径在 $44\mu m$ 以下的煤灰微粒是由于煤粉的完全燃烧使灰分熔融并随温度下降而凝结的；粒径在 $44\mu m$ 以上的较粗煤粉颗粒则是因不完全燃烧而形成的不规则的块状物。

2. 粉尘的真实密度和堆积密度

（1）真实密度。这是不考虑粉尘颗粒与颗粒密度之间空隙的颗粒本身实有的密度，即抽真空条件下测得的密度。

（2）堆积密度。粉尘的颗粒与颗粒之间有许多空隙，在粉尘自然堆积时，单位体积的质量就是堆积密度。

3. 粉尘的湿润性

粉尘粒子被水（或其他液体）湿润的现象，叫湿润性。根据粉尘被水湿润的程度分为疏水性和亲水性粉尘两大类。湿润性会随粒径的减小和温度的升高而降低。

各种湿式除尘器主要是依靠粉尘能被水湿润的性质来分离粉尘的。

4. 粉尘的荷电性与导电性

粉尘在它产生的过程中，会因物料的激烈撞击、尘粒间的摩擦、电离辐射、电晕放电等作用而带有电荷。带电粉尘的物理性质将会改变，如凝聚性、附着性增强等。

粉尘的种类、温度和湿度影响尘粒的荷电性。

粉尘的导电性用比电阻表示，单位为 Ω/cm。它是用自然堆积的断面为 $1cm^2$，高为 1cm 的粉尘圆柱，沿其高度方向测得的电阻值。

电站锅炉的粉尘比电阻不仅与粉尘的成分有关，而且受锅炉燃烧效率的影响，例如燃烧效率越高，则比电阻越高，含 SO_3 量越高，则比电阻越低。

粉尘比电阻对电除尘器的除尘效率有着重要的影响，比电阻在 $10^4\sim10^{11}\Omega/cm$ 范围内，电除尘效果好；而低于 $10^4\Omega/cm$ 或高于 $10^{11}\Omega/cm$ 都使除尘效果有较大的下降。

5. 粉尘的成分

由机械过程而产生的尘粒通常具有和母料相同的化学成分。经燃烧、受热等化学反应过程后产生的烟、雾等尘粒的成分与母料不同。

电站锅炉粉尘的成分随煤种变化较大，但 SiO_2、Al_2O_3、Fe_2O_3、CaO 是粉尘的主要成分，质量含量较高，对除尘器效率有较大影响。

二、除尘设备的性能和指标

除尘设备性能一般用流量、压力损失和除尘效率来评价，同时综合考虑其他方面的因素：如使用寿命、维修难易和投资费用等。

1. 流量 q_V

除尘器的流量为通过设备的含尘气体流量。一般以体积流量表示，单位为 m^3/s。

2. 压力损失 Δp

除尘器压力损失是指含尘气体通过除尘器的阻力，单位为 Pa。

3. 除尘效率 η

除尘效率是指除尘器的工作效率，是评价除尘器性能好坏的一个重要指标，它是指在同一时间内除尘器收集的粉尘质量流量与进入除尘器的粉尘质量流量的百分比，即

$$\eta = \frac{q_{m,s}}{q_{m,r}} \times 100\% \tag{4-1}$$

式中　$q_{m,r}$——进入除尘器烟气中的粉尘质量流量，g/s；

$q_{m,s}$——除尘器收集粉尘的质量流量，g/s。

一般情况下，$q_{m,r}$ 和 $q_{m,s}$ 不易直接求出，但除尘器前后的烟气量、烟气中的含灰量可以求出。除尘效率也可用下式计算：

$$\eta = \frac{a q_{V,r} - c q_{V,cn}}{a q_{V,r}} \times 100\% \tag{4-2}$$

式中　a——进入除尘器前气体含尘浓度，g/m^3；

c——离开除尘器后气体含尘浓度，g/m^3；

$q_{V,r}$——进入除尘器的烟气量，m^3/h；

$q_{V,cn}$——离开除尘器的烟气量，m^3/h。

当 $q_{V,r}=q_{V,cn}$ 时，$\eta=\left(1-\frac{c}{a}\right)\times 100\%$。

我们对除尘器的要求是高效、低阻、寿命长、投资费用低、便于维修。

三、除尘器主要类型

1. 按粉尘从气体中分离出来的原理分类

(1) 重力除尘器，如沉降室除尘，适用粒径大于 50μm。

(2) 惯性力除尘器，如百叶窗式除尘器，适用粒径大于 30μm。

(3) 离心力除尘器，如旋风除尘器，适用粒径大于 5μm。

(4) 洗涤除尘器，如水膜除尘器、泡沫除尘器，适用粒径大于 0.1μm。

(5) 过滤除尘器，如布袋式除尘器。适用粒径大于 1μm。

(6) 静电除尘器，适用粒径大于 0.01μm。

(7) 超声波除尘器。

2. 按有水、无水或其他湿润剂分类

(1) 干式除尘器。

(2) 湿式除尘器。湿式除尘器中又有储水式、加压式（如文丘里管洗涤器）和旋转式等。

应该强调的是，大多数除尘器是根据一种或几种除尘原理进行设计的。

四、几种常用的高效除尘器

(一) 静电除尘器

静电除尘器是一种利用静电力使气流中的尘粒分离出来的除尘设备，它具有以下优点：

(1) 除尘效率高，运行效率可达到 99%以上，并能有效地收除极微小的尘粒。

(2) 能处理较大的流量的气体，可用于高温、高压、高湿且具有腐蚀性的气体。

(3) 除尘能耗较低，为 0.1～0.8kWh/1000m³，并且结构简单，气流速度低，阻力损失小，一般不超过 150Pa。

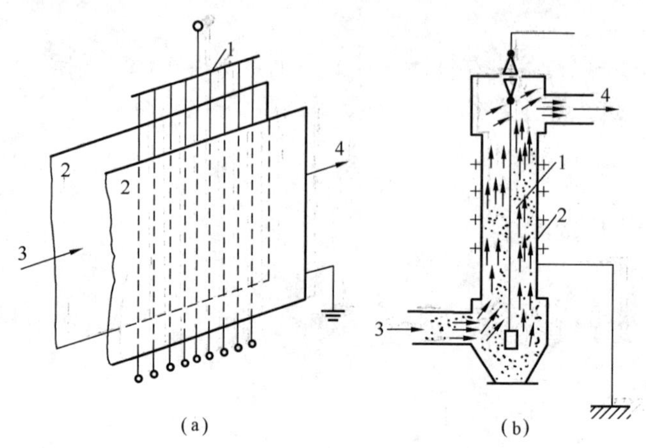

图 4-18 电除尘器的工作原理示意

(a) 板式；(b) 管式

1—电晕极；2—收尘极；3—烟气入口；4—烟气出口

资源45-静电除尘器的结构及工作原理

(4) 操作过程完全可以自动化，运行和维护费用低。

(5) 对收集的飞灰便于综合利用。

缺点是占用空间大，一次性投资费用较高。

1. 工作原理

电除尘器的工作原理如图 4-18 所示。

将圆管（或平板）收尘极与电晕极分别接至高压直流电源（电压为 40～70kV）的正极（阳极）和负极（阴极）上，在两极间产生不均匀的电场。当电压升高到一定程度时，在负极附近的电场强度促使气体发生碰撞而电离，形成正负离子。随着电压继续升高至某值时，在曲率半径很小的负极上，出现了高密度的电荷，密度达到一定值以后，就在负极附近出现部分击穿气体，产生不完全的击穿性放电现象，即电晕放电。此时气体被电离，释放出大量的电子和正离子，正离子趋向于负极，电子加速飞向正极，在飞翔中与粉尘相撞，使粉尘带有负电并飞向正极沉积。除尘器中把正极称为沉尘极或收尘极，负极称为电晕极。只有极少量粉尘沉积于电晕极，定期振打收尘极及电晕极，清除的积尘从除尘器下部灰斗中排出。

2. 结构

电除尘器是由电晕极、收尘极、气流分布装置、振打清灰装置、外壳和供电设备等部分组成的。

(1) 电除尘器的分类。由于各部分的分类不同，所以电除尘器有不同类型：

1) 按照电除尘器对粉尘的处理方式分，可分为两种。

干式电除尘器：被捕集的尘粒以干燥方式集聚在收尘极板上，然后振打下落。

湿式电除尘器：被捕集的尘粒被收尘极上流动的水膜冲洗下落。

2）按烟气在电除尘器中流动的方向分，可分为两种。

立式电除尘器：气体自下向上运动，所需空间小，但粉尘容易二次飞扬。

卧式电除尘器：气体在电除尘器内沿水平方向流动，所占空间大，但能满足高效、处理大量烟气等要求，为目前燃煤电厂除尘器的主要型式。

3）按收尘极板结构分，可分为两种。

管式除尘器：适用于立式电除尘器。

板式除尘器：适用于卧式除尘器。

4）按收尘极和电晕极在除尘器的匹配分，可分为两种。

同区式电除尘器：粉尘粒子的荷电和集尘在同一区域进行。

异区式电除尘器：粉尘粒子的荷电和集尘在不同区域进行。

（2）电除尘器的本体结构。电除尘器的本体结构主要有电晕极、收尘极及其振打装置，入口及出口烟箱、气体均匀分布装置（图 4-19 中未标示）和灰斗等，如图 4-19 所示。

1）电晕极。电晕极是使气体产生电晕放电的电极，主要包括电晕线、电晕框架、电晕框悬吊架、悬吊杆和支撑绝缘套等。

常见的电晕线有锯齿形、鱼骨形、星形、芒刺形几类。锯齿形、鱼骨形、芒刺形线效果较好。星形仅次于芒刺形，因制作容易而广泛采用。电晕线一般由 2～4mm 耐热合金钢（镍铬钢丝）制成。

因电晕线极有高压电，每个电晕框悬吊架的四角用石英套管与顶板绝缘。电晕线间距要适当，当收尘极板中心距在 250～300mm 时，电晕线间距（星形和圆形）为 160～200mm（或采用芒刺形电晕线时，芒刺间距 50～100mm）。

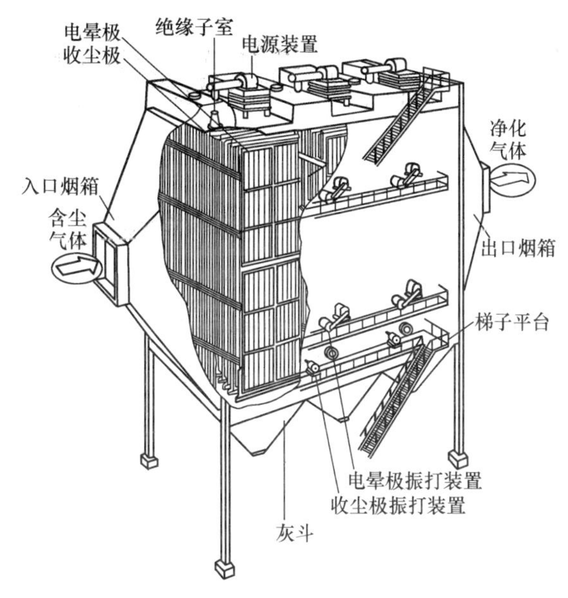

图 4-19　常规板卧式电气除尘器的结构

2）收尘极（也叫集尘极）。要求荷电粉尘易于沉积，粉尘易于振落，用料少，刚度好，易制作。结构上分为板式和管式两大类。

板式收尘极由 1.2～2mm 普通碳素钢板制成，收尘极通常由几块长条极板安装在一个悬挂架上组合成一排。一个除尘器由多排收尘极组合而成。

管式收尘极做成管形，直立着安装，电晕极悬吊在每一根管子中间，用于立式除尘器。圆形的管子内径为 200～300mm，管长 3～4m。

各国对电晕极和收尘极都进行了认真的研究，在形状上发展了较多结构形式，并且提出了电晕极和收尘极的匹配问题，以达到较高的除尘效果和最低的造价。电极系统的研究也是目前除尘器研究的重要课题。

3）振打装置。振打装置包括锤击振打装置、弹簧-凸轮振打装置、电磁振打装置、电磁脉冲振打装置。其主要作用是定期清除黏附在极板上的粉尘。

4）气体均匀分布装置。为使气流均匀分布，在立式电除尘器中，气流进入除尘器后，经过气体导向板（导流板）将气体的流向引导到除尘器的整个底部，避免集中冲向一侧。

(二) 布袋式除尘器

1. 概述

布袋式除尘器是一种利用纤维制成的过滤袋将气体中的粉尘过滤出来的净化除尘设备，属于干式除尘器。它主要是在除尘器的机体内悬吊多条纤维物制作成的滤袋来过滤含尘气体，随着滤袋上的积尘增厚，气体的阻力增大，当压力达到1500Pa时，就要进行清理。

2. 布袋式除尘器的优缺点

布袋式除尘器的优点：除尘效率高，高达99.9%；能捕捉的粒径范围广，可以小到0.002 5μm，在粒径为0.003～0.5μm以内，捕捉的效率为99.7%；适应性强，除尘效率不受粉尘化学成分变化的影响，当除尘器阻力在1000Pa以下时，入口含尘浓度即使有较大的变化，对除尘器的阻力和效率影响也不大；使用灵活，处理风量可由每小时数百立方米到每小时数十万立方米，甚至更大；结构简单，可以因地制宜地采用简单的布袋除尘，在条件允许时也可采用效率更高的脉冲喷吹布袋式除尘器。

布袋除尘器的缺点：滤袋的寿命短，更换布袋的费用高；当布袋被湿灰堵塞，高速气流冲蚀或布袋承受不了温度变化而变质时，都会降低其使用寿命；处理风量大时，占地面积大。

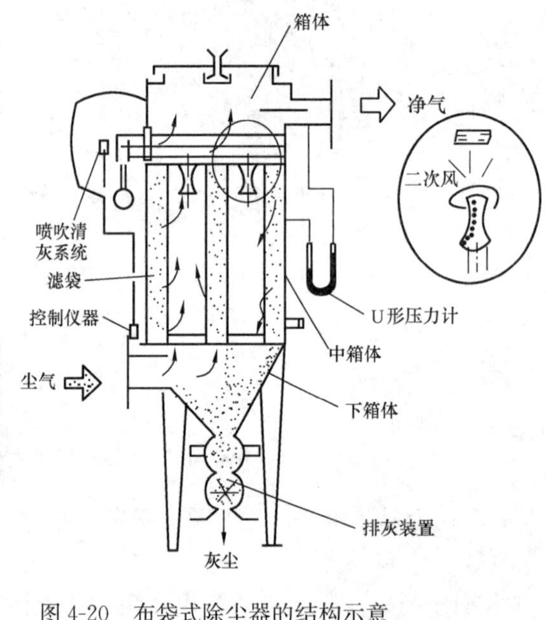

图 4-20 布袋式除尘器的结构示意

3. 布袋式除尘器的结构

布袋式除尘器的结构主要由箱体、滤袋、喷吹清灰系统、排尘装置、控制仪器、U形压力计等组成，如图4-20所示。

滤袋是袋式除尘器的主体部分。含尘气体的净化就是通过滤袋的功能来实现的，因此布袋式除尘器的净化效率、处理能力等基本性能在很大程度上取决于过滤材料的性质。这就要求滤袋必须具有过滤效果好、容尘量大、透气性好、耐腐蚀、机械强度高、抗皱折性好、吸湿小、黏性小、耐高温等性能。

4. 布袋式除尘器的基本工作原理

(1) 利用重力沉降作用。当含尘气体进入布袋除尘器后，颗粒大、密度大的尘粒在重力作用下首先沉降下来。

(2) 筛滤作用。当含尘气体在风机的抽吸作用下通过滤袋时，直径较滤料纤维的网孔间隙大时，则气体中的尘粒便被阻留下来，称之为筛滤作用。当滤袋上的尘粒积聚过多时，筛滤作用增强，但降低布袋除尘器的出力。

(3) 惯性力作用。含尘气体通过滤袋时，气体可透过纤维的网孔，而较大的尘粒在惯性力的作用下，仍沿原方向运动，当与布袋相撞时而被捕获。

(4) 热运动作用。质轻体小的尘粒（1μm 以下），随气流以近似于气流流线运动时，往往能穿过纤维。但当它们受到热运动的气体分子碰撞后，改变了运动方向，这就增加了尘粒与滤袋纤维的接触机会，使尘粒被捕获。

5. 布袋式除尘器的分类

按其过滤的方式可分为内滤和外滤两种；按清尘方式可分为机械清灰、逆气流清灰、脉冲喷吹清灰和声波清灰四种；按除尘器内压力可分为负压式和正压式两种；按滤袋的形状可分为圆袋和扁袋两种；按进气口的位置可分为上进气和下进气两种。大型电厂应用较多的是脉冲式布袋除尘器。

6. 脉冲式布袋除尘器

脉冲式布袋除尘器安装了周期性向滤袋反吹压缩空气装置以清除滤袋积灰。

(1) 脉冲式布袋除尘器的工作原理。当含尘气体进入除尘器后，分散至各个滤袋，尘粒被阻留在滤袋外侧，气体穿过滤袋即被净化，再通过喇叭管进入上部箱体，然后从出口管排出。积附在滤袋外侧的尘粒，一部分在自重的作用下落入集尘，尚有少部分黏附在滤袋上，这样使滤袋的透气阻力增加，降低除尘器的出力。故应定时向滤袋内反吹一次压缩空气，将积附在滤袋外侧的尘粒吹落。

脉冲式布袋除尘器按其不同规格，装有几排到几十排滤袋，每排滤袋有一个执行喷吹清灰的脉冲阀。由控制元件控制脉冲阀，按程序自动进行喷吹，每对滤袋进行一次喷吹工作就为脉冲。每次喷吹时间为脉冲宽度，约 0.1s，一条滤袋上两次脉冲的间隔时间为脉冲周期 T，为 30～60s，喷吹压力为 0.6～0.7MPa。

(2) 脉冲喷吹清灰的工作原理。从喷管瞬间喷出压缩空气通过喇叭口时，从周围吸引了几倍于喷出空气量的二次气体与之混合，而后冲进滤袋，使滤袋急剧膨胀，引起一次振幅不大的冲击振动。同时瞬间内产生由内向外的逆向气流，将积附在滤袋外侧的煤尘振落下来。

脉冲袋式除尘器的脉冲控制器可分为机械脉冲控制器、无触点脉冲控制仪和气动脉冲控制仪等几种控制方式。

机械脉冲控制器是利用机械传动装置，直接逐个触发脉冲阀进行喷吹。它的优点是工作可靠，维护方便，脉冲宽度较易调节，不受温度影响；缺点是脉冲周期不能调整。无触点脉冲控制仪是由晶体管电路构成的。优点是脉冲宽度和周期可随意调节，适用性好，使用可靠，调节容易，并可实现远距离控制；缺点是要求维护管理水平高，受环境影响大，一般温度为－20～55℃，相对湿度在 85%时比较合适。气动脉冲控制仪是由气动脉冲组合仪表组成。其优点是脉冲和周期可随意调节，易于实现自动化；缺点是周期和宽度在使用一段时间后就要变化，维修量大。

第三节　发电厂的除灰除渣设备及系统

资源47-600MW超临界机组干式除渣系统

除灰除渣设备及系统作为火电厂的重要组成部分，其任务就是把电厂生产过程中产生的灰渣安全及时输送至灰渣场或综合利用场所，确保电厂的安全运行。随着电厂容量和参数的不断提高，灰渣量也在逐年增加，一座百万级千瓦容量级的大型电厂，年排出的灰渣总量可达70万～80万t。

煤是火电厂的主要燃料。燃煤中有一部分不可燃烧的矿物质，一般统称为煤的灰分。煤在燃烧后，灰分被分解析出，冷却后即成为灰渣。它是由硅、铝、钙、镁、铁等氧化物组成的矿物残渣。

燃煤锅炉的灰渣，除一部分飞灰随烟气排往大气外，其余都是由除灰除渣系统排出的。灰渣大体上可分为飞灰（也称粉煤灰）和炉渣两部分。由于燃烧方式不同，灰渣的比例也不相同。锅炉排出的灰渣主要是由炉膛底部排出的炉渣、省煤器灰斗的落灰、空气预热器灰斗的落灰、除尘器收集的粉尘以及中速磨煤机系统排出的石子煤组成的。

大型燃煤电厂的除灰除渣系统主要有水力除灰和气力除灰两种型式。其原理是以水或空气作为输送介质，通过输送设备、管道（沟）等将灰渣输送到指定地点。采用何种型式要根据客观实际、自然条件、环保要求等来确定。

一、水力除灰系统

水力除灰系统由厂内、厂外两部分组成。厂内部分主要由排灰排渣设施、输送设备以及管道（沟）等组成；厂外部分主要由长距离输灰（渣）管道、储灰场以及灰场灰水回收设施等组成，距离过远时还包括中继灰渣浆泵房等。

水力除灰系统按其所输送的灰渣不同，又分为灰渣混除和灰渣分除两种方式。灰渣混除系统流程：锅炉底部冷灰斗排出的炉渣与除尘器灰斗排出的干灰分别经捞渣机（碎渣机）和冲灰器进入灰渣沟，然后被送往灰渣浆池，混合后的灰渣浆通过灰渣泵经振动筛送往浓缩池，然后被输往储灰场。在灰渣分除系统中，捞渣机捞出渣通过输送机被送往储渣仓，经脱水后由汽车运往储渣场或综合利用场所。

在水力除灰系统中，由于炉渣颗粒比较大，在采用灰渣泵喷管除灰器等设备时，需要在其之前加装碎渣机。

水力除灰的电耗与输送灰渣的浓度、输送设备的型式、输送的距离和提升高度等因素有关，一般为全厂发电量的0.2%～0.8%，其中包括冲渣用水、冲灰用水、灰渣破碎、灰渣输送以及灰渣泵的轴封用水等所消耗的电力。

水力除灰系统的主要设备有捞渣机、碎渣机、除铁器、冲灰器、灰渣泵、振动筛、浓缩池、储渣仓（脱水仓）、磨渣机、冲灰水泵、轴封水泵等。根据系统不同，配置也不一样，下面将详细介绍。

（一）混除系统

1. 系统的分类

灰渣混除系统是指将除尘器分离下的飞灰与锅炉炉膛排出的炉渣通过灰渣管沟输往渣浆池，经混合后用灰渣泵送至储灰场的系统。灰渣混除分为低浓度输送和高浓度输送两种方式。前者多见于20世纪80年代中期以前投产的大型火电厂。随着机组容量的增加和环保要求的提高，低浓度输送系统已逐渐被高浓度输送系统或气力除灰系统所取代。

（1）低浓度灰渣混除输送系统。该系统工艺流程如图4-21所示。电除尘器分离下来的干灰经冲灰器搅拌成灰浆后通过灰沟流入灰渣浆池，锅炉炉膛底部排渣槽落下的炉渣经碎渣机破碎后通过渣沟也流入灰渣浆池，两者混合后通过灰渣泵输往储灰场。冲灰冲渣用水由单独设置的冲洗水系统供给，水源一般来自转动机械冷却水排水或冷却塔排污水、灰场回收水。

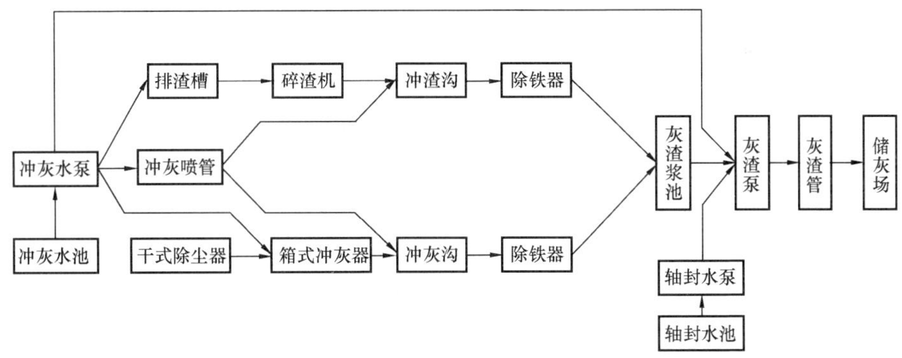

图 4-21　低浓度灰渣混除系统工艺流程

低浓度混除系统耗水量比较大，每输送 1t 灰渣需要消耗 10～15t 的水，甚至 20t 以上，因此运行很不经济。如固态排渣煤粉炉的排渣槽除渣，槽内的渣量仅是全部灰渣量的10%～15%，但排渣用水量却要占总除灰水量的 40%～50%。为节约用水和降低电耗，炉膛排渣槽下的除渣，现已普遍采用机械捞渣和灰渣分除系统。

在低浓度混除系统中，冲灰器的耗水量也是比较大的。这部分除灰用水在进入灰渣泵（或其他输送设备）之前，不经沉淀或浓缩，全部由灰渣泵排出，所以输送灰渣的浓度大多低于 10%。另外，大量灰水被排入储灰场，既占库容，又浪费水资源，并且污染环境。

低浓度混除系统的主要设备是灰渣泵，过去采用较多的是 PH 型灰渣泵，它的出口扬程一般较低，输送距离较短。采用平原灰场时，单级泵一般即可满足要求；采用山谷灰场或输送距离较远时，需选用两级或多级灰渣泵串联使用。

（2）高浓度灰渣混除输送系统。高浓度输送是火电厂节水节能、减少污染的重要途径，现已被广泛采用。近年来，在远离城市或靠近江河边新建的一批大型火电厂都采用了高浓度灰渣混除输送系统。

水力除灰系统要实现高浓度输送，必须先制取高浓度灰浆。混除系统通常采用浓缩池的方法制取高浓度的灰浆，其系统工艺流程如图 4-22 所示。除尘器分离出的干灰与锅炉排出

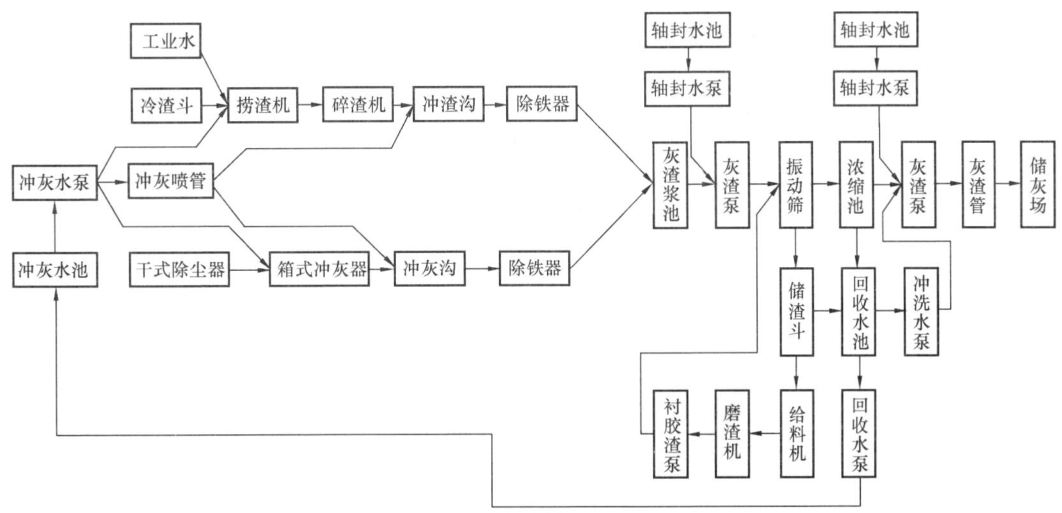

图 4-22　高浓度灰渣混除系统工艺流程

的炉渣分别经冲灰器和捞渣机，并通过灰渣沟输往灰渣浆池，两者混合后由灰渣泵打入振动筛，筛分出来的灰渣浆送往浓缩池，经浓缩后输往储灰场。振动筛筛出的粗粒炉渣经磨渣机研细后重新送回除灰系统。

利用浓缩池进行高浓度输送，灰浆浓度一般可达到50%～60%，泵的出口压力可达到4～6MPa，对灰场在10km以外或提升高度较大的除灰系统尤为有利。浓缩池设在厂内，冲灰水可以回收重复使用。除灰系统总耗水量，约为常规灰渣泵除灰系统耗水量的20%，大大节约了用水量，同时还降低了除灰系统的电耗。但与其他除灰系统相比，设备和操作都较为复杂，系统庞大，占地多，检修维护的工作量也大。

高浓度混除系统的主要设备，除灰渣泵外，增加了振动筛、浓缩池、磨渣机、灰水回收设备等。

2. 系统及设备的配置

水力除灰系统按其除灰除渣的方式的不同，系统配置的设备也不同。低浓度混除系统的主要设备有碎渣机、除铁器、冲灰器、灰渣泵、冲灰水泵、轴封水泵等。高浓度混除系统的主要设备除包括低浓度混除系统设备外还增加了振动筛、浓缩池、磨渣机等。

(1) 碎渣机。碎渣机是用来破碎锅炉排渣中大颗粒渣块的设备。破碎后的灰渣颗粒尺寸应满足输送设备的要求，如灰渣泵入口的渣粒尺寸要小于25mm。碎渣机一般分为机械撞击式和挤压式两种。它通常装在除渣机或冲渣溜槽之后，常用的有双辊刀齿式和锤击式。一般布置在锅炉房零米，检修维护方便。

(2) 除铁器。除铁器是为了防止落入灰渣沟或灰渣浆池内的金属物件被吸入到灰渣泵内，造成设备损坏的装置，常用的有溢流式和惯性式两种，结构较为简单，不再做介绍。

(3) 冲灰器。冲灰器是一种将干灰制成灰浆，进行水力输送的设备。一般有箱式或И型两种形式。

(4) 冲灰水泵。冲灰水泵是保证除渣除冲灰供水的主要设备。在低浓度输送系统中，其水源主要来自电厂冷却设备排水，水质较好，冲灰水泵一般选用单级或多级离心式清水泵。在高浓度输送系统中，水源多取自浓缩池的回收水，水中含有少许的细灰，转动设备容易产生磨损，尤其是叶轮磨损较为严重，目前多选用灰渣泵代替清水泵，作为冲灰水泵。

(5) 轴封水泵。轴封水泵主要是向灰渣泵提供轴封水，以保证灰渣泵的轴封不泄漏。轴封用水一般设有单独的供水系统。水泵通常选用多级离心式清水泵。

(6) 灰渣泵。灰渣泵是水力除灰系统的关键设备，在单独输送细灰时，也称灰浆泵。常用的灰渣泵有PH型灰渣泵、沃曼型灰渣泵、ZJ系列型灰渣泵、衬胶泥浆泵等。

灰渣泵在运行时，要严格按照除灰系统的操作程序和各项管理制度，做好设备的启停和运行中的检查维护。对于灰渣泵的安全运行，具体有以下几点要求：

1) 吸入管和排出管的通道不得被大颗粒的灰渣、渣块或其他杂物堵塞，连接的法兰和轴封的填料盘根处，无空气漏入或无灰水漏出。

2) 泵的出口水压和电动机的电流稳定正常，输送能力应能满足排灰的要求。

3) 运行平稳，无撞击声及摩擦声，振动的数值不超过规定的要求。

4) 轴承和轴封处的盘根无过热现象，温度在允许的范围之内，轴承冷却水和轴封水应畅通无阻。

5) 灰渣泵停用前，灰水混合物排出管外后，应再以清水进行冲洗，以防止灰渣在泵内和除灰管道内沉淀下来。冲洗用水可以从冲灰水管道或厂内循环水管接引。冲洗水量不应低于灰渣泵出力的1/2。轴封水必须在灰渣泵停止后才能停下，若灰渣泵停止后有灰水倒回时，轴封水的通水时间要适当延长。

6）备用灰渣泵的入口阀门（或闸板）应关闭严密，以防止除灰管道内的灰渣浆向泵内倒流，在入口处形成沉淀物，造成下次启动困难。

7）灰渣泵在启动前，必须首先开启轴封水泵并通入轴封水，待轴封水流动畅通后才可启动灰渣泵。轴封水泵和灰渣泵之间设有连锁装置，以防误操作。

灰渣泵一般每年大修一次。大修时泵要全部解体进行检查、修理或更换损坏的部件、盘根和垫料，测量各部位的间隙，做好检修原始记录。

（7）刮板捞渣机。刮板捞渣机是一种机械排渣装置。它连续地把浸在水中的渣利用刮板从槽底带出水面后落入渣沟。为防止大渣进入刮板机，在刮板机上面装有粗碎机。

刮板捞渣机构造简单，体积较小，速度较慢，但因牵引链条和刮板，是在槽底上滑动的，所以不仅阻力大，而且磨损也比较严重。特别是在燃用含硫量较高的煤种时，链条和刮板还要受到腐蚀，所以刮板和链条需要用耐磨、耐腐蚀的材料制作，并要求有一定刚性，以免遇到大渣卡住时被拉弯或扯断。

（8）浓缩池。浓缩池为一圆形钢筋混凝土结构，池底为锥形，池内设有耙架沿周边慢速转动。灰渣浆从池中心的上部进入，灰渣在池内向下沉淀，沉淀在池底的灰浆在耙架的推动下，向锥底中心集中，下面通过有一定坡度的管子，进入排浆设备——灰渣泵，然后被输送储灰场。耙架的转动速度不宜太快，否则影响灰浆的沉淀效果。耙架的传动方式有周边齿条传动和周边辊轮传动两种。对冬季有结冰的地区，为防止打滑宜选用周边齿条传动。

（二）分除系统

1. 系统流程的组成

灰渣分除是指将除尘器分离下的飞灰与锅炉炉膛排出的炉渣分别用各自单独的系统进行输送的除灰除渣系统。它符合节水节能、减少环境污染、节省占地和便于粉煤灰综合利用的国家政策。除渣系统主要有刮板捞渣机除渣和水力喷射器-脱水仓除渣两种方式；除灰系统主要有水力除灰和气力除灰两种方式；其中水力除灰目前多采用高浓度输送。

（1）刮板捞渣机除渣系统。系统流程工艺如图4-23所示。锅炉炉膛排出的炉渣由捞渣机捞出后，通过皮带输送机输往渣仓，脱水后由汽车运往储渣场或利用场所。采用刮板捞渣机除渣系统不仅节水和降低工程投资，而且系统简单，操作维护方便。

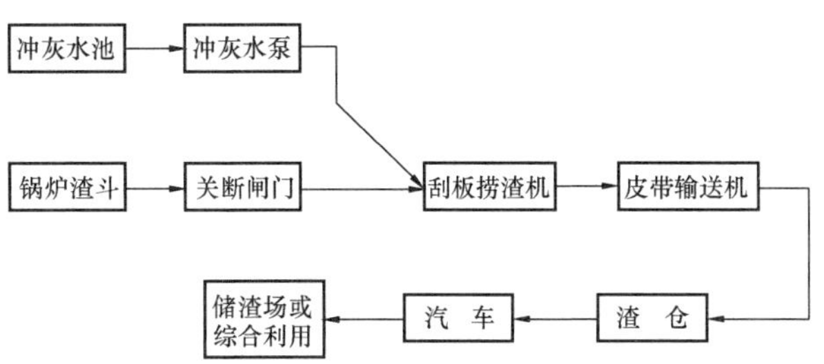

图4-23　刮板捞渣机除渣系统工艺流程

（2）水力喷射-脱水仓除渣系统。系统工艺流程如图4-24所示。锅炉炉膛排出的炉渣经碎渣机破碎后，由高压喷射水泵将水经水力喷射器与渣混合后，通过耐磨钢管输送至脱水仓，脱水后的干渣由汽车运往储灰场或综合利用场所。脱水仓内分离后的溢流水经澄清后排至回收水池，供除灰系统重复使用。它与传统的沉渣池相比，占地可节省1/3，节水每天可达千余吨，并且减少了灰水对环境的污染。具有水量和出力便于控制、布置灵活、地下设施简单等优点。

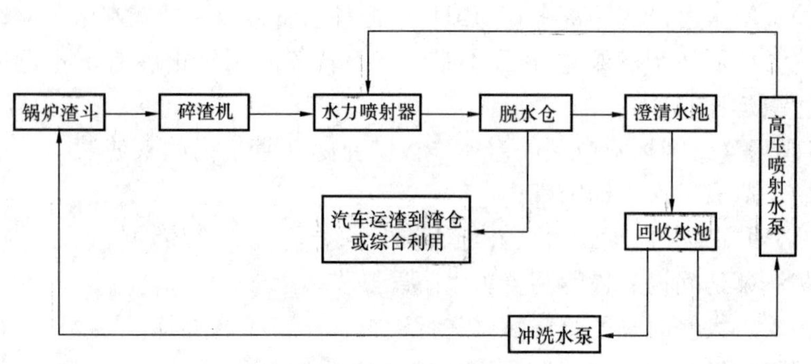

图 4-24 水力喷射-脱水仓除渣系统工艺流程

（3）水力除灰系统。在灰渣分除系统中，粉煤灰一般采用高浓度输送。有两种方式：一种是利用浓缩池制取高浓度渣浆进行输送；另一种是利用搅拌筒制取高浓度渣浆进行输送。第一种方式前面已有介绍，不再重复。着重介绍搅拌筒高浓度输送系统，流程图见图 4-25。除尘器分离下来的飞灰通过空气斜槽集中后，进入搅拌筒制浆，制好的高浓度灰浆经灰沟（管）汇入灰浆池，然后由灰浆泵输往储灰场。

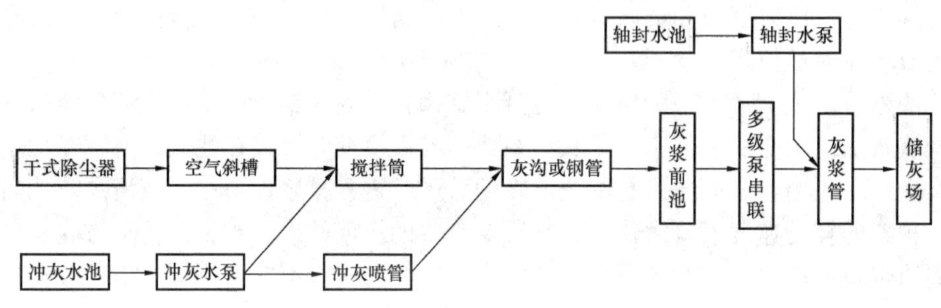

图 4-25 搅拌筒制浆除灰系统工艺流程图

2. 系统和设备的配置

灰渣分除系统主要除渣设备有捞渣机、皮带输送机、渣仓、水力喷射器、脱水仓等；主要除灰设备是搅拌筒。

（1）皮带输送机。皮带输送机主要用来将捞渣机排出湿炉渣送至渣仓，属常规输送机械。

（2）渣仓。渣仓主要用来储存捞渣机捞出的湿炉渣。

（3）水力喷射器。水力喷射器主要用于炉底渣的短距离输送，也可用于矿山、冶金、建材等行业输送含固体颗粒的浆体。工作原理：高速的除灰水通过喷管射出时产生的抽吸作用，将进入灰渣斗的灰渣经混合室抽吸至扩散管。高速的冲灰水流速降低，在扩散管内把动能变成静压，从而使渣水混合物通过灰渣管送至脱水仓。

水力喷射器构造简单，外形尺寸小，重量轻，检修方便，没有转动部件，运行比较可靠。但也存在喷管和扩散管磨损快，使用周期短、经济性差等缺点。

（4）脱水仓。脱水仓是广泛用于电厂炉渣、石子煤及其他固液混合物的固液分离设备。其上部为圆柱形筒体，下部为圆锥形斗。斗底设有排渣闸门，启闭采用气动或电动两种方式。脱水仓顶部设有管桥，用于支撑渣浆管及其他附件。工作原理：来自水力喷射器的渣水混合物进入脱水仓后，混合物中的水分经固定析水器析出，汇流至澄清水池澄清，作为冲灰水重复使用。脱水后的湿渣由汽车运往储渣场或综合利用场所。脱水仓具有结构简单、操作方便、节省占地、脱水速度快、运行可靠等优点，且溢流澄清水可作为冲灰水回收使用，有利于节水和改善环境。

（5）搅拌筒。搅拌筒是一种机械搅拌装置，主要用于各种金属矿浮选的搅拌，使药剂和矿浆充分混合。除灰系统选用搅拌筒主要为了制取高浓度的灰浆。搅拌筒外形呈圆筒形结构，顶部装有旋转驱动装置，用以驱动筒内螺旋叶轮，搅拌制取高浓度灰浆。工作原理：粉煤灰与制浆水分别从筒体顶部与上部进入筒内，在叶轮旋转搅拌的作用下，水与干灰充分混合形成灰浆，然后从溢流口排出。灰浆浓度是通过制浆水量进行调节的。

采用搅拌筒的高浓度除灰系统具有以下优点：

1）不需要水力除灰用的自流沟，地下设施大为简化。

2）高浓度灰浆所需的冲灰水量少，且易于控制。

3）可降低除灰管道投资，还可改善灰管结垢情况。

4）除灰水从灰场排出时，处理比较简单，可减少向外排放的困难。

5）有利于实现灰系统自动化。

（三）水力除灰系统运行中需要注意的事项

（1）堵灰与排灰不畅。堵灰及排灰不畅是除灰系统经常遇到的问题。卸灰阀与输灰机故障、除尘器灰斗受冻结露、冲灰器堵塞等都有可能引起堵灰，严重时将导致电除尘器电场短路，不能正常除灰。除尘器灰斗排灰不均、瞬时卸灰量过大，冲灰水系统发生问题以及灰沟被掉入的杂物堵塞等常引起排灰不畅，造成下来的干灰冲不走，冲灰器满溢，粉煤灰飞扬，工作环境恶化，甚至危及整个电厂的正常运行。

（2）灰管结垢。灰管结垢是水力除灰系统经常遇到的问题。水力除灰管道在输送含氧化钙较高的灰渣时，灰渣中的氯化钙与冲灰水中的碳酸氢钙或硫酸钙发生化学反应，生成碳酸钙，在管道内壁上聚积结成坚硬的灰垢。由于管道内垢层的不断增加，将逐渐缩小除灰管道的有效通流面积，造成管道阻力增大，输送能力下降和厂用电增大，并且灰渣泵的磨损和检修工作量也加大。严重时造成灰管堵塞，影响电厂的正常运行。通常采用的除垢方法有人工敲打、机械钻凿、酸洗管道、炉烟清洗等方法。

二、气力除灰系统

气力除灰系统以空气为输送介质和动力，将锅炉各集灰斗的干灰输送到指定地点的一种输送装置。根据输送系统压力的不同，气力除灰系统分为负压式和正压式两大类。负压式系统是靠系统内的负压将空气和灰一起吸入管道内，物料的整个输送过程是在低于大气压力的情况下进行的。正压式系统则是用高于大气压力的压缩空气来推动物料进行输送的。

气力除灰系统具有系统简单、运行可靠、自动化程度高、节能、省水、便于干灰综合利用等特点，故从20世纪80年代以来，在火电厂中逐步得到了广泛应用。

（一）正压气力除灰系统

正压气力除灰系统根据压力的不同，可以进一步划分为低压（也称低正压、微正压）和高压（也称正压）气力除灰系统，其间没有严格的分界线，一般以0.2MPa左右为界，输送压力低于0.2MPa的为低正压气力除灰系统，输送压力高于0.2MPa的为正压气力除灰系统。

1. 低正压气力除灰系统

该系统是在锅炉各集灰斗的每个灰斗下均设置一台气锁阀，灰斗的排灰经气锁阀进入输灰管道，然后由输送风机提供的低压空气输送到灰库。在灰库顶部一般安装有一级袋式收尘装置，气灰混合物通过收尘装置使空气与灰分离，空气直接排大气，灰则落入灰库内。

低正压输灰系统的主要优点在于可将锅炉各集灰斗排灰的集中和输送合为一体。就此而言，系统相对比较简单，而且自动化程度高，操作方便，但其输送距离不宜过长，一般以200～500m较为适宜。当输送距离超过500m以上甚至达到1000m左右时，系统仍可输送，但系统运行的经济性略差。

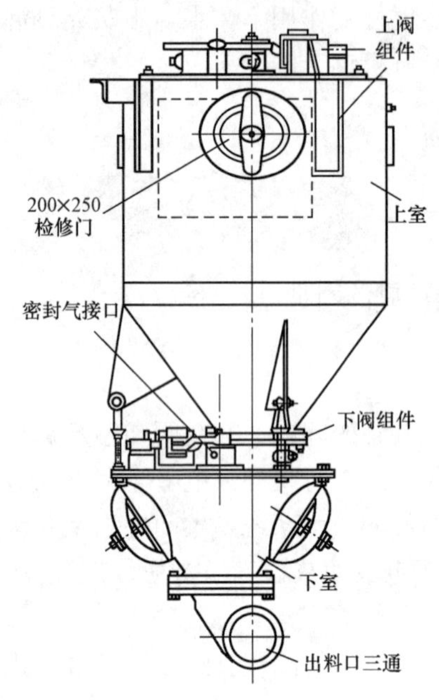

图4-26 气锁阀

该系统的主要设备为气锁阀。气锁阀安装于灰斗与输灰管道之间，其功能是利用飞灰本身重力将飞灰从上方的低压力区传送到下方的高压力区。气锁阀主要由上下室、上下阀组件、出料口三通等组成，见图4-26。

上阀门开启时，飞灰依靠本身重力从气锁阀上方的灰斗中流入储灰室，经过预定的进料时间或待上料位计动作，上阀门关闭，平衡阀切换，对储灰室加压，使室内压力稍高于输送管道内有压力，此时下阀门开启，飞灰以一定速度流入输送管道，由回转式风机提供的压力空气吹走。经过预定的出料时间或待下料位计动作时，下阀门关闭，平衡阀再次切换，储灰室泄压。然后上阀门再次开启，进入下一个循环。

低正压气力除灰系统在一般情况下，气锁阀以两台或多台为一组同时卸灰。各组气锁阀按预先设定的次序作业，一旦前一组排灰完毕，操作顺序就自动进行到下一组，这时必须先打开下一组空气进口阀，才能关闭前一组进口阀。在采用连续运行方式时，当最后一组作业完毕后，系统就会回到第一组；在采用间断运行方式时，当最后一组作业完毕后，接着对输灰管进行清扫，然后系统停止运行。上述排灰过程通常采用程序控制器控制，其核心是一台可编程控制器。

从20世纪80年代末期开始，国内先后有安徽平圩电厂、浙江北仑电厂、江苏南通电厂、上海吴泾电厂等从国外引进气锁阀输送系统并陆续投入运行，其中南通电厂、吴泾电厂、平圩电厂1号机组为美国ASH公司生产的设备，北仑电厂、平圩电厂2号机组为美国UCC公司生产的设备。在引进设备的同时，美国ASH公司根据合同也将低正压气力除灰系统技术向中方进行了转让，随后浙江省电力设备总厂根据引进的ASH公司除灰技术，制造出第一套国产低正压气力除灰系统，1990年在宁波镇海电厂投入使用。1997年江苏省电力设计院与镇江市电站厂合作，开发研制的新型国产低正压气力除灰系统及其设备，在张家港华宇电厂投入运行。

2. 正压气力除灰系统

正压气力除灰系统主要由空气压缩机、供料装置、输送管道和收尘设备等组成。干灰经供料装置进入输送管道，由压缩空气送到灰库或指定地点。

该系统的主要特点：供料装置均能承受较高的压力，系统的输送距离较远，且供料装置转动部件少，磨损轻微，噪声较小，系统自动化程度高，操作控制方便。

正压气力除灰系统的关键设备为供料装置。供料装置的型式较多，有仓式泵、螺旋输送泵、气力喷射器等。目前我国电厂所采用的高压气力除灰系统中，以仓式泵作为供料设备的为最多。螺旋输送泵，因螺旋叶片磨损快、维修工作量大，在我国电厂除灰系统中很少采用。气力喷射器虽然结构比较简单，但该装置的效率低，出力和输送距离也都受到限制，在我国电厂的除灰系统中也用得不多。这两种供料装置不作为重点介绍。

（1）仓式泵系统。仓式泵的种类较多。按仓式泵的形式分，有上引式仓泵、下引式仓泵、流态化仓泵和喷射式仓泵；按仓式泵的配置方式分，可分为单仓泵系统和双仓泵系统；按仓式泵的布置方式分，又可分为集中式和直接式仓泵系统。

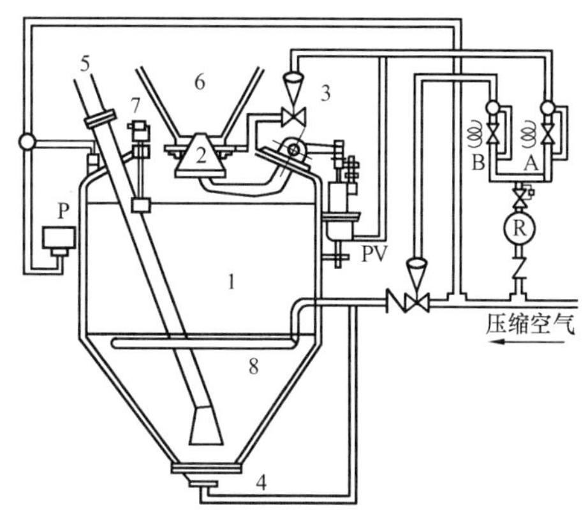

图 4-27　上引式仓泵结构示意

1—缸体；2—进料阀；3—排气阀；4—底阀；5—排料管；6—料斗；7—料位自动探测器；8—环形吹松管；A—排气阀和活塞开关 PV 汽缸用气控制电磁阀；B—环形吹松管用气控制电磁阀；P—压力转换器；PV—活塞开关；R—空气过滤器

1）上引式仓泵是 20 世纪 60 年代从水泥行业中引入电厂除灰系统的。其优点是从上部分引出排灰管，因此灰、气还必须先在仓内混合悬浮才能排出，并有三种调节混合比手段，一般混合较好，可输送较长距离；不足之处是浓度尚不够均匀稳定，本体阻力较大，缸底阀和透气阀磨损较快，需经常检修。江苏谏壁电厂就用了该种型式的仓泵。其结构见图 4-27。

2）下引式仓泵是 20 世纪 70 年代从水泥行业引入电厂除灰系统的。排出管由下部引出，故灰可依靠重力自流排出，本体阻力较小，浓度较大，适用于输送距离短、出力大的系统。缺点是灰、气混合不太均匀、运行稳定性较差，远距离输送易堵灰管，出料喷管和透气阀磨损较快等。其结构形式见图 4-28。

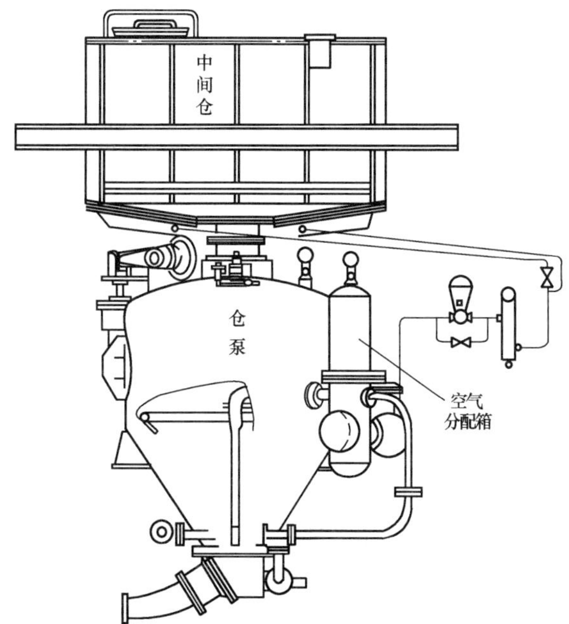

图 4-28　下引式仓泵结构示意

3）流态化仓泵是 20 世纪 80 年代参照上海宝钢进口的日本三菱公司设备及美国 ASH 公司的技术，综合设计制造的，也是上引式仓泵，但在泵体下部增加了流态化透气层。在透气层中心，垂直向上对准排出管入口装有一只空气喷管，用以调节出力；排出管出口设有环室二次风口，因此灰、气混合均匀，再经悬浮排出，运行相当稳定，不易堵管。具有浓度均匀、阻力较小、出力较大、适用于长距离输送等优点。但在运行中要注意强化空气干燥，保持各处连续疏水，否则气化板受潮、硬化、易被吹破。上海宝钢、福建福州、云南昆明小龙潭等电厂，即用此种型式仓泵，其结构形式见图 4-29。

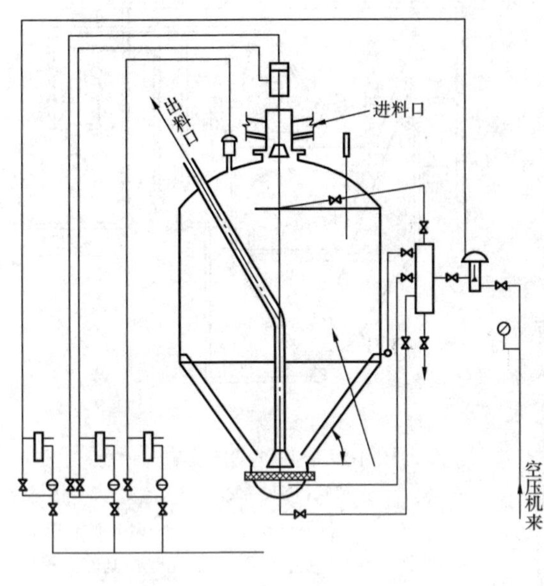

图 4-29 流态化仓泵结构示意

4）喷射式仓泵是国内 20 世纪 80 年代自行研制开发的，属下引式仓泵。在排出口处装有气力喷射器，泵体内设气化环管及下部出口弧形放灰门，混合较均匀，出力也较大。

仓式泵实际上是一种压力式供料容器，并以压缩空气为输送介质和动力。当干灰装入仓内后，将容器关闭。然后通往空气，灰与空气在仓内混合并一起送入输送管道内。对于双仓泵，在泵体之上还需配置一台饲料机，干灰进入饲料机，然后交替向两台仓泵给料。双仓泵的进、排料均按系统的程序要求进行，排料通过仓泵出口的双向阀交替将排灰压送入输送管道。

上述各型仓泵，尽管它们的结构型式和工作原理不尽相同，但都有以下特点：运动部件少，本体磨损不大；能承受较高压力，故输送距离也较远；全部国产化，投资较小；几乎没有噪声。

（2）输灰器系统。输灰器系统是正压浓相气力输送系统，在国内最先由太原第一热电厂和云南曲靖电厂从英国 CLYDE 公司成套引进。该系统是在除尘器的每个灰斗下设置一台输灰器，一般以 4～8 台输灰器为一组，工作时以组为单位轮流排灰，其输送浓度可达灰气比 30kg 以上，输送初速度 2～7m/s。该系统在运行时可以保证输送管道不堵灰，其机理是灰在管道内呈柱塞状输送，即“脉动栓流流态”。

该系统的关键部件为圆顶阀，输灰器的进出口和输灰管道的切换均采用此阀。圆顶阀在结构上采用橡胶圈充气密封，避免了阀芯的冲击和振动，运行平稳，动作频率高，磨损小，使用寿命长，该阀的检修期一般为 2 年。系统中除圆顶阀外，无其他转动部件。

另外，该系统灰斗的排灰由料位计控制，料位计一般安装于灰斗底部或安装于输灰器上，因此在系统运行时灰斗基本上是空的，即所谓“空料位运行”，故采用本系统时，除尘器灰斗上一般不需要设置气化装置。但灰斗的保温一定要稳定可行，防止灰在灰斗内结块，影响顺利排出。

（3）双套管系统。双套管系统国内最早是由浙江嘉兴电厂从德国莫勒公司成套引进的，并于 1995 年投入运行。据电厂介绍，该厂输送距离 1100m，灰气比约 34kg/kg，投运以来总体运行情况良好，但因该系统是成套引进的，价格较贵。

双套管系统的主要特点是莫勒公司的专利湍流输送技术。从气力输送系统在电厂中应用以来，运行中输灰管道的堵塞就一直是一个困扰运行人员和影响电厂安全生产的因素。输送管道内空气速度太高会造成不必要的高能耗和高磨损，而较低的输送速度又可能引起输送管路中的物料堵塞。莫勒公司认为湍流输送系统可以解决这些问题。该系统的基本原理是沿着输送管道前进的运载气体保持连续的湍流，在整个输送过程中阻止物料和空气分离。它的基本组成元件是内部带有旁路管的输送管，在内旁路上根据输送物料的物理性质，每隔一定的间距开孔，空气可以从开孔处流入。

如果因为输送速度的相对降低，物料的块团在湍流系统中开始形成，那么输送管中这部分积聚的气体将进入内部的半空中管内，在下一个开孔处，这些空气又将带着强烈的扰动进入输送管中，在输送管中这些空气将击散已形成的物料块团，这样在输送管道中就不会再有堵管的现象了。

（二）负压气力除灰系统

负压气力除灰系统是利用抽气设备的抽吸作用，使系统内形成负压，集灰斗内的干灰通过物料输送阀随吸入的空气一起带入输送管道，经系统末端的收尘装置，使灰气分离，灰落入灰库内。经净化后的空气通过抽气设备排入大气。该系统具有以下一些特点：

（1）因管道和设备内的压力均低于大气压力，因此管道沿线和设备都没有物料和空气向外泄漏，工作环境好。

（2）由于负压输送，故系统出力和输送距离都受到一定的限制，输送距离一般以不超过150m为宜。

（3）供料用的物料输送阀布置在系统的始端，因真空度较低，阀的结构比较简单，所需的空间也较小。

（4）收尘装置处于系统末端高负压区，既需要考虑密封严密，防止由外向内漏气，又要保证分离下来的灰能顺利排出，设备结构比较复杂。

（5）适用于将分散在各集灰斗的干灰向一处集中输送。

在负压气力除灰系统中，关键部件是物料输送阀。它的作用是将集灰斗的排灰和输送空气按一定比例混合均匀并稳定后输入输灰管，既能开闭进灰口，又能使负压区与大气连通和隔离。该阀主要由带阀气缸、气缸安装板、进风调节阀、方头堵塞、尾盖、入口阀体、阀体、闸板、阀出口管、填料座、填料盖等组成。物料输送阀是卧式阀，固定在灰斗出口和下部，控制进入系统中的灰量和空气。

抽吸真空的设备现在大型电厂中以采用水环真空泵或罗茨风机居多。这种设备效率较高，系统经济性好。但为了达到环境保护排放标准以及保护水环真空泵、罗茨风机等机械设备免受飞灰的磨损，在这些设备之前装设的收尘装置比较复杂，一般须设两三级收尘装置。一两级旋风式收尘器，最后一级为滤袋式收尘器。收尘器下必须设锁气装置，以保持系统的负压。

目前国内有多个电厂采用负压气力除灰系统。其中有成套进口的，有进口技术国产化的，也有国产的。该系统本身卫生情况较好，自动化程度高，投资比低压气锁阀系统要低。它的缺点除输送距离短外，主要是有些部件磨损较严重，如滤袋除尘器的布袋；旋风收尘器的门板、门封，平衡阀及平衡管等。致使维护工作量和费用均较高。

负压气力除灰系统的出力一般为40t/h以下，它除与磨损漏风和装置规格有关外，还与管道长短及弯头数量有关。设备在灰气流中运转，没有磨损是不可能的，故出力有所变化也在所难免，关键是需及时维护检修。至于装置规格和管道长短及弯头数量，在设计中要给予充分的重视。

（三）正、负压联合气力除灰系统

正、负压联合系统一般以负压气力除灰系统将各集灰斗的干灰集中起来输送至中间转运灰库，在中间转运灰库下再采用正压气力除灰系统将灰输送至厂外灰库或直接送往综合场所。它的基本原理和设备与前面的负压气力除灰系统和正压气力除灰系统没有区别。

该系统的主要优点是自动化程度高，炉后及除尘器场地工作环境好，可减轻工人的劳动强度。但其投资和运行费用一般要高于机械集中加正压气力输送系统。

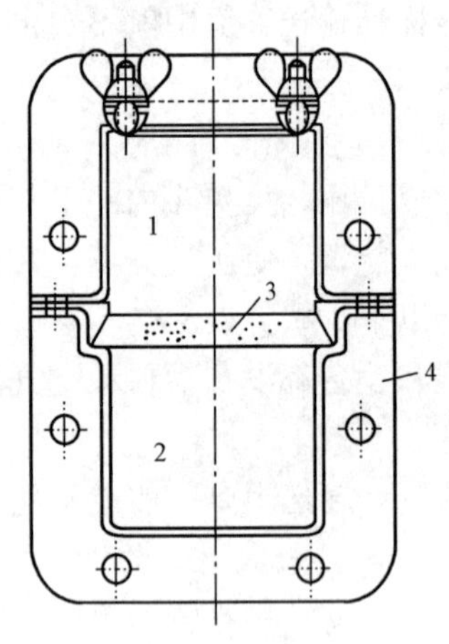

图 4-30 空气斜槽结构
1—输灰槽；2—送风槽；
3—多孔透气板；4—外框

（四）空气斜槽输送系统

空气斜槽一般以大于 6%的坡度向下倾斜布置，可将一个或几个集灰斗排出的干灰进行集中输送。空气斜槽的断面是长方形的，在流程上，以多孔透气隔板将其分隔成上、下两部分，下部分为送风槽，空气从送风槽压入，压力一般为 0.05MPa 左右。上部分为输灰槽，通过给料管向槽内送入干灰，干灰被透过多孔透气隔板的空气所饱和，具有良好的流动性，在重力的分力和空气流的作用下，干灰以一定的速度在斜槽内移动，空气斜槽结构见图 4-30。

空气斜槽系统结构简单，无转动部件，具有输送能力大、动力消耗小、磨损小、无噪声、维护管理简单等优点，且全部可国产，是一种经济实用的设备。它也存在着致命的弱点，首先是由于空气斜槽一般以大于 6%的坡度向下倾斜布置，需要较高的安装空间，更不能向上输送，因此，限制了它的使用范围，使它在一般情况下只能作为除尘器灰斗下灰的一种集中手段，且输送距离不宜大于 60m。另外，在锅炉点火阶段，除尘器所排干灰可能会含油，颗粒较粗，灰温较低，甚至含有杂物，空气斜槽不适应输送这类干灰。

（五）灰库及库下输送系统

1. 灰库

灰库的位置在气力除灰系统的终端，在系统中是具有收集和集中、缓冲和储存、排放干灰等功能的设施。

灰库在电厂中的具体布置位置应根据其进排料条件和运行管理方便因素综合进行考虑。如果灰库在系统中仅作为干灰集中和缓冲的设施，则灰库的位置应尽可能布置在除尘器灰斗附近，使气力输灰管道最短，提高系统运行的可靠性和经济性。如果灰库主要是用作干灰转运的设施，则灰库位置应充分考虑到转运的方便，并尽可能避免干灰的二次转运。

灰库的有效容积主要取决于灰库的性质和运行方式，但其总容积应能满足在系统各种运行工况下的最大储存量。如果灰库的容积选择过大，不但会增加灰库本身的造价，同时还会造成灰库内有部分灰长期处于停滞状态，降低灰库的利用率，也会引起灰的结块现象。至于灰库的数量，除应考虑灰量的大小外，还应考虑干灰综合利用的要求。如干灰综合利用有较大数量并有较高要求时，应考虑粗细灰分库储存，一般情况下，将除尘器二、三、四电场的细灰存入细灰库，一电场和省煤器、空气预热器所排的粗灰存入粗灰库。

国内电厂现在采用的灰库一般为圆筒形结构的钢筋混凝土灰库，而在国外则用钢结构的灰库较多。它们各有优缺点：钢筋混凝土灰库一般造价低，保温性好，无腐蚀问题，但有一定吸湿性，改建也较难；钢结构灰库一般质量小，密封容易，工程量小，改建容易，但也有保温性差，易受腐蚀，造价较高的缺点。为了保证灰库能够安全运行并且能够顺利排灰，一般在库顶均设有压力真空释放阀，以便由于充气、排气或温度变化等原因使灰库内压力发生变化时，它能保护灰库不受过量的正压或负压。在灰库底部，一般设有气化装置，由灰库气化风机提供的气化空气经加热后通过气化装置的多孔板均匀地透入灰库的干灰中，使干灰充分流态化，以保持良好的流动性，从而保证卸料通畅。

2. 库下输送系统

在电厂中灰库大多是气力除灰系统的终端，但大多不是干灰输送的终端。干灰在被输送入灰库后，一般还需进一步送往灰场或送往其他指定地点。国内大型电厂中，库下输送系统主要有四种形式。

(1) 汽车输送。有两种方式：

1) 汽车输送调湿灰。这种方式是在灰库底部设置干灰湿式搅拌机，干灰在搅拌机内经加水喷淋搅拌成含水率15%～25%的调湿灰后，用专用自卸汽车运往灰场。这种方式的优点是汽车运输灵活可靠。但运转距离不宜太长，若超过10km以上时经济性较差。

2) 汽车输送干灰。为了保持干灰的活性，满足综合利用的要求，有时需从灰库内直接取用干灰，这时一般在灰库下设置干灰汽车散装机，将干灰装入罐车运往综合利用场所。

(2) 皮带运输。这种方式也是在灰库下设置湿式搅拌机，干灰在搅拌为调湿灰后通过皮带机送往灰场。皮带输灰的输送距离一般不宜超过2000m，且要受地形的限制，但皮带机本身是成熟的设备，管理好时运行比较可靠。为了保护环境，防止输送过程中的飞灰污染，皮带机上一般加装玻璃罩。

(3) 船舶输送。南方有些电厂依靠江河，可将调湿灰装船舶运走，船舶具有装载量大的优点，但易受恶劣气候的影响。

(4) 高浓度输送。当灰场距离比较远，采用皮带输灰不可行，采用汽车运输不经济时，还可在灰库下将干灰制成高浓度灰浆，然后用高扬程灰浆泵输送到灰场。这种方式的主要优点是能适应远距离输送，但干灰经集中后又加水制浆，从工艺流程上讲不尽合理。

三、储灰场

储灰场具有容积大、堆筑高、储灰年限长、与下游安全、环保和综合利用密切相关。因此储灰场的设计、选择、建设与管理对电厂的经济运行也十分重要。

储灰场一般分为水力储灰场和干储灰场。

(一) 水力储灰场概况

水力储灰场可以分为平原水力储灰场和山谷水力储灰场。

1. 平原水力储灰场

平原水力储灰场一般建在较平坦的黏性土层上，清基后一次筑坝围成能储放按规划容量计算20年左右的灰渣时，也可先按储放10年左右的灰渣时进行分期建设。

2. 山谷水力储灰场

山谷水力储灰场一般建在U形或V形山沟内，先建能储放3～5年灰渣量的初期透水坝。当灰面升至坝顶下1m时，加筑第一级子坝继续放入灰，以此类推。

(二) 干储灰场概况

建设干储灰场要在电厂储灰罐出灰口安装搅拌机；将加入一定含水量的灰渣搅拌成调湿灰，用密封式载重罐车运至储灰场，用推土机按要求厚度铺下，用振动压路机压实和配备的喷洒设备，防止灰尘飞扬。

1. 平原干储灰场

一般情况下的平原干储灰场，四周10m宽植树形成防尘带，遵循科学合理的工艺流程，分块分期完成堆筑渣体工程。平原储灰场如建在河道侧，应加强防洪设施建设。

2. 山谷干储灰场

山谷干储灰场结构随所在地形而有所不同，汇水面积较小和呈扇形的灰场，不必建拦洪坝；汇水面积较大，有一条或多条山沟的灰场，可建一座或多座拦洪坝，以阻拦上游洪水。拦洪坝为不透水碾压坝。

第四节　发电厂的供水设备及系统

一、火电厂冷却系统的特点及供水的要求

火力发电厂的生产过程中需要大量的水，一般分为两类，一类是生产用水，另一类是生活用水。发电厂的供水主要用于凝汽器中凝结汽轮机排汽的冷却水，机组润滑油冷却水，辅助机械轴承冷却水，发电机空气、氢气或水冷却器冷却水，因汽水损失所需的补充水，水力除灰用水，其他生产及生活用水等。

在发电厂这些用水中，最大的一项是凝结汽轮机排汽的冷却水，其数值一般按下式计算：

$$D_w = mD_c$$

式中　D_w——凝汽器的冷却水量，t/h；

m——冷却倍率，即冷却1kg蒸汽所需要的冷却水量；

D_c——进入凝汽器的汽轮机排汽量，t/h。

冷却倍率m与地区、季节、供水系统、凝汽器结构等因素有关，其大小见表4-1。

表4-1　冷却倍率 m 的一般值

地　区	直流供水		循环水	直流供水夏季平均水温/℃
	夏　季	冬　季		
北方（华北、东北、西北）	50～55	30～40	60～75	18～20
中部	60～65	40～50	65～75	20～25
南部	65～70	50～55		25～30

发电厂的其他用水量可按实际情况计算，也可按相对于冷却水量的多少进行估算，其他用水的相对耗量见表4-2。

表4-2　火电厂其他用水的相对耗量

用 水 名 称	水的消耗量/%	用水名称	水的消耗量/%
冷却凝汽器的排汽用水	100	热电厂厂内、外损失补充水	<1.5
冷却辅助机械轴承用水	0.6～1	排灰渣系统用水	2～5
凝汽式发电厂厂内损失的补充水	0.06～0.12	生活及消防用水	0.03～0.05
冷却大型汽轮发电机的油和空气（气体）用水	3～7	采用冷却塔或喷水池时补充损失用水	4～6

1. 火电厂冷却系统的特点

与其他工业比较，火电厂冷却系统具有以下不同点：

（1）冷却水量大。一台 300MW 机组的循环冷却水量达 30 000～40 000t/h，对于一个 4×300MW的火电厂，循环冷却水量将达到 1.2×10^5～1.6×10^5 t/h。对于开式循环冷却系统，如浓缩倍率为 3，补充水率约为 2.4%，则补充水量为 2880～3840t/h。

（2）冷却水系统简单。换热器数量少，一台发电机组只有一台凝汽器，还有若干台冷油器、冷风器。

（3）冷却水温低。据统计，凝汽器出口最高水温一般在 40℃左右，极少超过 45℃。

（4）无工艺泄漏污染冷却水质的情况。一般地讲，在火电厂开式循环冷却系统中，细菌、藻类的繁殖不如其他工业严重。

（5）冷却系统容积与小时循环水量的比值大。

2. 供水系统的要求

发电厂在生产过程中需水量大，用水量随机组配置与装机容量的不同有差异，而且供水的可靠与否直接影响汽轮发电机组的经济运行。因此，对供水系统的要求如下：

（1）水源必须可靠，保证发电厂任何时候都有充足的水量。

（2）水质必须符合使用要求。各种天然水都不是纯净的。天然水中含有的杂质，一是悬浮物质，包括泥、沙、藻类及植物残骸；二是胶体物质，指水中带电的胶体微粒，如硅、铁、铝的化合物及某些有机物质等；三是溶解物质，包括水中溶解的某些无机盐（如重碳酸钙、重碳酸镁、重碳酸钠、氯化钙、硫酸钙、氯化镁、氯化钠、硫酸钠等），有机化合物及某些气体。这些杂质进入冷却系统后，容易引起结垢、腐蚀、黏泥附着。因此对冷却水应进行处理，水质符合要求后，才能进入冷却系统。

（3）厂址应靠近水源，并力求系统简单，以减少设备的投资和运行费用。

二、冷却水系统及设备

（一）水的冷却原理

在冷却塔中，循环水的冷却是通过水和空气接触，由蒸发散热、接触散热和辐射散热三个过程共同作用的结果。借传导和对流散热，称为接触散热，较高温度的水与较低温度的空气，由于温差使热水中的热量传到空气中去，水温得到降低。因水的蒸发而消耗的热量，称为蒸发散热，进入冷却塔的空气，湿分含量一般低于饱和状态，而在水气界面上的空气已达饱和状态，这种含湿量的差别，使水、汽不断扩散到空气中去，随着水汽的扩散，界面上的水分就不断蒸发，把热量传给空气，故水的蒸发冷却，可使水温低于空气的温度。假如冷却塔进水温度为 35℃，则蒸发 1kg 水大约要吸收 24 094J 的热量，带走的这些热量大约可以使 576kg 的水降低 1℃。除冷却池外，辐射散热对其他各型冷却构建物的影响不大，一般可忽略不计。

这三种散热过程在水冷中所起的作用，随空气的物理性质不同而异，春、夏、秋三季，室外气温高，表面蒸发起主要作用，以蒸发散热为主。夏季的蒸发散热量占总散热量的 90%以上，冬季由于气温低，接触散热为主，可以从夏季的 10%～20%增加至 50%，严寒天气甚至可增至 70%。

（二）冷却水系统分类

用水作冷却介质的系统称为冷却水系统。冷却水系统可分为直流冷却水系统、开式循环冷却水系统、闭式循环冷却水系统见表 4-3。

表 4-3 **冷却水系统的分类**

冷却水系统	类型	特　点	备　注
直流冷却水系统	湿式冷却	冷却水只利用一次	采用人工和天然冷却池时，如冷却池容积与循环水量比大于 100，可按直流系统对待
开式循环冷却水系统	湿式冷却	冷却水经冷却设备冷却后重复利用	—
闭式循环冷却水系统	干式冷却	利用空气冷却	—

在长江以南的火电厂，绝大部分采用直流冷却系统，冷却用水的水源为河水和湖泊水。在长江以北、黄河以南地区的火电厂，部分采用直流冷却系统，以河水和水库水为水源，部分采用开式循环冷却系统，水源有河水、也有井水。黄河以北地区的火电厂，绝大部分采用开式循环冷却系统，水源为井水或河水。海滨电厂全部采用直流冷却水系统，以海水为冷却水。我国东北地区也有少数火电厂采用直流冷却系统，以河水及水库水为水源。

1. 直流冷却水系统

直流冷却水系统如图 4-31 所示。此系统的冷却水直接从河、湖、海洋中抽取，一次通过凝汽器后，即排回天然水体，不循环使用。此系统的特点是用水量大，水质没有明显的变化。由于此系统必须具备充足的水源，因此在我国长江以南地区及海滨电厂采用较多。

直流冷却水系统中地表水的碳酸盐硬度一般较低，故凝汽器结垢不多见，主要是以防止生物污染及所引起的腐蚀为主。

2. 开式循环冷却水系统

开式循环冷却水系统如图 4-32 所示。该系统中，冷却水经循环水泵送入凝汽器，进行热交换，被加热的冷却水经冷却塔冷却后，流入冷却塔底部水池，再由循环水泵送入凝汽器循环使用。此循环利用的冷却水则称循环冷却水。此系统的特点：有 CO_2 散失和盐类浓缩，易产生结垢和腐蚀问题；水中有充足的氧。有光照，再加上温度适宜，有利于微生物的滋生；由于冷却水在冷却塔内洗涤空气，会增加黏泥的生成。

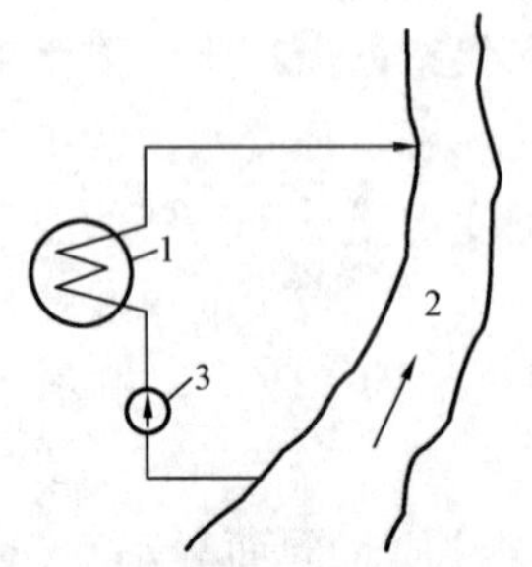

图 4-31　直流式冷却水系统
1—凝汽器；2—河流；
3—循环水泵

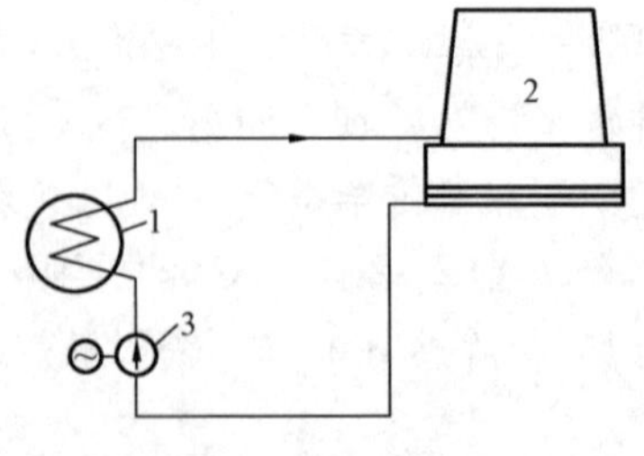

图 4-32　开式循环冷却水系统
1—凝汽器；2—冷却塔；3—循环水泵

此系统较直流式系统的主要优点是节水，对一台 300MW 的机组，循环水量按 3.2×10^4 t/h 计，如果补充水量为 2.5%，则每小时的耗水量仅为 800t，因此该系统在水资源短缺的我国北方地区被广泛采用。随着今后水资源短缺现象越来越严重，我国将有更多的电厂采用开式循环冷却水系统。即便在水资源充足的长江以南地区，为了防止河流的热污染（我国《地表水环境质量标准》规定，人为造成的环境水温变化应限制在周平均最大温升≤1℃），也会有些电厂采用开式循环冷却水系统。我国使用海水作冷却水的火电厂，均采用直流式冷却水系统，由于采用开式循环冷却水系统，可以大大减少海水的取水量，大幅度降低基建投资，因此有些设计院提出了海水循环冷却的设想。

对于开式循环水系统，防垢是主要的，但随着冷却水的低质量水源和节水要求，在处理技术上也从单纯的防垢处理发展到防垢、防腐、防污染的处理方式。

3. 闭式循环冷却水系统

闭式循环冷却水系统在火电厂有三种应用场合。一是冷却汽轮机的乏汽，在严重缺水地区建设的空冷机组，多采用此系统，如我国大同第二电厂、丰镇电厂的海勒式间接空冷系统（如图4-33所示），及已在太原第二热电厂投入运行的哈蒙式间接空冷系统（如图 4-34 所示）。二是有些电厂将轴瓦冷却水等组成一个专门的闭式循环冷却系统（也称二次冷却系统）。三是装有水内冷发电机的电厂，将内冷水也组成一个闭式循环冷却系统，此系统的特点是，没有蒸发而引起的浓缩，补充水量小，一般使用除盐水作为补充水。

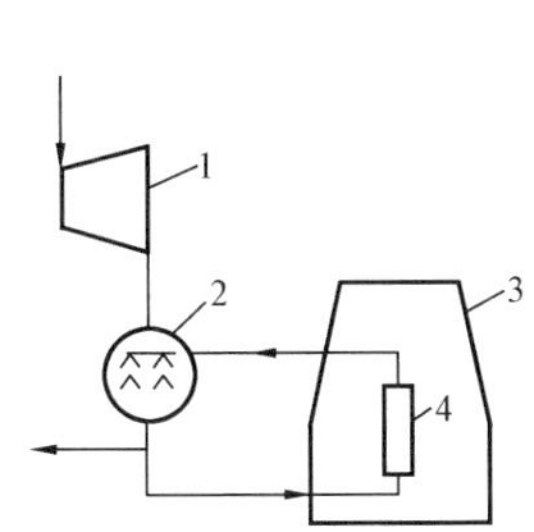

图 4-33　闭式循环冷却水系统（海勒间接空冷系统）

1—汽轮机；2—混合式凝汽器；3—冷却塔；4—空冷元件

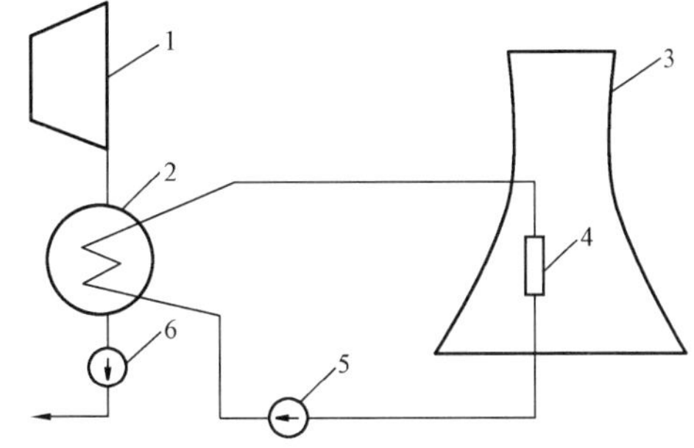

图 4-34　闭式循环冷却水系统（哈蒙间接空冷系统）

1—汽轮机；2—混合式凝汽器；3—冷却塔；4—空冷元件；5—循环水泵；6—凝结水泵

（三）冷却设备

冷却设备有喷淋冷却水池、机力通风冷却塔、自然通风冷却塔三种。第一种多用于小容量的火力发电机组，第二种多用在占地面积小的火电厂中使用。应用最多的是自然通风冷却塔。

1. 喷淋冷却池

喷淋冷却池由水池和在冷却水池上面加装的喷水设备（喷水管道和喷嘴）组成，增加喷水设备的目的是增加水与空气的接触面积，便于散热。喷淋冷却水池的缺点是占地面积大（0.2～0.3m^2/kW），冷却效果差，水损失大，且增加了水中悬浮物的含量。此外，良好的日照，会促进细菌、藻类的繁殖。

2. 机力通风冷却塔

图 4-35 为机力通风冷却塔结构示意图，由于在塔内加装了风扇，进行强力通风，因而可以降低冷却塔的面积和高度，但由于要另外消耗动力，且风扇的维护工作量较大，所以限

制了它的使用。

3. 自然通风冷却塔

自然通风冷却塔一般为双曲线型，它由通风筒、配水系统、填料、捕水器、集水池组成。自然通风冷却塔是依靠塔内外的空气温度差所形成的压差来抽风的，因此通风筒的外型和高度对气流的影响很大，风筒高度可达100m以上，直径可达60～80m。热的循环水送至冷却塔腰部，通过配水系统将水均匀地分布在塔的横截面上，然后进入填料层，以增加水与空气的接触面积和延长接触时间，从而增加水与空气的热交换。以往的填料多为水泥网格板（50×50×50，mm），目前多为PVC制造的点波、斜波等膜式填料。被冷却的水，掉落在冷却水池中，经沟道，重新引至循环泵吸水井。图4-36为逆流自然通风冷却塔结构示意，图4-37为横流式自然通风冷却塔结构示意。

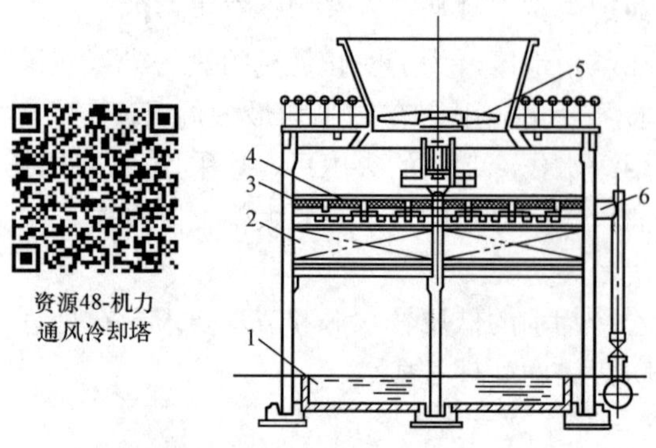

图4-35 机力通风冷却塔示意

1—储水池；2—淋水装置；3—除水器；4—配水装置；5—风机；6—压力水管

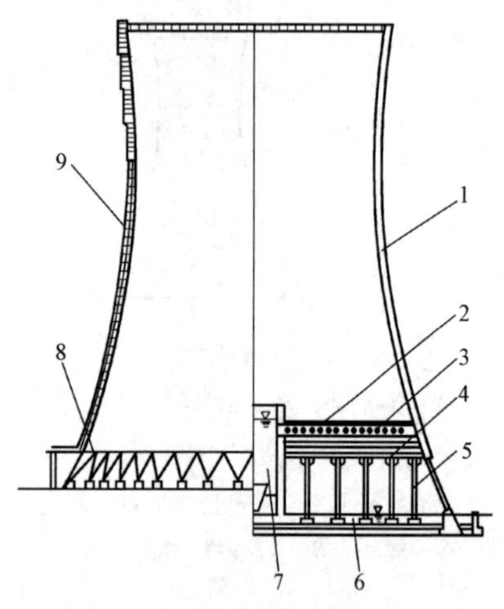

图4-36 逆流自然通风冷却塔

1—塔筒；2—除水器；3—配水系统；4—淋水填料；5—淋水构架；6—集水池；7—竖井；8—进风口；9—爬梯

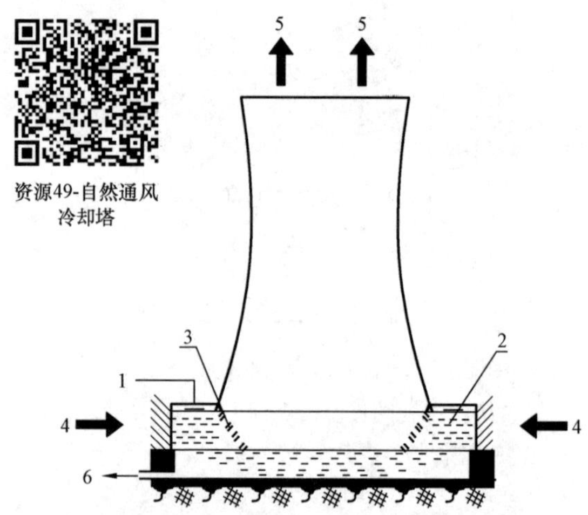

图4-37 横流式自然通风冷却塔

1—冷却水入口；2—淋水装置；3—收水器；4—冷空气入口；5—热空气及水蒸气出口；6—冷却水出口

为了降低吹散损失，目前多数冷却塔都装有捕水器，捕水器设置在配水系统上面，它是由弧形除水片组成，当塔内气流夹带细小水滴上升时，撞击到捕水器的弧形片上，在惯性力和重力的作用下，水滴从气流中分离出来而被回收。

复习思考题

1. 热力发电厂内的燃料输送系统由哪些部分组成？
2. 发电厂常见的卸煤设备有哪些？

3. 铁路来煤的受卸装置有哪几种？
4. 储煤场的作用是什么？常见的煤场机械有哪几种？
5. 火力发电厂为何要除尘？评定除尘器工作性能的主要指标有哪些？
6. 火力发电厂常见的除尘器有哪些？其工作原理是什么？
7. 电厂为何要除灰？目前电厂除灰系统常见的有几种？
8. 对发电厂的供水系统有何要求？
9. 发电厂供水系统有哪几种？供水系统的主要设备有哪些？它们的工作原理是什么？

第五章

发电厂的经济运行

第一节 电力负荷的预测与工况系数

一、电力负荷特性及预测

电能是不能大量储存的，在电力系统中，发电负荷必须与用电负荷保持一致，否则将会出现供电的电压和频率不稳定，影响电能质量。用电负荷是随时间而变化的，相应的发电负荷也要随时间而变化。为了全系统或系统内各地区的负荷平衡，必须掌握电力负荷与时间的关系——电力负荷曲线，这也是发电厂经济运行的基础。

电力系统负荷一般可以分为城市民用负荷、商业负荷、农村负荷、工业负荷以及其他负荷等，不同类型的负荷具有不同的特点和规律。

城市民用负荷主要是城市居民的家用电器，它具有年年增长的趋势，以及明显的季节性波动特点，而且民用负荷的特点还与居民的日常生活和工作的规律紧密相关。

商业负荷主要是指商业部门的照明、空调、动力等用电负荷，覆盖面积大，且用电增长平稳，商业负荷同样具有季节性波动的特性。虽然商业负荷在电力负荷中所占比重不及工业负荷和民用负荷，但商业负荷中的照明类负荷占用电力系统高峰时段。此外，商业部门由于商业行为在节假日会增加营业时间，从而成为节假日中影响电力负荷的重要因素之一。

工业负荷是指用于工业生产的用电，一般工业负荷的比重在用电构成中居于首位，它不仅取决于工业用户的工作方式（包括设备利用情况、企业的工作班制等），而且与各行业的行业特点、季节因素都有紧密的联系，一般负荷是比较恒定的。

农村负荷是指农村居民用电和农业生产用电。此类负荷与工业负荷相比，受气候、季节等自然条件的影响很大，这是由农业生产的特点所决定的。农业用电负荷也受农作物种类、耕作习惯的影响，但就电网而言，由于农业用电负荷集中的时间与城市工业负荷高峰时间有差别，所以对提高电网负荷率有好处。

从以上分析可知，电力负荷的特点是经常变化的，不但按小时变、按日变，而且按周变，按年变，同时负荷又是以天为单位不断起伏的，具有较大的周期性，负荷变化是连续的过程，一般不会出现大的跃变，但电力负荷对季节、温度、天气等是敏感的，不同的季节，不同地区的气候，以及温度的变化都会对负荷造成明显的影响。

电力系统负荷预测包括最大负荷功率、负荷电量及负荷曲线的预测。最大负荷功率预测对于确定电力系统发电设备及输变电设备的容量是非常重要的。为了选择适当的机组类型和合理的电源结构以及确定燃料计划等，还必须预测负荷及电量。负荷曲线的预测可为研究电力系统的峰值、抽水蓄能电站的容量以及发输电设备的协调运行提供数据支持。

负荷预测根据目的的不同可以分为超短期、短期、中期和长期：①超短期负荷预测是指未来1h以内的负荷预测，在安全监视状态下，需要5～10s或1～5min的预测值，预防性控制和紧急状态处理需要10min至1h的预测值。②短期负荷预测是指日负荷预测和周负荷预测，分别用于安排日调度计划和周调度计划，包括确定机组启停、水火电协调、联络线交换功率、负荷经济分配、水库调度和设备检修等，对短期预测，需充分研究电网负荷变化规律，分析负荷变化相关因子，特别是天气因素、日类型等和短期负荷变化的关系。③中期负荷预测是指月至年的负荷预测，主要是确定机组运行方式和设备大修计划等。④长期负荷预测是指未来 3～5 年甚至更长时间段内的负荷预测，主要是电网规划部门根据国民经济的发展和对电力负荷的需求，所作的电网改造和扩建工作的远景规划。对中、长期负荷预测，要特别研究国民经济发展、国家政策等的影响。

电力负荷曲线可以用日负荷曲线和年负荷曲线来表示。前者表示一天内负荷随时间的变化关系，后者表示一年内负荷随时间的变化关系。

二、工况系数

电力系统或发电厂为确保安全、优质，按量对用户供电，同时也是对自属设备检修的需要，其装机容量总是要比其实际运行的工作容量大。一般采用平均负荷、平均负荷系数、全年设备利用小时数和设备利用系数来评价电力系统或发电厂对装机容量的有效利用程度。

1. 平均负荷 P_{av}

平均负荷是指电力系统或发电厂在一段时间内总发电量与这段时间的比值，即

$$P_{av}=\frac{W_t}{T} \tag{5-1}$$

式中　W_t——电力系统或发电厂在一段时间内总发电量，kWh；

T——电力系统或发电厂在一段时间内的运行小时数，h。

2. 平均负荷系数 μ_{av}

电力系统或发电厂在一段时间内平均负荷与其同期内最大负荷的比值，称为在该时期内的平均负荷系数，即

$$\mu_{av}=\frac{P_{av}}{P_{max}} \tag{5-2}$$

式中　P_{max}——电力系统或发电厂在一段时间内的最大负荷，kW。

平均负荷系数表示了电力系统或发电厂电力负荷曲线的形状特征及负荷的均匀程度，它反映了负荷的变化程度及其投资和运行的经济性，是电力系统或发电厂重要经济指标之一。

3. 全年设备利用小时数

电力系统或发电厂全年设备利用小时数，是指电力系统或发电厂全年生产的总电量按其总装机容量的机组全部投入运行所持续的工作小时数，即

$$T_s=\frac{W_a}{P_{to}} \tag{5-3}$$

式中　W_a——电力系统或发电厂全年的发电量，kWh；

P_{to}——电力系统或发电厂的总装机容量，kW。

全年设备利用小时数反映了设备的有效利用程度，是电力系统或发电厂的运行经济的重要指标。它不表示电力系统或发电厂某一具体设备的实际运行小时数，因为它们都有备用容量，发电厂实际运行容量小于其装机容量，因此，其全年设备利用小时数要小于全年实际运行小时数。

4. 设备利用系数

设备利用系数是反映生产设备在数量、时间等方面利用情况的指标。

(1) 设备利用率μ_s。表示发电设备容量利用程度的指标，它是指发电的最大负荷与发电设备总装机容量的百分比，即

$$\mu_s=\frac{P_{max}}{P_{to}}\times 100\% \tag{5-4}$$

(2) 设备的平均利用率μ。反映发电设备利用程度的指标，它是指全年设备利用小时数与全年日历小时数的百分比，其计算式为

$$\mu=\frac{T_s}{T}\times 100\% \tag{5-5}$$

式中 T——全年日历小时数，一般按8760h计。

第二节 发电厂的电能成本

一、电能成本费用及构成

发电厂的电能总成本包括以下项目。

1. 燃料费用C_f

燃料费用是指发电厂直接用于生产电能、热能所消耗的各种燃料的费用。其费用占整个电能成本的60%以上。燃料费用可按下式计算：

$$C_f=B_1U_{f1}+B_2U_{f2}+\cdots+B_nU_{fn} \tag{5-6}$$

式中 B_1，B_2，…，B_n——发电厂各种燃料的消耗量，kg；

U_{f1}，U_{f2}，…，U_{fn}——发电厂各种燃料的单价，包括运费和耗损等费用，元/kg。

2. 外购水费C_W

发电厂的水费是指为发电、供热而用的外购水费用，按下式计算：

$$C_W=D_WU_W \tag{5-7}$$

式中 D_W——发电厂的外购水量，kg；

U_W——发电厂的外购水单价，元/kg。

3. 外购电费C_p

外购电费是指发电厂为发电、供热需要向电网购电的费用。

4. 材料费C_m

材料费是指发电厂的生产部门用于生产运行设备、厂房等设施的维修所耗用材料、备品、配件、消耗性工具（包括劳动安全的工具）等的费用。

水费和材料费占电能成本的5%左右。

5. 工资和福利C_{Wg}

计入电能成本的工资是指发电厂的生产及管理人员的基本工资和非工作时间的工资（学习进修培训、产假、工伤等时间的工资和津贴）。这项费用占成本的3%～7%。

6. 基本折旧费用C_{bd}

固定资产设备在使用过程中必然逐渐损耗，因此它的价值是随着实物的磨损而日渐减少的，并以折旧的形式计入成本，这部分损耗的价值称为折旧费用。一般用直线折旧法进行计算，即

$$C_{bd}=\frac{M_o-M_p}{T_x} \tag{5-8}$$

式中　C_{bd}——所折旧费用，元；

M_o——固定资产原值，元；

M_p——固定资产残值，元；

T_x——设备使用年限，元。

年折旧费用约占总成本的 11%。

7. 预提大修费用 C_y

为了保证生产正常进行，必须对设备进行定期检修，设备大修时间间隔一般为 5～6 年，检修的费用较多，有时还要更换某些附属设备和部件。若将这部分费用直接计入成本，不利于成本核算与管理。因此按照折旧提存的办法，从固定资产的年度折旧费用中提取一部分作为电厂的大修基金，用于发电厂的大修费用。按规定年大修费用提存率为折旧率的 1.4%。年预提大修费用可按下式计算：

$$C_y=C_{yd}x \tag{5-9}$$

式中　C_{yd}——年度折旧固定资产值，元；

x——年大修提存率，%。

修理费用约占成本的 5%。

8. 其他费用 C_o

电能成本中还包括办公费、差旅费、劳动保护费、教育培训费等。

二、电能成本计算

1. 电能总成本

发电厂的电能总成本就是以上各种费用之和，即

$$C_t=C_f+C_W+C_p+C_m+C_{wg}+C_{bd}+C_y+C_o \tag{5-10}$$

2. 单位电能成本

发电厂的电能总成本是指发电厂对外供每单位的电量所消耗的费用，即

$$C_{av}=\frac{C_t}{W_s\times 10^3} \tag{5-11}$$

式中　C_{av}——单位电能成本，元/（1000kWh）；

W_s——发电厂的对外供电量，kWh。

第三节　发电厂运行管理和安全管理的概念

一、运行管理在电厂中的地位和作用

运行管理是发电厂生产技术管理的重要组成部分，严格运行管理，正确组织好设备安全经济运行是发电厂生产工作的重要环节。

1. 发电厂设备运行工作的重点内容

电力生产与国计民生和社会稳定密切相关，因此电力生产必须安全，必须给用户提供高

质量的电能，同时在安全、可靠供电的基础上，电力企业也要千方百计地提高自身的经济效益。发电厂作为电网的重要组成部分，其设备运行工作的重点内容如下：

(1) 正确地组织设备运行，不因设备运行不当造成电网缺电、限电，甚至引起电力系统稳定破坏；不因设备运行不当而造成主要设备和系统的严重损坏或造成人身伤亡。

(2) 发电厂要为电网安全可靠供电服务，机组运行要最大限度地满足电网运行的需要，如调峰、调频、调压等。

(3) 在满足电网运行的基础上，组织好发电机组的经济运行。

(4) 抓好设备运行的技术分析，深入分析机组运行特性的变化，正确指导设备的安全经济运行，并为机组的检修、技术改造提供可靠的依据。

2. 发电厂运行管理的内容

根据以上的情况，发电厂运行管理的内容较多，概括起来主要有以下几个方面：

(1) 安全运行管理。

(2) 设备出力管理。

(3) 运行调度及调峰管理。

(4) 经济运行及指标管理。

(5) 运行规程、系统图及原始资料管理。

(6) 运行分析管理。

(7) 运行组织的行政管理。

本章重点介绍第 (1)、(3)、(4) 部分的内容。

二、电厂安全运行的基本要求

电力企业必须坚持“安全第一，预防为主”的方针，必须坚持保人身、保电网、保设备的原则。发电厂运行工作应认真贯彻执行上述“方针”和“原则”，这是运行安全管理工作的出发点和落脚点。对电厂安全运行的基本要求有以下几点：

(1) 不因运行人员的责任而造成设备的损坏和停用，造成对外停止供电或少供电，不因运行人员的责任而造成自身或他人伤亡；不发生运行误操作。

(2) 正确组织设备在规定的条件下运行，不因监控不当而使设备异常运行或造成设备停运或损坏。

(3) 正确处理事故。在事故情况下，只要条件许可，应千方百计地维持电网运行的安全和稳定。在危及设备安全时，应正确地判断和处理，不能造成主要设备严重损坏而长时间停运。

三、运行的安全管理工作

1. 严格执行规程制度

安全规程、运行规程和运行管理制度是多年来运行生产工作经验的结晶，是运行工作的准绳，发电厂必须以此来规范人员的工作行为，以此督促、检查有关规程的执行是运行安全管理的重中之重。

所有参与运行及管理的工作人员应认真学习，领会和熟练掌握、严格执行规程制度的有关规定。安全规程督促检查的重点在执行工作票的操作票制度方面；运行管理制度督促检查的重点在交接班、巡回检查和设备定期切换试验制度方面；运行规程督促检查的重点在设备的启动、停运和事故判断处理方面。

2. 防止在异常工况和非正常运行方式下的设备损坏

设备运行中发生异常情况或非正常运行方式时，可能潜伏着安全隐患，对此必须采用相应的措施，要特别注意下列问题：

(1) 设备在异常工况和非正常运行方式下，易发生设备损坏，因此保设备是最重要的原则，要正确处理好设备和发电量、设备和安全记录的关系，坚决杜绝硬撑硬挺。

(2) 设备异常工况和非正常运行方式下，如尚未达到机组紧急停运规定条件时，可采取必要的安全措施，维持设备运行，如限制出力、降低参数、变更运行方式和密切监视等。但这些安全措施不得与安全规程、运行规程、反事故技术措施与制造厂的规定相抵触。如设备异常达到紧急停运条件规定时，一定要果断紧急停止运行。

(3) 发电厂要根据设备和系统的特点，对于常见的异常工况和特殊运行方式，要制订固定的安全措施，并编入运行规程。要规定设备紧急停用的极限值，并由运行人员严格执行，各级生产管理人员也要严格执行紧急停用规定。

(4) 设备进行试验时，可能会发生运行方式的变动和运行参数的偏离，因此在设备试验前要制订设备试验时的周密、完整的安全措施。电厂在大修后的试运以及设备系统改造变更也应参照同样的原则进行。

3. 重视生产外部条件变化对安全运行的影响

发电厂外部条件变化主要是指气候变化、煤质变化和节假日等。如初春时节要认真进行防雷检查以及电气设备的防污闪工作。雨季到来之前要做好防雨措施。煤质变化应加强燃煤管理，及时调整燃烧操作，预防锅炉灭火打炮。遇到节假日电网负荷波动，应事先拟定安全运行图，运行中做好事故预想，提高运行人员的应变能力，防患于未然。

4. 重视事故的调查分析，加强和改善安全运行管理工作

发生故障后，必须坚持实事求是、严肃认真的态度，按照“三不放过”的原则查清故障发生的真正原因，以利于采取措施，加以解决。在分析故障时，除查清设备原因外，还应着重分析主观原因以及重视管理方面存在的问题，这样才能举一反三，加强管理，才能制订针对性的防范措施，杜绝同类事故的重复发生。

5. 坚持开展安全活动的反事故学习，提高安全意识和实战能力

开展安全活动和进行反事故演习，旨在增强人员的安全意识和判断处理事故的能力。

安全活动要坚持按规定周期进行，并做到时间、人员、内容三保证。安全活动要特别注重联系工作实际，切实解决生产中存在的问题。

开展反事故演习应精心准备、严密组织。反事故演习的内容要根据本单位设备系统的特点和人员处理事故的实际技术水平制订。演习中应严肃有序，要“假戏真唱”，但要防止弄假成真，造成误动、误碰和误操作事故。演习后要认真评价、总结分析成绩和不足，逐步提高演习的质量和水平。大型机组一般都在模拟仿真装置上进行反事故演习。

第四节　发电厂的运行方式和调度管理

发电厂生产的运行方式和调度管理是确保电能质量和电力可靠性的重要环节。发电厂应按照系统要求调整有功和无功出力，确保电网的频率、电压在合格的范围内，为社会提供质量合格的电力供应。

一、运行方式的管理

发电厂采用合理运行方式的目的一是保证安全经济运行；二是提高运行的经济性；三是保证电力、电量的送出。

(1) 热机系统合理的运行方式应做到母管制系统机炉参数、出力匹配，除氧、给水系统参数、出力匹配分段合理。考虑到运行安全性及经济性，集中供水的循环水系统分段合理，要防止局部故障造成全厂停电。备用设备应完好，随时能可靠投入运行。

(2) 电气系统合理的运行方式应做到厂用交流电源可靠，尽可能采用由本机带本机组厂用电，各段配带负荷合理，单段故障不会引起机炉停运。厂用直流电源可靠并按正常方式运行，蓄电池组以浮充电方式运行，直流母线电压经常保持在额定值且电压装置、绝缘监视装置投入运行。升压站送出母线各段配带负荷合理，局部故障影响小，且便于切换和隔离，不致扩大造成全厂停电。

二、运行调度管理

运行调度的基本任务是按照上级生产调度计划的要求、本厂生产指挥系统的安排及设备的具体情况，对全厂生产系统各个运行环节进行有效的指挥、监控，使生产过程各运行环节协调一致，保证安全经济运行。

1. 安全和经济调度

发电厂运行调度工作必须服从系统调度的管理和指挥，不得以任何借口拒不执行系统调度的安排和调度命令（违反调度规程、安全规程，危及人身或设备安全者除外)。运行调度人员应严格执行各项运行规章制度和运行的组织、技术措施，正确无误地指挥生产，确保运行安全。

在安排机组调度方案时，要保证安全前提下努力提高全厂的经济性。要按照主辅设备和系统的试验结果为依据，制订在不同出力水平、不同运行方式下的机组最佳组合。一般情况下，同类型机组以效率高的机组优先投运和多带负荷。掌握好机组负荷的分配也是经济调度的重点。对供热机组应在保证供热的基础上以热定电。对各种辅助设备的经济调度也不容忽视。锅炉辅机的重点是制粉系统和除灰除渣系统的设备，汽轮机辅机的重点是循环水泵和给水泵（汽动给水泵应不间断运行)，其他辅机如电气的备用励磁机，输煤的翻车机、皮带机和碎煤机等。

2. 运行调度与行政管理的关系

(1) 运行调度（值长）是一个生产岗位，同时也是一个管理岗位；值长在值班期间是组织运行生产的直接指挥者，同时也是全厂生产指挥决策层的执行者。运行调度接受系统调度的业务领导和技术指导，向上汇报情况、申请工作，接受命令；向下布置执行，起着电厂生产指挥系统对外联系、对内实施的承上启下的作用。

电厂生产指挥决策领导人发布的命令，如涉及系统调度的权限时，必须经系统调度许可才能执行。对于现场事故处理规程有规定者可按规程规定执行，但要及时向系统调度报告。

(2) 在值班期间运行调度为全厂运行操作、经济调度和事故处理的指挥者和组织者，生产过程各运行环节的信息、动态情况都必须及时、迅速地向其汇报。厂内所有保证发供电(热) 能的主要设备、辅助设备、公用系统均属运行调度管辖或管理，未经许可，生产车间不得从运行或备用中停下设备系统、改变运行方式。运行调度所下达的生产命令，运行管理职能部门和生产车间不能以任何借口拒不执行。当设备需要计划、临修、试验或消除缺陷时，生产车间应提出申请，经运行管理职能部门和生产领导审批，根据管辖范围，经值长或运行调度批准方可进行。

三、调峰运行管理

随着国民经济发展和人民生活水平的提高，电网用电结构不断发生变化，负荷率逐步下降，峰谷差日渐增大，调峰是电网运行的需要，电厂作为电网的组成部分，有责任完成本厂机组的调峰任务。因此调峰是发电运行工作中的重要内容。

（一）提高调峰能力的途径

为适应电网调峰的要求，提高发电机组的调峰能力和调峰运行的安全性，要求对机组进行调峰改造。

（1）改造锅炉燃烧器，增强低负荷脱油稳燃能力，从而提高机组低负荷运行的能力。通过改造，一般可下调到40%～50%额定出力或更低。锅炉燃烧器的改造，主要根据其原有的结构和特性，锅炉辅机特性以及燃用煤种等因素而定，改造的形式有船形燃烧器、浓淡燃烧器和钝体燃烧器等。

（2）改造主辅设备，如给水泵，送、引风机，除氧器等；热力系统、循环水系统、汽封系统、疏水系统、主要阀门等；以适应和配合主机提高调峰能力。改造的主要目的是，机组在低负荷运行时应能满足要求，同时尽可能提高辅机运行的经济性。

（3）改进和提高汽轮机缸体保温效果，改进部分间隙，通过试验确定合理的操作方式，以适应机组热态启动的要求。

（二）调峰方式及选择

目前火力发电厂调峰方式主要有机组低负荷运行（旋转调峰）、开停机组调峰、汽轮机少汽无负荷运行调峰及低速热备用调峰等方式。

1. 低负荷运行（旋转调峰）

低负荷运行是机组运行中变动出力的调峰方式。火电机组在低负荷下运行，其经济性恒低于额定工况。低负荷运行方式有：①额定参数运行，即新汽参数仍为额定工况时的设计值，简称定压运行。②变压或滑压运行，即汽轮机调节阀全开，新汽温度保持或接近额定工况时的设计值，由锅炉改变新汽压力以适应负荷的需要。③定压变压混合运行，即在某负荷范围内为变压运行，其余负荷范围内为定压运行。

对于早期投产的机组，一般要求低负荷运行能力达到机组额定出力的30%，且锅炉能脱油稳燃。近期投产的大型机组，一般可达到额定出力的60%。低负荷运行操作方便，能快速适应系统峰谷差的要求。对设备的寿命损耗小，但调峰能力小且经济性差。

锅炉低负荷运行的主要技术问题是低负荷稳燃问题、水动力循环和锅炉主要部件（如汽包）的寿命损耗问题。锅炉不投油的最低稳燃负荷应通过试验确定。低负荷运行的锅炉要防止发生灭火，应采取低负荷稳燃措施。锅炉本身的结构和特性，燃料品质、锅炉辅机特性，对燃烧稳定性差的燃烧器进行改造。锅炉低负荷运行可能会有水循环停滞或倒流现象，在锅炉投入调峰前，应通过锅炉水循环验算和试验，确认其安全性，发现不安全的回路，应采取措施加以改进。锅炉低负荷下应采取措施避免烟温和汽温的过大偏差，防止过热器、再热器超温。

为防止汽轮机在低负荷运行时末级叶片发生颤振，对大容量汽轮机凝汽器，应保持较高真空；如低负荷运行时，凝汽器真空降低很多，应分析原因，及时消除。机组在变负荷运行时，如低压加热器、高压加热器一般应投入运行，应注意调整除氧器水箱水位、凝汽器热水井水位及高压加热器的疏水系统切换；注意对除氧器排汽的调节，以保证给水溶氧在合格范围之内，必要时可对除氧器进行改造。

2. 开停机调峰

开停机调峰分为两班制调峰和大调峰两种。

两班制调峰方式是机组前夜晚高峰后停机，次日早高峰前启动并入电网。它是全负荷调峰的一种运行方式。影响两班制调峰的因素较多，主要是汽轮机上下缸的温差、通流部分的间隙变化，旁路系统或凝结水系统的容量等参数能否适应热态开机的要求，这些因素应经试验验证后才能确定。并可通过大修或技改使机组适应两班制调峰。大调峰是在峰谷差较大，平峰负荷低、晚峰负荷较高的情况下采用的一种调峰方式。这种调峰方式是，机组前一天晚高峰后停下，次日晚高峰前并网，停运时间较长，一般属于温态启动，便于控制和掌握。调峰幅度为100%，经济性较旋转调峰好。

3. 机组少汽无负荷运行调峰

机组少汽无负荷运行调峰的具体做法是，晚高峰后机组出力降至零而发电机不解列运行，发电机吸收电网有功功率转变为同步电动机运行工况。这种运行方式需采取措施冷却汽轮机叶片的鼓风发热，其调峰能力可达100%～105%，且能吸收电网一定的无功功率而起到调压作用。少汽无负荷调峰转换过程操作复杂，对机组安全性和寿命损耗影响大，且辅机电耗大。在电网调峰中一般很少采用。

调峰幅度的大小由调度员根据各时段的电力平衡确定，电厂应向调度员提供机组可能的调峰方式和幅度，以供系统进行合理的调度。

4. 低速热备用调峰

低速热备用调峰是指电网负荷低谷时将汽轮机负荷降到零，发电机与电网解列后，用蒸汽推动汽轮发电机组低速旋转，而处于热备用状态。这种调峰方式可以使机组在下次启动升速时，金属处于较高的温度水平（与极热态启动相当），以加快升速和带负荷的速度。启动时的操作比两班制启停方式调峰要简单得多。需要解决的问题是，要引入低压蒸汽，保持在低速运转时转速稳定。

（三）调峰管理

调峰管理是运行管理的一项重要工作。由于调峰运行时机组工况变化频繁，因此设备寿命损耗增大，操作量和工作量增加及发生事故的概率上升。调峰管理要重点做好以下各项工作：

（1）加强运行专业管理，做好运行人员的技术培训。使运行人员熟悉运行规程、调峰运行方式及对机组安全带来的影响，熟悉异常事故处理原则及有关反事故措施，并定期进行运行分析。

（2）加强调峰技术管理，做好调峰运行各种工况的分析。重视技术数据的积累和分析，不断总结经验和认识存在的问题，完善运行规程和调峰的有关制度和规定。

（3）加强调峰运行中的安全管理，各级领导和运行岗位值班人员要树立保设备安全，防止发生重大设备损坏事故的思想。调峰运行出现异常情况时，判断处理应准确、及时、果断，坚决杜绝硬撑硬挺，使一般事故扩大成重大设备损坏。严格执行上级制订的有关火电厂机组调峰运行安全注意事项及要求，结合本厂实际应制订实施细则并贯彻落实。

（4）重视调峰运行相关设备系统及部件的检查，及时消除影响机组调峰能力和可靠性的设备缺陷，在机组大、小修中，对锅炉燃烧器等部件及辅机和辅助系统要加强检查和维修，发现问题应彻底处理，使整套机组具有良好的调峰性能。

（5）扩建或新建电厂应选调峰能力大且调峰安全性、经济性良好的机组，新机投产后应尽快达到设计调峰能力。

第五节　发电厂经济运行及指标管理

一、加强经济运行及指标管理的重要性和必要性

（1）安全经济发供电量是电力生产的基本原则。电力企业在确保安全生产的前提下，必须坚持以提高经济效益为中心。发电设备的经济运行是电厂经济效益的基础，因此抓紧节能降耗工作，努力提高机组经济运行水平，是电力生产长期的很艰巨的任务。

（2）设备的节能技术改造和推广采用新技术、新设备、新工艺、新材料，是提高发电厂生产运行可靠性和经济性的重要途径。在现有设备及运行水平的情况下，重视和强化经济运行管理，充分挖掘现有设备潜力，努力降耗增效，也是当前及长远提高运行经济性的迫切任务和努力方向。

（3）发电厂运行的经济性是用能耗水平评价的。加强经济运行管理，重点是加强经济指标的管理。能耗水平是反映发电企业经济的重要指标，也是体现发电企业管理和技术管理水平的重要标志之一。

（4）电力工业随着改革开放的不断深化，电力体制也发生了重大的变革：一是厂网分开；二是电力市场形成且规模逐步扩大；三是机组竞价上网。电力市场的竞争结果只能是那些可靠性、经济性和可调性好的机组占有较多的发电份额，煤耗水平高低也将是重要原因。

二、发电厂主要经济指标

发电厂的技术经济指标有全厂性的和与机组特性有关的两大类。全厂性的经济指标主要包括煤耗率、厂用电率和发电水耗率。与机组特性有关的指标包括锅炉效率、机组热耗率以及与机组热效率相关的主蒸汽压力、温度、再热蒸汽温度、排烟温度、氧量、飞灰可燃物、给水温度、高压加热器投入率、汽轮机背压、凝汽器端差等。

1. 煤耗率及运行小指标

在指标管理上一般把煤耗率称为大指标，煤耗率是生产单位电能所耗用的燃料量。分为发电煤耗率和供电煤耗率。

小指标是在机组运行中影响煤耗率的主要参数，通过对小指标的统计和分析，可以找出影响煤耗率的主要矛盾，为电厂节能降耗的生产技术管理提供重要依据。

机组运行的小指标主要有以下几个。

（1）锅炉参数。主要是影响锅炉效率的因素，有锅炉的排烟温度、飞灰可燃物、锅炉漏风系数等。

（2）汽轮机参数。主要是影响机组热力循环效率和汽轮机内效率的因素，有汽耗率、主蒸汽参数、再热蒸汽参数、给水温度、汽轮机背压等，其中影响汽轮机的主要因素有凝汽器端差、过冷度、循环水入口温度、循环水温升等。

（3）机组补充水率。除生产过程中必需的排污、自用汽、供热用汽外，补充水率反映了热力系统的内外泄漏造成的工质损失和热损失，直接影响了机组热效率。

(4) 机组厂用电率。反映了辅机运行效率的高低，辅机及其系统运行操作是否合理等。

以上各方面既要加强运行监控调整等技术措施，又要加强指标管理，以达到降耗的目的。

2. 厂用电率

厂用电率即发电厂的厂用电量占发电量的百分比。显然同一负荷下，厂用电量越小越好。

3. 发电水耗率

由于我国部分地区水资源紧缺，因此发电用水耗率也作为电厂运行的主要技术经济指标。

发电水耗率表示发电厂同一时间内从水源的取水量与全厂发电量的比值，单位为kg/kWh。

三、经济指标的管理

发电厂设备系统复杂的特点决定了经济指标管理内容的广泛性。它贯穿发电厂生产过程的每一个环节。

经济指标管理的任务就是对各项指标不断地进行统计分析和监督检查，挖掘潜力，节约能源，努力实现机组运行的经济性，使各项消耗达到最佳水平，经济指标管理的主要内容有以下几个。

(1) 组织建立能源基础资料及统计资料管理台账，如机组热耗率、效率设计资料，鉴定性试验资料，主辅设备性能试验资料，节能改造鉴定资料等。建立历年煤耗率、厂用电率、水耗率及与机组特性有关的主要参数和各项小指标实际完成值的台账等。做好经济指标的统计工作，不断积累原始数据，为分析工作打好基础。

(2) 建立全厂三级节能组织机构，健全节能管理制度。由主管节能工作的生产副厂长(或总工程师)为首，运行副总工程师等组成节能工作领导组，统筹、协调节能管理工作。厂部设置节能专业工程师，组织开展日常节能工作，车间配置节能人员，班组设兼职节能员。明确各级节能专责的职责。节能领导组每年应从整体上规划，提出节能目标，制订措施，定期检查落实。每月召开经济指标分析会，分析小指标对煤耗的影响及存在的问题，并制订落实整改措施。技术指标完成情况应每日在生产碰头会上通报。每月编发指标简报，做到众所周知，并作为检查分析生产任务计划及指标执行情况的依据。同时建立健全节能规章制度，规范各项节能工作，使节能工作按章行事，有章可依。

(3) 搞好指标分解工作，把全厂性的综合指标层层分解，层层负责。大指标分解为小指标，小指标完成得好，大指标一定也能完成。

四、提高机组经济性的主要运行措施

(1) 提高机组热力循环效率的主要措施是主汽压力、温度，再热汽温度保持在规定值，回热系统正常投入，给水温度在设计值，努力降低汽轮机的背压等。

(2) 提高锅炉效率，降低锅炉排烟温度、锅炉漏风率、飞灰可燃物含量，要做好制粉系统锅炉燃烧调整试验，制订出各种工况的运行卡片，作为运行人员的操作依据，要按规定做好吹灰和清焦工作，做好锅炉堵漏风工作，使锅炉经常保持在良好工况下运行。

(3) 加强燃料管理，严格计量，严格控制入厂煤质，允许煤质偏离设计值在限定值以内。特别是对煤的挥发分、灰分、硫分、结焦特性进行严格的监督，使锅炉能在良好的条件下运行。

(4) 提高设备管理水平，努力降低热力设备及系统的内外泄漏，减少工质和热损失。

(5) 提高辅机运行的经济性，减少辅机的节流损失，使其尽可能在高效区运行。要通过试验确定辅机及其相关系统在不同的运行工况下合理的运行方式，努力降低厂用电率。

(6) 严格机炉运行的化学监督，严格控制凝结水硬度、给水溶氧量、给水 pH 值及锅水、蒸汽品质，防止锅炉、凝汽器、加热器等受热面及汽轮机通流部分发生腐蚀、结垢和积盐而导致热力设备运行工况恶化。

(7) 提高机组运行的自动化水平，通过自动控制使机组运行参数维持在规定的数值。

(8) 要采取措施节约发电用水。其主要途径是保持合理的循环水的浓缩倍率，提高除灰的灰水比和废水回收综合利用。

(9) 加强运行的计量工作，使机炉的运行指标得以定量分析，为设备的经济运行提供可靠的依据。

(10) 要充分发挥电厂热力试验室的作用，除定期对机组运行进行测试和调整外，还要针对影响机炉运行经济性的基础上进行专题的试验和分析。

第六节　发电厂热力设备的动力特性

火电厂热力设备的输入能量（汽耗、热耗、煤耗或效率）与输出能量（功率、锅炉蒸发量）之间的关系式，称为热力设备的动力特性，即汽轮发电机组的汽耗特性，表示汽轮发电机组的汽耗与电功率之间的关系，表示为

$$D=f(P) \tag{5-12}$$

汽轮发电机组的热耗特性，表示汽轮发电机组的热耗与电功率之间的关系，表示为

$$Q=f(P) \tag{5-13}$$

锅炉设备的煤耗特性，表示锅炉设备的煤耗与其蒸发量之间的关系，表示为

$$B=f(D_b) \tag{5-14}$$

一、汽轮发电机组的动力特性

凝汽式汽轮发电机组的动力特性，视汽轮机的调节方式而有所不同。图 5-1 (a) 所示为四组喷管调节的凝汽式汽轮机的动力特性曲线，图 5-1 (b) 为线性化后的汽耗特性曲线。

1. 机组的汽耗特性

当汽轮机的功率小于或等于经济功率 P_{ec}时，即 $P\leqslant P_{ec}$时，汽耗特性可表示为

$$D=D_n+r_dP \quad \text{kg/h} \tag{5-15}$$

汽耗率特性

$$d=\frac{D}{P}=\frac{D_n+r_dP}{P}=\frac{D_n}{P}+r_d \qquad \text{kg/kWh} \tag{5-16}$$

$$d=d_{ec}\frac{x}{f}+r_d \tag{5-16a}$$

$$x=\frac{D_n}{D_{ec}} \tag{5-16b}$$

$$f=\frac{P}{P_{ec}} \tag{5-16c}$$

当功率大于经济功率 P_{ec}时，即 $P>P_{ec}$时

汽耗特性 $D=D_n+r_dP_{ec}+r'_d(P-P_{ec})=-D'_n+r'_dP$ kg/h (5-17)

汽耗率特性 $$d=\frac{D}{P}=-\frac{D'_n}{P_{ec}f}+r'_d \tag{5-18}$$

式中 D_n、D'_n——空载汽耗量，kg/h；

x——汽轮机空载系数，即汽轮机的空载汽耗量与经济功率的汽耗量之比，平均为 4%～5%；

f——汽轮机负荷系数，为机组负荷 P 与经济负荷 P_{ec}之比；

r_d、r'_d——微增汽耗率。

微增汽耗率为每增加单位功率时汽耗量的变化率，即汽耗特性曲线的斜率

$$r_d=\lim_{\Delta P\to 0}\frac{\Delta D}{\Delta P}=\frac{dD}{dP} \quad \text{kg/kWh} \tag{5-19}$$

实际汽耗特性曲线为一曲线，为便于分析，常用线性化进行处理，在 30%～100%额定负荷范围内其误差不超过 1%，则式（5-19）可以写为

$$r_d=\frac{\Delta D}{\Delta P}=\frac{D_{ec}-D_n}{P_{ec}}=\frac{D_{ec}}{P_{ec}}(1-x)=d_{ec}(1-x) \tag{5-20}$$

综合上述各式和图 5-1（b）可以得知：

（1）微增汽耗率 r_d 为汽耗特性曲线的斜率，是一定值，图 5-1（a）中的 r_d、r'_d是不连续的两条水平线。从式（5-20）可知，r_d 与空载汽耗 D_n 无关，只和参与做功的有效汽耗 $D_{ec}-D_n$ 有关。

（2）汽耗率特性曲线分析见图 5-1（a），其汽耗率曲线为两段上凸的曲线，由式（5-16a）可知，汽耗率为单位功率的平均汽耗量，它是衡量汽轮机特性综合性指标，式中第二项 r_d 为定值，而第一项 $d_{ec}\frac{x}{f}$为变动值，与空载汽耗 D_n 有关，当 $f=1$，即 $P=P_{ec}$时，$d_{ec}\frac{x}{f}$值最小；当 $f<1$ 即 $P<P_{ec}$时，该值逐渐加大；空载负荷即 P 趋于 0 时，d 趋于无穷。可见

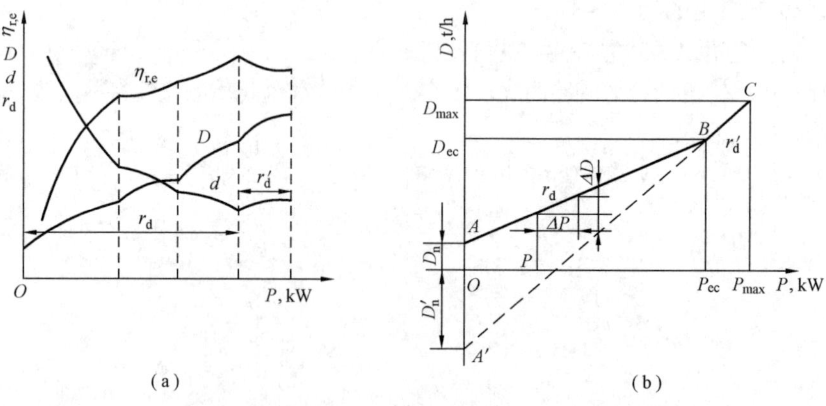

图 5-1 喷管调节凝汽式汽轮机的动力特性曲线

（a）汽轮机的动力特性曲线；（b）线性化后的汽耗特性曲线

汽轮机在很小负荷下工作是非常不经济的，一般规定汽轮机的最小功率 $P_{min}=$（25%～40%）P_r（额定负荷，大容量机组一般选取 $P_r=P_{ec}$）。由式（5-18）得知，当 $P>P_{ec}$ 且增加到 $P=P_{max}$ 时，汽耗率略微增大，$d\rightarrow r'_d$，经济性开始降低，在图 5-1（b）上过负荷区的特性线 BC 的延长线将图的纵坐标轴交于 A' 点，OA' 线段表示微增汽耗率 r'_d 时的空载汽耗量的大小，而无物理意义。

现代汽轮机都具有给水回热加热系统，因此其汽耗量 D 应反映回热系统投入时的汽耗特性。无回热机组汽耗量特性为

$$D_c=D_n+r_dP \qquad \text{kg/h} \tag{5-21}$$

回热投入时的汽耗量特性可写为

$$D=\frac{D_c}{1-\Sigma\alpha_jY_j}=\frac{D_n}{1-\Sigma\alpha_jY_j}+\frac{r_d}{1-\Sigma\alpha_jY_j}P \qquad \text{kg/h} \tag{5-22}$$

无回热汽轮机和有回热汽轮机汽耗量相比较，其相差系数为 $\beta=\frac{1}{1-\Sigma\alpha_jY_j}$，因此，回热投入时汽耗量要增加。负荷从 100%降至 40%额定负荷时一般 β 变化不大；进一步减少负荷时，β 逐渐减小渐近于 1；在 20%及以下负荷时，一般回热加热系统完全停止。因此，在主要负荷范围内，有回热和无回热汽耗特性相似，各自可取相应的直线段，在负荷低时，两种特性线应逐渐接近以至重合。

2. 机组的热耗特性

使用汽耗特性只能初步估算汽轮机在不同负荷下的热经济性，为正确估算热经济性，还应使用汽轮机的热耗特性。因为热耗特性反映了给水温度随负荷而变化的关系，当已知给水焓和负荷的变化关系 $h'_{fw}=f$（P）时，热耗特性可由汽耗特性求得

$$Q=D(h_0-h'_{fw}) \qquad \text{kJ/h} \tag{5-23}$$

当负荷 $0\leqslant P\leqslant P_{ec}$ 时

$$Q=Q_n+r_qP \tag{5-24}$$

当负荷 $P_{ec}\leqslant P\leqslant P_{max}$ 时

$$Q=-Q'_n+r'_qP \tag{5-25}$$

式中　Q_n、Q'_n——空载热耗量，kJ/h；

r_q、r'_q——低于和大于经济负荷区域内的微增热耗率（即热耗特性线的斜率），kJ/kWh。

空载热耗量　$Q_n=D_n(h_0-h'_{fw})$

$Q'_n=D'_n(h_0-h'_{fw})$

微增热耗率　$r_q=r_d(h_0-h'_{fw})$

$r'_q=r'_d(h_0-h'_{fw})$

热耗特性曲线与汽耗特性曲线相似，有折点或无折点直线化线段，不重述。

二、锅炉设备的动力特性

锅炉设备的动力特性是指锅炉消耗的标准煤耗量与锅炉的蒸发量之间的关系，即 $B=f(D_b)$。还

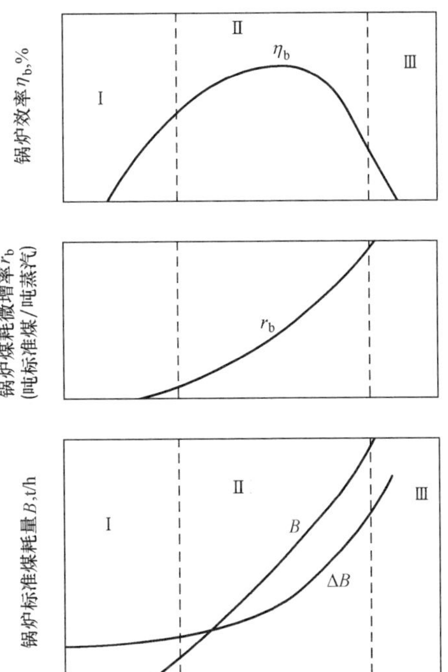

图 5-2　锅炉设备的动力特性曲线

与锅炉效率 η_b、燃料消耗量相对增量 ΔB 等有关，即 $\eta_b=f(D_b)$，$\Delta B=f(D_b)$。图 5-2 所示为锅炉设备的动力特性曲线。由于在非设计工况下不同负荷过量空气系数、给水温度、各项热损失等都是变化的，动力特性曲线很难用热力计算方法求得，以上曲线一般都在热力试验基础上获得。上述曲线中 r_b 为锅炉微增煤耗率，表示了锅炉每增加单位蒸发量所需增加的煤耗量，由下式表示：

$$r_b=\lim_{\Delta D_b\to 0}\frac{\Delta B}{\Delta D_b}=\frac{dB}{dD_b} \tag{5-26}$$

锅炉设备的动力特性曲线是一条连续上凹的曲线，因此微增煤耗率也是连续上凹的曲线，说明微增煤耗率是随锅炉负荷增大而增大的，对并列运行锅炉之间负荷的经济分配有重大影响。

图 5-2 所示有Ⅰ、Ⅱ、Ⅲ区域，Ⅱ区为经济工作区域，此区域锅炉运行效率较高，Ⅲ为过负荷工作区域，效率 η_b 有所下降，Ⅰ为非工作区，即锅炉稳定燃烧最低负荷区，其范围视锅炉结构和燃料种类而变，燃油炉为额定负荷的 30%左右，燃煤炉一般为 40%～70%额定负荷。

第七节 发电厂热力设备的经济运行

一、并列运行锅炉间的负荷经济分配

发电厂锅炉的并列运行有两个条件：所有锅炉产生的蒸汽都应并入发电厂主蒸汽母管中；所有锅炉都应燃烧同一种燃料。并列运行锅炉间负荷经济分配的任务是，根据发电厂电负荷需要得到一定总蒸汽量 D 时，使电厂总燃料消耗量 B 为最少。

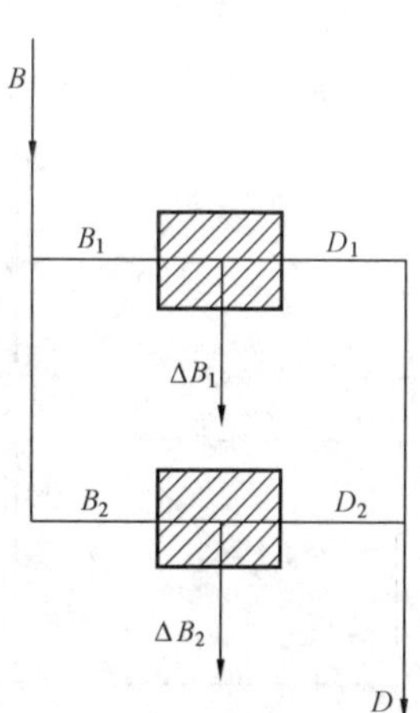

图 5-3 两台并列运行锅炉的能量平衡图

图 5-3 所示为两台并列运行锅炉的能量平衡图。设总蒸汽量为 $D=D_1+D_2$，总的燃料消耗量为 $B=B_1+B_2$，ΔB_1 和 ΔB_2 分别为能量转换过程中锅炉的热损失。如把负荷 D_1 视为变值，则得 $D_2=D-D_1$，因为此时发电厂总蒸汽消耗量 D 已经是给定值，总负荷是不变的，所以 $dD_2=-dD_1$，为了求得燃料消耗量 B 为最小，取 B 对 D_1 的一阶导数等于零，即

$$\frac{dB}{dD_1}=\frac{dB_1}{dD_1}+\frac{dB_2}{dD_1}=0 \tag{5-27}$$

或

$$\frac{dB_1}{dD_1}-\frac{dB_2}{dD_2}=0$$

则得

$$\frac{dB_1}{dD_1}=\frac{dB_2}{dD_2} \tag{5-28}$$

上式说明，为实现并列运行锅炉间的负荷经济分配，两台锅炉的微增煤耗率 r_b 应相等，此时负荷分配是最经济的，同理，对于多台锅炉微增煤耗率 r_b 应相等，即按微增煤耗率相等的原则分配负荷，其表达式为

$$\frac{dB_1}{dD_1}=\frac{dB_2}{dD_2}=\cdots=\frac{dB_n}{dD_n}=r_b \tag{5-29}$$

图 5-4 所示给出三台并列运行锅炉间的负荷分配。图上的三台炉微增煤耗率 r_b 曲线是根据各台锅炉的热力特性曲线求出的。总微增煤耗率曲线是将三台锅炉的微增煤耗率特性曲线叠加，并得出总特性曲线与全厂总蒸汽量之间的关系，从而进行并列运行锅炉间的分配，

全图按相同的比例尺的纵横坐标绘出。

电厂负荷一定时，对应的总蒸汽量为 D'，根据等微增率分配原则，相应三台锅炉的蒸汽负荷分别为 D'_1、D'_2、D'_3；若电厂负荷降低，其总蒸汽量降至 D''，则三台锅炉的蒸汽负荷相应分别降至 D''_1、D''_2、D''_3。在分配负荷时还必须注意各台锅炉稳定燃烧的最小蒸汽负荷值应大于该锅炉的最低负荷。

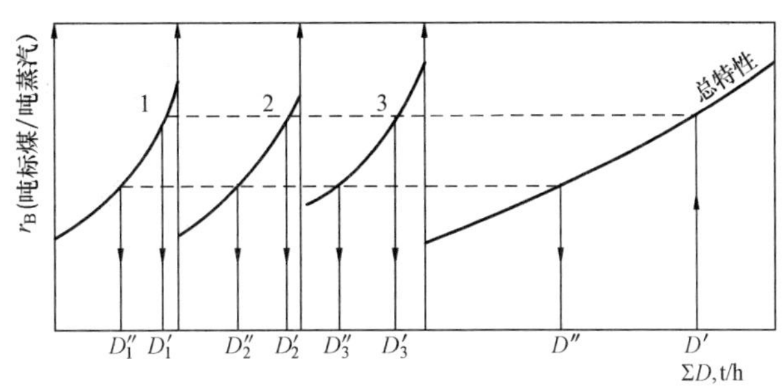

图 5-4　三台并列运行锅炉负荷分配图

二、并列运行的凝汽式汽轮机组间负荷的经济分配

发电厂凝汽式汽轮机组并列运行有两方面的条件：首先是发电厂发出的电能应并列输入电力系统，其次是所有汽轮机的蒸汽都取自主蒸汽母管。因此，汽轮机机组间的负荷经济分配，在主蒸汽系统采用母管制的电厂中，其任务是在电力系统电力调度给定发电厂负荷一定条件下，使得电厂总的蒸汽消耗量为最小。

由于汽轮机组的微增汽耗率和微增热耗率曲线是不连续的，或线性化后为两根水平直线，视为一个常数。因此，不能应用等微增率分配的原则。具体分配的原则是，按微增汽耗率的大小，从微增汽耗率由小到大的顺序依次分配，使之接近微增率相等分配原理。

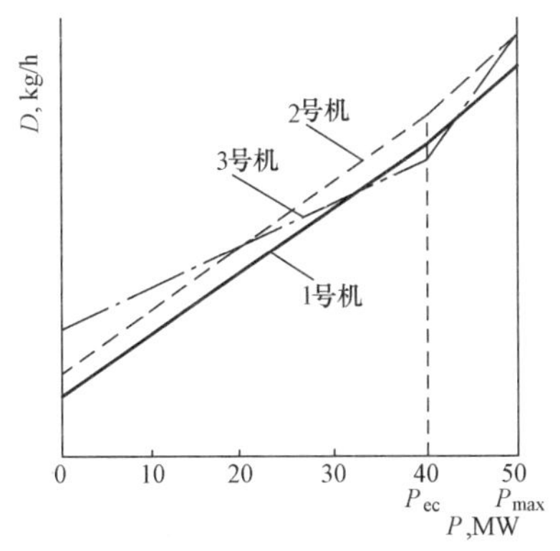

图 5-5　三台汽轮机汽耗特性曲线

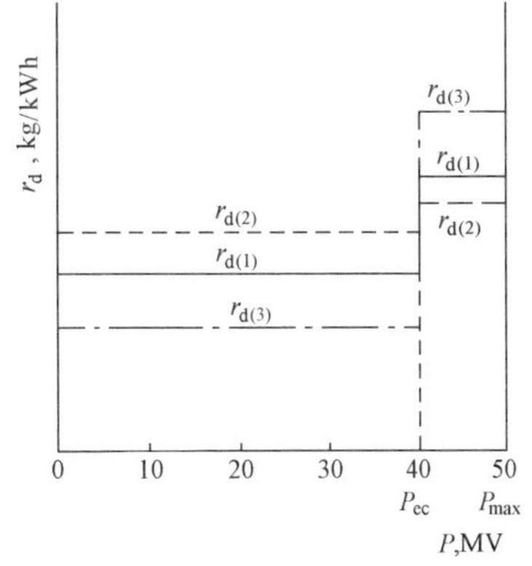

图 5-6　三台汽轮机微增汽耗率曲线

图 5-5 和图 5-6 所示为三台并列运行的凝汽式汽轮发电机组的汽耗特性曲线和微增汽耗率曲线，且其微增汽耗率特性具有如下关系：在 $P<P_{ec}$ 时，$r_{d(3)}<r_{d(1)}<r_{d(2)}$；在 $P>P_{ec}$ 时，$r'_{d(2)}<r'_{d(1)}<r'_{d(3)}$。按微增汽耗率由小到大的顺序，总负荷分配如图5-7所示，首先 3 号机由最小允许负荷 P_{min} 加载至经济负荷 $P_{ec(3)}$，然后 1 号机由最小允许负荷 P_{min} 加载至经济负荷 $P_{ec(1)}$，2 号机由最小 P_{min} 负荷加载至最大负荷 $P_{max(2)}$，负荷再增加时，1 号机和 3 号机分别由经济负荷依次增加到它们的最大负荷，使发电厂达到最大负荷运行。如要发电厂减负荷时，就依照上述增加负荷的反向减少电厂负荷。

三、并列运行单元机组的负荷经济分配

（一）单元机组供电微增煤耗率 r_u^n 的特性

单元机组供电微增煤耗率 r_u^n 的特性，应考虑单元机组的厂用汽和厂用电消耗，即 $r_{d,ap}^u$、

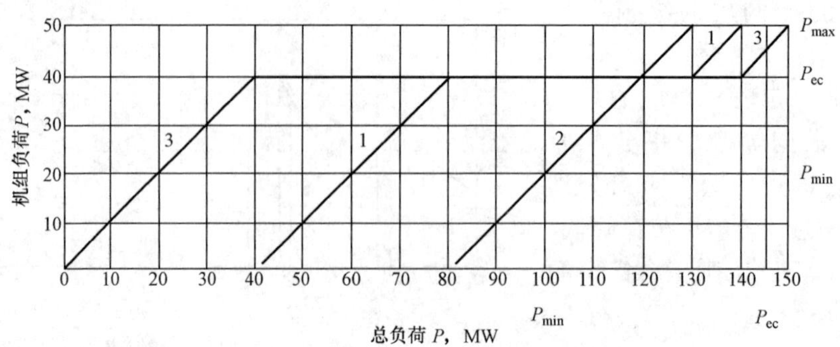

图 5-7　三台汽轮机最经济承载特性

$r^{u}_{e\cdot ap}$分别为

$$r^{u}_{d,ap}=\frac{d\Delta D_{ap}}{dD_{b}} \tag{5-30}$$

$$r^{u}_{e,ap}=\frac{d\Delta P_{ap}}{dP} \tag{5-31}$$

单元机组供电微增煤耗率 r^{n}_{u} 为

$$r^{n}_{u}=\frac{dB}{d\ (P-\Delta P_{ap})}=\frac{dB}{dD_{b}}\times\frac{dD_{b}}{dP}\times\frac{dP}{d\ (P-\Delta P_{ap})} \tag{5-32}$$

将式（5-32）中各因子经过如下转换：

$$\frac{dD_{b}}{dP}=\frac{dD}{dP}\times\frac{dD_{b}}{dD}=r_{d}\ \frac{dD_{b}}{d\ (D_{b}-\Delta D_{ap})}=\frac{r_{d}}{1-\dfrac{d\Delta D_{ap}}{dD_{b}}}=\frac{r_{d}}{1-r^{u}_{d,ap}} \tag{5-32a}$$

$$\frac{dP}{d\ (P-\Delta P_{ap})}=\frac{1}{1-\dfrac{d\Delta P_{ap}}{dP}}=\frac{1}{1-r^{u}_{e,ap}} \tag{5-32b}$$

将式（5-32a）、式（5-32b）代入式（5-32）得

$$r^{n}_{u}=r_{b}\ \frac{r_{d}}{1-r^{u}_{d,ap}}\times\frac{1}{1-r^{u}_{e,ap}}=\frac{r_{b}r_{d}}{(1-r^{u}_{d,ap})\ (1-r^{u}_{e,ap})} \tag{5-33}$$

单元机组供电微增煤耗率 r^{n}_{u} 由组成单元的锅炉、汽轮发电机组、所有厂用蒸汽、厂用辅助设备的厂用电和变压器（变压器微增煤耗率变化不大取 1）等的微增能耗组成。

图 5-8（a）、（b）所示为单元机组供电微增煤耗率特性曲线，图中（a）为有过载阀的单元机组 $r_{u(1)}$；图（b）为无过载阀的单元机组 $r_{u(2)}$。曲线主要受锅炉和汽轮机微增能耗的影响，是一条连续上凹的曲线。

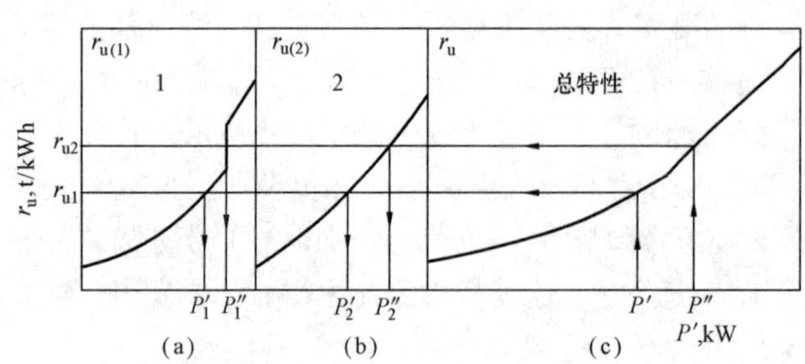

图 5-8　并列运行各单元机组间的负荷分配

（a）有过载阀的单元机组；（b）无过载阀的单元机组；

（c）并列运行的两单元机组的微增燃料消耗率特性

（二）单元机组间负荷的经济分配

并列运行单元机组是指燃用相同质量的燃料、各单元机组发出的电能应并列输入同一电网，其负荷经济分配的目的是在一定的电负荷下，其燃料消耗量为最小，因为单元机组微增煤耗率 r_u 是随负荷的增加而增加的，因此可以应用等微增燃料率的原则进行其负荷分配，即

$$\frac{dB_1}{dP_1}=\frac{dB_2}{dP_2}=\cdots=\frac{dB_n}{dP_n}=r_u \tag{5-34}$$

图 5-8（c）所示为并列运行的两单元机组的微增煤耗率特性，图中横坐标表示电厂总负荷 P。由图中看出，电厂总负荷为 P''时，按等微增煤耗率分配的原则，1 号机带负荷为 P''_1、2 号机带负荷为 P''_2，此时 $P''=P''_1+P''_2$；当电厂总负荷下降到 P'时，1、2 号机分别带负荷为 P'_1和 P'_2，此时 $P'=P'_1+P'_2$。

第八节　单元机组的运行

汽轮机的启动方式很多，按新蒸汽参数分为额定参数启动和滑参数启动。额定参数启动是指机组从冲转到带额定负荷，汽轮机前蒸汽参数始终保持额定值，因为蒸汽温度与金属温度相差很大，将会给机组造成热冲击。为减少热冲击，必须延长启动暖机时间，而且在锅炉提升参数时将消耗大量的燃料，降低了电厂的经济效益。因此，这种启动方式多用在母管制的中小型机组上，大容量汽轮机几乎不采用额定参数启动的方式。

滑参数启动是指在汽轮机启动过程中，进汽参数随汽轮机的转速和负荷的增加而逐渐升高，在接近额定负荷时蒸汽参数达到额定值。由于这种启动方式对汽轮机热冲击较小，启动速度快，锅炉的燃料消耗量较低，故在大型机组中得到了广泛的应用。

一、单元机组的滑参数启动

1. 滑参数启动的特点

与额定参数启动相比滑参数启动具有以下优点：

（1）缩短了机组的启动时间。额定参数启动时，锅炉从点火到升到额定蒸汽参数需 2～5h，分阶段暖管、暖机需要的时间也较长；滑参数启动时，从锅炉点火至达到汽轮机冲转参数只需 1h 左右，所需的暖管、暖机的时间都较短。

（2）对管道和汽轮机的热冲击较小。滑参数启动时蒸汽参数较低，与管道和汽轮机的温差较小，热应力降低，蒸汽的体积流量大，流速较高，放热系数大，加速了热交换过程，改善了热传导条件。

（3）便于控制和调节汽轮机的转速和负荷。

（4）减少了工质的排放，提高了电厂的经济性，改善了环境条件。

（5）便于控制排汽温度，改善了低压段的冷却条件。

（6）简化了启动操作，提高了机组的安全性，同时为机组的自动化程序启动创造了条件。

2. 滑参数启动方式

单元机组滑参数启动有真空法和压力法两种方式。

真空法滑参数启动的优点是启动时间短，热损失和工质损失小。因为容积流量大的低参数蒸汽流经过热器、管道和汽轮机，温差热应力都较小。但是汽轮机冲转和升速时的汽压很低，锅炉操作的微小失控都会引起汽轮机转速波动，甚至会损伤汽轮机。另外，冲转汽轮机

的汽温很低，水分很大，易引起水击，故很少采用。

压力法滑参数启动时锅炉产生的蒸汽至一定压力、温度后，才冲转汽轮机的启动方式，与真空法相比其主要特点如下：

(1) 启动前汽轮机的主汽门是关闭的。

(2) 冲转汽轮机的蒸汽参数较真空法高，一般为0.6～1.5MPa，汽温在200℃以上。

(3) 机组启动过程中，再热器的保护、锅炉和汽轮机对蒸汽参数的不同要求，都是通过旁路系统调节进行的（无旁路系统机组则主要通过过热器排汽）。以两级旁路系统为例，启动时一、二级旁路的隔离门全开，二级旁路的调整门开1/4～1/2，锅炉不再对空排汽，汽轮机冲转前通过旁路系统回收参数未达到要求的蒸汽，以减少工质损失。

(4) 锅炉点火的初始燃料量，以满足汽轮机冲转及升至额定转速即可，过小不利于汽温汽压的调节和控制，过大使锅炉升温升压太快，对安全不利。一般初始燃料量为额定量的15％～20％为最佳。

3. 启动的主要操作程序

(1) 做好启动前的准备与检查，按顺序投入各辅助系统。

(2) 锅炉点火升温升压和暖管。对炉膛和烟道进行吹扫后锅炉点火。从锅炉点火到汽压升到工作压力的过程即升压过程。在饱和状态下，升压也即升温，所以通过控制升压速度来控制升温速度。为避免升温过快引起较大的热应力，升温速度应限制在1.5～2℃/min。控制升压速度的手段是控制好燃料量。利用锅炉点火后所产生的低温蒸汽对主蒸汽管道、再热蒸汽管道及其上的阀门进行预热的过程称为暖管。暖管的目的是减少启动时温差引起的热应力和防止管道水击。

(3) 预暖汽缸。在盘车状态下通入蒸汽预暖汽缸和转子，这样汽轮机冲转前即可达到转子脆性转变温度以上，避免脆性断裂，并可缩短或取消中速暖机。

(4) 冲转、升速和暖机。冲转前要严格控制蒸汽参数，冲转后注意检查机组的声音，防止动静摩擦。在升速过程中注意检查机组膨胀、胀差、金属部件的温差和机组振动。暖机转速应选择振动不敏感区域，避开轴系共振转速。

(5) 并网、接带负荷。机组定速后，经过全面检查，确认设备正常即可并网、接带负荷。并网、在低负荷（通常为10％的额定负荷）暖机后，即可按启动曲线升温升压，达到额定参数后进入额定参数运行，然后逐步开大调速汽门达到额定负荷。

在机组整个启动过程中，都要严格控制蒸汽的温升率，通常不大于1～1.5℃/min。金属温升速度不大于1.5～2℃/min。温升率控制的水平是机组安全启动和降低寿命损耗的关键所在。图5-9所示为某N1000-25/600/600机组冷态滑参数启动曲线。

二、中压缸启动

1. 中压缸启动方式

中压缸启动是指在冲转时高压缸不进汽而中压缸进汽冲动转子，待转速升至2900r/min左右或机组并网后，才开始逐步向高压缸进汽。

中压缸启动方式在引进的大功率再热机组上得到了广泛的应用，国产的大型机组也陆续试验了该方式，并取得了很好的效果。

要实现中压缸启动，机组的系统必须具备如下配置：具有高、低压串联的旁路系统，用来控制中压缸冲转时的蒸汽参数；调节系统具有对中压调节阀单独控制的功能，能保证在中压缸

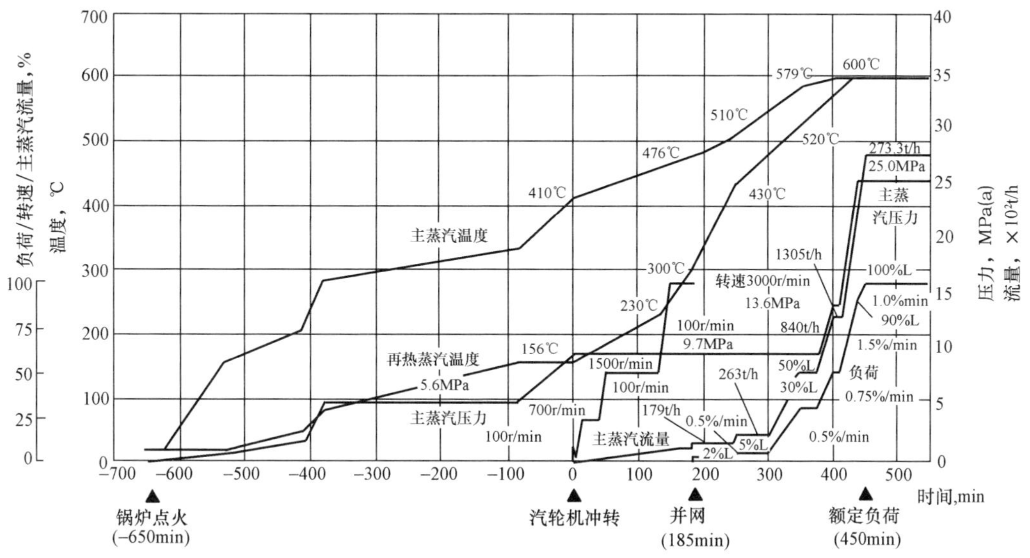

图 5-9　N1000-25/600/600MW 机组冷态启动曲线

冲转时高压缸不进汽；具有相应的高压缸抽真空系统及可以反流预暖高压缸的可控高压缸排汽止回阀或其旁路系统，可以利用临机抽汽对高压缸预暖，减少高、中压缸之间的温差。

2. 中压缸冷态启动

通常在再热器冷端蒸汽温度高于高压内缸金属 50℃左右时，开始打开高压缸排汽止回阀进行倒暖高压缸，同时主蒸汽、再热蒸汽温度、压力按规定提升，等蒸汽参数达到冲转要求时即可进行中压缸冲转启动。此时要求高压内缸温度达到 90℃，冲转后使高压缸处于真空状态并注意控制其温度水平。在启动升速过程中，由于高压缸不但不做功还要耗功，致使中压缸进汽量加大，这样有利于中压缸的加热和排汽缸的冷却。当负荷（或转速）达到切换工况时，即可关闭高压缸抽真空门进行进汽方式切换，将中压缸进汽切换到高中压缸联合进汽方式。这时再热蒸汽即由中压调速汽门控制，逐渐关小高压旁路，整个切换过程一般需 3～5min。在切换过程中，应特别注意高压缸进汽和高压缸金属温度的匹配，避免产生过大的热冲击。

3. 中压缸启动方式的优越性

（1）缩短启动时间。由于高压缸提前倒暖，冲转后中压缸进汽量加大，启动初期不受高压缸热应力和胀差的限制，机组启动时间大大缩短。

（2）高压转子加热均匀，热冲击小，减少了寿命损耗，高中压转子提前越过脆性转变温度，增加启动的安全性和灵活性。

（3）对某些特殊工况具有良好的适应性。主要体现在空负荷和极低负荷运行方面，如需长时间空负荷运行，进行电气试验或处理设备缺陷。中压缸进汽方式可以有效地避免高压缸胀差超限，同时也便于控制排汽温度。同样机组也可以在很低的负荷下长时间运行。如在单机带厂用电运行时即可采用中压缸进行方式，一旦故障排除即可迅速提升负荷。

三、热态启动

启动前汽缸壁金属温度高于 150℃时，统称为热态启动。热态启动时，由于汽轮机各部件金属温度较高，停机期间各部件的冷却条件不同，故存在较大的温差，动静间隙产生了不同程度的变化，给启动工作增加了难度。实践证明，很多恶性设备损坏事故都是在热态启动时发生的，故对汽轮机的热态启动应特别慎重。

1. 热态启动的原则

汽轮机热态启动时，必须严格遵循下列的原则：

(1) 上下汽缸温差在允许的范围内。由于保温、冷却和疏水等条件不同，上下汽缸在停机后往往会产生较大的温差，致使汽缸产生翘曲，容易引起动静摩擦。通常规定单层缸或双层缸外缸上下温差不超过 50℃，双层缸内缸温差不超过 35℃。

(2) 转子的挠度不超过允许值。转子的挠度过大容易引起动静摩擦和机组振动，甚至造成大轴弯曲。通常规定汽轮机冲转前转子的挠度不允许超过原始值 0.03mm。

(3) 启动参数匹配。启动参数不匹配造成的热冲击不但加大机组寿命损耗，还会引起汽缸的变形。通常要求主蒸汽温度高于汽缸内壁金属温度 50～100℃。有旁路系统的再热机组，再热蒸汽温度要高于中压缸内壁温度 30～50℃。

2. 热态启动主要操作程序及注意事项

(1) 做好启动前的准备。认真检查各有关系统和辅助设备应处于启动前的正确状态，必要时预先投入运行。注意要先送汽封用汽、后抽真空，且应注意汽封温度与转子温度相匹配。

(2) 投入旁路系统，配合锅炉提升蒸汽参数，以便满足汽轮机启动的要求，并减少汽水损失。

(3) 注意主蒸汽和再热蒸汽管道的暖管疏水，防止汽轮机冲转后汽温下降或蒸汽带水。

(4) 冲转、升速和带负荷。汽轮机冲转后，经过 500r/min 短暂停留检查，即可以 200～300r/min的升速率升到额定转速；如设备正常，立即并网带负荷，并以 (3%～5%) P_n/min 的升负荷率升负荷到目标值（即相应于冷态启动某个工况点的温度状态），然后按冷态启动曲线继续升负荷。

图 5-10 所示为某 N1000-25/600/600 机组热态启动曲线。

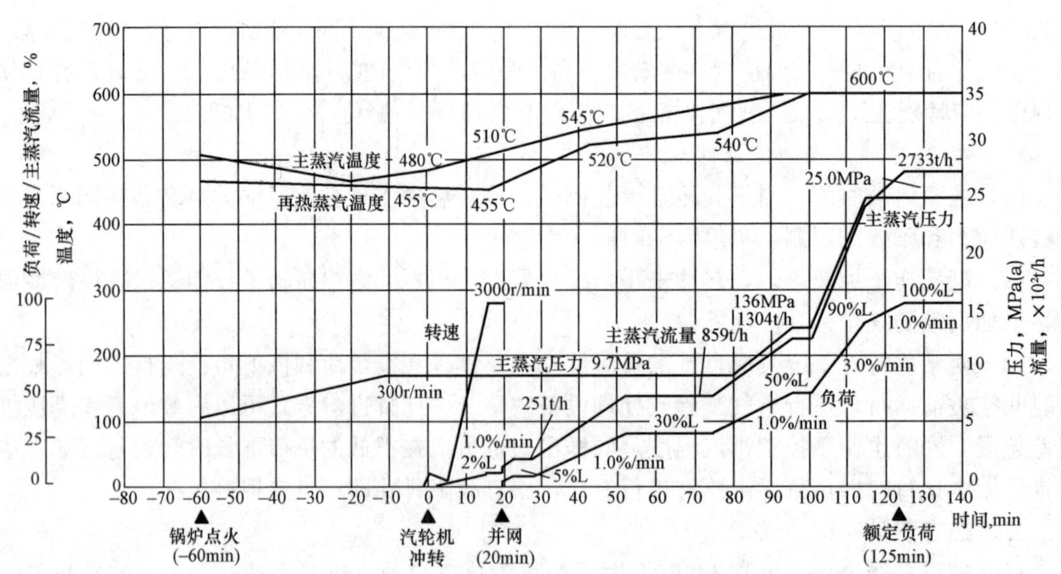

图 5-10　N1000-25/600/600MW 机组热态启动曲线

对于中压缸进汽热态启动，从汽轮机冲转、升速、并网带负荷，到切换负荷，因不考虑高压缸热应力，高压缸胀差也较小，故可用更快速度启动。切换过程结束后，再按预定的启动程序完成随后的启动过程。

(5) 在启动过程中除要加强对蒸汽参数和胀差的监视以外，还要特别注意加强机组的振动监督。尤其在启动升速的过程中，如突然发生过大的振动，或在中速以下机组振动超过了规定的允值，必须立即打闸停机，转入盘车状态，检查转子的弯曲值是否在要求范围内。绝对不允许降速暖机或拖延时间，以防事故扩大。只有查明并消除了引起机组振动的原因后，才允许重新启动汽轮机。

四、停机

(一) 合理的停机方式

停机包括从带负荷运行状态到减负荷、解列发电机、停止汽轮机到转子静止、盘车等过程。

汽轮机停机方式可分为正常停机和故障停机两大类。正常停机是指电网有计划的停机，如计划检修、调峰等；故障停机是指汽轮发电机组发生故障，停机保护动作或人为的紧急停机。

正常停机通常采用滑参数和额定参数两种停机方式。

1. 滑参数停机

滑参数停机是在调速汽门全开状态下，借助锅炉降低参数来减小汽轮机负荷和冷却机组的停机方式。它可以使机组停机后金属温度降到较低的程度，大大缩短了汽轮机停机后的冷却时间。

滑参数停机过程中，合理地控制主蒸汽和再热蒸汽的降温速度是汽轮机均匀冷却和停机的关键，一般要求调节级处蒸汽温度比该处的金属温度低 20～50℃。新蒸汽的过热度不应低于 50℃，新蒸汽过热度接近 50℃时可适当地降低新蒸汽压力。因为在降温过程中转子表面冷却产生的拉应力与转速产生的机械应力叠加增加了总的工作应力，停机过程的蒸汽降温速度要低于启动时的升温速度，即停机时的温降率要低于启动时的温升率。一般要求停机时的温降率控制在 1～2℃/min 范围内。

滑参数停机也可以按滑压的方法，即保持调速汽门全开和蒸汽温度不变，通过蒸汽压力的降低来减负荷停机。这种停机方式可以使汽轮机在停止以后，保持较高的金属温度，有利于在短时间重新启动。

2. 额定参数停机

在停机过程中，蒸汽的压力和温度保持额定值，由汽轮机调节汽门控制，可以用较快的速度减负荷停机。这种停机方式，汽轮机的冷却来自通流部分蒸汽量的减少和蒸汽随负荷降低而降温，减负荷时间短，停机后汽缸温度可以维持在较高的水平。但对大容量再热汽轮机减负荷过程中，维持锅炉额定参数运行是困难的，同时也造成了浪费。因而大容量再热式单元机组极少采用这种停机方式。

可以根据不同的停机目的和需要合理地选择不同的停机方式。如调峰机组夜间或周末低谷负荷停机或为消除设备缺陷短时间停机后需要尽快启动，要求汽缸金属温度保持在较高水平，以便缩短再次启动的时间，减小机组寿命损耗，可采用滑压停机或额定参数停机方式。若机组计划检修停机或要求尽快盘车消除设备缺陷，则要求停机后汽缸金属温度降到尽可能低的水平，这时通常采用滑参数停机方式。

（二）停机过程中应注意的事项

（1）做好停机前的准备工作。做好停机前的准备工作是能否顺利停机的关键。准备工作的内容主要包括：辅助油泵和低油压保护试验，盘车和顶轴装置试验，主汽门、调节汽门和抽汽止回阀的检查，旁路系统、密封油系统检查试验和给水泵密封水源切换等。确认上述的设备和系统工作正常后方可开始进行停机操作。

（2）在机组减负荷过程中，注意蒸汽温度与汽缸金属温度的匹配和系统切换。在采用滑参数停机时，应使高压缸调节级和中压缸第一级处的蒸汽温度低于该金属温度20～50℃，新蒸汽过热度不低于50℃，主蒸汽和再热蒸汽温差也不宜过大。尤其是对高中压合缸机组，主蒸汽和再热蒸汽温差应控制在30℃以内。在降负荷过程中还应注意机组胀差的变化并及时采取相应的措施。

减负荷过程中，要及时进行系统切换和辅助设备的停用。主要包括：汽封系统、凝结水系统、除氧系统、回热系统和疏水系统的切换，以及辅助设备在50%额定负荷以下时的部分停用和汽动给水泵的切换。

（3）发电机解列和转子惰走。汽轮机减负荷到零后，随即打闸，检查自动主汽门、调节汽门、各段抽汽止回阀、高压缸排汽止回阀，以及电动主汽门是否联动关闭。对于供热抽汽机组还应特别注意抽汽止回阀和电动抽汽门的联动关闭情况。现代大功率汽轮机大都具有逆功率保护装置自动解列汽轮发电机组，无此装置的机组也可在确认汽轮机处于逆功率状态时再解列发电机，以防止汽轮机解列后超速。

发电机解列后，汽轮发电机组的转速迅速下降。在降速过程中，由于转子的泊桑效应，汽轮机会出现不同程度的正胀差，尤其是低压胀差可增加2～3mm。故在停机前要注意调整，保持较小的正胀差，以防胀差超限。

汽轮发电机组打闸停机后，转子依靠自己的惯性克服各种阻力继续转动，这种现象称为惰走。由于摩擦和鼓风等阻力作用，转速将逐渐降低到零。从打闸到转子停止转动所需的时间称为惰走时间；转速和时间的关系曲线称为惰走曲线。在新机第一次启动停机和大修前停机过程中，都应测取惰走时间并绘制惰走曲线。如果机组存在缺陷，如动静部分产生摩擦或轴瓦工作失常，都会导致惰走时间缩短，在这种情况下每次停机都应记录惰走时间，以便于分析比较。显然，转子的惰走时间与汽轮机惰走过程中的真空状态有着密切的关系，因为真空越低，转子的摩擦鼓风损失就越大。因此，在测取惰走时间和绘制惰走曲线时，还应注意调整汽轮机真空。除紧急破坏真空以外，应使汽轮机真空平稳下降，并在转子停止转动时使真空降到零。

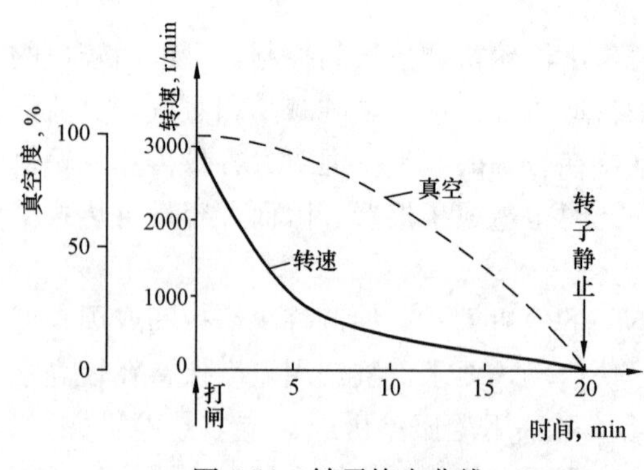

图5-11　转子惰走曲线

典型的汽轮机转子惰走曲线如图5-11所示，大致可分为三个阶段。

第一阶段：也就是刚打闸后的一段时间，转速下降较快。这是因为在这段时间里转速仍然较高，鼓风摩擦损失消耗的能量较大，这部分能量损失与转速的三次方成正比。

第二阶段：在较低转速下转子的能量损失

主要消耗在主油泵、轴承等的摩擦阻力上，这要比摩擦鼓风损失小得多，故在这段时间内转速降低缓慢，时间较长。

第三阶段：随着转速进一步降低，轴承油膜破坏，轴承的阻力迅速增大，故转子的转速下降迅速并很快达到静止。

在真空条件基本相同的情况下，如惰走时间急剧减少，说明存在动静部分摩擦或轴瓦损坏；如惰走时间延长，则说明有蒸汽漏入汽缸，应严格检查热力系统，查明哪个阀门不严密，以便在停机后消除缺陷。

（4）停机后检查监督工作。在汽轮机转速到零以后，除应及时地投入盘车和停用有关辅机以外，还必须做好相应的检查维护工作，关严汽水系统隔离汽门，防止停机后蒸汽和水进入汽轮机。有条件的机组，还应根据需要及时投入快冷装置，这样不但可以加快汽轮机的冷却，还可以起到防腐作用。此外，在停机后的一段时间内还应认真进行巡回检查和抄表，以便及时地发现和处理问题。

五、单元机组的变压运行

（一）变压运行的基本概念及优缺点

变压运行是指汽轮机在各种工况下运行时，保持调节阀全开（或保持某一开度基本不变），采取改变锅炉新蒸汽压力的方法来调节机组的功率，以适应负荷变化的需要。但在整个负荷变化范围内，主蒸汽温度始终保持额定值不变。由于汽轮机前的蒸汽压力是随着负荷变动而变动的，故称为变压运行，又称滑压运行。

与定压运行相比，变压运行主要有下列优点：

（1）能适应负荷快速变化和快速启停的要求。如图5-12所示，定压运行和变压运行时，负荷变化与调节级处金属温度变化的关系。从图中可以看出，定压运行方式下，无论采用何种配汽机构，负荷变化时调节级处金属温度都将发生较大的变化；而在变压运行方式下，负荷变化时调节级处金属温度基本不变。这样就明显地改善了机组负荷快速变化的适应性和启停的灵活性。

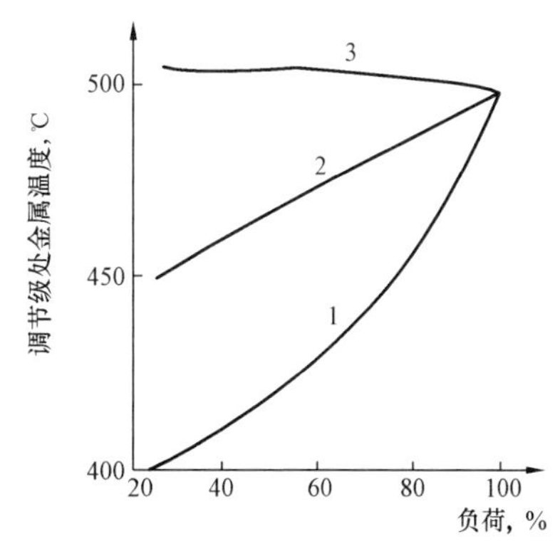

图5-12　各种运行方式下调节级处金属温度

1—喷管调节定压运行方式；2—节流调节定压运行方式；3—变压运行全周进汽方式

（2）低负荷时能保持较高的热效率。因为变压运行时，主蒸汽压力随着机组负荷的减少而降低，而主蒸汽温度则保持不变，进入汽轮机的蒸汽体积流量基本不变。这样级内的焓降基本上保持不变，因而在低负荷时就可以保持较高的效率。

（3）给水泵耗功减少。现代大容量单元机组一般都配备变速给水泵，当机组负荷降低时随着进汽压力的降低给水压力也降低。这样给水泵耗功也就随之降低。

变压运行存在的不足是由于汽门的开度不变，通过改变锅炉压力来适应机组的负荷变化，而锅炉压力的变化过程要比调节汽门开度的变化过程缓慢得多，因此机组的一次调频能力将会有所降低。

（二）变压运行的分类

变压运行通常分为纯变压运行、节流变压运行和复合变压运行三种运行方式。

1. 纯变压运行

纯变压运行即在全部负荷范围内，所有的调节汽门全开，负荷变化全部由锅炉压力控制。这种变压运行方式可最大程度地提高机组负荷变化时的经济性，但不能适应电网调频的需要，同时调节汽门长时间处于全开状态容易造成汽门卡涩。

2. 节流变压运行

为了弥补变压运行时负荷调整速度慢和调速汽门容易卡涩的问题，将汽轮机调节汽门保持一定的节流，当负荷升高时可首先将调速汽门全开，然后随着锅炉压力的升高使调速汽门再回到原来的节流状态。显然，这种运行方式由于存在一定的节流损失，运行的经济性将有所降低。

节流变压运行方式，一般适用于节流调节式汽轮机。

3. 复合变压运行

复合变压运行又称混合变压运行，是一种变压运行和定压运行相结合的运行方式。复合变压运行通常有以下三种运行方式：

（1）低负荷变压运行，高负荷定压运行。在低负荷时可以发挥变压运行的优势，而在高负荷时又可发挥调频作用。

（2）高负荷变压运行，低负荷定压运行。考虑到变速给水泵允许最低转速的限制和锅炉低负荷燃烧稳定的需要，适宜于这种运行方式。这样在高负荷区可以发挥变压运行的优势，低负荷时又可以保持机组稳定运行。

（3）高负荷和低负荷定压运行，中间负荷区变压运行，如图 5-13 所示，又称为定压-滑压-定压运行方式。它综合了以上两种运行方式的优点，兼顾了低负荷时锅炉的稳定运行和高负荷时的一次调频能力。

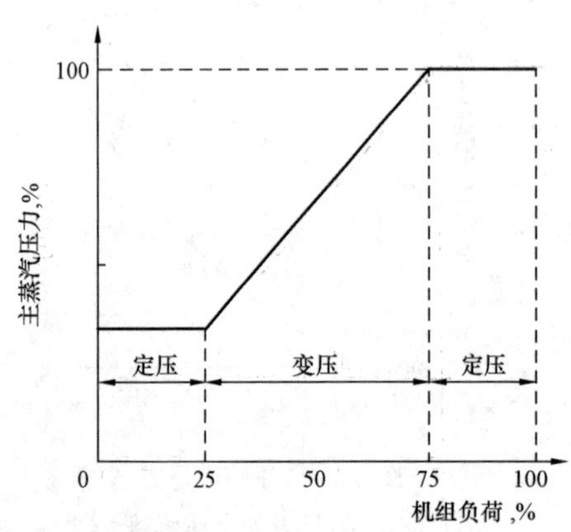

图 5-13　某 300MW 机组复合变压运行曲线

（三）变压运行的经济性分析

变压运行与定压运行相比较，前者热效率的提高程度与机组的调节方式、额定蒸汽参数、给水泵配备、变压运行方式，以及最低稳燃负荷等有关。在汽轮机变压运行的过程中，有效地提高了汽轮机的内效率，但由于蒸汽压力的降低也在一定程度上降低了机组的循环效率。对于再热机组，中压缸进汽参数取决于蒸汽流量和再热蒸汽温度，与汽轮机的运行方式无关，高压缸排汽焓的变化直接影响再热器的吸热量，这时，变压运行的经济性取决于高压缸做功情况和过热器、再热器中吸热量的比较。一般来说，随着机组额定压力的升高，经济效益越加明显，而且只有当初压力超过一定值后才能取得效益。亚临界压力和超临界压力机组，在低负荷时热效率约可提高 3%～4%。具体到每一台汽轮机采用变压运行可能达到的经济效果，需要进行具体的计算分析，最好是通过现场试验来确定。

值得注意的另一个问题是，随着机组蒸汽参数的提高，给水泵的耗功占主机容量的比值越来越大。在定压运行时，随着负荷的下降，管道与锅炉本体的阻力成平方关系减少，但所减小阻力占总压头的比例不大；而在变压运行时，随着负荷的下降，系统的阻力在汽侧按直线关系下降、在水侧按平方关系下降，因此与定压运行相比变压运行给水泵可节省很多耗功。显然，只有利用变速给水泵后才会有些收益，否则节省的功耗将被给水调节阀的节流消耗掉。

复习思考题

1. 为什么要进行电力负荷的预测？电力负荷的种类有哪些？各有什么特点？
2. 什么是电力负荷曲线？其作用是什么？
3. 为何电力系统需要保持一定的备用容量？
4. 什么是平均负荷和平均负荷系数？它们代表什么含义？
5. 什么是全年设备利用小时数？有何意义？
6. 发电厂的电能成本包括哪些项目？成本中最大的一项是什么？
7. 发电厂的运行管理在发电厂中有何作用？
8. 发电厂安全运行的基本要求有哪些？
9. 发电厂运行安全管理工作的主要内容是什么？
10. 发电厂运行调度管理主要包括哪些内容？
11. 发电厂调峰运行的方式有几种？各有什么优缺点？
12. 发电厂运行中为何要加强小指标的管理？
13. 微增汽耗率与汽耗率有何共同点？各有什么用途？
14. 微增汽耗率的几何意义和物理意义是什么？
15. 微增热耗率与热耗率有何共同点？各有什么用途？
16. 并列运行的单元机组间负荷经济分配的原则是什么？为何采用此种方法进行分配？
17. 并列运行的汽轮发电机组负荷经济分配的原则是什么？
18. 并列运行的锅炉负荷经济分配的原则是什么？
19. 单元机组为何采用滑参数的启、停方式？
20. 什么是单元机组的中压缸启动？有何优缺点？

第六章

发电厂的阀门及管道

发电厂的汽水管道是指电厂热力系统范围内的汽水输送管路。它的任务是把汽或水从一个设备输送到另一个设备，或把它们排放至大气或地沟里去，从而满足一定的生产工艺要求。另外，发电厂中还有用来输送油、压缩空气和氢气以及其他介质的管道。

发电厂的管道主要由下列元件组成：管子、管件（弯头、三通、异形接头、法兰、堵头等)、阀门、管子支吊架、热补偿装置、介质流量和参数测量装置、保温结构等。此外，介质温度为 300℃及以上的蒸汽管道还设有热位移指示器、监测段和蠕变测点等。

发电厂的管道按设计压力 p 的高低可分为三个级别，即低压管道，$p \leqslant 1.6$MPa；中压管道，1.6MPa$< p \leqslant$8MPa；高压管道，$p>$8MPa。

对按温度分级尚无明确规定，通常以 300℃以下为低温管道；300℃及以上 450℃以下为中温管道；450℃及以上为高温管道。

第一节　管道的技术规范及管道计算

一、公称压力

管道的最大允许工作压力，不仅取决于管道材料、管壁厚度，还与管内介质的工作温度等因素有关。当管道材料、管壁厚度一定时，随着介质工作温度升高，管道的承压能力就会相应降低。这一特性给管道的设计、制造和选用带来不便。为实现标准化，采用公称压力作为衡量管道承压等级的技术规范。

公称压力是指与管道系统元件的力学性能和尺寸特性相关的字母和数字组合的标识，由字母 PN 或 Class 和后跟无量纲数字组成。除相关标准中另有规定外，无量纲数字不代表测量值，也不应用于计算；除与相关的管道元件标准有关联外，字母 PN 或 Class 不具有意义；管道元件的最大允许工作压力取决于管道元件的 PN 数值或 Class 数值、材料、元件设计和最高允许工作温度等；具有相同公称压力和公称尺寸的管道元件，同与其相配合的法兰具有相同的连接尺寸。

GB/T 1048—2019 中公称压力包括 PN 和 Class 两个系列，公称压力数值见表 6-1。

表 6-1　　公称压力数值

PN 系列	PN 系列	PN 系列	PN 系列
PN2.5 PN6 PN10	PN16 PN25 PN40	PN63 PN100 PN160	PN250 PN320 PN400

续表

Class 系列	Class 系列	Class 系列	Class 系列
Class25[a] Class75 Class125[b] Class150 Class250[b]	Class300 (Class400) Class600 Class800[c] Class900	Class1500 Class2000[d] Class2500 Class3000[e] Class4500[f]	Class6000[e] Class9000[g]

注　带括号的公称压力数值不推荐使用。

[a]适用于灰铸铁法兰和法兰管件；[b]适用于灰铸铁法兰、法兰管件和螺纹管件；[c]适用于承插焊和螺纹连接阀门；[d]适用于锻钢制的螺纹管件；[e]适用于锻钢制的承插焊和螺纹管件；[f]适用于对焊接的阀门；[g]适用于锻钢制的承插焊管件。

需要说明的是，虽然国标中规定公称压力采用无量纲数字，但作为一种与温度有关的特殊压力肯定与压力单位有关联。对于 PN 或 Class 两个不同系列，对应的压力单位分别是 bar 和 psi。由于不同系列采用的基准温度不一样，即使同一系列的不同压力区间采用的基准温度也不尽相同，公称压力的 PN 和 Class 两个系列之间不可简单地用压力换算公式进行换算。需要换算时注意查询有关标准，对于同样一个换算，欧标与美标的规定有时候是不同的。

由于管道的公称压力是在基准温度下测得的，当设计温度不同时，其最大允许工作压力可能会发生变化。表 6-2 表述了 20 钢管子及其管件（阀门除外）的公称压力、试验压力和不同设计温度下的最大允许工作压力的对应关系，表 6-3 表述了 06Cr19Ni10 钢管子及其管件（阀门除外）的公称压力、试验压力和最大允许工作压力。

表 6-2　20 钢管子及其管件（阀门除外）的公称压力、试验压力和最大允许工作压力

公称压力 PN	试验压力 p_T /bar	设计温度/℃							
		常温	100	200	250	300	350	400	425
		最大允许工作压力/bar							
PN2.5	4	2.5	2.5	2.5	2.44	2.21	1.95	1.70	1.47
PN6	9	6.0	6.0	6.0	5.87	5.31	4.70	4.09	3.52
PN10	15	10.0	10.0	10.0	9.79	8.85	7.83	6.81	5.88
PN16	24	16.0	16.0	16.0	15.6	14.1	12.5	10.9	9.40
PN25	37.5	25.0	25.0	25.0	24.4	22.1	19.6	17.0	14.7
PN40	60	40.0	40.0	40.0	39.1	35.4	31.3	27.2	23.5
PN63	95	63.0	63.0	63.0	61.7	55.7	49.3	42.9	37.0

表 6-3　06Cr19Ni10 钢管子及其管件（阀门除外）的公称压力、试验压力和允许工作压力

公称压力 PN	试验压力 p_T /bar	设计温度/℃								
		常温	100	200	250	300	350	400	430	450
		允许工作压力/bar								
PN2.5	4.0	2.5	2.5	2.5	2.25	2.12	2.05	1.97	1.92	1.90
PN6	9.0	6.0	6.0	6.0	5.39	5.09	4.91	4.73	4.61	4.55
PN10	15.0	10.0	10.0	10.0	8.98	8.48	8.18	7.88	7.68	7.58
PN16	24.0	16.0	16.0	16.0	14.4	13.6	13.1	12.6	12.3	12.1
PN25	37.5	25.0	25.0	25.0	22.5	21.2	20.5	19.7	19.2	19.0
PN40	60.0	40.0	40.0	40.0	35.9	33.9	32.7	31.5	30.7	30.3
PN63	95.0	63.0	63.0	63.0	56.6	53.4	51.5	49.7	48.4	47.8
PN100	150	100.0	100.0	100.0	89.8	84.8	81.8	78.8	76.8	75.8

分析表 6-2 和表 6-3 可知：

（1）公称压力不是一般意义上的压力，而是温度和压力的组合参数。各类钢材的公称压力均取自于该类钢材的第一个温度等级允许的工作压力。

（2）同一公称压力的管道在不同温度下工作时，其允许工作压力也不相同，介质温度越高，允许的工作压力就越低。

管道设计压力和设计温度是指管道运行时介质的最大工作压力和最高温度。管道设计压力和设计温度可用标注的方法表示，如 p_{54}17.0 表示管道的设计温度为 540℃，设计压力为 17.0MPa。

管道的允许工作压力与公称压力可按下式计算：

$$[p]=K_{PN}\mathrm{PN}\frac{[\sigma]^t}{[\sigma]^s} \tag{6-1}$$

式中 $[p]$——管道允许的工作压力，MPa；

K_{PN}——换算系数，取 0.1MPa；

$[\sigma]^t$——钢材在设计温度下的许用应力，MPa；

$[\sigma]^s$——公称压力对应的基准应力，是指钢材在制定的某一温度下对应的许用应力，MPa。

管道的水压试验包括用于检验管道强度的水压试验和用于检验管系严密性的水压试验。

管道的强度试验压力（表压），按下式确定（取两者中的较大者）：

$$p_T=\begin{cases}1.25p\dfrac{[\delta]^T}{[\delta]^t}\text{ 或 }1.5p\\ p+0.1\end{cases} \tag{6-2}$$

式中 p_T——试验压力，MPa；

p——设计压力，MPa；

$[\delta]^T$——试验温度下材料的许用应力，MPa；

$[\delta]^t$——设计温度下材料的许用应力，MPa。

表 6-2 和表 6-3 中列出了相应管道的强度试验压力。

管道安装完毕后，必须对管道系统进行严密性检验。管道严密性试验可采用水压试验法，也可以根据需要采用其他的方法。

水压试验的压力（表压）应不小于 1.5 倍设计压力，且不得小于 0.2MPa。水压试验用水温度应不低于 5℃，也不应大于 70℃。试验环境温度不得低于 5℃，否则必须采取防止冷冻或冷脆破裂的措施。

水压试验用水水质必须清洁且对管道系统材料的腐蚀性要小。对于奥氏体不锈钢管道，必须采用饮用水，且氯离子含量不超过 25mg/L。

亚临界及以上参数机组的主蒸汽和再热蒸汽管道及其他大直径管道的所有焊缝，也可以采用无损探伤代替水压试验进行严密性试验。通向大气的管道，不需要做严密性试验。

近年来，有些从国外引进机组的主蒸汽和再热蒸汽管道都不采用水压试验，而是采用 100%X 射线探伤、100%γ 射线探伤或 100%超声波探伤与 100%磁粉外表面检查等手段。

二、公称尺寸

在允许的介质流速或压损条件下，管道的通流能力取决于管道内径的大小。我国管材目录中标注的是管道的外径，对于材料相同、外径相同的管道，如果公称压力不同，壁厚就有可能不同，实际内径也就可能不同。这样对管道的设计、制造和使用带来了诸多不便。为实现划分管道通流能力的标准化，采用公称尺寸作为技术规范。

公称尺寸是指用于管道系统元件的字母和数字组成的尺寸标识，由字母 DN 和后跟的无量纲整数数字组成。该无量纲数字与端部连接件的孔径或外径（单位 mm）等特征尺寸直接相关；除相关标准中另有规定外，DN 后跟的无量纲数字不代表测量值，也不应用于计算。

国标 GB/T 1047—2019 中规定的公称尺寸，优先选用的数值见表 6-4。

表 6-4　优先选用的公称尺寸数值

公称尺寸 DN	公称尺寸 DN	公称尺寸 DN	公称尺寸 DN	公称尺寸 DN	公称尺寸 DN
DN6	DN80	DN500	DN1000	DN1800	DN2800
DN8	DN100	DN550	DN1050	DN1900	DN2900
DN10	DN125	DN600	DN1100	DN2000	DN3000
DN15	DN150	DN650	DN1150	DN2100	DN3200
DN20	DN200	DN700	DN1200	DN2200	DN3400
DN25	DN250	DN750	DN1300	DN2300	DN3600
DN32	DN300	DN800	DN1400	DN2400	DN3800
DN40	DN350	DN850	DN1500	DN2500	DN4000
DN50	DN400	DN900	DN1600	DN2600	
DN65	DN450	DN950	DN1700	DN2700	

另外，GB/T 1047—2019 规定，可以使用 NPS（公称管子规格）标识管道元件（数值对应英寸）。公称尺寸 DN 与 NPS 的对应关系见表 6-5。

表 6-5　DN 与 NPS 的对应关系

DN	6	8	10	15	20	25	32	40	50	65	80	100
NPS	$\frac{1}{8}$	$\frac{1}{4}$	$\frac{3}{8}$	$\frac{1}{2}$	$\frac{3}{4}$	1	$1\frac{1}{4}$	$1\frac{1}{2}$	2	$2\frac{1}{2}$	3	4

注　DN≥100 时，NPS=DN/25。

公称尺寸只是用来划分管道内径的标识，而不是实际内径。对于同种管材的管道，公称尺寸相同则对应的外径也相同，但如果公称压力不同，则其内径随壁厚不同而不同，见表 6-6。

表 6-6　20 钢钢管规范

品　种	PN25、PN40		PN63		PN≤100	
DN	$D_0\times s$ /(mm×mm)	每米管质量 /(kg/m)	$D_0\times s$/mm	每米管质量 /(kg/m)	$D_0\times s$ /(mm×mm)	每米管质量 /(kg/m)
10	—	—	—	—	14×2.0	0.592
15	18×2.0	0.789	18×2.0	0.789	18×2.0	0.789
20	25×2.0	1.13	25×2.0	1.13	25×2.0	1.13
25	38×2.5	1.82	38×2.5	1.82	32×2.5	1.82
32	45×2.5	2.19	45×2.5	2.19	38×2.5	2.19
40	57×3.0	2.62	57×3.0	2.62	45×3.0	3.11
50	73×3.0	4.00	73×3.0	4.00	57×3.0	4.00
65	73×3.0	5.18	73×3.0	5.18	73×3.5	6.00
80	88×3.5	7.38	88×3.5	7.38	89×4.5	9.38
100	108×4.0	10.26	108×4.0	10.26	108×4.5	11.49
125	133×4.0	12.73	133×4.0	12.73	133×6	18.79
150	159×4.5	17.15	159×4.5	17.15	159×7	26.24
200	219×6.0	31.52	219×6.0	31.52	219×9	46.61

三、管子的类别及应用

发电厂的管道几乎都是金属管道，金属管道可以分为黑色金属管道和有色金属管道。汽水管道所用的管子通常为黑色金属管，主要是碳素钢管和合金钢管。

钢管按成型制造工艺的不同可分为无缝钢管和有缝钢管。无缝钢管又分为冷拔管和热轧管；有缝钢管可分为纵向直缝焊接管和螺旋缝焊接管。

发电厂的管子用钢应满足一定的强度、塑性、硬度、冲击韧性及疲劳强度等机械性能要求和满足良好的焊接等加工工艺性能要求。特别是主蒸汽管、再热蒸汽管等管子，长期处于高温下工作，容易出现高温氧化、应力松弛、蠕变、热疲劳等现象。因此，为使高温管子安全可靠运行，其管材除应具有足够的高温强度和持久塑性等性能外，还要具有很高的抗氧化性能和足够的耐腐蚀性、组织稳定性和抗蠕变性等。

表 6-7 所示为常用国产钢材及其推荐使用温度。

表 6-7　常用国产钢材及其推荐使用温度范围

钢材类别	钢号	推荐使用温度范围/℃	备注
碳素结构钢	Q235A	0～300	GB/T 3091
	Q235B	0℃～300	
	Q235C	0～300	
	Q235D	−20～300	
优质碳素结构钢	10	−20～425	GB/T 3087
	20	−20～425	
	20G	−20～425	GB 713
低合金高强度合金钢	Q345A	0～350	GB/T 8163
	Q345B	0～350	
	Q345C	0～350	
	Q345D	−20～350	
	Q345E	−20～350	
合金结构钢	15CrMoG	≤510	GB 5310
	12Cr1MoVG	≤555	
	10Cr9Mo1VNbN	≤600	
	10Cr9MoW2VNbN	≤621	

1. 无缝钢管

无缝钢管的材料常采用优质碳素钢和合金钢。

冷拔无缝钢管通常为 $\phi6 \sim \phi159$ 的中小口径管子，热轧无缝钢管适用于各种规格。

无缝钢管适用的温度和压力范围广，除了用于高、中压主蒸汽管道、再热蒸汽管道和给水管道外，还用于比较重要的低压管道和具有腐蚀介质或易发生火灾介质的管道，如主凝结水管道、低压给水管道、燃油和润滑油管等。

2. 有缝钢管

纵向直缝焊接管是用钢板卷制焊接而成的。这种管子用 Q235 钢在制造厂成批生产，主要适用于压力不超过 1.6MPa，温度不超过 300℃的低压管道，如循环水管、补给水管、锅炉烟风管道、工业水管、除灰管等。

中、小内径规格的纵向直缝焊接管又称水煤气管或瓦斯管。一般习惯按英制单位区分口径规格。有镀锌的和不镀锌的。镀锌管具有一定的防腐蚀性能但只能进行丝扣连接，俗称白铁管；不镀锌的俗称黑铁管。

螺旋缝焊接管采用窄条钢板螺旋卷制焊接而成，管道承受内压切向应力的能力比直缝管要强。通常用 Q235 或 Q345 钢制造，用于不超过 2.0MPa，温度不超过 300℃的低压管道，如循环水管、补给水管、工业水管、除灰管等。

四、管子的选择

选择管子也就是确定管子的材料和技术规范（即公称压力和公称尺寸）。

首先根据介质工作温度，按照表 6-7 的数值选取合适的管材。再以选定的管材和介质工作参数通过公称压力表，确定其公称压力。公称尺寸要通过管径和壁厚计算来确定。

（一）管径计算

对于单相流体的管道，管子内径的计算公式为

$$D_i = 594.7\sqrt{\frac{q_m v}{w}} \tag{6-3}$$

或

$$D_i = 18.8\sqrt{\frac{q_V}{w}} \tag{6-4}$$

式中　D_i——管子内径，mm；

q_m——介质质量流量，t/h；

q_V——介质体积流量，m^3/h；

v——介质比体积，m^3/kg；

w——介质流速，m/s。

介质的比体积取决于介质的参数，介质参数一定时，则介质的比体积一定。若流量为已知，则管道内径取决于介质流速。流速选择的大，则所需管径小，节约管材，但流动阻力加大，严重时还会引起管道振动，造成相关水泵汽蚀；流速选择的小，则所需管径大，流动阻力损失减小，但管材消耗量加大，导致投资增加。

在其他条件一定的情况下，比体积越大，介质在管内的流动阻力越小，允许的流速就越大，因此蒸汽管道的允许流速大于水管道的允许流速。

管道不同介质的经济流速的确定，需通过综合技术经济比较和大量的试验验证。推荐的管道介质流速见表 6-8。

表 6-8　　推荐的管道介质流速　　(m/s)

介质类别	管道名称	推荐流速
主蒸汽	主蒸汽管道	40～60
中间再热蒸汽	高温再热蒸汽管道	45～65
	低温再热蒸汽管道	30～45
其他蒸汽	抽汽或辅助蒸汽管道：过热汽	35～60
	饱和汽	30～50
	湿蒸汽	20～35
	至高、低压旁路阀和减温减压器的蒸汽管道	60～90

续表

介质类别	管道名称	推荐流速
给水	高压给水管道	2.0～6.0
	中压给水管道	2.0～3.5
	低压给水管道	0.5～2.0
凝结水	凝结水泵出口侧管道	2.0～3.5
	凝结水泵入口侧管道	0.5～1.0
加热器疏水	加热器疏水管道：疏水泵出口侧 疏水泵入口侧 调节阀出口侧 调节阀入口侧	1.5～3.0 0.5～1.0 20～100 1.0～2.0
其他水（生水、化学水、工业水等）	离心泵出口管道及其他压力管道 离心泵入口管道 自流、溢流等无压排水管道	1.5～3.0 0.5～1.5 <1

在推荐的介质流速范围内选择具体流速时，应注意管径大小、参数高低的影响，对于直径小、介质参数低的管道，宜采用较低值。

对于汽水两相流体的管道和水量沿管长逐渐变化的管道，其管径的选择计算，见有关设计规程。

（二）壁厚计算

承受内压的管子壁厚计算分为直管和弯管两部分。

1. 直管壁厚计算

直管壁厚计算包括直管最小壁厚 s_m、直管计算壁厚 s_c 和直管公称壁厚 s_n 三部分。

（1）管最小壁厚 s_m。

对于$\frac{D_o}{D_i}\leqslant 1.7$的管子，在设计压力和设计温度下所需的最小壁厚 s_m 应按下列规定计算。

按直管外径确定时

$$s_m = \frac{pD_o}{2[\sigma]^t\eta + 2Yp} + c \tag{6-5}$$

按直管内径确定时

$$s_m = \frac{pD_i + 2[\sigma]^t\eta c + 2Ypc}{2[\sigma]^t\eta - 2p(1-Y)} \tag{6-6}$$

式中 s_m——直管最小壁厚，mm；

D_o——管子外径，取用公称外径，mm；

D_i——管子内径，取用最大内径，mm；

Y——温度对计算管子壁厚公式的修正系数；

η——许用应力的修正系数；

c——考虑腐蚀、磨损和机械强度要求的附加厚度，mm；

$[\sigma]^t$——管材在设计温度 t 下的基本许用应力，MPa。

（2）管子的计算壁厚和取用壁厚。

管子的计算壁厚应按下式计算：

$$s_c = s_m + c \tag{6-7}$$

式中 s_c——直管的计算壁厚，mm；

c——直管壁厚负偏差的附加值，mm。

管子的取用壁厚，以公称壁厚表示。对于以“外径×壁厚”标识的管子，应根据管子的计算壁厚，并考虑管子直径偏差引起的对口焊接要求，按管子产品规格中公称壁厚系列选取；对于以“内径×最小壁厚”标识的管子，应根据管子的计算壁厚，并考虑管子直径偏差引起的对口焊接要求，遵照制造厂产品技术条件中有关规定，按管子壁厚系列选取。任何情况下，管子的取用壁厚均不得小于管子的计算壁厚。

管子壁厚负偏差的附加值按有关规定选取，具体规定请参见“火力发电厂汽水管道设计技术规定”。

2. 弯管壁厚

弯管（成品）任何一点的实测最小壁厚，不得小于弯管相应点的计算壁厚，且外侧壁厚不得小于相连直管允许的最小壁厚 s_m。

为补偿弯制过程中弯管外侧受拉的减薄量，弯制用的弯管的直管壁厚应不小于规定的最小壁厚，具体规定见《火力发电厂汽水管道设计技术规定》。

第二节 管道的支吊架和管道的补偿

一、支吊架

发电厂中热力设备的接管口分布在全厂各个空间部位，彼此之间通过一定长度并具有立体走向的不同热力管道连接起来。尽管每条管道的长度较短，这些管道也显然不可能借其自身来保证其结构强度与刚性，会在自身重力作用下产生变形破坏。另外，也决不允许管道传递的各种力和力矩作用在设备接口上。因此，在管线的各水平间距和垂直间距点，要布置各种类型的支吊架。

（一）支吊架的作用

（1）承受管道的自重荷载，包括管子、管件和管道内部介质重量及管道外层保温材料重量。

（2）增强管道的刚度，防止水平管道下垂和振动。

（3）用来限制或引导管道的热位移走向（弹性支吊架无此作用）。

（4）对由于管内介质流动而引起的冲击力、激振力以及由设备传递的振动等起缓冲减振作用。

（5）控制由管道施加给设备接口的荷重和力矩，以保护设备的安全运行。

（6）承受管道冷紧施加的力和力矩。

（二）支吊架的分类与性能

1. 固定支架

固定支架是用来固定管子的，用于管道上不允许有任何方向线位移和角位移的支承点。除承重以外，固定支架还要承受管道的热位移推力和力矩。

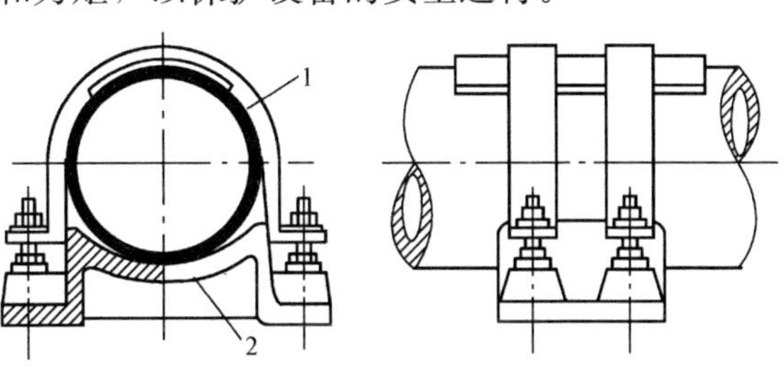

图 6-1 固定支架

1—管箍；2—管枕

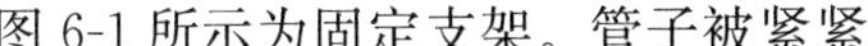
图 6-1 所示为固定支架。管子被紧紧

地夹在管箍与管枕之间，而整个支架则固定在与建筑物相连的托架上。

在发电厂中，锅炉的出口、汽轮机的入口，切换阀门组处、母管端头、排汽管处、两膨胀器之间等处装设有固定支架。

2. 活动支架

活动支架包括滑动支架、滚动支架和弹簧支架等。

滑动支架，将管道支承在滑动底板上，用于承受管道垂直荷载，并约束管系在支承点处的垂直位移，多用于水平管线靠近弯头的部位。它是承受管道自重的一个支撑点，它只对管线的一个方向有限位作用，对管线其他两个方向的热位移不限位，如图 6-2 所示。

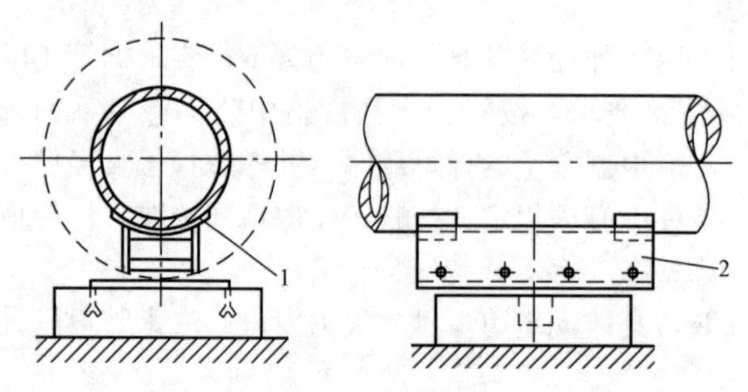

图 6-2 滑动支架
1—护板；2—槽钢

为减小滑动块的运动摩擦阻力，在滑动块和支承面之间铺设一层聚四氟乙烯塑料软垫，此垫有减阻和耐温性能。在重要部位，在滑动块下设有滚子或滚珠盘，变滑动摩擦为滚动摩擦。这样就形成了滚动支架。如图 6-3 所示。

滚动支架，将管道支承在滚动部件上，用以承受管道垂直荷载，并约束管系在支承点处的垂直位移，用于不允许有垂直位移且需减小支架摩擦力的支撑点。

弹簧支架用于有垂直位移的支承点。当管线在该点上有向上的热位移时，水平管（或垂直管）上的活动支架为了不托空，必须采用弹簧支架。当有水平位移时，弹簧支架宜加装滚柱、滚珠盘或聚四氟乙烯板，如图6-4所示。

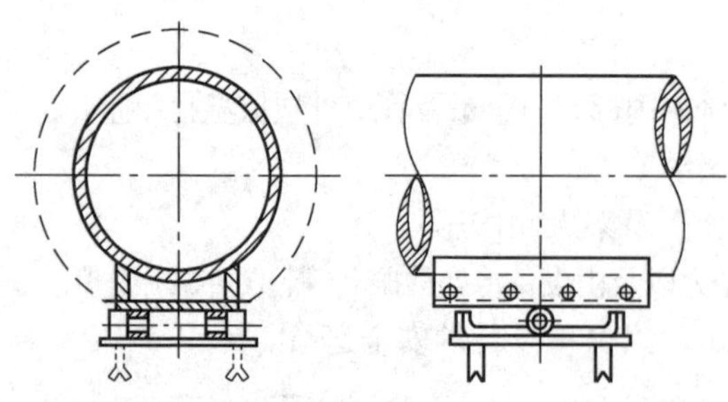
图 6-3 滚动支架

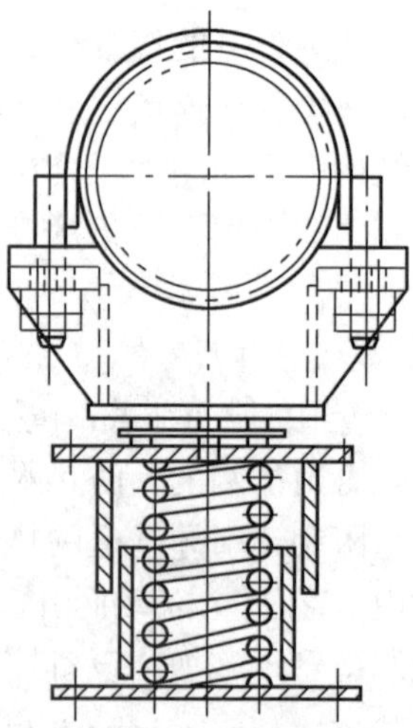

图 6-4 弹簧支架

3. 导向装置

导向装置，用于引导管道沿着预定方向移动，限制其他方向位移。水平管道的导向装置也可承受管道垂直荷载。导向装置在滑动块两侧增设有限制与引导其滑动方向的且与管线平行的两根导轨，如图 6-5 所示。它同样是管道自重的一个支承点。它对管道有两个方向的限位作用，它能引导管道在导轨方向（即轴线方向）自由热位移，起到稳定管线的重要作用。

4. 刚性吊架

刚性吊架用于常温管道，或用于热管道无垂直热位移和此种热位移值很微小的管道吊点，除承受管道分配给该吊点的重量之外，它允许该吊点管道有少量的水平方向位移，而对管道的向下位移有限位作用。

刚性吊架的实际荷载是不易准确测定的，因为螺母施加给拉杆的紧力大小是粗略的，过小的紧力使荷载不足，过大的紧力使管道产生附加内应力，故很少使用。

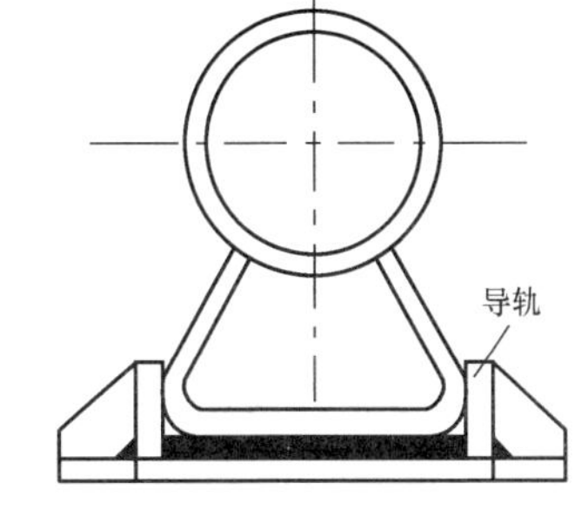

图 6-5　导向装置

在高压管系中的刚性吊架有特殊的意义，它不以承重为主，而是作为专用限位吊架使用的。它可以制止该吊点处管线的向下热位移而对其他方向热位移可以自由摆动不受限制。

5. 普通弹簧吊架

普通弹簧吊架用于有垂直方向热位移和少量水平方向位移的管道吊点，它在承重的同时，对吊点管道的各向位移都无限位作用，弹簧吊架使管道在尽可能长的吊杆拉吊下可以自由热位移，如图 6-6（a）所示。

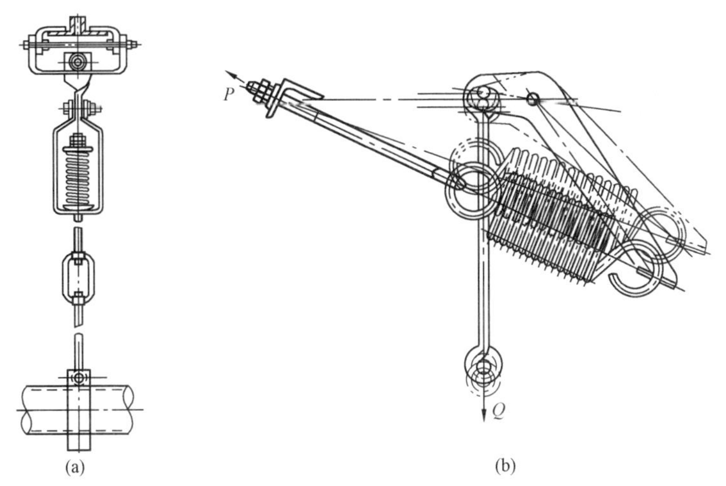

图 6-6　吊架

（a）普通弹簧吊架；（b）恒力弹簧吊架

由弹簧直接承载的吊架因其弹簧原理还有两个特性：①承载值由弹簧压缩值大小而定，可以准确计量；②弹簧的工作压缩值以热态为依据，因此对吊点的上下热位移有冷态时压缩值增量或减量，造成冷态管道或受另外增加的附加外力作用或有荷重转移。

6. 恒力弹簧吊架

恒力弹簧吊架是一种性能更优越的吊架，用于管道垂直热位移值偏大或需限制吊荷变化的吊点。它经过杠杆机构让弹簧间接承受荷载，有比较复杂的结构，它不限制吊点管道的热位移，并且在管道很大的垂直热位移范围内，吊架始终承受基本不变的荷载，并因其承载有近似恒定值而得名，如图 6-6（b）所示。

无论哪种型式的恒力弹簧吊架，其弹簧只是间接承受管道荷重，管道向下位移的位置势能作为同值的弹性势能被储存起来；当管道向上移动时，又以同值释放出来。

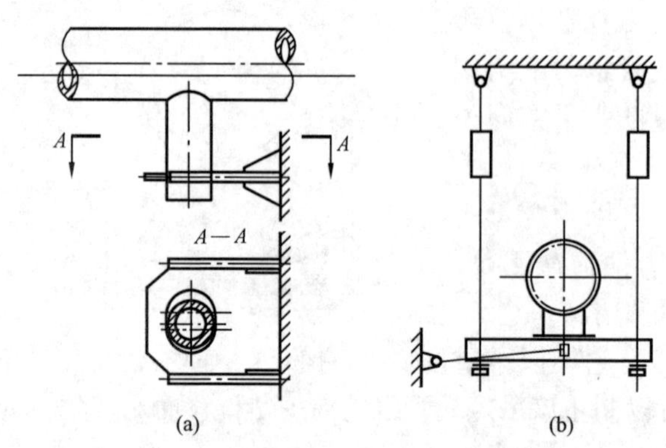

图 6-7 限位装置
(a) 限位架；(b) 限位拉筋

7. 限位装置

限位装置，用于约束或部分限制管系在支吊点处某一个或几个方向的位移。它通常不承受管道的垂直荷载。它有稳定管线和控制管线热位移的重要作用。图 6-7(a)和(b)所示分别为限位架和限位拉筋。

8. 减振装置

减振装置，用于控制管道低频高幅晃动或高频低幅振动，对管道的热胀冷缩有一定的约束作用。专用于某些管道的易振和强振部位，用以缓冲和减小管道因内部介质特殊运动形态引起的冲击和振动，防止振动对管道产生振动交变应力，以免管道因此发生突然的疲劳破坏。

发电厂的给水泵再循环管、减温减压器管道、旁路系统管道、饱和蒸汽管道、疏水膨胀箱管道、给水操作台管道、射水抽气器管道等都是振动的易发部位。

现在用到的减振装置主要有弹簧式减振器和油压式减振器两种。

(1) 弹簧式减振器是一种机械式减振器，适用于垂直位移较小管道的有振动部位。

(2) 油压式减振器的工作性能与管道的热位移无直接关系，它对管道无限位作用，不对管道产生附加作用力，可用于管道热位移较大的防振部位。

图 6-8 所示为油压式减振器。

(三) 高压管道支吊架工作特点

高压管道随着参数的提高与机组容量的加大，使管子的直径、壁厚都有相应的增大，有的壁厚大于 80mm，特大壁厚的管子由于制造原因，其单位长度的质量大，偏差也很大（可达±5%左右），这对支吊架荷重的准确计算不利。高压管道支吊架不但要承受很大的管道自重荷载，而且管道的热胀位移值很大(有的部位超过 100mm)，壁厚大的管子刚性增强且其质量大，在很大的热位移值受阻时，会使管道产生强大的推力和力矩，不论是对支吊架的布置还是由此产生的管道应力都使设计复杂化。

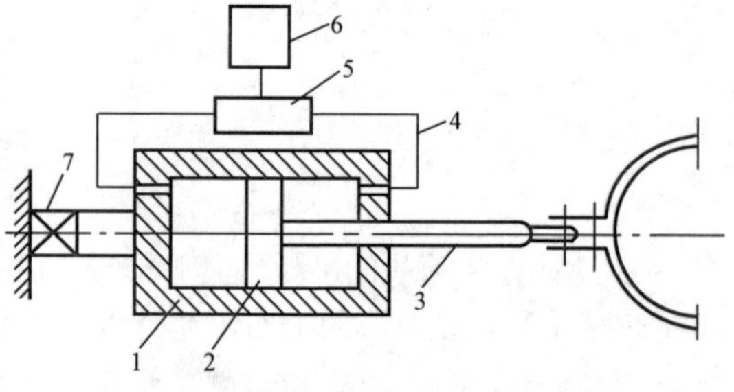

图 6-8 油压式减振器
1—油缸；2—活塞；3—活塞杆；4—油管；5—节流阀；6—油箱；7—万向接头

在以合理的间距配备管道的外部支承时，考虑到如果管道的热位移所受到的限制越小，则在支吊点产生的力和力矩以及加于管道的应力也就越小，可以采用各向可自由位移的弹性吊架，甚至可以设想在富有柔性的管道上不设任何限位性支架，但这种全弹性支吊布置，会使管道的中心线很不稳定，使连接点产生不易控制的附加载荷，尤其是易于引起管道振动，对设备和管道的安全运行不利。为此，对于较长的高压管系，必须采用部分固定支架（非全方位固定支架）和在适当部位采用导向装置，为了稳定管线和控制热位移量，还得采用限位支架，例如设刚性吊架可对垂直向下热位移的管道加以限位等。图 6-9 为由弹性吊架加限位支承的图例。

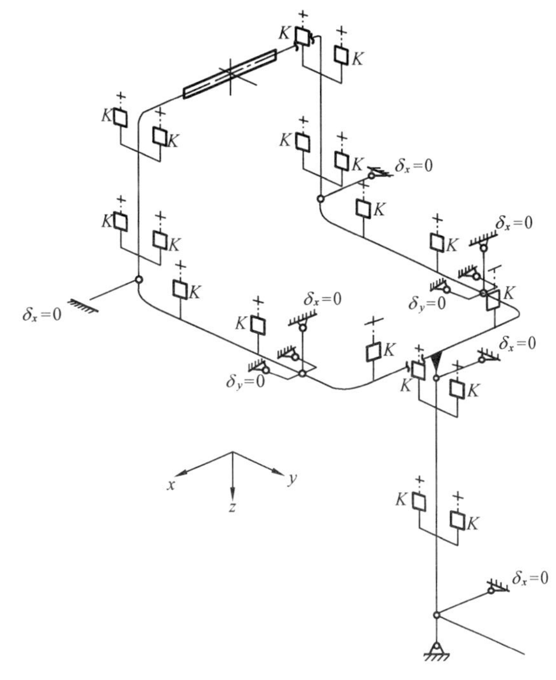

图 6-9 弹性吊架加限位支承图例

二、管道的热膨胀及补偿装置

（一）管道的热膨胀与热应力

发电厂的许多汽水管道从停运状态到运行状态，其温度变化很大。在停运时，它们的温度大多与室温相同，为 20～30℃。运行时，由于主蒸汽温度可达450～570℃，故其温度变化达 400～500℃；给水管道温度可达172～260℃，其温度变化可达 200℃左右。如此大的温度变化，会对电厂的安全运行带来什么不利影响呢？下面通过计算加以说明。

某直管段长 $L=20$m，管子规格$D_o\times s=216$mm$\times 6$mm，材料为碳钢，其线膨胀系数 $\alpha_t=12\times 10^{-6}$cm/(m·℃)；弹性模数 $E_t=196.14\times 10^{11}$N/m^2；屈服强度 $\sigma_y=2059.47\times 10^5$N/m^2。计算当温升 $\Delta t=100$℃时，管道热膨胀受阻对约束产生的推力。

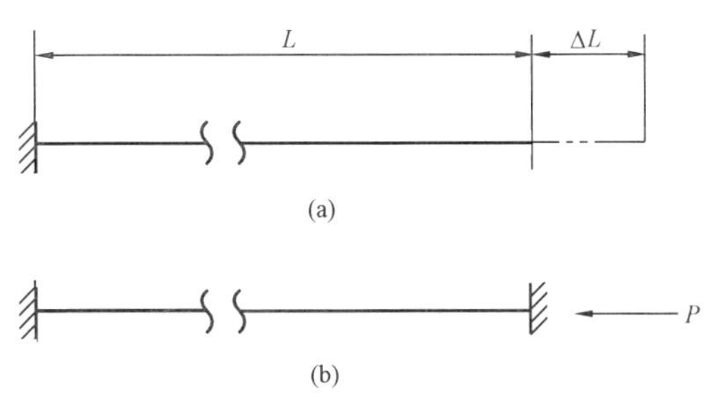

图 6-10 管道的热膨胀
（a）一端固定；（b）两端固定

如图 6-10(a)所示，当该管道不受约束(管道一端自由)时，热膨胀变形不受阻碍，管内不产生热应力，即 $\sigma_t=0$。

热膨胀产生的伸长量为 $\Delta L=L\alpha_t\Delta t=24$(mm)。

如图 6-10(b)所示，当该管道受约束(管道两端固定，固定在设备或固定支架上)时，热膨胀变形受阻，即 $\Delta L=0$。

热膨胀受阻产生的热应力 $\sigma_t=E_t\alpha_t\Delta t=2353.68\times 10^5$ (N/m^2) $>2059.47\times 10^5$ (N/m^2)。

热膨胀受阻对约束产生的推力 $P=\sigma_t\dfrac{\pi}{4}(D_o^2-D_i^2)\approx 9.8\times 10^5$(N)。

由上述计算结果可知，管道因热膨胀变形受阻产生的热应力大于管材的屈服强度，管道将产生局部塑性变形。只要这种塑性变形多次反复出现，就会使管道产生疲劳破坏。而管道对约束的推力高达 9.8×10^5N (100t)，这无论对所连设备或支吊架都是绝对不允许的。

（二）减小热应力的措施

由上面的例子可知，温度变化、管道受到约束和管道的弹性是影响热应力的主要因素。

管道温度变化形成的温差是工作条件所决定的，往往不能改变。但它提醒我们，对高温管道的热应力要特别引起注意。

管道所连接的设备和管道上所装设的支吊架是加在管道上的约束，它们都不同程度地阻碍着管道在热胀冷缩时的变形。很显然，支吊架的合理布置及对其类型的合理选择，对减小热应力和推力有较大影响。

弹性好（或刚度小）的管道，在其变形受阻时，可以利用自身的弹性弯曲和扭曲变形来补偿一部分热胀冷缩的变形，而使管系的热应力和推力都不致过大。

增大管道的弹性是降低热应力和推力的一个普遍、有效的手段。而管道的弹性与管材的物理特性（如线膨胀系数、弹性模数等）、管道的几何特性（如长短、粗细、壁厚、惯性矩等）和管系的结构形状等因素有关。其中，能人为改变的主要是管道的结构形状。

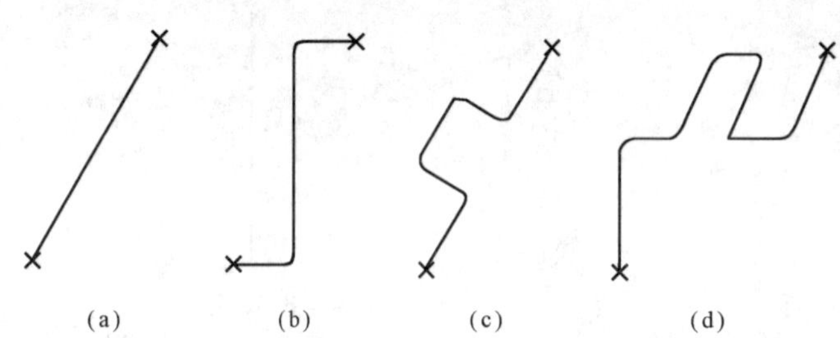

图 6-11　管道结构形状与弹性
(a) 直管段；(b)、(c)、(d) 弯曲管段

弯曲的管道具有较大的弹性。如图 6-11 所示，在两个固定支架之间，对于相同材料、相同规格的管道，当采用不同的布置形式后就具有不同的弹性。因此，在热胀冷缩时，它们所产生的变形、热应力和推力差别就很大。图 6-11 中的(b)、(c)、(d)管段，在热胀冷缩时两端变形受阻的情况下，却可以利用自身的弹性弯曲或扭转来补偿受阻的变形，因而热应力和推力就较弹性较差的直管段(a) 小得多。但采用弯曲却加大了流动阻力和钢材消耗量。

（三）管道的补偿

为了抵消或减轻热胀冷缩现象造成的热力管道的热膨胀或热应力，发电厂中通常采用了补偿的方法。热力管道的补偿方法有热补偿和冷补偿（冷紧）两种。

1. 热补偿

利用弹性管道自身的弹性变形来吸收其热膨胀的补偿方式，称为热补偿。

在发电厂中，工作温度小于 30℃ 的循环水、工业水等管道可以不考虑补偿。因为它们在启停时的温度变化小，可以利用管道的弹性压缩来吸收热膨胀。

工作温度大于 30℃ 的各类汽水管道（尤其是高温管道），在启停过程中温度变化较大，需要通过增大管道的弹性来增大其补偿能力。热补偿必须合理，否则会导致管道压降损失和投资增加。

管道的热补偿可以分为自然补偿和人工补偿两种。

(1) 自然补偿。利用管道在布置时因自然走向而形成的弹性管道（平面或三维的弯曲管道）来吸收管道热伸长的补偿方式，称为自然补偿。

由于自然补偿的补偿能力取决于管道的自然走向，有的时候难以满足管道的补偿需要，此时可以采用人工补偿的方法。

(2) 人工补偿。在管道中间串联一些专门的补偿器来吸收管道热伸长的补偿方式，称为人工补偿。

常用的补偿器有 Π 形、波形和套筒式三种。

1）Π形补偿器。压力高于 1.6MPa 的管道，当自然补偿不能满足要求时，须采用Π形补偿器，如图 6-12 所示。

这种补偿器是由管子本身弯曲而成的，具有补偿能力大，结构简单，运行可靠，容易加工，适用于任何压力和温度等优点。缺点是尺寸大，介质流动阻力大。

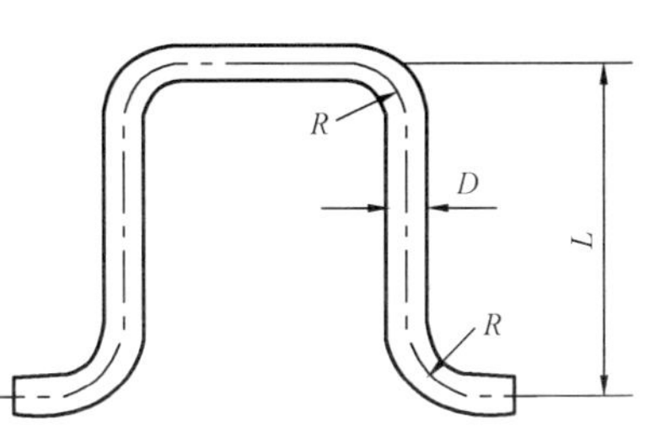

图 6-12　Π形补偿器

这种补偿器一般安装在两固定支点的中间，补偿器两侧受支点的推力是均等的。补偿器的弯曲半径通常采用管子外径的 4 倍，即 $R=4D_o$。其补偿能力取决于管子外径 D_o 和突出段 L 长度。如外径为 321mm 的管子，当补偿器突出段长度 $L=10D_o=3210$mm 时，其补偿能力为 64mm；当 $L=20D_o=6420$mm 时，其补偿能力为 302mm。

在安装Π形补偿器时必须预先进行冷拉，冷拉长度不小于其补偿能力的一半。当管道受热膨胀时，补偿器首先由拉长状态回复到正常不受力状态，然后才吸收管道的热伸长。

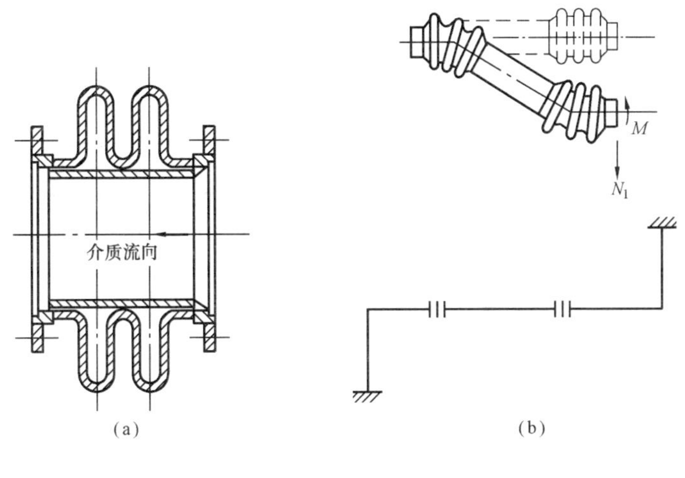

图 6-13　波纹管补偿器
（a）单铰链式；（b）双铰链式

2）波形补偿器。波形补偿器包括波纹管补偿器和焊制波形补偿器。焊制波形补偿器由于中间有焊缝，而且该处正位于弯曲应力较大之处，并且推力又大，故现在已不推荐使用，而波纹管补偿器得到了广泛应用。

波纹管补偿器是用薄壁金属管制成的具有轴向波纹的管状补偿装置，如图 6-13 所示。工作时，它利用波纹变形进行管道热补偿，通常用不锈钢制造。

按补偿方式分，波纹管补偿器可分为吸收轴向位移的补偿器（又分为内压式和外压式）、吸收横向位移的补偿器和吸收双向（轴向和横向）位移的铰接补偿器，如图 6-13（b）所示。

单纯轴向补偿的波纹管补偿器为避免自身无变形，其两侧应设导向支架，如图 6-13（a）所示。补偿器的内套应与介质流向一致，蒸汽介质在波底会有凝结水积聚，每波下部应设有疏水装置。

新式波纹管补偿器的波形采用特殊的Ω形全波壳设计理论，具有设计结构先进合理，刚度小，强度大，柔性好，抗疲劳性能高等特点，工作压力最高可以达到 10MPa，工作温度最高可达 600℃，适用于电站抽汽管道和各种油、水、汽和热网管路系统。

3）填料套筒式补偿器。如图 6-14 所示，该补偿器使管道补偿位置无直接的连接，在填料压紧保证密封的条件下，热位移可在套筒间的相对运动中吸收，除克服摩擦阻力之外，这种补偿器不存在强制力。

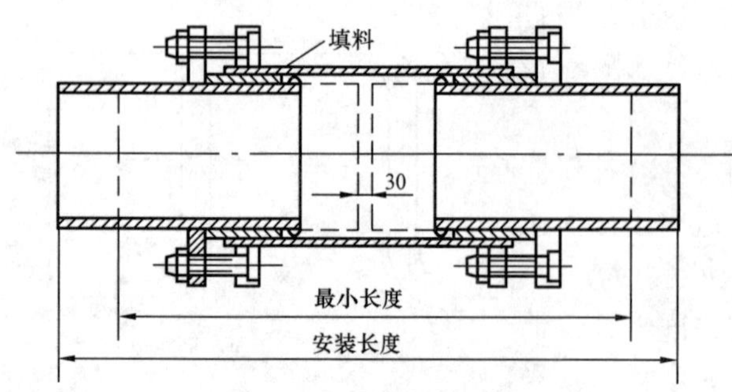

图 6-14 填料套筒式补偿器

套筒式补偿器尺寸小，可以接受很大的热伸长，但运行维护工作量大（需定期更换密封材料）。一般只用于工作压力低于 0.588MPa 和 ϕ80～ϕ300 的管道上，如热网管道和锅炉安全阀排汽管上。

2. 冷补偿

冷补偿又叫冷紧或冷拉。它是先将管道切去一段预定的长度，安装时再拉紧焊好就位。冷紧采用专用的冷紧拉具，如图 6-15 所示。管道冷紧后，使管道在冷态时已经存在一个与热应力方向相反的冷紧力，可以抵消管道在膨胀初期的热伸长或热应力，从而减小对约束的推力和力矩。由于管材在冷态时承载能力比热态时要大得多，所以将热胀应力转移到冷态是有利的。但是由于对管道进行冷补偿时，截去的预定长度是有限的，所以其补偿能力是有限的。当管道的热伸长量达到或超过截去的预定长度后，冷补偿不再起作用。

对于处于蠕变条件下的管道，冷紧的效果在管道运行初期很显著，随着时间的推移，由于蠕变作用，缓慢积累的变形会使冷紧效果逐渐减弱。冷紧对管道运行初期的作用是重要的，它减缓了蠕变过程，延长了管道的使用寿命。冷紧还可以减小管道运行初期在工作状态对设备和端点的推力，可以减小管系产生弹性转移和局部过分应变现象。

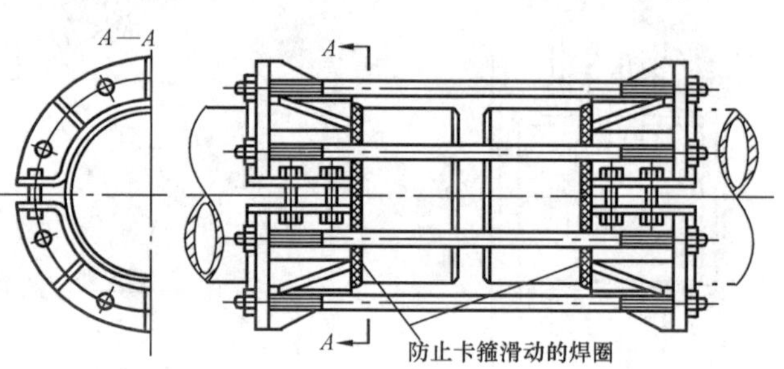

图 6-15 冷紧专用拉具

设计温度在 430℃及以上的管道宜进行冷紧，冷紧比（即冷紧值与全补偿值之比）不宜小于 0.7；对于其他管道，当需要减小工作状态下对设备的推力和力矩时，也可进行冷紧。

第三节 发电厂常用的阀门

阀门是用来控制流体流量、压力和流向的装置，简称阀。它是管道系统的重要组成元件。在发电厂热力系统的管路上装有许多不同类型的阀门，据统计，一台 300MW 的机组，大约装设了 273 种不同规格的阀门 1370 多个。这些阀门能否可靠运行，直接影响着机组运行的安全可靠性。因此，正确合理地选择阀门，对发电厂的安全经济运行有着重要意义。

一、阀门的分类

阀门的种类繁多，分类方法也很多，下面只介绍四种基本分类方法。

1. 按结构特征分

（1）截门型阀门：工作时启闭件沿着阀座中心线上下移动。

（2）闸门型阀门：工作时启闭件沿着垂直于阀座中心线的方向上下移动。

(3) 旋塞型阀门：启闭件是柱塞或球，工作时围绕自身的中心线旋转。

(4) 蝶型阀门：启闭件是圆盘，工作时围绕阀座内的轴旋转。

(5) 旋启型阀门：启闭件是圆盘，工作时围绕阀座外的轴旋转。

(6) 滑阀型阀门：启闭件是柱塞，工作时沿垂直于通道的方向滑动。

2. 按驱动方式分

驱动阀门动作的动力来源有两类：一类是利用阀内介质自身的力量，称为自动阀门，如安全阀、减压阀等；另一类是利用外力，称为他动阀门，如闸阀、球阀等。他动阀门的驱动方式包括以下五种基本方式。

(1) 手动阀门：工作时借助手轮、手柄、杠杆或链轮等由人力来驱动阀门动作。

(2) 气动阀门：工作时利用压缩空气的压力驱动阀门动作。

(3) 液动阀门：工作时利用水、油等液体的压力来驱动阀门动作。

(4) 电动阀门：工作时利用电动机的动力来驱动阀门动作。

(5) 电磁（动）阀门：工作时利用电磁铁的电磁力驱动阀门动作。

3. 按流道结构分

(1) 直通式阀门：阀门流道进、出口轴线重合或相互平行。

(2) 角式阀门：阀门流道进、出口轴线相互垂直。

(3) 直流式阀门：阀门的流道成一直线，阀杆轴线与流道轴线成斜角。

(4) 三通式阀门：阀门的具有三个通路方向。

(5) T 形三通式阀门：塞子（或球体）的通路呈 T 形的三通式阀门。

为了确保工作可靠，有些阀门设计了两种驱动方式。

4. 按用途分

(1) 关断用阀门：工作时用来切断或接通管路介质。

(2) 调节用阀门：工作时用来调节介质压力和流量。

(3) 保护用阀门：工作时用来防止设备超压、管内介质倒流或用作快速关断（或开启）起某种防护作用。

二、阀门的型号

阀门的型号由阀门类型、驱动方式、连接形式、结构形式、密封副或衬里材料、压力、阀体材料七部分组成，表达方式为

$$\boxed{1}\ \boxed{2}\ \boxed{3}\ \boxed{4}\ \boxed{5}-\boxed{6}\ \boxed{7}$$

式中　$\boxed{1}$——阀门类型代号；

$\boxed{2}$——阀门驱动方式代号；

$\boxed{3}$——阀门连接端形式代号；

$\boxed{4}$——阀门结构形式代号；

$\boxed{5}$——阀门密封副或衬里材料代号；

$\boxed{6}$——阀门压力代号；

$\boxed{7}$——阀体材料代号。

1. 阀门类型代号

阀门类型代号用汉语拼音字母表示，国标规定的代号见表 6-9。

表 6-9　阀门类型代号

阀门类型		代号	阀门类型		代号	阀门类型	代号
安全阀	弹簧载荷式、先导式	A	排污阀		PW	控制阀（调节阀）	T
	重锤杠杆式	GA	进排气阀	单一进排气阀	P	柱塞阀	U
蝶阀		D		复合型	FFP	旋塞阀	X
隔膜阀		G	蒸汽疏水阀		S	减压阀（自力式）	Y
止回阀、底阀		H	球阀	整体球	Q	减温减压阀（非自力式）	WY
截止阀		J		半球	PQ	闸阀	Z
节流阀		L	堵阀（电站用）		SD	排渣阀	PZ

2. 阀门驱动方式代号

阀门驱动方式代号用阿拉伯数字表示，国标规定的代号表 6-10。

表 6-10　阀门驱动方式代号

驱动方式	代号	驱动方式	代号	驱动方式	代号	驱动方式	代号	驱动方式	代号
电磁动	0	电-液联动	2	正齿轮	4	气动	6	气-液联动	8
电磁-液动	1	涡轮	3	伞齿轮	5	液动	7	电动	9

3. 阀门连接端形式代号

阀门连接端形式代号以阀门进口端的连接形式确定，用阿拉伯数字表示，国标规定的代号见表 6-11。

表 6-11　阀门连接端形式代号

连接端形式	代号	连接端形式	代号	连接端形式	代号	连接端形式	代号
内螺纹	1	法兰式	4	对夹	7	卡套	9
外螺纹	2	焊接式	6	卡箍	8		

4. 阀门结构形式代号

阀门结构形式代号用阿拉伯数字表示，国标规定的代号见表 6-12。

表 6-12　阀门结构形式代号

阀门类别	0	1	2	3	4	5	6	7	8	9
闸阀	明杆楔式单闸板（具有弹性槽）	明杆楔式单闸板（无弹性槽）	明杆楔式双闸板	明杆平行式单闸板	明杆平行式双闸板	暗杆楔式单闸板	暗杆楔式双闸板		暗杆平行式双闸板	
截止阀和节流阀		直通流道（单阀瓣）	Z 形流道（单阀瓣）	三通流道（单阀瓣）	角式流道（单阀瓣）	Y 形流道（单阀瓣）	直通流道（平衡式阀瓣）	角式流道（平衡式阀瓣）		
蝶阀	单偏心（密封副有性能要求）	中心对称垂直板（密封副有性能要求）	双偏心（密封副有性能要求）	三偏心（密封副有性能要求）	连杆机构（密封副有性能要求）	单偏心（密封副无性能要求）	中心对称垂直板（密封副无性能要求）	双偏心（密封副无性能要求）	三偏心（密封副无性能要求）	连杆机构（密封副无性能要求）

续表

阀门类别	0	1	2	3	4	5	6	7	8	9
球阀	半球直通（固定球）	直通流道（浮动球）	Y形三通流道（浮动球）		L形三通流道（浮动球）	T形三通流道（浮动球）	四通流道（固定球）	直通流道（固定球）	T形三通流道（固定球）	L形三通流道（固定球）
隔膜阀		屋脊式流道				直流式流道	直通式流道		Y形角式流道	
旋塞阀				直通流道（填料密封）	三通T形流道（填料密封）	四通流道（填料密封）		直通流道（油密封）	三通T形流道（油密封）	
柱塞阀		直通流道			角式流道					
止回阀		直通流道（升降式阀瓣）	立式结构（升降式阀瓣）	Z形流道（升降式阀瓣）		T形流道（升降式阀瓣）				
					单瓣结构（旋启式阀瓣）	多瓣结构（旋启式阀瓣）	双瓣结构（旋启式阀瓣）	蝶形（双瓣）结构		
疏水阀		浮球式		浮桶式		钟形浮子式			脉冲式	热动力式
减压阀（自力式）		薄膜式	弹簧薄膜式	活塞式	波纹管式	杠杆式				
减温减压阀（非自力式）		柱塞式（单座）	套筒柱塞式（单座）	套筒式（单座）	套筒式（双座或多级）	柱塞式（双座或多级）	套筒柱塞式（双座或多级）			
控制阀（调节阀）	角行程，套筒式	柱塞式（直行程，两级或多级）	针形式（直行程，单级）		柱塞式（直行程，单级）	套筒柱塞式（直行程，单级）	滑板式（直行程，单级）	套筒式（直行程，单级）	套筒式（直行程，两级或多级）	套筒柱塞式（直行程，两级或多级）
堵阀		闸板式	止回式							
蒸汽疏水阀		自由浮球式	杠杆浮球式	倒置桶式	流体或固体膨胀式	钟形浮子式	蒸汽压力式或膜盒式	双金属片式	脉冲式	圆盘热动力式
排污阀		截止型直通式（液面连续排放）	截止型角式（液面连续排放）			截止型直流式（液底间断排放）	截止型直通式（液底间断排放）	截止型角式（液底间断排放）	浮动闸板型直通式（液底间断排放）	

续表

阀门类别	0	1	2	3	4	5	6	7	8	9
安全阀	弹簧载荷带散热片全启式（弹簧封闭）	弹簧载荷微启式（弹簧封闭）	弹簧载荷全启式（弹簧封闭）	弹簧载荷带扳手微启式、双联阀（弹簧封闭）	弹簧载荷带扳手微启式（弹簧封闭）		带控制机构全启式（先导式）	弹簧载荷带扳手微启式（弹簧封闭）	弹簧载荷带扳手全启式（弹簧封闭）	脉冲式（全冲量）
			单杠杆式		双杠杆式					

5. 阀门密封副或衬里材料代号

阀门的密封副或衬里材料代号，以密封副中起密封作用的密封面材料或衬里材料硬度值较低的材料或耐腐蚀性能较低的材料表示；金属密封面中镶嵌非金属材料的，则表示为非金属/金属，国标规定的代号见表 6-13。

表 6-13　阀门密封面或衬里材料代号

密封面或衬里材料	代号	密封面或衬里材料	代号	密封面或衬里材料	代号
锡基合金（巴氏合金）	B	衬胶	J	铜合金	T
搪瓷	C	蒙乃尔合金	M	橡胶	X
渗碳钢	D	尼龙塑料	N	硬质合金	Y
氟塑料	F	渗硼钢	P	由阀门本体直接加工时	W
陶瓷	G	衬铅	Q	铁基合金密封面镶嵌橡胶材料	X/H
铁基不锈钢	H	塑料	S		

6. 阀门压力代号

阀门压力代号采用公称压力时，应符合国标 GB/T 1048 中的规定。如果采用 PN 系列，则用 PN 后的数字；如果采用 Class 系列，则用 Class 或 CL，后标注压力级数字，如 Class150 或 CL150。

当阀门工作介质温度超过 425℃，采用最高工作温度和对应工作压力的形式标注时，表示顺序依次为字母 P，下标标注工作温度（数值为最高工作温度的 1/10），后标工作压力(bar)，如 $P_{54}100$。

7. 阀体材料代号

阀体材料代号一般按国标规定的代号表示，见表 6-14。当阀体材料标注具体牌号时，可以写明牌号。

表 6-14　阀体材料代号

阀体材料	代号	阀体材料	代号	阀体材料	代号
碳钢	C	铬镍系不锈钢	P	钛及钛合金	Ti
Cr 系不锈钢	H	球墨铸铁	Q	铬钼钒钢（高温钢）	V
铬钼系不锈钢（高温钢）	I	铬镍钼系不锈钢	R	灰铸铁	Z
可锻铸铁	K	塑料	S	镍基合金	N
铝合金	L	铜及铜合金	T		

阀门型号举例如下。

［例 1］Z942W-10

型号中：Z—闸阀；9—电动装置驱动；4—法兰连接端；2—明杆楔式双闸板结构；W—阀座密封面与阀体材料相同；10—公称压力为 PN10；阀体材料为灰铸铁（公称压力不大于 PN16 阀体材料代号省略）。

［例 2］Q21F-Class300P 或 Q21F-CL300P

型号中：Q—球阀；手动操作（代号省略）；2—外螺纹连接端；1—浮动球直通式结构；Class300 或 CL300—公称压力为 Class300；P—阀体材料为铬镍钼系不锈钢。

［例 3］G6_{K}41J-6

型号中：G—隔膜阀；6_{K}—气动装置驱动，常开型；4—法兰连接段；1—屋脊式结构；J—阀体衬胶；6—公称压力 PN6；阀体材料为灰铸铁（公称压力不大于 PN16 阀体材料代号省略）。

［例 4］D741X-2.5

型号中：D—蝶阀；7—液动装置驱动；4—法兰连接端；1—垂直板式结构（密封副对密封性能有要求）；X—阀瓣密封面材料为橡胶；2.5—公称压力为 PN2.5。

［例 5］J961Y-P$_{54}$170V

型号中：J—截止阀；9—电动装置驱动；6—焊接连接端；1—直通式结构；Y—阀座密封面材料为堆焊硬质合金；P$_{54}$170—最高工作温度 540℃，对应允许工作压力 170bar。

三、阀门的主要结构

发电厂的阀门众多，结构各异，但主要都是由阀体、阀盖、阀杆、填料盒、填料、启闭件、阀座、支架、驱动装置等零部件组成的，现以图 6-16 所示的电动截止阀为例说明阀门的结构。

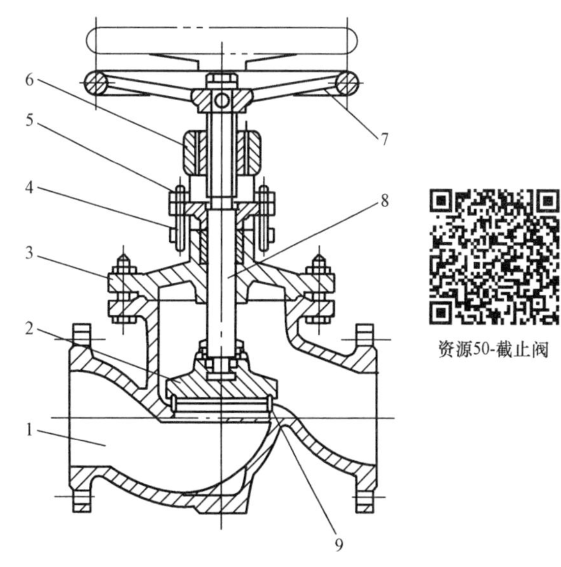

图 6-16　电动截止阀

1—阀体；2—启闭件；3—阀盖；4—填料；5—填料压盖；6—阀杆螺母；7—驱动装置；8—阀杆；9—阀座

（1）阀体。阀门的主体，是安装阀盖、安放阀座，连接管道的重要零件。

（2）启闭件。由于种类较多，叫法也多样，如阀芯、阀瓣、门芯、闸板、蝶板、隔膜等，它是阀门的工作部件，与阀座组成密封副。

（3）阀盖。它与阀体形成耐压空腔，上面有填料盒，它还与支架和压盖相连接。

（4）填料。在填料盒内通过压盖能够在阀盖和阀杆间起密封作用的材料。

（5）填料压盖。通过压盖螺栓或压套螺母，能够压紧填料的一种零件。

（6）阀杆螺母。它与阀杆组成螺纹副，也是传递扭矩的零件。

（7）驱动装置。驱动装置是把电力、气力、液力或人力等外力传递给阀杆用来启闭阀门的装置。根据输出轴运动方式的不同可分为多圈回转式、部分回转式和直线往复式。多圈回转式适用于阀杆或阀杆螺母需要回转多圈才能全开或全关的阀门，如截止阀、闸阀等；部分回转式适用于阀杆回转在一圈之内就能全开或全关的阀门，如球阀、蝶阀等；直线往复式适用于阀杆只做直线往复运动就能全开或全关的阀门，如电磁阀等。

(8) 阀杆。它与阀杆螺母或驱动装置相接，其中间部位与填料形成密封副，能传递扭力，起开闭阀门的作用。

(9) 阀座。用镶嵌等工艺将密封圈固定在阀体与启闭件组成密封副。有的密封圈是用堆焊或阀体本体直接加工出来的。

(10) 支架（图中未标注）。在阀盖或阀体上，用于支承阀杆螺母或驱动装置。

四、阀门的选用

阀门应根据管道系统的介质种类、参数、通径、泄漏等级、启闭时间进行选择，以满足汽水系统关断、调节、保证安全运行的要求和布置设计的需要。阀门的形式、操作方式，应根据阀门的结构、制造特点和安装、运行、检修的要求来选择。当有特殊要求时，可提高等级选择。例如与高压除氧器和给水箱直接相连管道的阀门及给水泵进口阀门，均应选择钢制阀门。

1. 截止阀

截止阀是指用阀芯作启闭件并沿阀座密封面的轴线作升降运动而达到开闭目的的阀门。也叫做球形阀，切断阀、截门等。主要功能是接通或切断管路介质。截止阀通常作为关断用阀门。

截止阀的优点：结构简单，制造与维修方便，启闭时，阀杆沿轴线做直线运动，密封面间几乎无摩擦，且开启高度小（理论开启高度为阀座口径的 1/4），因此阀门的总高度相对较小。

截止阀的缺点：流动阻力较大，结构长度较长，启闭力矩较大，介质流向有要求（一般为下进上出）等。

用途广，主要用于介质压力较高及直径不大（DN≤200mm）的场合。当要求严密性较高时，宜选用截止阀。可装于任意位置的管道上。

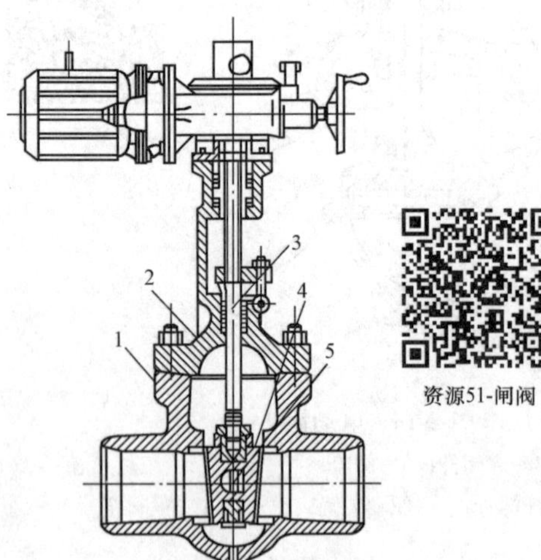

资源51-闸阀

图 6-17　闸阀

1—阀体；2—阀盖；3—阀杆；4—闸板；5—万向顶

截止阀的安装方式与介质流向有关，如阀体上无流向标志应按低进高出安装。这是为了在阀门关闭后可降低盘根的承压以延长其使用寿命。但是对于直径与压力较大的截止阀，在关闭时由于压力介质压力差对阀芯的作用，需要较大的关紧力以保证密封。如阀门在设计上要求反装的，可以反装以降低关闭力矩。

2. 闸阀

闸阀是指用闸板作启闭件并沿阀座密封面做相对运动而达到开闭目的的阀门。闸阀通常作为关断用阀门，如图 6-17 所示。

闸阀的优点：流道通畅，流动阻力小，启闭省力，结构长度较短，对管路介质流向不受限制等。

闸阀的缺点：密封副有两个密封面，加工较复杂，成本高。相对其他阀门要高大一些，启闭时间较长，启闭时密封面间相对摩擦，易引起擦伤。

（1）根据阀杆上面螺纹位置的不同分类。

1）明杆闸阀：阀杆的升降是通过装在阀盖或支架上的阀杆螺母旋转来实现。

这种结构对阀杆润滑有利，闸板开度清楚，阀杆螺母不受介质腐蚀，使用广泛。但它在开启时需要一定空间，螺纹容易沾上灰尘，会加快螺纹的磨损。

2）暗杆闸阀：阀杆螺母设在闸板内，在旋转阀杆时，阀杆不会沿着轴线升降，但可以带动闸板动作。

这种结构唯一的优点是开启时阀杆的高度保持不变，适用于大口径和操作空间受到限制的闸阀。但它的开启程度难以控制，需要增加开度指示器；阀杆螺纹与介质接触，容易被腐蚀。

（2）根据闸板结构形式不同分类。

1）平行闸板式闸阀：密封面与通道中心线垂直，且与阀杆的轴线平行。

它分为平行式单闸板和双闸板两种。前者密封性能较差，用得较少。使用普遍的是后者。这是因为它与阀座密封面的有效密封是靠两平行闸板中间的顶锥（或其他机构）撑开达到的。

2）楔式闸板：密封面与阀杆的轴线对称成一角度，两密封面成楔形。密封面的倾斜角度有多种，常见的为 5°。楔式闸阀加工和维修比平行式闸阀难些，但耐温、耐压性能较好。

楔式闸阀也分为单闸板和双闸板两种。弹性闸板是单闸板的一种特殊形式，它的中间有一道沟槽，起着弹性作用，补偿制造中给密封面带来的微量误差，密封性好。

楔式双闸板是通过连接件将两闸板铰接在一起，并能在一定范围内调整倾斜角度，因此密封面角度精确度等级要求不是太高，也不容易被卡死，即使密封面磨损了，可加垫补偿。但它的结构复杂些。

闸阀可用于多种压力、温度等级和多种口径，应用范围很广。当要求流动阻力较小或介质需要两个方向流动时，宜选用闸阀。

双闸板闸阀宜装于水平管道上，阀杆垂直向上。单闸板闸阀可以装于任意位置的管道上。

3. 节流阀

节流阀是指通过阀芯改变通道截面积来达到控制流体流量或降低流体压力的调节阀。它主要用作节流，但因其调节精确度不高，不能作调节阀使用。

节流阀的外形结构与截止阀基本相同，只是改变了阀芯结构和采用了小螺距阀杆，如图 6-18 所示。

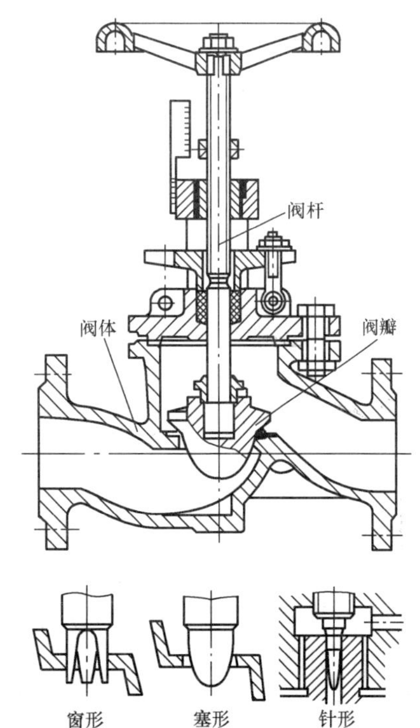

图 6-18　节流阀

阀芯形状主要有窗形、塞形和针形三种。窗形适用于大口径阀，塞形（也叫圆锥形）或针形适用于小口径阀。

阀体结构有直通式和角式。由于节流阀介质在阀瓣与阀座之间流速很高，缝隙很小时极易冲蚀密封面，因而不宜作切断阀用。

4. 球阀

球阀用带圆形通孔的球体作启闭件，并绕垂直于通道的轴线旋转实现启闭动作的阀门，也叫球心阀。它是在旋塞阀的基础发展起来的，可以说是旋塞阀的一种特殊形式。球阀既可作关断用，又可作调节用，如图 6-19 所示。

优点：流动阻力小，球体的通道直径几乎等于管道内径，故局部阻力损失只有同等长度管道的摩擦阻力；开关迅速且方便，一般情况下球体只需转动 90°就能完成全开或全关动作，并且密封性能较好等。

缺点：使用温度不高。

当要求迅速关闭或开启时，可以选用球阀。球阀可装于任意位置的管道上，但带传动机构的球阀应使阀杆垂直向上。

5. 蝶阀

蝶阀的启闭件为圆盘状，俗称蝶板，一般为实心。大型蝶阀的蝶板制成空心（隔板式）。蝶板是通过转轴使其旋转，来完成阀门的启闭过程，也叫蝶形阀，如图 6-20 所示。

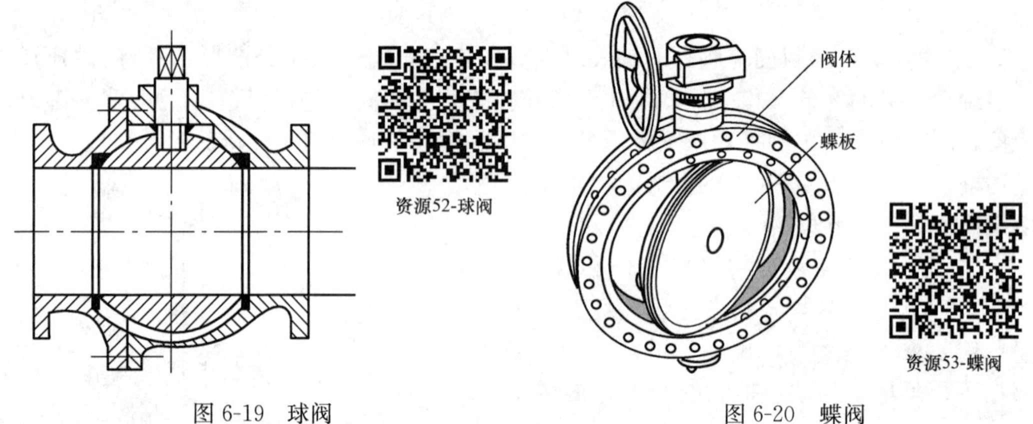

图 6-19　球阀

图 6-20　蝶阀

优点：长度短、质量轻、体积小，与闸阀相比质量约可减轻一半；蝶板只需转动 90°，因此易于实现快速启闭；由于蝶板两侧均有介质作用，使力矩互相平衡，驱动力较小；蝶阀的阀体通道与管道相似，蝶板表面又常呈流线型，故流阻较小；蝶板表面形状不同及其在不同的旋转位置，可以改变流量特性，因而也常用来调节流量。

缺点：由于蝶阀的密封副受材料限制，多采用软密封结构，故不适用于高温和高压的场合；随着技术进步和发展，已经研制出硬密封蝶阀，可使用的温度和压力有了较大提高。

蝶阀的阀杆安装位置有水平和垂直之分。对于水平安装的蝶阀，由于蝶板上下的水头不等，因而关闭时有附加的静水力矩存在。蝶阀的密封是靠蝶板与阀座之间达到一定的比压来实现的，对于软密封蝶阀，就是使橡胶密封圈具有压缩过盈量，但对金属硬密封来说就难以实现，为此将蝶板的转动中心制成具有不同位置的偏心，而不在蝶板的中心线上，因而出现单偏、双偏和三偏。对于金属密封蝶阀，必须是三偏心的。三偏心蝶阀的优点是启闭时密封副间几乎无摩擦，提高密封副的使用寿命；蝶板与阀座之间可通过自动补偿，容易达到密封比压使关闭严密；蝶板 360°圆周面上各点密封力均匀，无须金属密封圈变形即可达到密封效果。所谓三偏心是指转轴与阀体中心线相对偏心；转轴与蝶板平面相对偏心，同时蝶板与阀体相对倾斜；转轴与锥形阀座中心线的相对偏心。

6. 隔膜阀

隔膜阀是指用弹性隔膜作为启闭件和密封件的关断阀。阀杆通过隔膜与介质隔绝，隔膜在阀杆的带动下沿阀杆轴线作升降运动而启闭阀门。

如图 6-21 所示，隔膜阀的内部结构与其他阀门的主要区别在于无填料函，而是采用强度较高或耐磨的材料作隔膜把阀门内腔与阀盖驱动部件隔开，因而消除了阀门的驱动部件易受介质浸蚀造成外泄的隐患。

优点：结构简单，便于维修，流阻小，密封性能好等。

缺点：耐温性能差，承受压差的能力也很有限。

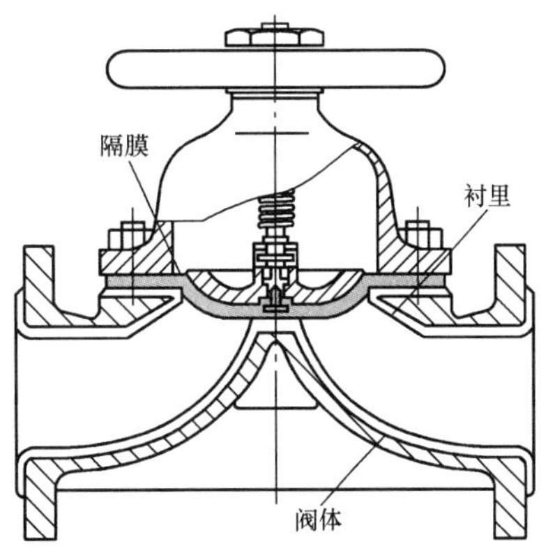

图 6-21　隔膜阀

隔膜阀以其结构形式可分为屋脊式、直流式、闸板式、截止式。其驱动方式有手动、电动和液动等。

隔膜阀的隔膜多采用橡胶或塑料等软质密封材料，也有的采用搪瓷作衬里提高耐磨性。

隔膜阀常被用于含硬质悬浮物、腐蚀性介质和密封要求高的设备与管道系统作启闭阀门。隔膜阀一般用于低压（PN＜1.6MPa）和温度低于 190℃的管道上。

7. 止回阀

止回阀是指能自动阻止流体倒流的阀门，也叫逆止阀、单向阀等，它属于保护用阀门，如图 6-22 所示。

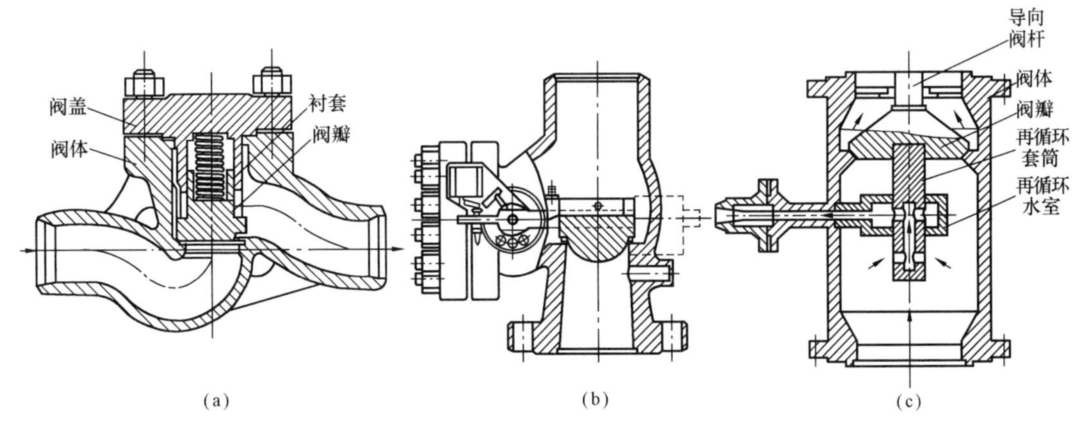

图 6-22　止回阀

(a) 卧式升降式止回阀；(b) 旋启式止回阀；(c) 立式升降式止回阀

常用的止回阀有两类：

(1) 升降式止回阀（包括卧式和立式）。由流体自身流动的能量驱动。当流体流入阀门时，阀芯被流体推开而上升，通道开启；当流体停止时，流体回流，阀芯在其自重和流体重力下，通道关闭。图 6-22(a)和(c)所示分别为卧式

资源54-止回阀

升降式止回阀和立式升降式止回阀。

(2) 旋启式止回阀。阀芯围绕阀座外的销轴旋转，流动阻力比升降式稍小。这种止回阀当其公称尺寸DN≥600mm时，为减小关闭时的冲力，往往做成双瓣式或多瓣式，有时还设有缓冲装置。图6-22 (b) 所示为旋启式止回阀。

由于止回阀的作用是防止管路中流体的倒流，因此常被选用于泵的出口和抽汽、排汽等管道的出口端。

止回阀安装时应注意流体进出口流向。升降式垂直阀芯止回阀应装在垂直管道上，而升降式水平阀芯止回阀应装在水平管道上，旋启式止回阀宜安装在水平管道上。

8. 调节阀

调节阀是一种能按控制要求，借助驱动装置来调节阀门的开度，以改变阀内的通流截面积，使流体压力、流量发生变化或保持一定数值的阀门。

从流体力学观点看，调节阀相当于一个局部阻力可变的节流元件，因此能适应不同使用条件和工况变化的需要，在电厂系统中得到广泛的应用，并在电站阀门中占有重要的位置。

调节阀一般由阀门本体和驱动装置两部分组成。驱动装置通常有电动、气动和液动等，要求高的调节阀还带有阀位变送、定位器及控制信号反馈等装置，因此又常把调节阀列为自动控制的范畴。实际上，按习惯的阀门通用分类法，其中球阀、蝶阀、节流阀、减压阀、疏水阀等，有时也都作为调节阀使用。

电厂调节阀中使用最广泛和较为重要的有喷水调节阀、排污阀、疏水调节阀等几种。喷水调节阀主要用于主蒸汽或再热蒸汽的喷水减温，排污阀主要用于锅炉除盐排污，疏水调节阀主要用于抽汽加热疏水，加热器疏水、主蒸汽和再热蒸汽疏水，水位调节阀主要用于除氧器水位调节和加热器紧急放水，再循环调节阀主要用于给水泵和凝结水泵的保护，给水调节阀主要用于给水启动和运行，排渣阀主要用于调节灰渣排放。另外还有锅炉吹灰减压阀等其他用途的调节阀。

调节阀的类型与结构多种多样。高性能调节阀都是从截门形、闸门形等基本结构演变而来，它们具有抗汽蚀性能好、承受压差高、内漏小、低噪音和通流能力大等特点。如图6-23所示为高性能调节阀的几种典型结构。其中，双阀芯调节阀由截门形阀门演变而来；笼式调节阀由滑阀形阀门演变而来；套筒式调节阀由旋塞形阀门演变而来；叠片式调节阀由闸门形调节阀演变而来。

由于调节阀的严密性难以保证，所以不宜用做关断。通常要与关断阀串联在一起使用。当调节幅度小且不需要经常调节时，在下列管道上可以用截止阀或闸阀兼作关断和调节用：设计压力不大于1.6MPa的水管道；设计压力不大于1.0MPa的蒸汽管道。

9. 减压阀

减压阀是指利用节流原理将流体的出口压力降低并自动保持在某一需要的出口压力的调节阀门。

减压阀的种类很多，按结构形式可分为薄膜式、活塞式、杠杆式和波纹管式等；按阀座数目可分为单座式和双座式；按阀瓣的位置可分为正作用式和反作用式。

在减压阀的多种结构类型中常用的有薄膜式和活塞式两类。薄膜式又包括带副阀（先导阀）的和不带副阀的两种。活塞式减压阀一般都带有副阀。

图6-24所示为活塞式减压阀的结构。拧动调节螺钉开启副阀瓣，减压阀入口流体进入

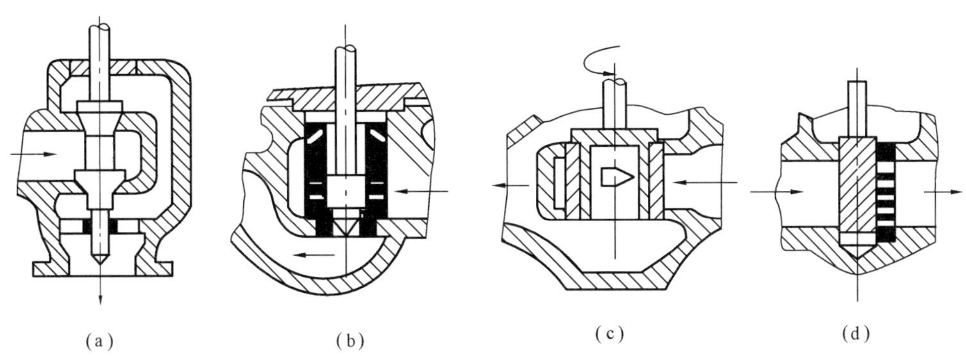

图 6-23　调节阀

(a) 双阀芯调节阀；(b) 笼式调节阀；(c) 套筒式调节阀；(d) 叠片式调节阀

通道 a，经过副阀阀座进入通道 b，然后进入活塞上方，活塞受力后带动阀杆下移使主阀瓣开启，流体流向减压阀出口并同时作为反馈信号经过通道 c 进入膜片的下方。随着出口压力逐渐升至所要求的数值，流体作用在膜片上的压力与调节弹簧的弹力达到平衡，则副阀瓣的位置保持不变，从而使主阀瓣的位置保持不变，出口压力保持恒定。如果调节阀出口压力增高，则会导致膜片下方的压力大于调节弹簧的弹力，将使膜片向上位移，副阀瓣随之向关闭方向运动，从而使进入活塞上方的流体压力降低，在下方主阀瓣弹簧作用下主阀瓣开度关小，出口压力也随之下降而达到新的平衡。反之，出口压力下降时，主阀瓣开度增大，出口压力又会上升。这样，出口压力即可自动地保持在规定范围之内。

弹簧薄膜式减压阀一般适用于温度不高的场合，它的运动部件的摩擦力比活塞式的小，故灵敏度较高。与此相反，活塞式减压阀的灵敏度低，但适用的压力和温度范围较大。

减压阀在安装时进出口方向不应装反，应水平安装的不应装在垂直管道上。

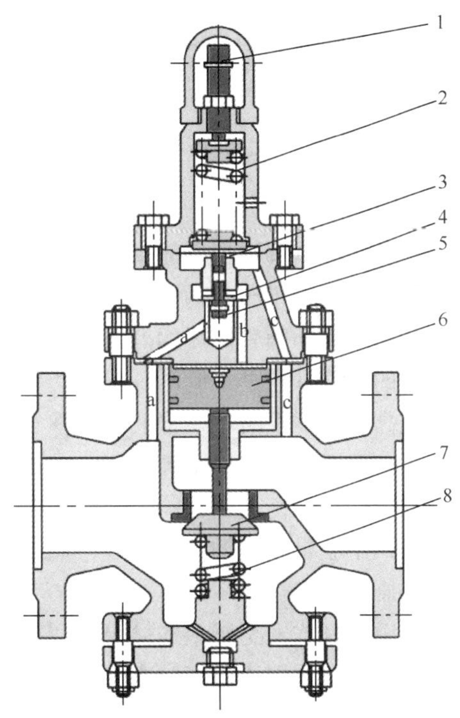

图 6-24　活塞式减压阀的结构

1—调节螺钉；2—调节弹簧；3—膜片；4—副阀阀座；5—副阀瓣；6—活塞；7—主阀瓣；8—主阀瓣弹簧

10. 安全阀

安全阀是用来防止锅炉、压力容器等设备或管道因超压而损坏的阀门。

安全阀结构主要有弹簧式、重锤杠杆式和脉冲式安全阀三大类。

(1) 弹簧式安全阀。图 6-25(a)所示为弹簧式安全阀。弹簧式安全阀利用压缩弹簧的力来平衡作用在阀瓣上的力。螺旋圈形弹簧的压缩量可以通过转动它上面的调节螺套来调节，利用这种结构可以根据需要校正安全阀的开启(整定)压力。

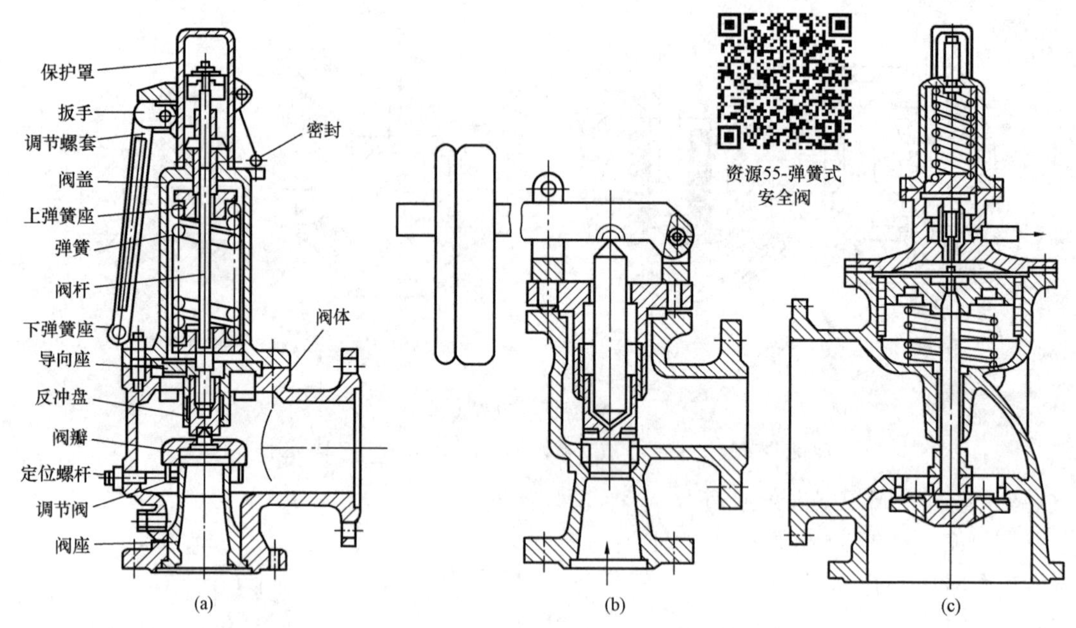

图 6-25　安全阀

(a) 弹簧式安全阀；(b) 重锤杠杆式安全阀；(c) 脉冲式安全阀

弹簧式安全阀结构轻便紧凑，灵敏度也比较高，安装位置不受限制，而且因为对振动的敏感性小，故可用于移动式的压力容器上。这种安全阀的缺点是所加的载荷会随着阀的开启而发生变化，即随着阀瓣的升高，弹簧的压缩量增大，作用在阀瓣上的力也跟着增加。这对安全阀的迅速开启是不利的。另外，阀上的弹簧会由于长期受高温的影响而弹力减小。用于温度较高的容器上时，常常要考虑弹簧的隔热或散热问题，从而使结构变得复杂。

(2) 重锤杠杆式安全阀。图 6-25(b)所示为重锤杠杆式安全阀。重锤杠杆式安全阀利用重锤和杠杆来平衡作用在阀瓣上的力。根据杠杆原理，它可以使用质量较小的重锤通过杠杆的增大作用获得较大的作用力，并通过移动重锤的位置（或变换重锤的质量）来调整安全阀的开启压力。

重锤杠杆式安全阀结构简单，调整容易也比较准确，所加的载荷不会因阀瓣的升高而有较大的增加，适用于温度较高的场合，过去用得比较普遍，特别是用在锅炉和温度较高的压力容器上。但重锤杠杆式安全阀结构比较笨重，加载机构容易振动，并常因振动而产生泄漏，其回座压力较低，开启后不易关闭及保持严密，现在很少采用。

(3) 脉冲式安全阀。图 6-25(c)所示为脉冲式安全阀。脉冲式安全阀也称为先导式安全阀，由主安全阀和辅助阀（又叫先导阀或脉冲阀）组成。当锅炉工作压力超过规定值时，脉冲阀首先开启，排出的蒸汽通过脉冲管送到主安全阀活塞上部，借蒸汽压力使活塞向下移动，带动阀芯向下离开阀座，主安全阀开启而排汽。当压力降到一定程度后，脉冲阀关闭，蒸汽停止进入主安全阀活塞上部，主安全阀在蒸汽压力及弹簧拉力作用下随之关闭。

脉冲式安全阀除上述机械动作外，脉冲阀还装有电磁装置，带电接点的压力表通过时间继电器，将上部或下部的电磁线圈电路接通，使上部或下部的电磁铁动作，也可将脉冲阀打开或关闭，同时还可通过遥控系统人为地将脉冲阀打开或关闭。

运行时，这种安全阀的主安全阀靠蒸汽压力及弹簧力将阀芯向上压紧在阀座上，具有良好的严密性。

脉冲式安全阀具有动作灵活、准确、启闭延迟小、关闭严密、排汽能力大等优点，因此，在高参数大容量锅炉上得到广泛的应用。

安全阀的排放量取决于阀座的喉径与阀瓣的开启高度。根据阀瓣的开启高度可分为微启式和全启式两种。微启式的开启高度是阀座喉径的 1/40～1/20，全启式的开启高度不小于 1/4 阀座喉径。

此外，随着使用要求的不同，脉冲式安全阀有封闭式和不封闭式两种。封闭式安全阀即排出的介质不外泄，全部沿着规定的出口排出，一般用于有毒和有腐蚀性的介质。不封闭式安全阀一般用于无毒或无腐蚀性的介质。

安装使用安全阀时，应注意以下几点：

(1) 各种安全阀都应垂直安装。

(2) 安全阀出口处应无阻力，避免产生受压现象。

(3) 安全阀在安装前应专门测试，并检查其密封性。

(4) 对使用中的安全阀应做定期检验、检查。

11. 旋塞阀

旋塞阀用带孔的塞体作启闭件，并绕垂直于管道中心线的轴线旋转，完成阀门的启闭动作。

旋塞阀的优点在于结构简单，占地小，易安装，启闭只需旋塞转 90°。但旋塞阀的旋塞圆锥面必须严密配合，故存在制造难度大、密封面易损坏和温度升高时旋塞易卡死等缺点。

旋塞阀的结构有以下几类：

(1) 单旋转式。此结构虽简单，但密封副间的摩擦力很大，因而转时费力，只能用于 DN≤80mm的低压管路上。

(2) 上升式。在启闭时，先将旋塞略微提起，然后旋转，因而密封面上的摩擦力很小，故可用于各种压力和温度的管路上。旋塞的提起、旋转和下降动作都是通过手柄或手轮一次完成的。

(3) 润滑式。在旋塞上设有油沟，操作前注入润滑油，使密封面间形成一层油膜，从而提高了密封性能，防止密封面损伤，也减少了旋转力矩。所用润滑油要根据工作介质的性质和温度选用。

12. 疏水阀

疏水阀是指从蒸汽管道或用汽设备中自动排除冷凝水的阀门，也称阻汽排水阀。它广泛用于蒸汽管道、汽水分离器、蒸汽冷凝器和热交换器等管道和设备，安装在管道最低点处。疏水阀的选用正确与否，对于节省能源，保证供汽系统的正常运行是很重要的。选用时应根据需要排放的冷凝水的最大排量，进出口的压力差，并通过适当修正后才能确定。

疏水阀按结构形式和作用原理可分为下列几种：

(1) 浮筒式。利用浮筒使启闭件运动，有垂直安装和水平安装两种形式。

(2) 热动力式。利用蒸汽和凝结水的不同热动力所产生的动压和静压变化时阀片会上升或下降的原理来排出凝结水而阻止蒸汽外漏。

(3) 自由浮球式。其工作原理是当凝结水进入阀体内腔时，阀体内液面上升，液体作用于浮球的浮力也逐渐加大，当浮力大于球体本身重量和介质压力的作用时，浮球上升打开座孔，凝结水从孔中排出，液面下降，直到浮球封闭阀座孔为止就停止排水，以此反复自由关闭排疏。

(4) 双金属片式。通过两种不同膨胀系数的金属片来启闭阀门，从而达到疏水目的。

(5) 脉冲式。利用具有一定压力的焓值高的热水在压力降低时又重新蒸发成蒸汽的原理达到阻汽排水的功能。

(6) 钟形浮子式。利用浮动在凝结水中的钟形罩来带动启闭件动作。

13. 水封阀

水封阀是指阀盖填料室带有水封结构的阀门。水封阀的总体结构与闸阀或截止阀基本相同，但从阀门类别中，它又属于独特的一类，因为这种阀门的阀盖填料室带有一个水封结构，也称水封室。当把具有一定压力的水（一般不大于1MPa）注入水封室，就可以使系统与大气隔离，起到密封作用，一般水封阀具有较好的气密封性能。

在工作压力处于真空的管道上一般装设水封阀。

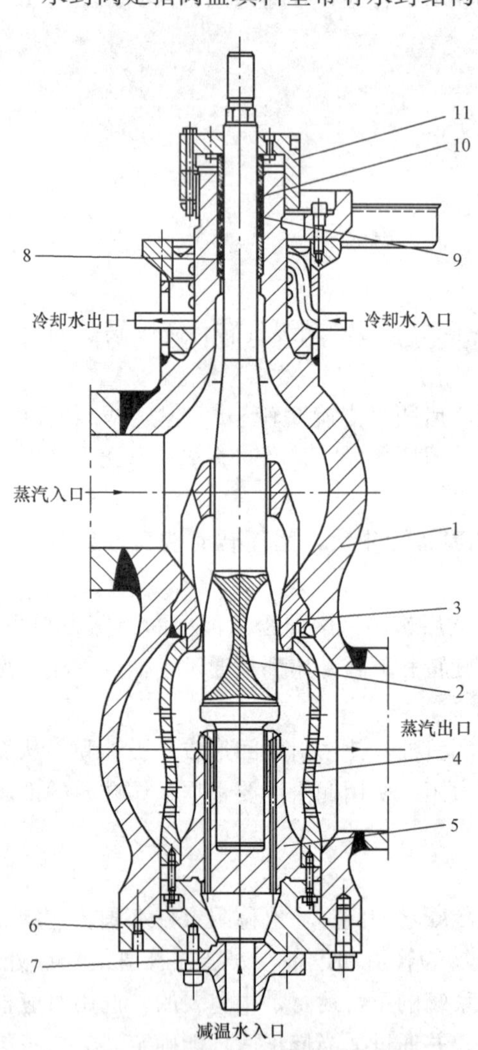

图 6-26 高压旁路减温减压阀本体部分的结构示意

1—阀体；2—阀芯；3—阀座；4—喷射罩；5—减温水喷嘴；6—底盖；7—减温水法兰；8—导向套；9—填料；10—密封环；11—密封螺母

五、再热机组旁路系统的阀门

我国的再热机组多采用高、低压串联的两级旁路系统。高压旁路系统的阀门一般包括减温减压阀（BP）、喷水隔离阀（BD）和喷水调节阀（BPE）。低压旁路系统的阀门一般包括减温减压阀（LBP）和喷水调节阀（LPE），此外，还可以根据用户需要选配低压旁路喷水隔离阀（LBD）及三级减温水调节阀（TSW）。受篇幅限制，下面仅对高压旁路减温减压阀、低压旁路减压阀、高压旁路喷水调节阀和隔离阀以及低压旁路减温调节阀的本体部分结构进行介绍，阀门的液压系统和电气控制系统请参看有关文献。

1. 高压旁路减温减压阀

高压旁路减温减压阀也叫高压旁路阀，它是用来将新蒸汽减温减压到规定参数的特殊阀门，其减压主要通过改变阀门开度（即节流程度）来实现的，而减温则是通过改变减温水流量来实现的。图 6-26 所示为高压旁路减温减压阀本体部分的结构示意。

从图 6-26 可以看出，阀体呈双球形，上部小球为高压腔，连接主蒸汽管道；下部大球为低压腔，与低温再热蒸汽管道相连。进汽管、阀体和排汽管呈Z形布置，整体由铸钢加工而成。低压腔室的底部用底盖封闭，底盖通过减温水法兰连接减温水管道，并支撑着一个曲线多孔圆筒喷射罩和减温水喷嘴。喷射罩可以使汽水混合均匀并防止水滴直接冲击阀体，同时，当蒸汽通过时又起到进一步节流降压和降低噪声的作用。检修时可打开底盖，抽出阀杆。

高、低压腔室之间为阀门的通道。两球腔间安装了阀芯和阀座的密封面，密封面上堆焊了硬质合金。阀座和阀体采用焊接。阀座的进汽部分设有8根筋，与阀杆有两个配合面，以减缓侧向冲击力。阀杆与阀芯锻成一体，并在阀芯的圆柱体上铣出了16条槽道，当阀门开启时，蒸汽流过这些槽道而降压。阀芯通过上下两个支撑面支撑，改善了细长杆的工作条件。阀杆的上部与阀体之间采用填料密封，并用冷却水进行冷却。阀杆的中心位置由上部的导向套与下部喷嘴体内的中心孔共同确定。

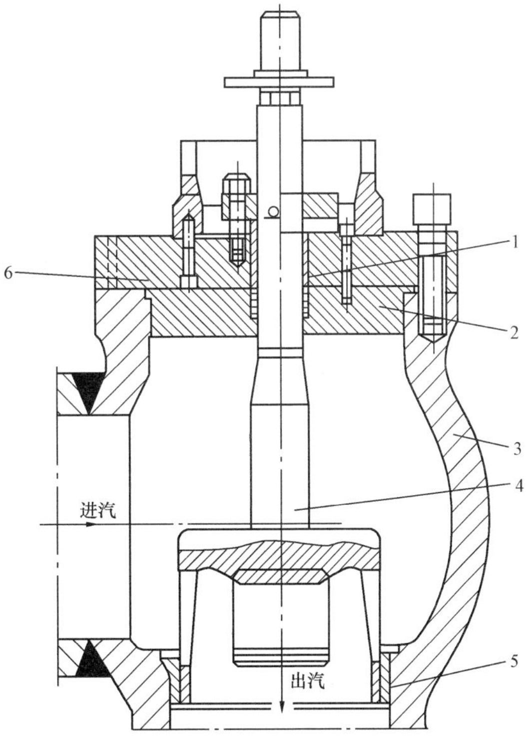

图6-27　低压旁路减压阀本体部分的结构示意

1—填料套筒；2—顶盖；3—阀体；4—阀杆；5—阀座；6—阀盖

新蒸汽由上部进汽管进入高压腔室，当阀杆向下移动时，蒸汽通过花瓣形的槽道减压后向下流入低压腔室，与喷水混合后通过喷射罩流出。

这种阀门通流能力大，有良好的调节型线和减温能力，阀芯与阀座之间的密封能力强，并可快速开启与关闭，可起到调节阀、截止阀和安全阀三重作用，所以又称三用阀。

2. 低压旁路减压阀

与高压旁路阀不同，低压旁路阀仅作减压用，另设管式减温器。图6-27所示为低压旁路减压阀本体部分的结构示意。

由图6-27可以看出，阀体为角式结构，用耐热铁素体材料锻造而成，设有单一密封阀座，阀座表面堆焊有硬质合金。阀芯与阀杆采用装配式连接，阀芯的钟罩外圆开有四个矩形进汽口，阀杆带动阀芯上下移动，可改变矩形的面积，蒸汽流经矩形孔时进行节流降压。在阀杆引出端设有填料密封装置。

3. 高压旁路减温水调节阀

高压旁路减温水调节阀通过改变减温水流量来调节进入再热器的蒸汽温度。图6-28所示为高压旁路减温水调节阀本体部分的结构示意。

由于减温水来自给水泵出口的高压给水，进出口压差较大，所以该阀门采用三级节流设计，阀芯和阀座各有三个，形成三个可以渐变的通道。这种结构可减小高压差减温水对阀芯的吹损而导致的泄漏。

阀体整体呈Z形结构，阀座与阀体通过焊接方式连接。阀杆与阀芯连接成有机整体，

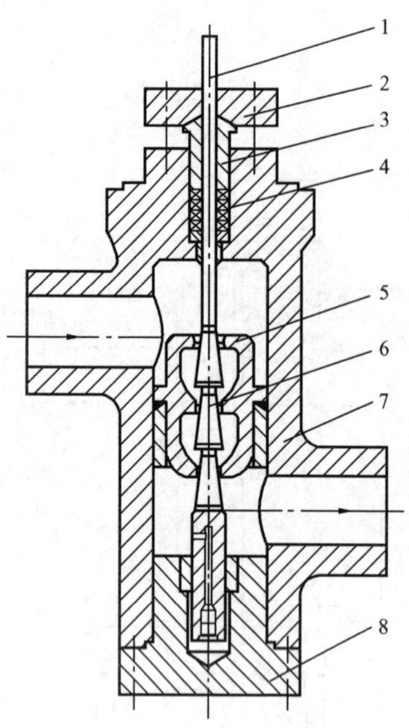

图 6-28　高压旁路减温水调节阀本体部分的结构示意

1—阀杆；2—填料压盖；3—填料套筒；4—填料；5—阀座；6—阀芯；7—阀体；8—底盖

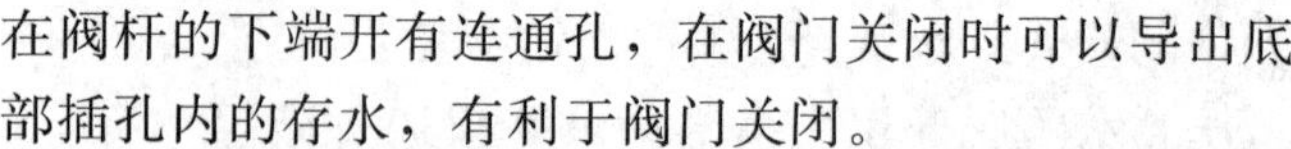

在阀杆的下端开有连通孔，在阀门关闭时可以导出底部插孔内的存水，有利于阀门关闭。

4. 高压旁路减温水隔离阀

高压旁路减温水隔离阀主要用于在高压旁路阀关闭时，实现对高压减温水的严密隔离，以防止减温水漏入再热器。图 6-29 所示为高压旁路减温水隔离阀本体部分的结构示意。

阀体通过模锻而成，阀座表面堆焊有硬质合金，阀盖采用自密封结构。该阀具有密封性能好，耐冲刷、耐高压差的优点，能较好满足热备用需要。

5. 低压旁路减温水调节阀

低压旁路减温水调节阀通过改变减温水量来控制低压旁路出口的蒸汽温度。图 6-30 所示为低压旁路减温水调节阀本体部分的结构示意。

从图 6-30 可以看出，阀体为直通式结构，用压成半球形的外壳焊接而成。阀座与阀体采用焊接连接，具有一定挠性，从而提高了与阀芯之间的密封性能。阀芯与阀杆连成一体，阀杆上下移动改变阀门开度用来调节减温水量的大小。

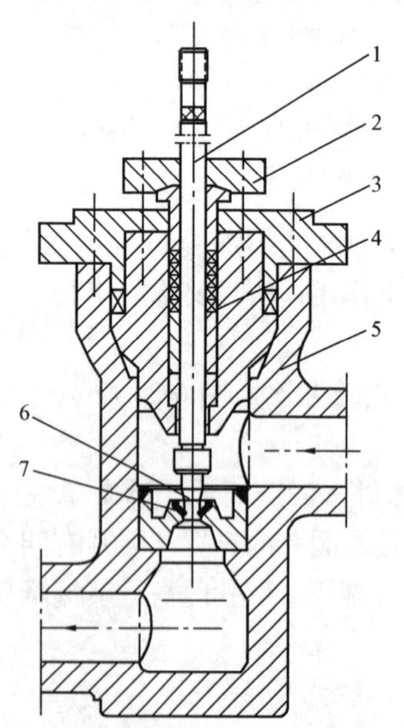

图 6-29　高压旁路减温水隔离阀

1—阀杆；2—填料压盖；3—阀盖；4—填料；5—阀体；6—阀芯；7—阀座

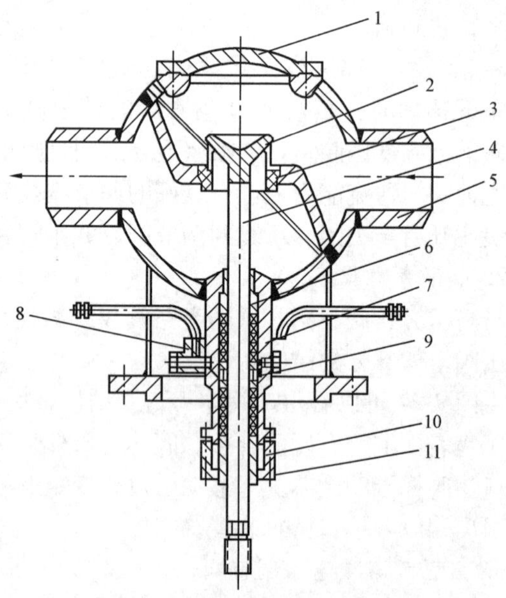

图 6-30　低压旁路减温水调节阀本体部分的结构示意

1—阀盖；2—阀芯；3—阀座；4—阀杆；5—阀体；6—导向套筒；7—填料；8—密封水管连接装置；9—密封水环；10—填料套筒；11—螺母

当旁路停用时，为防止空气漏入而影响凝汽器真空，在结构上采取了两条措施：①使阀芯向上为开启，向下为关闭，这样即使凝结水失压也不至于使空气漏入凝汽器；②阀杆的引出端设有填料函并通有密封水，一旦填料失效仍可通过密封水保持密封。当阀门关闭时，出水侧如有高温蒸汽漏入，密封水可兼有冷却作用。

第四节　管道及热力设备的保温技术

电力技术法规规定：发电厂中所有温度高于50℃的汽水管道及其附件均应保温，保温层表面温度在其周围空气温度为20℃时，不应高于50℃。

对热力管道进行保温，可以减小散热损失，减轻热污染；可以防止烫伤工作人员；可以改善仪表、设备等的工作条件；可以减小高温管道内外壁温差，从而减小管道热应力。

管道的保温结构由三部分组成：主保温层，一般做成单层或双层，可保证管道正常运行；保护层，可防止保温层遭受雨雪侵袭、机械损伤及腐蚀性介质腐蚀等；固定件，用于将主保温层和保护层固定在管道上。

管道的保温层分为成型预制的和现场浇铸的两种。前者用于厂房内的管道，后者用于厂外架空或地沟敷设的管道。

成型预制保温层是用预制好的管形、圆弧形或条形保温块用细铁丝（或铁丝网）绑扎在管子外侧而形成的。

现场浇铸保温层是先将管子外侧除锈，涂上防腐剂后，再在管外搭上模具，用保温材料现场浇铸而成的。

保温层绝热材料通常应满足下列要求：

(1) 绝热性能好，一般要求在25℃时导热系数应小于0.080W/(m·K)；

(2) 密度小，一般不应超过600kg/m^3，宜在300kg/m^{3}以下；

(3) 耐热性能好，在高温下性能稳定（不脆化，强度不降低），对金属无腐蚀作用；

(4) 具有一定的机械强度，能满足施工要求，一般要求抗压强度应大于0.3MPa；

(5) 价格低廉，施工方便，不易燃烧。

现代发电厂常用的绝热制品的性能数据见表6-15。

表6-15　热力发电厂常用绝热制品性能数据

产品类别	导热系数(W/m·K)	密度(kg/m^3)	抗压强度/MPa	使用温度/℃
膨胀珍珠岩制品	≤0.068～0.12	≤200～250	≥0.30～0.40	≤400
硅酸钙制品	≤0.058～0.130	≤140～240	≥0.40～0.50	≤450～800
岩棉制品、矿渣棉制品	≤0.044～0.052	60～300		≤350
玻璃棉制品	≤0.042～0.062	10～120		≤250～300
硅酸铝棉制品	≤0.153～0.178	80～160	≥0.01～0.035	≤800～1300

注　对于不同的绝热制品，导热系数测定的平均温度不尽相同，最低的为25℃，最高的达600℃。

管道保护层结构有两种：①金属结构，一些露天管道，如主蒸汽管道、再热蒸汽管道、高压给水管道等，都采用白铁皮作保护层；②抹面结构，在主保温层外面抹上一层厚度

10～20mm 的涂料（小口径管道抹面厚度 10～15mm，大型管道抹面厚度为 15～20mm），其材料应满足下列要求：

（1）25℃时导热系数不超过 0.2W/(m·K)；

（2）密度不大于 800kg/m³；

（3）抗压强度不小于 0.8MPa；

（4）防潮能力强，不易燃烧；

（5）在温度变化和振动情况下不易开裂；

（6）干燥后表面不致产生裂纹或脱皮等现象。

固定件有铁丝网、包箍、托架、绑线和拉筋等。铁丝网在管道保温中大量使用，用它来包托保温层，然后加装保护层。

表 6-16 给出了某电厂 300MW 机组主要汽水管道的保温结构。

表 6-16　　某电厂 300MW 机组主要汽水管道的保温结构

名称及结构	介质温度/℃	总长/m	绝热材料	厚度/mm	保护层	
					材料	厚度/mm
主蒸汽管道 ϕ355.6	555	297	微孔硅酸钙	80+70	白铁皮	0.3
再热热段 ϕ660.4	555	232	微孔硅酸钙	80+80	白铁皮	0.5
再热冷段 ϕ609.6	338.5	185	微孔硅酸钙	80+40	白铁皮	0.5
高压给水管道 ϕ406.4	265	183	微孔硅酸钙	100	白铁皮	20
低给水管道 ϕ325	165	97	珍珠岩瓦	80	抹面	20
3 号高压加热器疏水管 ϕ273	179.5	40	珍珠岩瓦	80	抹面	20
4 号低压加热器疏水管 ϕ108	148.5	27	珍珠岩瓦	80	抹面	20
2 号低压加热器疏水管 ϕ219	90	25	珍珠岩瓦	50	抹面	20

阀门及其他管件需要经常打开检修，因此在考虑保温时，应设计成便于拆卸的结构。下面介绍几种常用的阀门和法兰的保温方法。

1. 阀门的保温方法

（1）铁皮壳保温结构。这是最常用的保温结构，如图 6-31 所示，其中铁皮壳结构如图 6-32 所示。

（2）包扎结构。这也是比较常用的一种方法，包扎布可用玻璃布，也可以用石棉布，如图 6-33 所示。

（3）保温节能罩。该节能罩是专门为阀门保温设计的，其结构如图 6-34 所示。主要部分由两片罩体组成，每片罩体由两个内凹的半圆柱壳体相贯而成，每个半圆体的端面上有一个半圆形缺口，在每个罩体的四个端角上开有相互连接的螺孔，用于螺栓连接两个罩体。

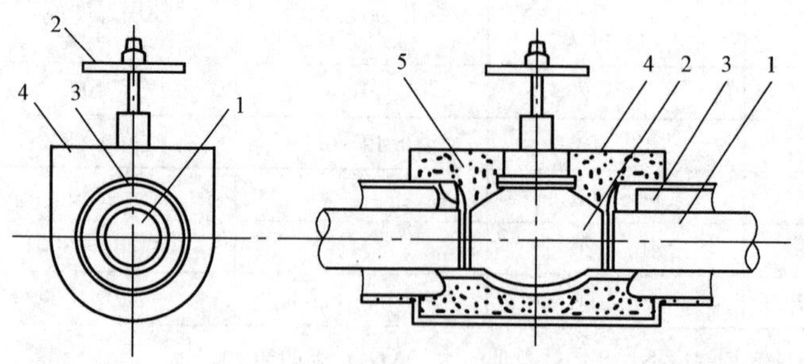

图 6-31　铁皮壳保温结构

1—管道；2—阀门；3—管道保温层；4—铁皮壳；5—填充保温材料

内部的保温材料一般采用优质化纤材料，保温罩壳一般采用玻璃钢材料，也可以采用金属材料。

2. 法兰的保温方法

(1) 铁皮或钢板网外壳结构。用铁皮或钢板网做外壳，内装保温材料，然后套在管道保温层上，如图 6-35(a)所示。结构简单，施工及拆卸方便，是用得最多的一种方法。

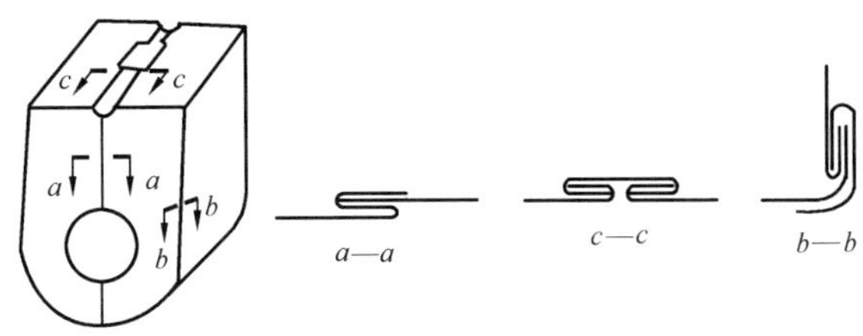

图 6-32　铁皮壳结构

(2) 缠绕和包扎式结构。缠绕式保温是用硅酸铝纤维绳缠绕于法兰的局部，然后用石棉泥填塞空隙，其厚度不超过 5mm。这是最简单的一种方法，施工、拆卸和检修都很方便，如图 6-35(b)所示。

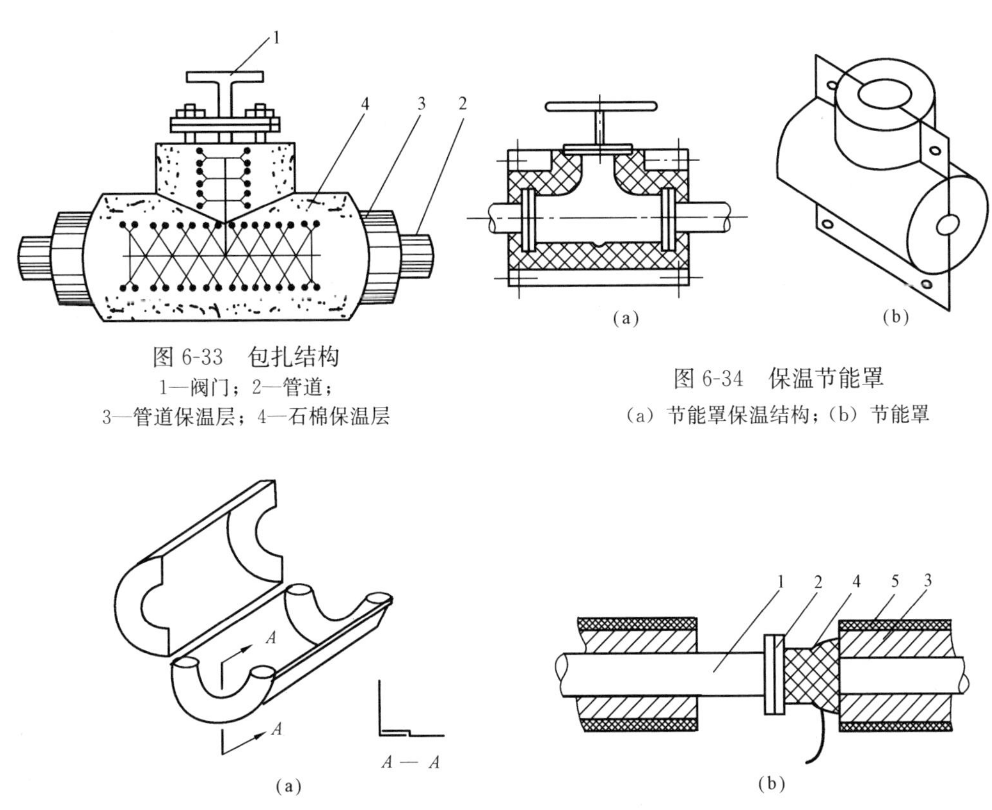

图 6-33　包扎结构
1—阀门；2—管道；
3—管道保温层；4—石棉保温层

图 6-34　保温节能罩
(a) 节能罩保温结构；(b) 节能罩

图 6-35　法兰保温结构
(a) 铁皮外壳结构；(b) 缠绕式保温结构
1—管道；2—法兰；3—管道保温层；4—石棉绳；5—石棉绳水泥保护层

第五节　管道的运行维护

管道的运行维护是一项非常重要的工作，它不仅对管道本身的使用寿命有影响，而且还会对热力设备的安全运行产生影响。

一、管道的运行

管道的运行工作，一般是指管道的投入、停止和运行中的检查维护工作。

1. 管道启停时的注意事项

(1) 新安装的管道必须进行严密性试验。管道安装完毕，应按设计规定对管系进行严密性试验，以检查管道系统各连接部位（焊缝、法兰接口等）的工程质量。

严密性试验通常采用水压试验，要求水质洁净，在冲水过程中能排尽系统内的空气。试验压力按设计图纸的规定，一般试验压力不小于设计工作压力的1.5倍，但不得大于任何非隔离元件（如参与系统试压的容器、阀门、水泵等）的最大允许试验压力，且不得小于0.2MPa。

(2) 新安装的管道必须进行清洗。对于新安装的管道，在其内部经常会残存一些杂物（如污垢、泥沙、焊渣、气割金属氧化物、金属腐蚀物、铁屑以及其他杂物等)，如果不进行清洗将会带来极大危害。因为这些杂物会使汽水品质长时间达不到要求，可能会造成阀门卡涩和损坏，可能会使水冷壁、过热器、再热器等管径较小的管道发生堵塞，还可能损坏汽轮机的喷管和叶片等。

清洗方法有水流冲洗、蒸汽吹洗、化学清洗、喷丸和脱脂处理等。下面只对前两种清洗方法作简单介绍。原则上，水系统的管道采用系统中的水泵作为冲洗动力进行水冲洗；蒸汽系统的管道则用锅炉提供的蒸汽进行蒸汽吹洗。

水流冲洗是水管道广泛采用的冲洗方法。按经审批的技术措施进行，在措施中有冲洗系统图，需采用的水泵（一般是系统中的设备)，水源供应与污水排放等。冲洗前应将系统内的流量孔板、节流阀阀芯、滤网和止回阀阀芯等拆除并妥善保管，待冲洗完毕后复装。不参与清洗的设备与管道，应予隔离。

清洗应按措施中拟定的程序操作，先主管，后支管（包括旁路管)，依次进行。水冲洗应以系统内可能达到的最大流量进行，因为这样做的冲刷去污效果好，可以节省时间。

发电厂中水管道的冲洗主要包括工业水管道的冲洗、疏放水管道的冲洗、凝结水管道的冲洗、给水管道的冲洗等。

管道的蒸汽吹洗俗称吹扫或吹管。发电厂中需要进行吹洗的管道系统主要包括主蒸汽和再热蒸汽系统，高、低压旁路系统，汽动给水泵汽源系统，汽轮机的汽封、汽缸法兰及夹层加热系统，锅炉各级减温水系统等。

蒸汽吹洗目前多采用蓄热降压吹管法。冲洗前将锅炉点火，升压到一定的压力，在冲洗时又将锅炉灭火。利用锅炉工质、金属部件的蓄热短时释放，提高吹洗流量。尽快全开控制门，当压力下降到一定值后，关闭控制门，重新点火升压，准备再一次吹洗，经过多次吹洗，直到合格为止。

这种吹洗方法的优点是每次吹洗时间较短（1～3min)，投入燃料少，炉膛热负荷不高，再热器不需要保护，操作比较简单。由于吹洗次数多，各部件参数变化大，有利于管壁上金属腐蚀物和焊渣脱落，其缺点是点火和停炉操作频繁。

安装后的整体清洗应在管道进行严密性试验之后和分部试运之前进行。

(3) 蒸汽管道在开始投入时，一定要暖管并注意疏水的排放。蒸汽管道投入时，一定要充分暖管，要避免出现温度急剧升高。如果管道内的温度急剧升高，管道内外壁将会产生很大温差，因而产生较大热应力。由于温度急剧变化而产生较大热应力的现象称为热冲击。当热冲击严重时，可能使金属材料产生很大的热变形，以致出现裂纹。

在刚开始暖管时，为了防止蒸汽管道内聚水，必须加强管道的疏水工作。管道内存水不但会造成水冲击，而且有可能把水带进运行的热力设备内，造成热力设备损坏。

单元制机组的主蒸汽和再热蒸汽管道的暖管与锅炉的点火升压同时进行，要求蒸汽升温率不超过 1.5℃/min。

在暖管过程中，必须检查确认：管道支吊架工作正常，管道膨胀良好，法兰、阀门盘根等无泄漏，管道无晃动或振动，管道内没有冲击声。

在暖管过程中，为防止蒸汽温度突然升高，应缓慢地开启来汽阀。在升压过程中，可根据压力升高的程度逐渐关小疏水阀。

(4) 水管道投入时要注意把管内的空气排放干净，缓慢向管内充水，避免发生水锤现象。

(5) 在蒸汽管道停运过程中，也要注意控制温降速度，不能超过允许范围，并要进行充分疏放水，同时加强监视和检查。

2. 管道的正常运行维护

在管道的日常运行过程中，要注意蒸汽温度的变化，通常情况下主蒸汽管道不得超温超压运行，同时要避免蒸汽温度的频繁变化。至于主蒸汽管道允许的温度和压力变化幅度和持续时间，不同的机组有着不同的规定，一定要严格遵守。

运行人员要记录好蒸汽管道的年累计运行时间，启停次数和超温、超压等情况。要定期检查汽水管道的工作状况。热力管道的保温应完整良好，不应有脱落或裸露的现象。严禁蒸汽管道在裸露的情况下运行。要定期检查管道支吊架、法兰、阀门等管道元件的工作情况和管道的膨胀情况。在降雨期间应加强露天布置管道的检查，在寒冷地区冬季应做好管道的防冻工作。

为保证阀门经常处于良好状态，能够在必要时紧急开启或迅速关闭，要定期对阀门进行开关试验。在运行过程中作阀门开关试验时，一定要采取相应的防范措施，避免影响设备的正常运行。

二、管道停运时的防腐

管道停运后，空气必然会进入管道系统，如果管内金属表面处于潮湿状态，很容易引起金属腐蚀。这种腐蚀属于电化学腐蚀，在短时间内会使大面积的金属发生严重损伤，因此必须采取保护措施。

防止汽水管道停用时腐蚀的方法很多，常用的有干保护法和充水保护法。

干保护法的原理是使管道金属表面不与水接触，从而不能产生氧腐蚀。

一种方法是在管道停运后，立即将管道内的存水排放干净。如果汽水管道的温度较高，可以带压放水，这样可以利用管道本身的余热把管道内的金属表面烘干。然后在管道内充入惰性气体（通常充入纯度高达 99%氮气），以隔绝空气。由于管内氮气的压力大于大气压力，所以要确保汽水阀门的严密性，以维持必要的氮气压力，达到防护的目的。在充氮保护期间要经常检查氮气压力，如果压力消失，应及时充氮，并查明原因，予以消除。

另一种干保护法是将洁净的热干空气不断通入停用管道进行循环，避免管道结露。

充水保护法是用保护性的水溶液充满停用的管道内，以杜绝氧气进入管道。通常加入的药品为氨或联氨，其浓度为 200～300mg/L，pH>10。

在大气温度不低于0℃时可以采用充水保护法，如果大气温度低于0℃，必须采用干保护法。

此外，管道的防腐方法还有干燥剂保护法和气相防腐剂法等。

复 习 思 考 题

1. 发电厂的管道是由哪些元件组成的？
2. 发电厂的管道是如何分类的？常用的材料有哪些？
3. 公称压力与通常所说的压力有什么异同？
4. 管道的公称尺寸与其内径之间是什么关系？
5. 国家标准中规定的公称压力和公称尺寸系列有哪些？
6. 如何选择管子？
7. 发电厂常用的阀门有哪些？各有什么特点？主要用到什么地方？
8. 影响管道热应力的因素有哪些？分别是如何影响的？
9. 热力管道的补偿方法有哪些？采用冷补偿有什么好处？
10. 管道支吊架的作用有哪些？主要有哪些类型？
11. 为什么要对热力管道进行保温？对保温材料有哪些要求？
12. 热力管道启动时可以采取哪些措施来保证管道系统的安全？

第七章

热电厂的供热系统

第一节 热负荷的特性

一、热负荷及其特性

由热电厂通过热网向热用户供应的不同用途的热量，称为热负荷。因其用途不同，所需供热介质及其数量、质量，以及它们随时间变化的规律也各不相同。

热电厂的热负荷主要有采暖热负荷、通风热负荷、热水供应热负荷、生产工艺热负荷。它们又可以分为两大类：前两种统称为季节性热负荷，后两种统称为非季节性热负荷。

1. 采暖热负荷

采暖热负荷是指在保持室内温度为定值的情况下，用于补偿房屋向外散热损失所需要的热量。

这种热负荷主要与当地气象条件、房屋结构等因素有关，其特性是全年度波动很大（夏季为零，冬季最冷日达最大），但供暖期间每一昼夜变动较小。

采暖热负荷室内计算温度与当地气象条件、房屋的用途和生活习惯等有关。国标规定：①严寒和寒冷地区主要房间应采用18～24℃；②夏热冬冷地区宜采用16～22℃。

建筑物的采暖热负荷可以用下式进行计算：

$$Q_h = (1+\mu)\chi V_o(t_i - t_o^d) \times 10^{-6} \tag{7-1}$$

式中 Q_h——建筑物的采暖热负荷，GJ/h；

μ——建筑物空气渗透系数；

χ——建筑物的采暖特性系数，kJ/（m^3·h·℃）；

t_i——建筑物的室内计算温度,℃；

t_o^d——当地采暖室外计算温度,℃；

V_o——建筑物的外围体积，m^3。

为了节约能源，减小采暖系统的投资，室外计算温度既不是当地当年的最低温度，更不是当地历史上的最低气温。我国以日平均温度为统计基础，根据30年的统计，采用当地历年平均每年不保证5天的日平均温度值为该地的采暖室外计算温度。例如，哈尔滨－24.2℃，沈阳－16.9℃，银川－13.1℃，乌鲁木齐－19.7℃，太原－10.1℃，北京－7.6℃，石家庄－6.2℃，济南－5.3℃，西安－3.4℃。

设计计算用采暖天数，按累年日平均温度稳定低于或等于采暖室外临界温度（一般民用建筑宜采用5℃）的总天数确定。各地采暖期天数和起止时间，参照设计计算用采暖天数制定。我国采用一昼夜室外平均气温＋5℃作为开始或停止采暖的时间。如北京的采暖期为126天，从每年的11月15日开始到来年的3月15日结束。

2. 通风热负荷

为了保证室内空气具有一定的清洁度及温湿度等要求，就要求对生产厂房、公共建筑物及居住建筑物进行通风或空气调节。在供暖季节中，加热从室外引入的新鲜空气所消耗的热量，称为通风热负荷。

由于通风系统的使用和各班次工作情况的不同，一般公共建筑和工业厂房的通风热负荷除了在一年内变化较大外，在一昼夜的波动也是比较大的。

建筑物的通风热负荷可以用下式进行计算：

$$Q_v = x_v V_0 (t_i - t_{ov}^d) \times 10^{-6} \tag{7-2}$$

式中 Q_v——建筑物的通风热负荷，GJ/h；

x_v——建筑物的通风特性系数，kJ/（m^3・h・℃）；

t_{ov}^d——当地通风室外计算温度，℃。

对于要排除有害气体或粉尘的工业建筑物，取 $t_{ov}^d = t_o^d$；其他建筑物 $t_{ov}^d > t_o^d$。

我国是采用历年一月份平均温度的平均值为通风室外计算温度，如北京的 $t_{ov}^d = -3.6$℃（高于北京的 $t_o^d = -7.6$℃）。

3. 热水供应热负荷

热水供应热负荷是指日常生活中用于洗脸、洗澡、洗衣服以及洗涮器皿等所消耗的热量。

热水供应热负荷取决于热水用量。住宅建筑的热水用量，取决于住宅内卫生设备的完善程度和人们的生活习惯。公共建筑（如浴池、食堂、医院等）和工厂的热水用量，还与其生产性质和工作制度有关。

热水供应热负荷属于全年性热负荷，全年变化不大，而一昼夜、一周内却是不均衡的。如在深夜可能降为零，非工作日或节日的热水用量比平时增大（增加 20%～30%）。根据卫生要求，热水负荷的水温一般为 60～65℃。

4. 生产工艺热负荷

生产工艺热负荷是指为了满足生产过程中用于加热、烘干、蒸煮、洗涤、溶化等过程的用热，或作为动力用来驱动机械设备（汽锤、汽泵等）所消耗的热量。

生产工艺热负荷也属于全年性热负荷。生产工艺设计热负荷的大小以及需要的供热介质种类和参数，主要取决于生产工艺过程的性质、用热设备的型式以及工厂的工作制度等因素。生产工艺热负荷的特点是全年内变化不大，每昼夜的变化却较大。

集中供热系统中，生产工艺热负荷的用热参数中，按照工艺要求的供热介质温度的不同，大致可分为三种：供热温度在 150℃及以下称为低温供热，一般用 0.4～0.6MPa 的蒸汽供热；供热温度在 150℃以上到 250℃及以下称为中温供热，一般用 0.8～1.3MPa 的蒸汽供热；当供热温度高于 250℃时，称为高温供热。

由于生产工艺热负荷的用热设备繁多、工艺过程对供热介质要求参数不一、工作制度各有不同，因而生产工艺热负荷很难用固定公式计算。

对于热电厂而言，根据“以热定电”的原则，必须对生产工艺热负荷在全年中的变化情况有更多的设计数据。除供暖期间的最大热负荷外，还应有供暖期间的平均热负荷、非供暖期间的平均热负荷、非供暖期间的最小热负荷等资料，以及必要的典型周期（日或一段时间）的蒸汽热负荷曲线和年延续时间曲线等资料。

二、热负荷图

热负荷图是用来表示整个供热系统的热负荷随室外温度或时间变化的图。它可以形象地反映出热负荷的变化规律。对集中供热系统的设计，技术经济分析和运行管理，有很多用途。

常用的热负荷图主要有热负荷时间图、热负荷随室外温度变化图和热负荷延续时间图。由于热负荷延续时间主要用于供热工程的规划设计，在本书中不做介绍。

1. 热负荷时间图

热负荷时间图的特点是图中热负荷的大小按照它们出现的先后排列。热负荷时间图中的时间期限可长可短，可以是一天、一个月或一年，相应的图称为全日热负荷图、月热负荷图和年热负荷图。

（1）全日热负荷图。全日热负荷图用来表示整个供热系统的热负荷在一昼夜中每小时的变化情况。

全日热负荷图是以小时为横坐标，以小时热负荷为纵坐标，从零时开始逐时绘制的。图7-1是一个典型的热水供应全日热负荷图。

通常情况下，工厂生产不可能每天一致，冬夏两季总会有差别。因此，需要分别绘制出冬季和夏季典型工作日的全日生产工艺热负荷图，由此确定生产工艺的最大、最小热负荷和冬季、夏季平均热负荷值。

对季节性的供暖、通风等热负荷，它的大小主要取决于室外温度，而在全天中小时的变化不大（对工业厂房供暖、通风热负荷，会受工作制度影响而会有规律性地变化）。通常用它的热负荷随室外温度变化图来反映热负荷变化的规律。

（2）年热负荷图。年热负荷图是以一年中的月份为横坐标，以每月的热负荷为纵坐标绘制的负荷时间图。

图7-2为典型年热负荷图。对季节性的供暖、通风热负荷，可根据该月份的室外平均温度确定，热水供应热负荷按平均小时热负荷确定，生产工艺热负荷可根据日平均热负荷确定。

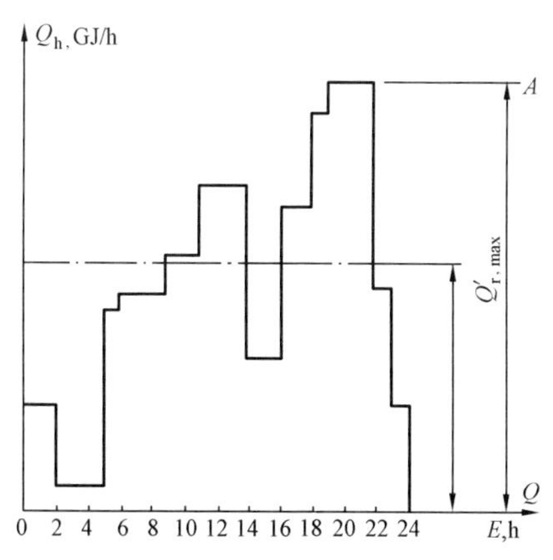

图7-1　典型热水供应全日热负荷图

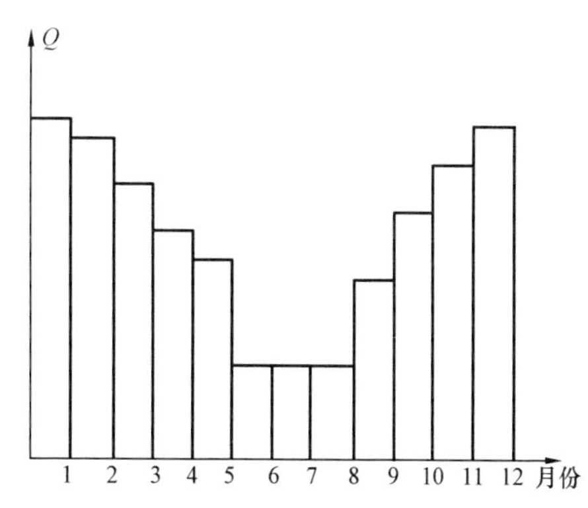

图7-2　典型年热负荷图

年热负荷图是规划供热系统全年运行的原始资料，也是用来制订设备维修计划和安排职工休假等方面的基本资料。

2. 热负荷随室外温度变化图

季节性供暖、通风热负荷的大小，主要取决于当地室外温度。因此，利用热负荷随室外

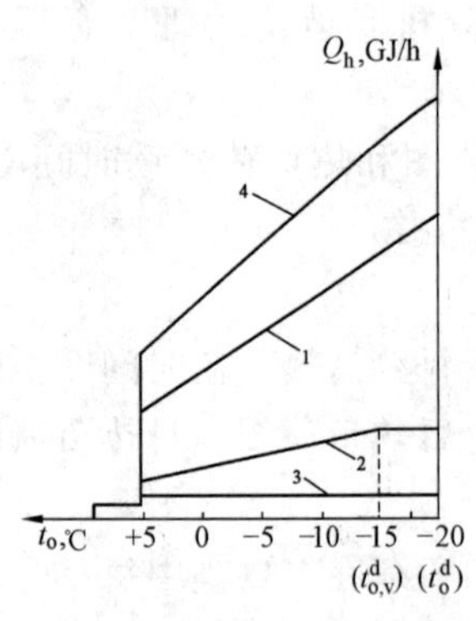

图 7-3　一个居住小区的热负荷随室外温度变化曲线

温度变化图能很好地反映出季节性热负荷的变化规律。

图 7-3 为一个居住小区的热负荷随室外温度变化图。图中横坐标为室外温度，纵坐标为热负荷。开始供暖的室外温度定为 5℃。曲线 1 代表供暖热负荷随室外温度的变化曲线，建筑物的供暖热负荷与室内外温度差成正比。曲线 2 代表冬季通风热负荷随室外温度的变化曲线，在室外温度 5℃ $> t_o \geq t^d_{ov}$时，通风热负荷随室外温度与室内外温度差成正比；当室外温度低于冬季通风室外计算温度时，通风热负荷为最大值，不随室外温度变化而变化 。曲线 3 代表热水供应热负荷随室外温度的变化曲线，因热水供应热负荷随室外温度的变化较小，因而是一条水平线，但夏季的负荷比冬季的低。将上述三条曲线叠加就得到曲线 4，即为该居住小区的热负荷随室外温度变化曲线。

第二节　热电厂的对外供热介质与方式

一、供热介质的种类

在供热系统中，用来传送热能的中间媒介物质称为供热介质。热电厂的对外供热介质有蒸汽和热水两种。

由热电厂向热力站输送和分配供热介质的管线系统，称为热力网（简称热网)。供热介质为蒸汽的热网称为蒸汽热网，供热介质为热水的热网称为热水热网。

二、热电厂对外供热的方式

热电厂对外供热根据采用的供热介质的不同分为两种方式，一种是利用蒸汽对外供热，另一种是利用热水对外供热。

（一）利用蒸汽对外供热

热电厂利用蒸汽对外供热通常有直接供汽和间接供汽两种方式。

1. 直接供汽

图 7-4 所示为热电厂对外直接供汽原则性热力系统示意。它是利用压力为 0.78～

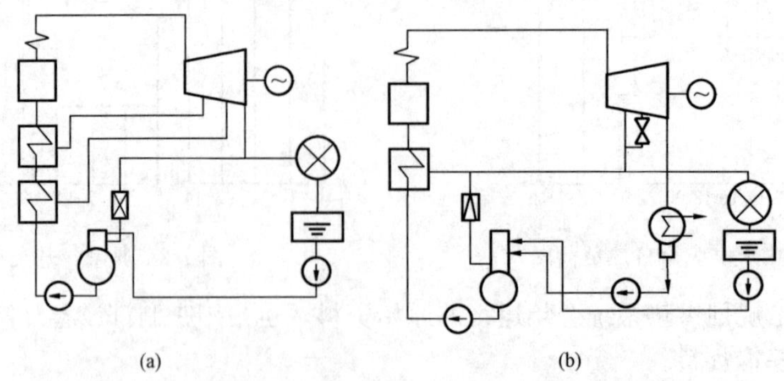

图 7-4　热电厂对外直接供汽原则性热力系统示意

(a) 用背压式汽轮机的排汽；(b) 用抽汽式汽轮机的可调整抽汽

1.27MPa 的汽轮机排汽或可调整抽汽通过蒸汽热网直接向热用户供热。蒸汽在热用户放出热量后凝结成水再返回电厂。根据用户对凝结水回收的完善程度和对凝结水的污染情况，凝结水的返回水率在 0%～100%范围内变化。

这种供汽方式由于凝结水回收率低，造成了大量的工质和热量损失，使水处理设备的容量增大，设备投资、运行费用增加，另外还使热电厂对外供热能力下降。

2. 间接供汽

图 7-5 所示为热电厂对外间接供汽热力系统示意。它是通过专门的蒸汽发生器利用汽轮机的可调整抽汽来制取二次蒸汽，然后把二次蒸汽供给热用户。间接供汽方式完全避免了热电厂的外部工质损失，但使热电厂的供热系统复杂，设备增加。另外，蒸汽发生器存在着较大的传热端差（一般为 15～20℃），降低了发电厂的热经济性，比直接供汽方式多耗燃料 2%左右。

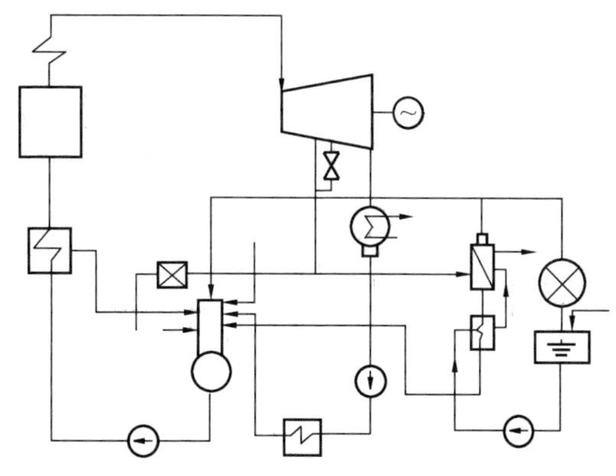

图 7-5 对外间接供汽热力系统

总的来看，直接供汽比间接供汽的热经济性高，并且系统简单，再加上化学水处理技术的完善和成本的降低，目前直接供汽方式在我国应用比较广泛，间接供汽则很少采用。

（二）利用热水对外供热

热电厂对外供应的热水，是通过热网加热器利用汽轮机的可调整抽汽或排汽来制取的。热网加热器分基本加热器（带基本热负荷）和尖峰加热器（带尖峰热负荷）两种型式。

图 7-6（a）所示为高参数双抽汽供热汽轮机的原则性热力系统图。网水先通过基本加热器用 0.2～0.25MPa 的采暖抽汽加热到 110℃左右，如需再提高热网供水温度，可通过尖峰加热器，用可调整工业抽汽（或新蒸汽经减温减压）将热网水进一步加热至所需的热网供水温度。

图 7-6（b）所示为高参数抽汽背压式供热汽轮机的原则性热力系统图。网水先通过基

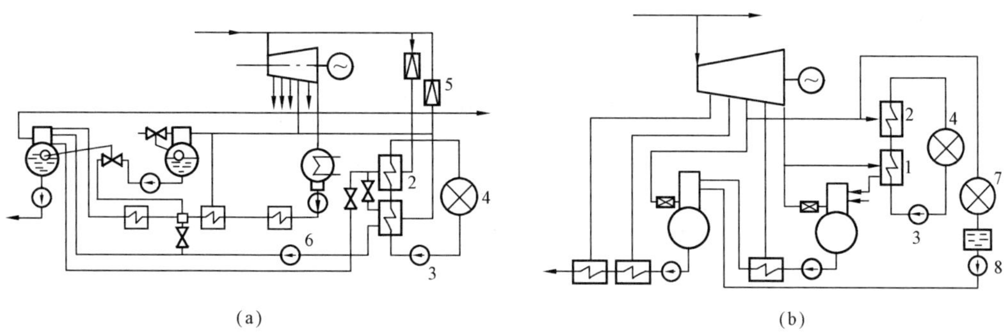

图 7-6 高参数热电厂热网加热设备的原则性热力系统

（a）高参数双抽式供热机组；（b）高参数抽汽背压式供热机组

1—基本加热器；2—尖峰加热器；3—热网水泵；4—采暖热用户；5—减温减压器；6—热网加热器疏水泵；7—工业热用户；8—热网回水泵

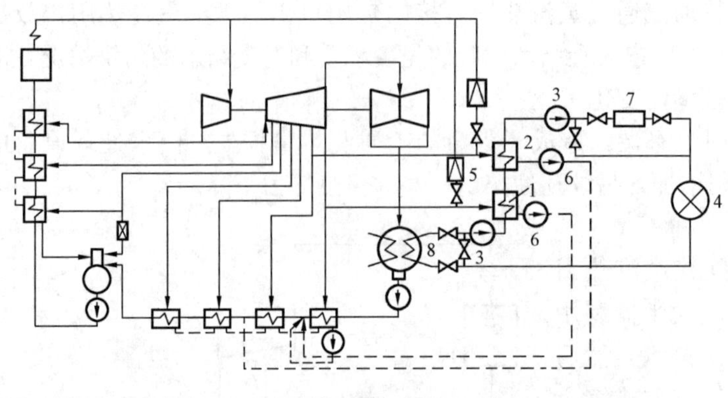

图 7-7 超高参数采暖机组热网加热设备的原则性热力系统

1—第一级基本加热器；2—第二级基本加热器热网；3—热网水泵；4—采暖热用户；5—减温减压器；6—热网疏水泵；7—尖峰热水锅炉；8—凝汽器内热网水加热管束

本加热器用汽轮机排汽加热到所需温度，如需再提高热网供水温度，可通过尖峰加热器，用可调整工业抽汽将热网水进一步加热至所需的热网供水温度。

为了提高热电厂的热经济性，增大热化发电率，在质调节的热网中，用不同压力抽汽分级进行加热已成为热网加热系统的一个发展趋势。如采用多级基本热网加热器，见图 7-7。

热网水先进入装在凝汽器内的加热管束进行初步加热，然后进入两台串联的基本加热器加热，最后进入尖峰热水锅炉进行加热。

基本加热器在整个采暖期间运行，而尖峰热水锅炉只在最冷天的尖峰热负荷时才投入运行。

三、用蒸汽和热水作供热介质的比较

1. 供热距离（热网半径）

采用蒸汽作供热介质，供热距离一般为 5～7km，而采用热水作供热介质，供热距离一般可达 20～30km。供热的合理距离主要取决于热网热损失的大小。以蒸汽作供热介质时，其热损失较显著，每千米蒸汽热网的压降为 0.1～0.15MPa。以热水作供热介质时，其热损失较小，每千米热水热网的温降约 1℃。热水热网热损失一般比蒸汽热网小 5%～10%或更多。

2. 机组工质损失

利用热水供热可回收全部供热抽汽的凝结水，而采用蒸汽供热凝结水的返回率较低，并且凝结水往往受到污染，故采用蒸汽供热的机组工质损失较大。

3. 供热调节性能

用热水作供热介质可通过集中质调和量调，很容易满足用户的需要。用蒸汽作供热介质，由于蒸汽的饱和温度与压力存在一定的对应关系，只能采用量调节或间歇调节，故较难控制。热水热网蓄热能力较大，在热负荷急剧变化时，电厂受到的冲击相对较为缓和，对供热节能和设备稳定运行有利，但热水热网的水力工况稳定性较差，要求有较高的调节水平。

4. 用户的适应性

蒸汽供热的适用范围比供热水广，不易出现热力分配不均，可用于所有热负荷，尤其是生产上动力用汽和某些特殊加工工艺用汽，必须采用蒸汽作供热介质。同时蒸汽加热温度可较高，对生产变化反应快，又是利用工质的凝结换热，因此用热设备的传热面积小，投资小，而热水用于供暖则供热温度较高。

5. 投资费用

供热设施投资主要包括电厂的供热设备和热网管道的投资。热水热网的管径比蒸汽热网的小，但需增加热网加热器和热网水泵的投资，而蒸汽热网的投资还应考虑补充水设施增加的部分。总之，在供热量大的热网中，一般热水热网的投资比蒸汽热网的小。

6. 运行经济性

在满足相同用热量的条件下比较蒸汽热网和热水热网的运行经济性。由于蒸汽供热的热损失较大，所以对应抽汽（或排汽）的压力较高，且必须全部使用高压蒸汽。热水供热可进行分级加热，能利用低压蒸汽。因此，采用热水供热比蒸汽供热机组的热化发电比例高。采用蒸汽供热的水处理费用较高，采用热水供热消耗的电量较大，两者相比，前者的费用大于后者。

综上所述，用热水供热比蒸汽供热的热网热损失小，机组的热化效果好，凝结水回收率高，有利于热电厂节省燃料。同时热水的供热距离远，对热电厂的建设和城市环保也较为有利，故一般能采用热水供热的地方，都应尽量采用。有些国家已经尝试采用高温热水热网来扩大热水热网的适用范围，具体做法是，热电厂对外供高温热水，对需用蒸汽的热负荷，在用户处采用膨胀扩容器或蒸汽发生器来获得蒸汽。

目前，我国供热仍沿用传统方式，即对采暖、通风和热水等热负荷用热水作供热介质，工艺热负荷用蒸汽作供热介质。

第二节　热电厂供热管道系统及设备

一、热电厂的供热管道系统

热电厂对外直接供汽的管道系统较为简单，故不做介绍。

图 7-8 所示为热电厂对外供热水的供热管道系统。该系统中装有两台基本加热器和一台尖峰加热器。两台基本加热器的水侧和汽侧均采用并联，尖峰加热器与之相串联。基本加热器以 0.07～0.25MPa 的可调整抽汽为加热汽源。尖峰加热器以 0.8～1.3MPa 的可调整抽汽为加热汽源。为提高供热的可靠性，还备有减温减压设备，通过它可直接把锅炉的新蒸汽经减温减压后对外供热。基本加热器的疏水通过热网加热器疏水泵送入回热系统中，尖峰加热器的疏水自流入除氧器。热网加热器均设有通往凝汽器的连续排

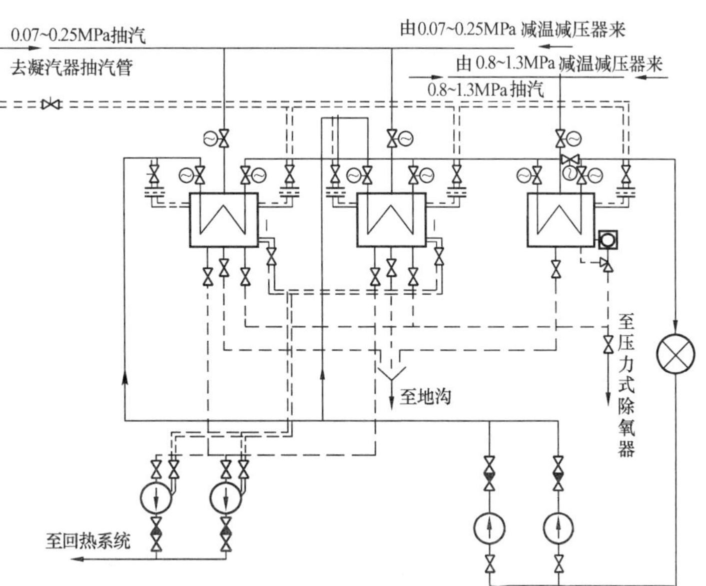

图 7-8　热电厂对外供热水的供热管道系统

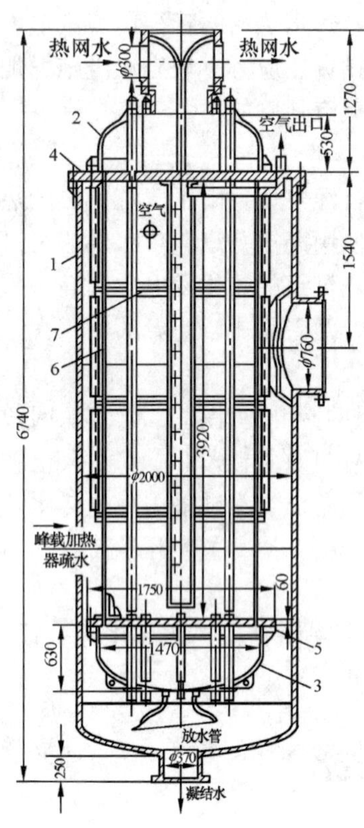

图 7-9 热网加热器
1—筒体；2—上水室；3—下水室；4—上管板；5—下管板；6—管束；7—导向隔板

空气管路，用于排走其中的不凝结气体，使加热器正常经济地运行。

在供暖季节，系统一般利用基本加热器向热用户供应90～110℃的热水，到达最冷月份，可加开尖峰加热器，以满足热用户的需要。

二、热网加热器的构造

热网加热器是用来加热热网水的，一般为立式，其工作原理和构造与表面式低压加热器类似。它的特点是容量和换热面积较大，端差也较大（可达10℃），为便于清洗采用直管管束。

图7-9为热网加热器的构造。

三、减温减压器及其热力系统

减温减压器是一种将较高参数蒸汽的温度和压力自动降至所需数值的装置。在热电厂中，减温减压器用以补充汽轮机抽汽的不足和作为供热的备用汽源。但用减温减压器供应的蒸汽属分别能量生产。

减温减压器主要由减压阀、减温装置以及压力和温度的调节系统等组成，减温水采用锅炉给水或凝结水。

图7-10所示为减温减压器全面性热力系统。锅炉来的新蒸汽由进汽阀进入减压阀，经节流降压至所需压力后进入混合器，然后与三通阀来的减温水混合，使汽温降至所需数值。如果减温减压后的蒸汽压力和温度不符合规定值，即发出信号，控制系统的执行机构随即动作，调整减压阀和三通阀的开度，使减温减压后的蒸汽压力和温度稳定在允许的范围内。

经常工作的减温减压器应有备用，不经常工作的减温减压器一般不设备用。备用的减温减压器应处于热备用状态。

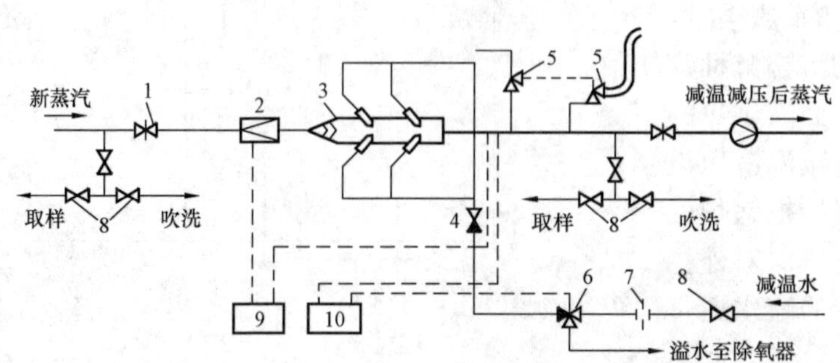

图 7-10 减温减压器全面性热力系统
1—进汽阀；2—减压阀；3—混合器；4—止回阀；5—安全阀；6—减温水调节三通阀；7—节流孔板；8—阀门；9—压力调节控制装置；10—温度调节控制装置

第四节 供热系统的运行

一、供热调节分类

对外供热不仅要满足热用户对供热数量的要求，而且还要满足热用户对供热质量的要求。为满足热用户的需要，又要考虑对外供热的经济性，必须进行供热调节。

（1）供热调节分为供热系统的初调节和运行调节。初调节指供热系统开始阶段的调节。运行调节是指供热系统在运行过程中根据室外气象条件的变化或热用户热负荷的变化而对供热量或供热参数进行的调节。

（2）根据调节地点的不同，供热调节可分为中央调节、局部调节和单独调节三种基本方式。

在热电厂内进行的供热调节，称为集中调节（或中央调节）。它是一种既经济又方便的调节方法，但是单纯的集中调节仅适用于同一类型的热负荷。

在热力站或热用户总引入口处进行的供热调节，称为局部调节（或地方调节）。当热网中有几种热负荷时，用单一的中央调节很难满足各类热负荷的需要，应采用综合调节，即对主热负荷实行中央调节，对其他热负荷采用辅助性的局部调节。

直接在用热设备处进行的供热调节，称为单独调节。它根据用热设备的更高要求做进一步调节。单独调节也是集中调节的一种补充手段。

上述三种调节方法彼此有关又互为补充。

（3）根据调节参量的不同，供热调节可分为质调节、量调节、分阶段改变流量的质调节和间歇调节。

质调节是指在保持用热设备连续运行和供热介质流量不变的条件下改变供水温度。质调节的主要优点是当热负荷降低时，可相应地降低供热机组的抽汽（或排汽）压力，从而增加热化发电量，多节省燃料；由于热网水流量不变，热水热网的水力工况稳定，易实现供热调节自动化。其缺点是当热负荷减小时，不能相应降低热网水泵的出力，不利于节电。同时，对于有多种热负荷的热水供热系统，在室外温度较高时，如仍按质调节供热，往往难以满足其他热负荷的需要。

量调节是指在保持用热设备连续运行和供水温度不变的条件下改变供热介质流量。量调节的优点是当热负荷减小时，热网水流量减小，可减少热网水泵的电耗。其缺点是：当热负荷减小时，不能相应降低抽汽压力，机组的热化效果得不到应有的提高；当热水热网和热用户的流量改变时，还易出现局部水力失调，自动调节困难。

分阶段改变流量的质调节是指在用热设备连续运行的条件下，根据室外温度的不同，将供热介质流量分为几级（一般不超过3级），在各级流量下改变供水温度。分阶段改变流量的质调节则综合了质调节和量调节的优点，抑制了各自的缺点。当热负荷减小时，一方面可以适当减小热网水流量，可减少热网水泵的电耗；另一方面也可以适当降低抽汽压力，使机组的热化效果得到相应的提高。

间歇调节是指保持供热介质流量和温度不变而改变每天的供热小时数。间歇调节利用了房屋的蓄热能力和自然条件变化，可节省燃料，但供热的舒适性不好。

二、热水供热系统的运行

（一）热水供热系统的试运行

热水供热系统经水压试验合格之后，方可进行系统的试运行。试运行包括系统充水、系统通热、供热管网和用户的初调节等。当室外温度低于0℃时，室外管道要事先做好防冻工作。

1. 供热系统的充水

充水是试运行的第一道工序。系统充水为软化水。冬季外部供热管网的充水应用65～70℃的热水。小型管网可一次充水；大型管网宜分段充水，由近及远，逐段进行。外部供热网路充满水并通过外网循环管开始循环后，即可关闭管网循环管，由远到近、由小到大逐个向各用户系统充水。在向用户系统充水时，对上分式系统应从回水管向系统充水，对下分式系统应从供水管向系统充水，以利于系统空气的排除。当所有用户系统充满水后整个系统开始循环，同时逐渐增大循环水泵的流量，并在工作压力下仔细检查管网的严密性。

2. 供热系统的通热

供热管网及用户系统全部充满水，并经循环检查正常后即可开始通热。关闭各用户系统的供、回水管阀门，打开供热管网循环管阀门，接通热源，先向供热管网送热。此时供热介质升温不宜过高，通常控制在70℃。等到循环正常管网首末管道温度均匀后，逐渐升高到设计温度。外网循环正常后，关闭循环管，由远到近、由大用户到小用户逐个开放热用户。在通热过程中，各用户的阀门应处于最大开启状态，以待调节。

3. 供热管网的初调节

供热管网运行开始阶段的调整为初调节。供热系统初调节的目的是保证连接在热网上的全部用户系统都能维持正常的压力，达到当时室外气温下所要求的供热介质流量，并使热网中各用户之间的阻力得以平衡。

供热管网初调节应保证各用户系统的供水管压力不会造成系统超压（对于采用铸铁散热器的用户，供水管压力应小于0.4MPa），也不会造成高温水汽化，用户入口回水管测压管水头应不小于用户系统的垂直几何高度。同时管网供回水管在各用户入口处应具有不小于0.02MPa的压差（或压差等于系统的计算阻力），以利于系统循环。

另外，供热管网初调节时，应考虑到用户之间的阻力平衡问题，应尽力按现有可调阀门调整，使其符合水压图压力分布要求。如果设计时没有采取有效措施使各循环回路达到平衡，则单靠初调节往往难以使供热管网的阻力达到平衡。

供热管网的调节方法是从离热源近的热用户或具有较大剩余压力的用户开始，调整用户系统入口的供回水管阀门的开启度，使入口装置中供回水管压力表读数的压力差同用户系统计算的压力降相一致。再依次用相同方法调节离热源远的用户系统。最后回过头重新调节各用户系统的压力降直至符合水压图压力分布的要求。

4. 用户系统的初调节

用户系统初调节的目的是使采暖建筑物内的所有散热器都能分配到计算要求的热媒流量，以保证各个房间都达到设计的室内温度。

对异程式系统应先从立管开始，把离热力入口近的立管上的阀门关小，以后各立管的开启度依次增大。然后把不太热的或不热的立管上的阀门开大一些，把最热立管上的阀门关小一些，直到各立管的温度均匀一致。调节好各立管后，再调节各散热器；散热器的调节必须根据采暖系统的形式不同采用不同的方法。

对双管上分式采暖系统的调节，主要是要消除上部楼层散热器循环回路产生的自然作用压力，因此，上层散热器支管阀门开度要小，下层开度要大。

对单管上分式热水采暖系统设跨越管或三通调节阀时，应由上向下依次调小流入跨越管热水流量，以提高底部散热器供热介质温度。

总之，用户系统初调节的目的就是要使各房间的散热器散热均匀，并达到设计温度的要求。

初调节完毕经验收后，即可正式交付使用，并开始转入正常运行。

（二）热水供热系统的运行调节

在热水供热系统中，一般采暖负荷是主要热负荷，也兼有一定数量的通风和热水供应负荷。因此，其运行调节要以采暖负荷调节为主，并兼顾其他负荷的特殊需要。采用的调节方式主要是质调节、分阶段改变流量的质调节和间歇调节。

1. 热水供热系统的质调节

热水供热系统的质调节是指在保持热网水流量不变的情况下，随室外空气温度的变化，改变热网的供水温度的调节方式。

对于与外网直接连接的一般散热器热水采暖系统而言，当热网水流量为设计流量，采用质调节时的室外气温与热网供水和回水温度的关系式为

$$t_{su}=t_i+\frac{1}{2}(t_{su}^{d}+t_{rt}^{d}-2t_i)\left(\frac{t_i-t_o}{t_i-t_o^{d}}\right)^{\frac{1}{B+1}}+\frac{1}{2}(t_{su}^{d}-t_{rt}^{d})\frac{t_i-t_o}{t_i-t_o^{d}} \tag{7-3}$$

$$t_{rt}=t_i+\frac{1}{2}(t_{su}^{d}+t_{rt}^{d}-2t_i)\left(\frac{t_i-t_o}{t_i-t_o^{d}}\right)^{\frac{1}{B+1}}-\frac{1}{2}(t_{su}^{d}-t_{rt}^{d})\frac{t_i-t_o}{t_i-t_o^{d}} \tag{7-4}$$

上两式中　t_{su}、t_{rt}——任意室外气温下热网的供水温度和回水温度，℃；

t_o——室外气温，℃；

t_{su}^{d}、t_{rt}^{d}——设计工况下的热网的供水温度和回水温度，℃；

B——与散热器构造有关的常数，一般取0.15～0.4。

在式（7-3）和式（7-4）中，设计工况下的热网的供水温度t_{su}^{d}和回水温度t_{rt}^{d}，室内计算空气温度t_i为定值，室外气温t_o为变量。因此，任何一个室外温度就对应着一个热网的供水温度和回水温度。从而就可绘制出水热网质调节温度曲线或图表。

2. 热水供热系统的分阶段改变流量的质调节

分阶段改变流量的质调节是指把整个采暖期按室外气温的高低分为几个阶段，在室外气温较低的阶段，供热系统保持较大的流量，在室外温度较高的阶段则采用较小的流量，并且在每一阶段内维持水流量不变，而改变供热水的温度。

分阶段改变流量的质调节，各阶段热网供水和回水温度可用下式计算：

$$t_{su}=t_i+\frac{1}{2}(t_{su}^{d}+t_{rt}^{d}-2t_i)\left(\frac{t_i-t_o}{t_i-t_o^{d}}\right)^{\frac{1}{B+1}}+\frac{1}{2\bar{q}_m}(t_{su}^{d}-t_{rt}^{d})\left(\frac{t_i-t_o}{t_i-t_o^{d}}\right) \tag{7-5}$$

$$t_{rt}=t_i+\frac{1}{2}(t_{su}^{d}+t_{rt}^{d}-2t_i)\left(\frac{t_i-t_o}{t_i-t_o^{d}}\right)^{\frac{1}{B+1}}-\frac{1}{2\bar{q}_m}(t_{su}^{d}-t_{rt}^{d})\left(\frac{t_i-t_o}{t_i-t_o^{d}}\right) \tag{7-6}$$

式中　$\bar{q}_m$——相对流量，即水热网的实际流量与设计流量之比。

下面以实例来说明在不同的室外气温下，热网的供水温度和回水温度的变化规律。

例：某地区热水供热系统，设计工况下的热网的供水温度 $t_{su}^{d}=95℃$ 和回水温度 $t_{rt}^{d}=70℃$，室外计算温度 $t_{o}^{d}=-12℃$，室内计算温度 $t_{i}=18℃$，$B=0.302$。

当 $\bar{q}_{m}=1$ 时，不同室外气温下，热网的供水温度和回水温度的变化规律如表 7-1 所示。

表 7-1　$\bar{q}_{m}=1$ 时不同室外气温下热网的供水温度和回水温度的变化规律　（℃）

室外气温 t_o	−12	−10	−8	−6	−4	−2	0	+2	+5
供水温度 t_{su}	95	90.8	86.6	82.4	78	73.6	69.1	64.5	57.4
回水温度 t_{rt}	70	67.5	64.9	62.3	59.6	56.9	54.1	51.1	46.5

当采用分阶段改变流量的质调节，室外温度较高（−10～5℃）时，取 $\bar{q}_{m}=0.75$，不同室外气温下，热网的供水温度和回水温度的变化规律如表 7-2 所示。

表 7-2　分两阶段改变流量的质调节时不同室外气温下热网的供水温度和回水温度的变化规律　（℃）

室外气温 t_o	−12	−10	−8	−6	−4	−2	0	+2	+5
供水温度 t_{su}	95	94.7	90.2	85.7	81.1	76.4	71.6	66.7	59.2
回水温度 t_{rt}	70	63.6	61.3	59	56.6	54.1	51.6	48.9	44.7
相对流量 $\bar{q}_{m}$	1	0.75							

3. 热水供热系统的间歇调节

当热水供热系统的供水温度不允许低于某一温度时，则往往采用间歇调节作为辅助性调节，即热水供热系统采用质调节时，随室外气温升高，其供水温度不断下降，当供水温度低于规定的某一温度时，转而采用间歇调节。一般在室外温度较高的采暖初期和末期才采用。

当采用间歇调节时，网路的流量和供水温度保持不变，网路每天工作总时数随室外温度的升高而减小。可以按下式计算：

$$n=24\frac{t_{i}-t_{o}}{t_{i}-t'_{o}} \tag{7-7}$$

式中　t'_{o}——开始间歇调节时的室外温度（相当于网路保持的最低给水温度），℃。

三、蒸汽供热系统的运行

（一）蒸汽供热系统的试运行与初调节

蒸汽供热系统的试运行包括供热管网及用户系统的暖管、吹洗、送汽及试运行调节等步骤，可在系统水压试验后进行。

1. 蒸汽供热管网的暖管、吹洗与送汽

供热管网通汽暖管前，应关闭各用户的供汽阀门，拆除管网上不应吹洗的压力表、疏水器等，吹洗后再装上。

供热管网的暖管应从离热源近的管段开始，一段一段地进行，并且边送入蒸汽边打开排气阀排出管内的空气，打开疏水器旁通阀迅速排除凝结水。注意暖管时送入的蒸汽量不能太多也不能太少，多了管道加热过急，升温过快出现剧烈变形及水锤，少了管内有可能形成真空，影响凝结水的排出。为此，暖管时应控制阀门开度，缓缓送汽，直至供热管网首末管道温度一致后，开始吹洗。

吹洗时，蒸汽吹扫压力应低于工作压力，蒸汽流速应保持为 20～30m/s，蒸汽吹出管应引至安全地点，并加明显标志，以安全排放，吹洗工作直至吹出管排放出洁净蒸汽为止。

供热管网吹洗后，接上疏水器、压力表等吹洗拆除装置，即可使送汽压力缓缓升高（控制送汽阀逐渐开大），直至达到工作压力，并使其工作正常，达到能单独送汽的要求。

2. 用户系统的暖管、吹洗与送汽

在供热管网送汽正常后，即可由远到近，由大用户到小用户逐步向用户送汽。用户系统用汽也应按先暖管，再吹洗，最后送汽，使供汽压力达到工作压力的步骤进行。

用户系统送汽时，应首先向用户系统的最不利管路送汽，随后依次由远到近开放各并联立管管路（对同程式系统则应首先只向一个支路送汽，待循环正常后，再开启其他管路）。送汽时，各环路阀门均应处于最大开启状况（再回转 1～2 圈），以供调节。

3. 蒸汽供热管网的初调节

对于重力回水的蒸汽供热系统一般不需进行调节。对于有压回水的蒸汽系统，特别是各用户系统的凝水泵不能协调一致时，管网的凝结水就会因水压的不平衡出现堵水现象，某些用户系统的凝结水就可能排出不畅，甚至根本无法排出。因此要仔细认真地调节各个用户系统的阀门，调节凝结水管路阻力的大小，以平衡各循环回路的压力。

4. 用户系统的初调节

蒸汽用户系统的初调节是为了按设计要求分配各散热器的流量，以保证各散热器都达到良好的散热效果。

对于低压蒸汽采暖系统，只要控制好散热器支管上的阀门，使蒸汽在散热器内部全部凝结，防止它进入凝结水管道，以致妨碍附近散热器的工作即可。当立管管路之间供汽量严重失调，也可调节立管阀门以辅助调节工作。

高压蒸汽采暖系统调节时，要特别注意异程式系统最远立管的散热器。这种系统中的多组散热器当共用一个疏水器时，应当用蒸汽支管阀门调节进入散热器的蒸汽压力，使疏水器前各分支凝结水管内的压力达到平衡，以免出现某些分支凝结水管堵水而妨碍立管和散热器的凝结水排出。同时，还应检查疏水器是否正常工作，要保证其工作压差符合要求。

蒸汽供热系统试运行调节时要注意系统中空气的及时排出，否则将影响散热器的放热效果。

蒸汽供热系统试运行正常后，即可自然地转入正常运行。

（二）蒸汽供热系统的运行调节

蒸汽供热系统一般采用质调节或间歇调节。如果系统连续运行则采用前者，如果系统定期运行则采用后者。

1. 蒸汽供热系统的质调节

蒸汽供热系统的质调节也叫压力调节，就是通过改变供热蒸汽压力，从而改变系统蒸汽量的方法而对系统进行的调节。

对于生产工艺热负荷，通常根据热用户负荷的变化进行供汽压力调整，由于生产工艺差别较大，通常很难有统一的调节规律。

由于采用蒸汽连续供热进行采暖的用户较少，所以在此不做介绍。

2. 蒸汽供热系统的间歇调节

蒸汽供热系统的间歇调节同热水供热系统的间歇调节一样，也是定时定点地向用户间断供热。

蒸汽供热系统的间歇调节在送汽期间会造成室内过热，停止送汽时又使室温明显下降，从而导致室内温度急剧波动，供热的舒适性最差。

为了解决这一问题，可以把送汽、停汽间隔与房间及室外空气温度联系起来。表 7-3 列出了某地区间歇调节的一个实例。

表 7-3 蒸汽采暖系统定期送汽时间表

室外空气温度/℃	持续送汽时间/h	送汽次数及时间
+5～0	4	一昼夜送汽一次，每次 4h
0～−7	8	一昼夜送汽两次，每次 4h
−7～−12	12	一昼夜送汽两次，每次 6h
−12～−18	16	一昼夜送汽两次，每次 8h
−18～−25	18	一昼夜送汽两次，每次 9h
−25～−30	24	一昼夜连续送汽

一昼夜送汽一次，对于居住建筑最好从下午六点到晚上十点；一昼夜送汽两次，一次是从早上五点开始，另一次从晚上六点开始。对于工厂车间，应根据上班时间来定。

复习思考题

1. 热电厂的热负荷是如何分类的？各有什么特性？
2. 热电厂的热负荷图有什么用途？
3. 热电厂供热机组的类型有哪些？各有什么优缺点？
4. 热电厂的供热介质有哪些？用于供热时各有什么优、缺点？
5. 热电厂的对外供汽方式有哪几种？供汽参数如何调节？
6. 热电厂的水热网对外供热系统是由哪些设备组成的？
7. 怎么调节水热网系统的供热参数？

参 考 文 献

[1] 杨义波，刘志真．发电厂热力系统分析及运行．北京：中国电力出版社，2015.
[2] 张灿勇，窦泉林．电厂热力系统．北京：中国电力出版社，2019.
[3] 冉景煜．热力发电厂．北京：机械工业出版社，2010.
[4] 叶涛，张燕平．热力发电厂．6版．北京：中国电力出版社，2020.
[5] 无锡气动技术研究所．气动元件产品样本．北京：机械工业出版社，2000.
[6] 张燕侠．电厂热力系统及辅助设备．北京：中国电力出版社，2013.
[7] 刘志真．热电联产．北京：中国电力出版社，2006.
[8] 供热术语标准．北京：中国建筑工业出版社，2012.
[9] 贺平，孙刚．供热工程．5版．北京：中国建筑工业出版社，2021.
[10] 胡念苏．国产600MW超临界火力发电技术丛书：汽轮机设备及系统．北京：中国电力出版社，2006.
[11] 广东电网公司电力科学研究院．1000MW超超临界火力发电技术丛书：汽轮机设备及系统．北京：中国电力出版社，2011.